新工科建设之路·数据科学与大数据系列教材

大数据爬取、清洗与可视化教程

贾 宁 主 编
郑纯军 副主编

电子工业出版社
Publishing House of Electronics Industry
北京·BEIJING

内 容 简 介

本书通过实践操作介绍大数据爬取、清洗与可视化的具体实施方案，共 10 章，包括大数据爬取、清洗与可视化概述，爬虫概述，Requests 库，BeautifulSoup 爬虫，自动化测试工具 Selenium，中型爬虫框架 Scrapy，数据存储，数据清洗，Matplotlib 可视化，Pyecharts 可视化。书中的案例均经过实践验证，可以帮助读者深入理解数据信息在大数据行业中的重要应用。为方便复习和自学，各章均配备丰富的习题。

本书可作为高等院校大数据相关专业的教材，也可作为有关专业技术人员的培训教材，同时可作为大数据分析爱好者及从事网络数据安全管理工作人员的参考书。

未经许可，不得以任何方式复制或抄袭本书之部分或全部内容。
版权所有，侵权必究。

图书在版编目（CIP）数据

大数据爬取、清洗与可视化教程 / 贾宁主编. — 北京：电子工业出版社，2021.3
ISBN 978-7-121-40752-9

Ⅰ. ①大… Ⅱ. ①贾… Ⅲ. ①数据处理－高等学校－教材 Ⅳ. ①TP274

中国版本图书馆CIP数据核字(2021)第043629号

责任编辑：凌　毅
印　　刷：北京虎彩文化传播有限公司
装　　订：北京虎彩文化传播有限公司
出版发行：电子工业出版社
　　　　　北京市海淀区万寿路 173 信箱　邮编：100036
开　　本：787×1 092　1/16　印张：19.25　字数：518 千字
版　　次：2021 年 3 月第 1 版
印　　次：2024 年 8 月第 5 次印刷
定　　价：56.00 元

凡所购买电子工业出版社图书有缺损问题，请向购买书店调换。若书店售缺，请与本社发行部联系。联系及邮购电话：(010)88254888，88258888。
质量投诉请发邮件至 zlts@phei.com.cn，盗版侵权举报请发邮件至 dbqq@phei.com.cn。
本书咨询联系方式：(010)88254528，lingyi@phei.com.cn。

前　　言

本书是学习大数据获取与分析的入门教材，从大数据信息的爬取开始，逐步讲述在大数据环境下，对海量信息进行爬取、预处理操作与管理的全过程。全书立足于实践与工程能力的培养，以关键技术和流行应用作为引导展开全书内容，通过"做中学"与"学中做"相结合的实践过程，从技术简介开始，进而进行关键技术分析与应用案例解析，总结涉及的 Python 方法和第三方库，最后给出具体功能分析和代码实现过程。

本书重点介绍大数据爬取、清洗与可视化的具体实施方案，程序设计采用 Python 3.x 语言，由多年讲授大数据方向相关课程、经验丰富的一线教师编写。全书内容循序渐进，按照初学者学习思路编排，条理性强，语言通俗，容易理解。全书共 10 章，包括大数据爬取、清洗与可视化概述，爬虫概述，Requests 库，BeautifulSoup 爬虫，自动化测试工具 Selenium，中型爬虫框架 Scrapy，数据存储，数据清洗，Matplotlib 可视化，Pyecharts 可视化。为方便复习和自学，各章均配备丰富的习题。本书可作为高等院校大数据相关专业的教材，也可作为有关专业技术人员的培训教材，同时可作为大数据分析爱好者及从事网络数据安全管理工作人员的参考书。本书以实践操作为主，涉及的待爬取数据仅供学习使用，禁止在其他场合传播。数据爬取的权限需参考待爬取网站的 Robots 协议。

本书由贾宁担任主编并统稿。具体编写分工如下：第 1～7 章由贾宁编写，第 8～10 章由郑纯军编写。

本书配有电子课件、程序源代码、习题解答等教学资源，读者可以登录华信教育资源网（www.hxedu.com.cn）注册后免费下载。

本书在编写过程中，参考了许多国内外的著作和文献，在此对著作者致以由衷的谢意。本书的编写得到了很多人的帮助和支持，在此对他们表示衷心的感谢。同时，感谢同事及学生对本书提出的意见和建议。

限于作者水平，书中错误和缺点在所难免，欢迎广大读者提出宝贵意见和建议，我们不胜感激。

作者

2021 年 2 月

目 录

第1章 大数据爬取、清洗与可视化 概述 1
- 1.1 爬虫概述 1
  - 1.1.1 爬虫简介 1
  - 1.1.2 常见爬虫分类和工具 2
- 1.2 数据清洗概述 2
  - 1.2.1 数据清洗简介 2
  - 1.2.2 常见数据清洗工具 3
- 1.3 可视化技术概述 3
  - 1.3.1 数据可视化概述 3
  - 1.3.2 常见可视化工具 5
- 1.4 相关网络技术简介 5
  - 1.4.1 HTTP 5
  - 1.4.2 HTML 7
  - 1.4.3 XML 10
  - 1.4.4 JSON 13
  - 1.4.5 JavaScript 14
  - 1.4.6 正则表达式 17
- 1.5 Python 开发环境配置 21
  - 1.5.1 在 Windows 中安装 Python 22
  - 1.5.2 在 Linux 中安装 Python 24
  - 1.5.3 Python 集成开发环境 26
  - 1.5.4 Python 第三方库管理 33
- 本章小结 35
- 习题 35

第2章 爬虫概述 36
- 2.1 爬虫基础概述 36
  - 2.1.1 爬虫概念 36
  - 2.1.2 爬虫基本原理 37
- 2.2 爬虫规范 39
  - 2.2.1 爬虫尺寸 39
  - 2.2.2 Robots 协议 39
- 2.3 爬虫通用结构 43
  - 2.3.1 爬虫通用结构简介 43
  - 2.3.2 爬虫基本工作流程 43
  - 2.3.3 异常处理机制 44
- 2.4 爬虫技术 46
  - 2.4.1 urllib 3 库 46
  - 2.4.2 网页内容查看 51
  - 2.4.3 XPath 56
- 本章小结 60
- 习题 60

第3章 Requests 库 62
- 3.1 Requests 库简介与安装 62
  - 3.1.1 Requests 库简介 62
  - 3.1.2 Requests 库安装 62
- 3.2 Requests 库基本使用 63
  - 3.2.1 Requests 库的主要方法 63
  - 3.2.2 发送基本请求 66
  - 3.2.3 响应内容 66
  - 3.2.4 访问异常处理方案 67
- 3.3 Requests 库高级用法 69
  - 3.3.1 定制请求头部 69
  - 3.3.2 设置超时 70
  - 3.3.3 传递参数 70
  - 3.3.4 解析 JSON 72
- 3.4 代理设置 72
- 3.5 模拟登录 73
  - 3.5.1 保持登录机制 73
  - 3.5.2 使用 Cookies 登录网站 74
  - 3.5.3 登录流程分析 77
  - 3.5.4 Requests 会话对象 78
  - 3.5.5 登录网站实例 80
- 3.6 资源下载 80
- 3.7 Requests 库应用实例 82
  - 3.7.1 具体功能分析 82

		3.7.2 具体代码实现	85
	本章小结		86
	习题		87
第4章	BeautifulSoup 爬虫		88
4.1	BeautifulSoup 简介与安装		88
	4.1.1	BeautifulSoup 简介	88
	4.1.2	BeautifulSoup4 安装方法	88
	4.1.3	BeautifulSoup 解析器	90
	4.1.4	BeautifulSoup 初探	92
4.2	BeautifulSoup 对象类型		93
	4.2.1	Tag	93
	4.2.2	NavigableString	95
	4.2.3	BeautifulSoup	96
	4.2.4	Comment	96
4.3	BeautifulSoup 的遍历与搜索		97
	4.3.1	遍历文档树	97
	4.3.2	搜索文档树	105
4.4	BeautifulSoup 应用实例		110
	4.4.1	基于 BeautifulSoup 的独立数据爬取	110
	4.4.2	融合正则表达式的数据爬取	112
	本章小结		114
	习题		115
第5章	自动化测试工具 Selenium		116
5.1	Selenium 简介与安装		116
	5.1.1	Selenium 简介	116
	5.1.2	Selenium 安装	116
5.2	Selenium 基本用法		120
	5.2.1	声明浏览器对象	120
	5.2.2	访问页面	120
5.3	元素		121
	5.3.1	定位元素	121
	5.3.2	交互操作元素	126
	5.3.3	动作链	127
	5.3.4	获取元素属性	128
5.4	Selenium 高级操作		129
	5.4.1	执行 JavaScript	129
	5.4.2	前进、后退和刷新操作	130
	5.4.3	等待操作	130
	5.4.4	处理 Cookies	132
	5.4.5	处理异常	133
5.5	Selenium 实例		134
	5.5.1	具体功能分析	134
	5.5.2	具体代码实现	135
	本章小结		136
	习题		137
第6章	中型爬虫框架 Scrapy		138
6.1	Scrapy 框架简介与安装		138
	6.1.1	Scrapy 运行机制	138
	6.1.2	Scrapy 框架简介	139
	6.1.3	Scrapy 安装	140
6.2	Scrapy 命令行工具		141
	6.2.1	全局命令	142
	6.2.2	Project-only 命令	144
6.3	选择器		146
	6.3.1	选择器简介	147
	6.3.2	选择器基础	147
	6.3.3	结合正则表达式	151
	6.3.4	嵌套选择器	152
6.4	Scrapy 项目开发		152
	6.4.1	新建项目	153
	6.4.2	定义 Items	153
	6.4.3	制作爬虫	154
	6.4.4	爬取数据	156
	6.4.5	使用 Items	160
6.5	Item Pipeline		161
	6.5.1	Item Pipeline 简介	161
	6.5.2	Item Pipeline 应用	162
6.6	中间件		164
	6.6.1	下载器中间件	164
	6.6.2	爬虫中间件	168
6.7	Scrapy 实例		171
	6.7.1	具体功能分析	171
	6.7.2	具体代码实现	172
	本章小结		174
	习题		174
第7章	数据存储		176
7.1	数据存储简介		176
	7.1.1	现代数据存储的挑战	176
	7.1.2	常用工具	177
7.2	文本文件存储		179
	7.2.1	文本数据的读写	179

7.2.2　CSV 数据的读写 ······················· 182
　　7.2.3　Excel 数据的读写 ····················· 187
　　7.2.4　JSON 对象的读写 ···················· 193
7.3　MongoDB 数据库 ···························· 197
　　7.3.1　MongoDB 简介 ······················· 197
　　7.3.2　MongoDB 安装 ······················· 198
　　7.3.3　MongoDB 数据库操作 ············· 202
7.4　数据存储实例 ··································· 207
　　7.4.1　具体功能分析 ··························· 207
　　7.4.2　具体代码实现 ··························· 208
本章小结 ··· 210
习题 ·· 210

第 8 章　数据清洗 ································ 212

8.1　数据清洗概述 ··································· 212
　　8.1.1　数据清洗原理 ··························· 212
　　8.1.2　主要数据类型 ··························· 212
　　8.1.3　常用工具 ··································· 213
8.2　数据清洗方法 ··································· 215
　　8.2.1　重复数据处理 ··························· 215
　　8.2.2　缺失数据处理 ··························· 218
　　8.2.3　异常数据处理 ··························· 224
　　8.2.4　格式内容清洗 ··························· 226
　　8.2.5　逻辑错误清洗 ··························· 227
8.3　数据规整 ··· 228
　　8.3.1　字段拆分 ··································· 228
　　8.3.2　数据分组 ··································· 229
　　8.3.3　数据聚合 ··································· 232
　　8.3.4　数据分割 ··································· 236
　　8.3.5　数据合并 ··································· 238
8.4　数据清洗实例 ··································· 244
　　8.4.1　具体功能分析 ··························· 244
　　8.4.2　具体代码实现 ··························· 245
本章小结 ··· 247
习题 ·· 247

第 9 章　Matplotlib 可视化 ················ 249

9.1　Matplotlib 简介与安装 ···················· 249
　　9.1.1　Matplotlib 简介 ························· 249
　　9.1.2　Matplotlib 安装 ························· 250

9.2　基础语法和常用设置 ······················· 251
　　9.2.1　绘图流程 ··································· 251
　　9.2.2　布局设置 ··································· 252
　　9.2.3　画布创建 ··································· 255
　　9.2.4　参数设置 ··································· 256
9.3　基础图形绘制 ··································· 258
　　9.3.1　折线图 ······································· 258
　　9.3.2　直方图 ······································· 259
　　9.3.3　饼状图 ······································· 260
　　9.3.4　箱形图 ······································· 262
　　9.3.5　散点图 ······································· 264
　　9.3.6　三维图 ······································· 266
本章小结 ··· 269
习题 ·· 270

第 10 章　Pyecharts 可视化 ················ 271

10.1　Pyecharts 简介与安装 ···················· 271
　　10.1.1　Pyecharts 简介 ························· 271
　　10.1.2　Pyecharts 安装 ························· 272
10.2　公共属性设置 ································ 272
　　10.2.1　全局配置项 ····························· 272
　　10.2.2　系列配置项 ····························· 275
10.3　二维图形绘制 ································ 276
　　10.3.1　柱状图 ····································· 276
　　10.3.2　折线图 ····································· 281
　　10.3.3　面积图 ····································· 284
　　10.3.4　涟漪散点图 ····························· 285
　　10.3.5　饼状图 ····································· 286
　　10.3.6　漏斗图 ····································· 290
10.4　三维图形绘制 ································ 292
　　10.4.1　三维柱状图 ····························· 292
　　10.4.2　三维散点图 ····························· 294
　　10.4.3　三维地图 ································· 296
10.5　Pyecharts 实例 ······························· 296
　　10.5.1　具体功能分析 ························· 296
　　10.5.2　具体代码实现 ························· 297
本章小结 ··· 298
习题 ·· 299

参考文献 ·· 300

第1章　大数据爬取、清洗与可视化概述

在 Web 2.0 时代，各大应用都在不断地累积产生数据，丰富的数据来源使得互联网数据的组成结构产生了巨大的变革。如何有效地获取海量资源，并对其进行有效的整合和分析，是现今大数据行业研究的重要方向之一。

在获取海量数据后，需要将数据转换或映射为格式匹配的数据流，以便数据可以顺利地用于后续处理，即实现数据清洗的过程。实际上，该过程允许通过工具便利和自动使用数据来进行进一步的活动。清洗后的数据可以使用可视化图形表示。数据的可视化使得理解数据和沟通变得更容易，在确定干净且有效数据实体之间的关系的基础上，进一步提高商业洞察力。

1.1 爬虫概述

1.1.1 爬虫简介

网络爬虫（Web Crawler，简称爬虫），又称网络蜘蛛、网络蚂蚁、网络机器人等，在社区中也被称为网页追逐者。爬虫是一个自动爬取网页的程序，它为搜索引擎实现了从万维网上下载网页的功能，爬虫是搜索引擎的重要组成部分。

爬虫的重要性主要体现在获取海量资源这个环节，这个环节是整条数据处理链路的起始，如果没有数据，后续的处理工作将无法正常完成。

爬虫的应用起源于 20 世纪 90 年代的传统搜索引擎，爬虫用于爬取网络中的 Web 页面，再用搜索引擎进行索引和存储，从而为用户提供检索信息服务。在系统架构上，爬虫位于整个引擎的后台，而且对用户屏蔽，因此在很长的一段时期，用户没有发现爬虫的存在，从而限制了相应技术的发展。在针对爬虫的调研中发现，2004 年以前，相关技术和应用的关注度几乎为 0，但 2005 年以后，人们对爬虫的关注度逐渐上升。通过进一步研究发现，对爬虫技术的关注度排名靠前的领域是计算机软件及应用、互联网技术与自动化技术、新闻与传媒、贸易经济、图书情报与数字图书馆等，其中大部分侧重于爬虫技术的研究，其次是爬虫的研究领域，可以看出这些领域与爬虫技术之间存在大量的耦合和交叉。

爬虫是一个实践性很强的技术本领，因此，爬虫技术的关注度也从另一个角度反映了爬虫数量的增长速度，除为数不多的主流互联网搜索引擎爬虫外，大部分运行的爬虫来自个人或者中小型企业单位。爬虫的普及得益于大量爬虫的开源包或底层技术开源包的出现，这些开源包使得开发一个具体应用的爬虫采集系统变得容易很多。但是，也正是由于这个原因，高度封装开源包的流行使得很少有人愿意深入了解其中涉及的关键技术，导致现有的爬虫在质量、性能、创新性上都受到很大的影响。深入分析产生这种现象的原因之后，我们发现其中存在技术因素和非技术因素，可以总结为以下几个方面。

① 低质量的爬虫不遵守 Robots 协议。连接一个网站之后不检测 robots.txt 文件内容，也不解析文件中关于页面访问许可列表的规定。由于 Robots 协议是一个行业规范，忽视或者不遵守该协议意味着这个行业的发展会进入恶性循环之中。

② 爬虫策略没有优化。一般开源系统实现了宽度优先或者深度优先的策略，但是并没有对

Web 页面的具体特征做优化，此时很容易对服务器造成攻击，甚至被服务器屏蔽。

③ 许多爬虫实现了多线程或者分布式的架构，这个看似流行的架构对爬虫而言并非始终高效。即便客户端架构设计得再好，如果爬虫策略和增量模式等问题没有解决，它的效果仅相当于增加了很多个并行的爬虫，而且仅针对同一个服务器操作，这种做法对服务器的负面影响极大，而且制约了爬虫的发展。

1.1.2 常见爬虫分类和工具

基于爬虫的发展现状，我们需要利用现有的爬虫框架和工具包，设计更有效、合理的爬虫，使其能够在不影响对方服务器的前提下，完成目标的数据爬取任务。目前，流行的爬虫工具主要来源于第三方，以下列出一些常见的爬虫工具。

- urllib、urllib 3：Python 中请求 URL 连接的 http://pyecharts.org/#/zh-cn/basic_charts 官方标准库，在 Python 2 中主要为 urllib 和 urllib 2，在 Python 3 中整合形成 urllib。
- Requests：在 urllib 库基础上使用 Python 编写的爬虫库，采用 Apache2 Licensed 开源协议。
- Lxml：常用的网页解析 Python 库，支持 HTML 和 XML 的解析，支持 XPath 解析方式，常用于 Web 爬取。
- BeautifulSoup：从复杂的网页中解析和爬取 HTML 或 XML 数据。
- Selenium：Web 自动化测试工具。使用 JavaScript 模拟真实用户对浏览器进行操作。
- Scrapy：为爬取网页数据、爬取结构性数据而编写的应用框架。应用于包括数据挖掘、信息处理或存储历史数据等一系列的程序中。
- Requestium：Requests 和 Selenium 封装的产物，提供了友好的接口切换，确保页面中的某个元素出现才会执行后面的代码。
- Crawley：高速爬取对应网站的内容，支持关系和非关系数据库，数据可以导出为 JSON、XML 等。

随着互联网大数据在各个行业获得越来越多的关注，运用爬虫技术进行数据获取或者监测将变得越来越普遍，其应用领域和场景也将越来越丰富，未来的爬虫将进入一种广义的数据采集阶段，而并非仅侧重于数据爬取环节。因此，掌握爬虫的核心技术、实现方法和未来发展趋势是非常重要的。

1.2 数据清洗概述

1.2.1 数据清洗简介

数据清洗（Data Cleaning）是对数据进行重新审查和校验的过程，目的在于删除重复信息、纠正存在的错误，并提供数据一致性。

一般来说，数据清洗是把数据集合精简化以除去重复记录，并使剩余部分转换成标准可接收格式的过程。数据清洗标准模型用于将数据输入至数据清洗处理器，通过一系列步骤"清洗"数据，然后以期望的格式输出清洗过的数据。数据清洗从数据的准确性、完整性、一致性、唯一性、实时性、有效性几个方面来处理数据的丢失值、越界值、不一致代码、重复数据等问题。

数据清洗一般针对具体应用，因而难以归纳出统一的方法和步骤，但是根据不同的数据类型可以给出相应的数据清洗方法。

1. 解决不完整数据（值缺失）的方法

大多数情况下，缺失的值可以手工删除或者填入。当然，某些缺失值可以从当前数据源或其他数据源中推导出来，这就可以用平均值、最大值、最小值或更为复杂的概率估计代替缺失的值，从而达到清洗的目的。

2. 错误值的检测及解决方法

用统计分析的方法识别可能的错误值或异常值，如偏差分析、识别不遵守分布或回归方程的值，也可以用简单规则库（常识性规则、业务特定规则等）检查数据值，或使用不同属性间的约束、外部的数据来检测和清洗数据。

3. 重复记录的检测及消除方法

数据库中属性值相同的记录被认为是重复记录，通过判断记录间的属性值是否相等来检测记录是否相等，相等的记录合并为一条记录（合并/清除)。合并/清除是消除重复值的基本方法。

1.2.2 常见数据清洗工具

数据清洗和数据规整操作过程繁杂，而且一般针对海量数据操作，其时间复杂度较高，因此传统的数据分析和处理工作对开发人员的技能要求很高。但是如果使用 Python 语言，就可以很轻松完成这方面的工作。因为 Python 有四大基本工具，分别是 Matplotlib、NumPy、Scipy 和 Pandas，其中 Matplotlib 是画图工具（1.3 节介绍）。

1. NumPy

NumPy 是 Python 语言的一种开源的数值计算扩展工具，可用来存储和处理大型矩阵。它比 Python 自身的嵌套列表结构要高效得多，支持大量的维度数组与矩阵运算，此外也提供了许多高级的数值编程工具。

2. Scipy

Scipy 是高端科学计算工具包，可有效地计算 NumPy 矩阵。Scipy 由一些特定功能的子模块组成，不同子模块对应不同的应用。常见的应用场景有数学、科学、工程学等领域。

3. Pandas

Pandas 是为了解决数据分析任务而创建的，它纳入了大量库和一些标准的数据模型，提供了大量快速便捷处理数据的函数和方法。在 Pandas 中，最主要的数据结构是 Series 和 DataFrame，它们在金融、统计、社会科学、工程学等领域有广泛应用。

1.3 可视化技术概述

1.3.1 数据可视化概述

数据可视化是关于数据视觉表现形式的科学技术研究。这种数据的视觉表现形式被定义为一种以某种概要形式抽取出来的信息，包括相应信息单位的各种属性和变量。目前，可视化主要是指较为高级的技术方法，而这些技术方法允许利用图形、图像处理、计算机视觉及用户界面，通过表达、建模和对立体、表面、属性及动画的显示，对数据加以可视化解释。与立体建模之类的特殊技术方法相比，数据可视化所涵盖的技术方法要广泛得多。数据可视化与信息图形、信息可视化、科学可视化和统计图形密切相关。当前，在研究、教学和开发领域，数据可视化仍是一个极为活跃而又关键的方面。

数据可视化技术包含以下几个基本概念。

数据空间：是指由 n 维属性和 m 个元素组成的数据集所构成的多维信息空间。

数据开发：是指利用一定的算法和工具对数据进行定量的推演和计算。

数据分析：是指对多维数据进行切片、块、旋转等动作剖析数据，从而能多角度、多侧面观察数据。

数据可视化：是指将大型数据集中的数据以图形图像的形式表示，并利用数据分析和开发工具发现其中未知信息的处理过程。

基于上述数据可视化技术的概念，数据可视化可分为以下 3 种形式。

● 科学可视化（Scientific Visualization）

科学可视化面向的是科学和工程领域数据，比如空间坐标和几何信息的三维空间测量数据、计算机仿真数据、医学影像数据，重点探索如何以几何、拓扑和形状特征来呈现数据中蕴含的规律。

● 信息可视化（Information Visualization）

信息可视化的处理对象是非结构化、非几何的抽象数据，如金融交易、社交网络和文本数据，其核心挑战是针对大尺度高维复杂数据如何减少视觉混淆对信息的干扰。

● 可视化分析（Visual Analytics）

可视化分析是以可视化交互界面为基础的分析推理科学，将图形学、数据挖掘、人机交互等技术融合在一起，形成人脑智能和机器智能的优势互补和相互提升。它将可视化与分析有机地结合在一起，形成了一个新型学科。

在大数据的分析中，人们可以从数据中获得很多信息，但是数据的分析结果需要以一种通俗易懂、简单明了的形式呈现在用户眼前，这就需要数据可视化操作。一般来说，数据可视化的优点包括以下几个方面。

（1）动作快

人们从图像中获得信息比从文字中获得信息更快，这是因为人脑对视觉信息的处理要比书面信息容易得多，所以使用图表来总结复杂的数据，可以让数据更快地呈现在人们面前，便于人们对数据的理解。

数据可视化提供了一种非常清晰的沟通方式，而且大数据可视化工具可以提供实时信息，使用户能够更容易对需求进行合理评估。

（2）看清新兴走向

现今，很多行为都被数据化，对这些数据需要不断地进行搜集和分析。通过使用数据可视化的方式来观察关键指标，就可以更快速地发现各种大数据集的市场变化和趋势。

（3）实现良好的数据交互

数据可视化的优点是它及时向人们呈现了事物的风险变化。不过与静态图表不同的是，交互式的数据可视化可以促进用户探索甚至操纵数据，以发现其他关键因素。

（4）产生建设性结果

很多业务报告都是规范化的文档，这些文档经常用静态表格和各种图表类型来表达。数据可视化使用户能够用一些简短的图形体现那些复杂信息，用户通过这些信息及可视化工具，使不同的数据源得到一个丰富且有意义的解释。

（5）理解运营和整体业务性能之间的连接

数据可视化的一个优点就是允许用户去关注并理解运营和整体业务性能之间的连接。这种业务和市场之间的相关性分析可以影响一个企业的未来决策。

1.3.2 常见可视化工具

数据可视化已经提出了许多方法，根据可视化的原理不同，可以划分为基于几何的技术、面向像素的技术、基于图标的技术、基于层次的技术、基于图像的技术和分布式技术等。这些不同的技术均通过常用的数据可视化工具体现出来，部分工具将复杂的技术封装到设计层面，并对上层用户屏蔽这部分复杂的操作，仅开放了相关的接口供用户调用。以下列出了一些常见的可视化工具。

1. Matplotlib

Matplotlib 是一个优秀的 Python 数据可视化第三方库，有超过 100 种数据可视化显示效果，它以各种硬复制格式和跨平台的交互式环境生成高质量的图形。通过 Matplotlib，开发者仅需要几行代码，便可以生成直方图、饼状图、条形图、散点图等多种不同形式。

2. Pyecharts

Pyecharts 是一款将 Python 与 Echarts 结合起来的强大的数据可视化工具，可实现柱状图、折线图、饼状图、地图等统计图表。此外，Pyecharts 还可以展示动态图，在线生成美观图像，并且展示数据也非常方便，当鼠标悬停在图上时，还可显示数值、标签等信息。

3. Seaborn

Seaborn 是一个基于 Matplotlib 的高级可视化效果库，它偏向于统计作图。Seaborn 中的数据来源主要是数据挖掘和机器学习中的变量特征爬取。相比 Matplotlib，其语法相对简化，绘图时无须过多修饰，但是绘图方式有局限性，不够灵活。

4. Bokeh

Bokeh 是基于 JavaScript 实现的交互可视化库，它可以在 Web 浏览器中实现美观的视觉效果。但是它的版本时常更新，有时语法不能向下兼容。此外，它的语法比较晦涩，对新手来说不够友好。

5. Plotly

Plotly 是一个可视化交互库。它不仅支持 Python 语言，还支持 R 语言。Plotly 的优点是能提供 Web 在线交互服务，而且配色也很专业。Plotly 强大的交互功能对数据分析师非常友好。

目前流行的可视化工具非常多，本节仅列出了一些常用的工具，第 9～10 章将详细介绍 Matplotlib 和 Pyecharts 的使用方法，并给出一些常见的案例。

1.4 相关网络技术简介

1.4.1 HTTP

1. HTTP 简介

HTTP（HyperText Transfer Protocol，超文本传输协议）是 Internet 上应用最为广泛的一种网络传输协议，所有的 WWW 文件都必须遵守这个标准。

HTTP 使用统一资源标识符（Uniform Resource Identifiers，URI）来传输数据和建立连接。HTTP 的工作原理如下：HTTP 工作于客户/服务器（C/S）架构上，浏览器作为 HTTP 客户端，通过网络地址向 HTTP 服务器端即 Web 服务器发送所有请求，Web 服务器根据接收到的请求，向客户端发送响应信息。

常见的 Web 服务器有 Apache 服务器、IIS 服务器等。

HTTP 默认端口号为 80，但是也可以改为 8080 或者其他端口。HTTP 中，需要注意以下事项。

① HTTP 是无连接的：无连接的含义是限制每次的连接，而且只处理一个请求。Web 服务器处理完客户端的请求，收到客户端的应答后，即断开连接。采用这种方式可以节省传输时间。

② HTTP 是媒体独立的：这意味着只要客户端和 Web 服务器知道如何处理数据，任何类型的数据都可以通过 HTTP 发送。

③ HTTP 是无状态的：HTTP 协议是无状态协议。无状态是指协议对于事务处理没有记忆能力。它意味着如果后续处理需要前面的信息，它必须重新传输一次，这样可能导致每次连接传输的数据量增大。另一方面，在 Web 服务器不需要前序信息时，它的应答较快。

2. HTTP 结构

HTTP 基于客户/服务器架构，通过一个可靠的链接来交换信息，是一个无状态的请求/响应协议。

一个 HTTP 客户端是一个应用程序（Web 浏览器或其他客户端），通过连接到服务器端，达到向服务器端发送一个或多个 HTTP 的请求的目的。一个 HTTP 服务器端同样也是一个应用程序，它接收客户端的请求并向客户端发送 HTTP 响应数据。

一旦建立连接后，数据消息就通过类似 Internet 邮件所使用的格式和多用途 Internet 邮件扩展的形式来传送。

客户端发送一个 HTTP 请求到服务器端的请求消息包括：请求行、请求头部、空行和请求数据 4 部分。HTTP 响应也由 4 部分组成，分别是状态行、消息报头、空行和响应正文。图 1-1 是 HTTP 响应消息的结构。

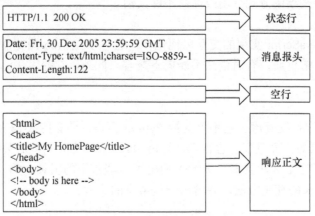

图 1-1　HTTP 响应消息的结构

根据 HTTP 标准，HTTP 可以使用多种请求方法。HTTP1.0 定义了 3 种请求方法：GET、POST 和 HEAD 方法。HTTP1.1 新增了 6 种请求方法：OPTIONS、PUT、PATCH、DELETE、TRACE 和 CONNECT 方法。现有的 HTTP 请求方法如表 1-1 所示。

表 1-1　HTTP 请求方法

序号	方法	描述
1	GET	请求指定的页面信息，返回实体主体
2	HEAD	类似于 GET 请求，返回的响应中没有具体的内容，用于获取消息报头
3	POST	向指定资源提交数据处理请求。数据被包含在请求体中。POST 请求可能导致新的资源的建立，或已有资源的修改
4	PUT	从客户端向服务器端传送的数据将取代指定的文档内容

续表

序号	方法	描述
5	DELETE	请求服务器端删除指定的页面
6	CONNECT	HTTP1.1 协议中预留给能够将连接改为管道方式的代理服务器
7	OPTIONS	允许客户端查看服务器的性能
8	TRACE	回显服务器端收到的请求，主要用于测试或诊断
9	PATCH	对 PUT 方法的补充，用来对已知资源进行局部更新

3．HTTP 状态码

当访问一个网页时，浏览者的浏览器会向网页所在服务器发出请求。在浏览器接收反馈信息、显示网页之前，此网页所在的服务器会返回一个包含 HTTP 状态码的信息头（Server Header），用以响应浏览器的请求，其中包含 HTTP 状态码（HTTP Status Code）。下面列出了几个常见的 HTTP 状态码。

- 200：请求成功。
- 201：请求完成，创建了新资源。新创建资源的 URI 可在响应的实体中得到。
- 300：该状态码不被 HTTP1.0 的应用程序直接使用，只是作为 3**类型回应的默认解释。此时存在多个可用的被请求资源。
- 301：资源（网页等）被永久转移到其他 URL。
- 404：请求的资源（网页等）不存在。
- 500：内部服务器错误。

HTTP 状态码由 3 个十进制数字组成，第一个十进制数字定义了状态码的类型，后两个数字用于分类。HTTP 状态码共分为 5 种类型，如表 1-2 所示。

表 1-2　HTTP 状态码分类

分类	分类描述
1**	服务器收到信息请求，需要请求者继续执行操作
2**	成功，操作被成功接收并处理
3**	重定向，需要进一步的操作以完成请求
4**	客户端错误，请求包含语法错误或无法完成请求
5**	服务器错误，服务器在处理请求的过程中发生了错误

1.4.2　HTML

1．HTML 简介

HTML（Hyper Text Marked Language，超文本置标语言）是一种标识性的语言，包括一系列标签，通过这些标签可以将网络上的文档格式统一，使分散的 Internet 资源链接为一个逻辑整体。

HTML 独立于各种操作系统平台（如 UNIX、Windows 等），它可以将所需要表达的信息按某种规则写成 HTML 文件，通过专用的浏览器来识别，并将这些 HTML 文件"翻译"成可以识别的信息，即网页，因此，HTML 文档也称为 Web 页面。

网页的本质就是 HTML，结合使用其他的 Web 技术，可以创造出功能强大的网页。因此，HTML 是万维网编程的基础，也就是说万维网是建立在 HTML 基础之上的。

HTML 在 Web 迅猛发展的过程中起着重要作用，有着非常重要的地位。但它的制作方法并不复杂，而且其功能强大，支持不同数据格式的文件，主要特点如下。

① 简易性：采用超集方式，更加灵活方便。
② 可扩展性：具备加强功能，采取子类元素的方式，为系统的可扩展性带来保证。
③ 平台无关性：可以使用在多种平台上。

④ 通用性：HTML 是一种简单、通用的置标语言。它允许网页制作者建立文本与图片相结合的复杂页面，这些页面可以直接通过浏览器进行访问。

2．HTML 文档结构

HTML 文档是由各种 HTML 元素组成的，如 html 元素（HTML 文档根元素）、head（HTML 头部）元素、body（HTML 主体）元素、title（HTML 标题）元素和 p（段落）元素等，这些元素都是通过尖括号"<>"组成的标签形式来表现的。实际上，HTML 文档内容就是标签、元素和属性。下面列出 HTML 文档的基本程序结构：

```
<html>
    <head>
        <title>页面标题</title>
    </head>
    <body>
        <h1>这是一个标题</h1>
        <p>这是第一个段落</p>
        <p>这是第二个段落</p>
    </body>
</html>
```

可以看出，一个 HTML 文档至少由<head>和<body>两部分构成，其中每个部分含有一些特定的标签，如<h>、<p>等。

表 1-3　常见的 HTML 元素中的标签

标签	描述
<!DOCTYPE>	定义文档类型
<html>	定义一个 HTML 文档
<title>	定义一个标题
<body>	定义文档的主体
<h1>…<h6>	定义 HTML 标题
<p>	定义一个段落
 	定义简单的换行
<hr>	定义水平线
<!--…-->	定义一个注释

（1）HTML 元素

HTML 元素是组成 HTML 文档最基本的部件，它是通过标签来表现的。一般来说，HTML 元素指的是从开始标签（start tag）到结束标签（end tag）的所有代码。元素的内容是开始标签与结束标签之间的内容。大多数 HTML 元素可以拥有属性，允许某些 HTML 元素具有空白的内容。

表 1-3 列出了常见的 HTML 元素中的标签。

【例 1-1】HTML 元素的使用。

```
<!DOCTYPE html>
<html>
<body>
<p>这是1个段落。</p>
</body>
</html>
```

例 1-1 中包含 3 个元素，分别被（<html>，</html>）、（<body>，</body>）和（<p>，</p>）标签包裹。

除文档元素<html>外，其他 HTML 元素都被嵌套在另一个元素之内。在例 1-1 中，<html>是最外层元素，也称为根元素。<body>元素嵌套在<html>元素内。<body>元素内又嵌套了<p>元素。HTML 中的元素可以多级嵌套，但是不能互相交叉。

在 HTML 中，没有内容的 HTML 元素被称为空元素。空元素是在其开始标签中关闭的。例如，
就是没有关闭标签的空元素。在其开始标签中添加斜杠，如
，才是关闭空元素的正确方法，HTML 和 XML 都接受这种关闭方式。因此，即使
标签在所有浏览器中都是有效的，但
才是更为标准的编程方法。

（2）HTML 属性

在 HTML 元素中可以设置属性，即在元素中添加附加信息，属性一般描述于开始标签中。一般来说，属性以"名称/值"对的形式出现，例如，name="value"。

元素中设置的属性提供了 HTML 元素的描述和控制信息，借助于元素属性，HTML 网页才会展现丰富多彩且格式美观的内容。

例如，要设置<p>元素中文字内容的颜色为红色，字号为 20px，可以在<p>元素的尖括号内添加内容：style="color:#ff0000;font-size:20px"，浏览器就会按照设定的效果来显示内容。

表 1-4 列出了常见的 HTML 元素属性。

表 1-4 常见 HTML 元素属性

属性	描述
accesskey	设置访问元素的键盘快捷键
class	规定元素的类名
contenteditable	规定是否可编辑元素的内容
contextmenu	指定一个元素的上下文菜单。当用户右击该元素时，出现上下文菜单
data-	用于存储页面的自定义数据
dir	设置元素中内容的文本方向
draggable	指定某个元素是否可以拖动
dropzone	指定是否将数据复制、移动、链接、删除
hidden	对元素进行隐藏
id	元素的唯一 id
lang	设置元素中内容的语言代码
spellchec	检测元素是否拼写错误
style	规定元素的行内样式
tabindex	设置元素的 Tab 键控制次序
title	规定元素的额外信息
translate	指定一个元素的值在页面载入时是否需要翻译

（3）HTML 标题

在 HTML 文档中，标题是通过<h1>…<h6>标签进行定义的。<h1>定义最大的标题，<h6>定义最小的标题。

【例 1-2】在 HTML 中定义不同级别的标题。

```
<!DOCTYPE html>
<html>
<head>
<meta charset="utf-8">
<title>HTML标题</title>
</head>
<body>
<h1>这是h1标题</h1>
<h3>这是h3标题</h3>
<h5>这是h5标题</h5>
</body>
</html>
```

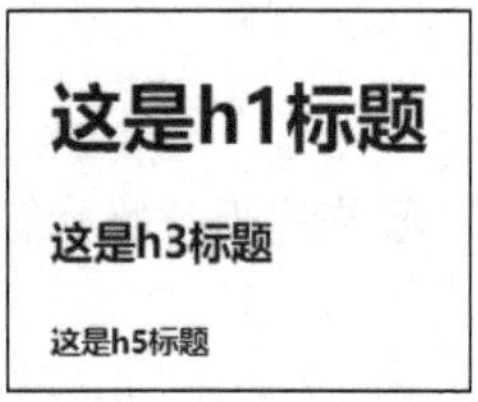

图 1-2 例 1-2 运行结果

例 1-2 中，<body>中添加了<h1>、<h3>和<h5>标签，运行结果如图 1-2 所示。可以看出，页面中显示了 h1、h3 和 h5 标题信息，当标题级别不同时，标题大小也不相同。

（4）HTML 段落

HTML 可以将文档分割为若干段落。段落是通过<p>标签定义的。

【例 1-3】显示不同的 HTML 段落。

```
<!DOCTYPE html>
<html>
<head>
<meta charset="utf-8">
<title>示例：段落</title>
</head>
<body>
<p>这是段落1</p>
<p>这是段落2</p>
</body>
</html>
```

例 1-3 中，<body>中添加了两个<p>标签，并列设置了两个段落。运行结果如图 1-3 所示。可以看出，两个段落的信息得到正常的显示。

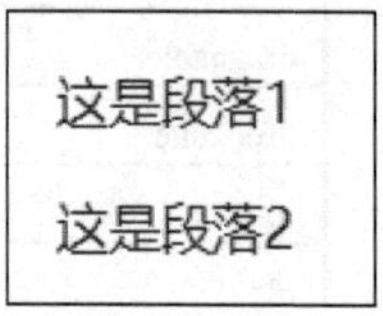

（5）HTML 超链接

HTML 使用<a>标签设置超文本链接。超链接可以是 1 个字、1 个词或者 1 组词，也可以是 1 幅图像，单击这些内容，则跳转到新的文档或者当前文档中的某个部分。

图 1-3 例 1-3 运行结果

在标签<a>中使用 href 属性来描述链接的地址。在默认情况下，链接将以下面的形式出现在浏览器中：

- 一个未访问过的链接显示为蓝色并带有下画线；
- 访问过的链接显示为紫色并带有下画线；
- 单击链接时，链接显示为红色并带有下画线。

链接的 HTML 代码很简单。例如：<a href="url">链接内容</a>，其中 href 属性描述了链接的目标。

（6）HTML 布局

大多数网站会把内容安排到多个列中，可以使用<div>标签来创建多个列。

<div>标签可定义文档中的分区或节，它可以把文档分割为独立的、不同的部分，也可以用作严格的组织工具，并且不使用其他格式与其关联。

同时<div>还是一个块级别的元素，它的内容将开始一个新行。可以通过<div>的 class 或 id 应用额外的样式，还可以对同一个<div>标签应用 class 或 id 属性，class 用于元素组，而 id 用于标识唯一的元素。

1.4.3　XML

1. XML 简介

XML 的全称是可扩展置标语言（EXtensible Markup Language）。XML 是一种类似 HTML 的置标语言，它的设计宗旨是有效地传输数据，而不是显示数据。在 XML 中，标签没有被预定义，因此需要自行定义标签，因此 XML 可以被设计为具有自我描述性。

需要说明的是，XML 不是 HTML 的替代品。两者存在本质的区别：XML 一般用于传输和存储数据，其焦点是数据的内容。HTML 一般用于显示数据，其焦点是数据的外观。HTML 旨在显示信息，而 XML 旨在传输信息。

XML 应用于 Web 开发的许多方面，具体应用如下：
- 分离 HTML 数据；
- 简化数据共享；
- 简化数据传输；
- 简化平台变更；
- 提升数据有效性；
- 创建新的互联网语言。

2. XML 树状结构

XML 文档形成了一种树状结构，它必须包含根元素。根元素是剩余其他元素的父元素。XML 文档中的所有元素形成了一棵文档树，这棵树从根元素开始组合，逐渐扩展到树的底端元素。

【例 1-4】 在 XML 文档中设计具有自我描述性的信息。

```xml
<?xml version="1.0" encoding="UTF-8"?>
<note>
<to>Tom</to>
<from>Janny</from>
<heading>Reminding me</heading>
<body>Don't forget the paper!</body>
</note>
```

例 1-4 中，第 1 行<?xml version="1.0" encoding="UTF-8"?>是 XML 的声明，它定义了 XML 的版本（1.0）和所使用的编码（UTF-8）。第 2 行使用<note>描述文档的根元素。第 3～6 行描述根元素的 4 个子元素（to、from、heading 及 body），分别包含描述性的信息。在最后一行定义根元素的结尾：</note>。

3. XML 元素

XML 元素指的是从开始标签直到结束标签的所有代码。一个 XML 元素可以包含其他元素、文本、属性及上述项的组合。

XML 元素必须遵循以下命名规则：
- 名称可以包含字母、数字及其他的字符；
- 名称不能以数字或者标点符号开始；
- 名称不能以字母"xml"（或者 XML、Xml 等）开始；
- 名称不能包含空格；
- 名称不能包含保留的字词。

【例 1-5】 在 XML 中描述一本书的实例，实例中的根元素是<shop>，文档中的所有<book>元素都被包含在<shop>元素中。<book>元素共有 4 个子元素：<title>、<author>、<year>和<price>。具体实现代码如下：

```xml
<shop>
    <book category="SCIENCE">
        <title lang="en"> Angels and Demons </title>
        <author> Dan Brown</author>
        <year>2003</year>
```

```
            <price>6.99</price>
        </book>
        <book category="CHILDREN">
            <title lang="en"> Happy Birth Day </title>
            <author>A XIN</author>
            <year>2006</year>
            <price>32.00</price>
        </book>
        <book category="CODE">
            <title lang="en"> Effective Python </title>
            <author> Brett Slatkin</author>
            <year>2016</year>
            <price>59.00</price>
        </book>
</shop>
```

例 1-5 中，<shop>和<book>都是元素，而且它们都包含其他元素。<book>元素也有属性，例如，category="SCIENCE"、category="CHILDREN"等，而且每个 category 中还存在<title>、<author>、<year>和<price>等文本内容。

3. XML 属性

在 XML 中，属性（Attribute）提供有关元素的额外信息。属性通常提供的是不属于数据组成部分的信息。在下面的实例中，文件类型与数据无关，但是对需要处理这个元素的软件来说却很重要：

```
<file type="gif">python.gif</file>
```

需要注意的是，属性值必须被引号包围，单引号和双引号均可使用。例如，如果需要描述性别属性，person 元素可以写为：

```
<person sex="male">
```

或

```
<person sex='male'>
```

如果属性值本身就包含双引号，则可以在最外层使用单引号，例如：

```
< person name='Geo "Shot" Zie'>
```

在 XML 中，元素和属性的使用场景并没有明文规定，以用户的使用习惯和操作便利为前提，用户可以自由选择使用元素或者属性。

【例 1-6】为 person 元素设置 sex 属性。

```
<person sex="male">
<firstname>John</firstname>
<lastname>Tom</lastname>
</person>
```

【例 1-7】为 person 元素设置 sex 元素。

```
<person>
<sex> male </sex>
<firstname> John </firstname>
<lastname> Tom </lastname>
</person>
```

例 1-6 中，sex 是 person 元素的一个属性；而例 1-7 中，sex 是一个元素。但是这两个实例都提供了相同的信息。

1.4.4 JSON

JSON（JavaScript Object Notation）是一种轻量级的数据交换格式。JSON 格式易于用户阅读和编写，同时也易于机器的语义解析和内容生成。JSON 采用完全独立于语言的文本格式，同时使用了类似于 C 语言的习惯。这些特性使 JSON 格式成为理想的数据交换语言。

1. JSON 结构

JSON 主要有以下两种结构。

（1）"名称/值"对的集合（A collection of name/value pairs）

不同编程语言中，它被理解为对象（object）、记录（record）、结构（struct）、字典（dictionary）、哈希表（hash table）、有键列表（keyed list），或者关联数组（associative array）。对象是 JSON 中的常见形式，是一个无序的"名称/值"对集合。一个对象以左花括号"{"开始，以右花括号"}"结束。每个名称后紧跟一个冒号"："，"名称/值"对之间使用逗号","分隔。

（2）值的有序列表（An ordered list of values）

很多编程语言中，列表以数组（array）的形式存在。数组也是 JSON 中的一种常见形式，它是值（value）的有序集合。一个数组以左方括号"["开始，以右方括号"]"结束。值之间使用逗号","分隔。

值（value）可以是由双引号括起来的字符串（string）、数值（number）、true、false、null、对象（object）或数组（array）。当然，这些结构也是可以嵌套的。

事实上，大部分现代计算机语言都支持 JSON 格式，这使得一种数据格式在同样基于这些结构的编程语言之间的信息交换成为可能。

【例 1-8】 JSON 结构典型实例。

```
{
"skill": {
    "python": [{
                "name": "numpy",
                "year": "4"
            },
            {
                "name": "pandas",
                "year": "3"
            }
    ],
    "database": [{
                "name": "matplotlib",
                "year": "3"
            }]
    }
}
```

在例 1-8 中，skill 是名称，其后的一对{}中是它对应的值，很明显它是一个复杂的对象。在这个对象中，还有两组"名称/值"对，名称分别是 python 和 database。其中 python 名称对应的值用[]包围，因此它的值是一个数组，数组中用逗号分隔了两个元素，每个元素都是一个对象。database 名称对应的值同样是数组，数组内仅含有一个对象。由上述实例可知，JSON 对象具有丰富的表达形式，应用非常灵活。

2. JSON 和 XML 的对比

本节将对 JSON 和 XML 的优缺点进行对比,主要有以下几个方面。

① 可读性方面。JSON 和 XML 的数据可读性基本相同。

② 可扩展性方面。JSON 和 XML 都具有很好的扩展性。

③ 编码难度方面。XML 有丰富的编码工具,如 Dom4j、JDom 等;JSON 也有 json.org 提供的工具,但 JSON 的编码比 XML 容易许多。

④ 解码难度方面。解析 XML 时需要考虑子节点、父节点等,而解析 JSON 的难度几乎为 0。

⑤ 流行度方面。XML 已经被业界广泛使用,而 JSON 的应用才刚刚开始,但是在 Ajax 这个特定的领域,JSON 的使用频率更高一些。

⑥ 解析手段方面。JSON 和 XML 同样拥有丰富的解析手段。

⑦ 数据体积方面。相对于 XML,JSON 数据的体积小,传输的速度更快。

⑧ 数据交互方面。JSON 与 JavaScript 的交互更加方便,更容易处理解析问题,从而实现更友好的数据交互。

⑨ 数据描述方面。JSON 对数据的描述性比 XML 稍差。

⑩ 传输速度方面。JSON 的传输速度要远远快于 XML。

1.4.5 JavaScript

JavaScript 是一种具有函数优先特性的轻量级、解释型、即时编译型的编程语言。它是基于原型编程、多范式的动态脚本语言,并且支持面向对象、命令式和声明式(如函数式编程)风格。JavaScript 是互联网上最流行的脚本语言之一,这门语言可用于 HTML 和 Web 中,插入 HTML 页面后,可被所有的流行浏览器执行。

1. JavaScript 用法

如果需要在 HTML 页面中插入 JavaScript,则可以使用<script>标签。<script>和</script>标志着在何处开始、在何处结束。

【例 1-9】在<script>和</script>之间添加 JavaScript。代码如下:

```
<script>
alert("this is the first JavaScript");
</script>
```

此外,还可以在 HTML 文档中放入不限数量的脚本。脚本可位于 HTML 的<body>或<head>部分中,或者同时存在于两部分中。

通常采取的方法是把函数放入<head>中,或者放在页面底部,这样就可以把这些脚本都安置到同一位置,方便管理且不会干扰页面的内容。

【例 1-10】设计一个脚本,实现在单击按钮时调用指定的函数。

```
<!DOCTYPE html>
<html>
<head>
<meta charset="utf-8">
<title>My JavaScript </title>
<script>
function myFunction(){
    document.getElementById("demo").innerHTML="JavaScript 函数";
}
</script>
```

```
</head>
<body>
<h1>这是一个 Web 页面</h1>
<p id="demo">这是一个段落。</p>
<button type="button" onclick="myFunction()">请单击这里</button>
</body>
</html>
```

例 1-10 中，定义了一个 JavaScript 函数：myFunction()，该函数的功能是显示："JavaScript 函数"。把这个函数放置到 HTML 页面的<head>部分，当单击页面上的按钮时，将执行 document.getElementById("demo").innerHTML="JavaScript 函数"，此时页面显示内容将由图 1-4（a）切换为图 1-4（b）。

（a）单击按钮之前　　　　　　　（b）单击按钮之后

图 1-4　例 1-10 运行结果

2．外部脚本

JavaScript 脚本还可以放置于外部文件中。外部脚本非常实用，常见的应用场景是将相同的脚本复用于许多不同的网页中。

【例 1-11】设计一个可复用的外部脚本，文件名为 firstScript.js，文件内容如下：

```
function firstFunction() {
    document.getElementById("demo").innerHTML = "this is the first script.";
}
```

例 1-11 中，设计了一个外部脚本文件，可以直接在网页中引入这个文件。需要说明的是，JavaScript 文件的文件扩展名是"*.js"。如需在页面中使用外部脚本，应在<script>标签的 src 属性中设置脚本的名称，具体设置方法如下：

```
<script src="firstScript.js"></script>
```

可以在<head>或<body>中放置外部脚本引用。此时，外部脚本的表现与它被置于<script>标签中是一样的。但需要注意的是，外部脚本不能包含<script>标签。

外部脚本的优势在于：它分离了 HTML 和其他代码，使得 HTML 和 JavaScript 更易于阅读和维护，同时保证已缓存的 JavaScript 文件加速加载页面。

3．JavaScript 数据类型

在 JavaScript 中，值的基本类型有字符串（String）、数字（Number）、bool 值（Boolean）、空（Null）、未定义（Undefined）、Symbol。属于引用数据类型有对象（Object）、数组（Array）、函数（Function）。

JavaScript 拥有动态类型，这意味着相同的变量可用作不同的类型。

【例 1-12】变量定义示例。

```
var x;              // x为undefined
var x = 4;          //现在x为数字
var x = "Jonny";    //现在x为字符串
```

字符串是存储字符的变量，它可以是引号中的任意文本，这里可以使用单引号或双引号。

【例1-13】在字符串中使用引号。

```
var carname="YOLO XC60";
var carname=' YOLO XC60';
```

由例1-13可知，在字符串中使用引号时，不用区分单引号还是双引号，前提是不能匹配包围字符串的引号。

【例1-14】在字符串中包含引号。

```
var name="right";
var name ="She is called 'YOLO'";
var name =' She is called " YOLO "';
```

由例1-14可知，当字符串内容包含引号时，需要交替使用单引号或者双引号。

【例1-15】数字类型示例。

```
var x=314.00;        //使用小数点来写
var x=314;           //不使用小数点来写
```

JavaScript中只有一种数字类型。由例1-15可知，数字可以带小数点，也可以不带。

【例1-16】科学记数法示例。

```
var x=126e4;         // 1260000
var x=126e-4;        // 0.0126
```

由例1-16可知，极大或极小的数字可以通过科学记数法来书写。

【例1-17】bool值示例。

```
var x=true;
var x=false;
```

bool（逻辑）值只能有两个值：true或false。

在使用JavaScript数组时，可以设计下面的代码创建名为cars的数组。

【例1-18】创建名为cars的数组。

方法1：

```
var cars=new Array();
cars[0]="BYD";
cars[1]="BENZ";
cars[2]="BMW";
```

方法2：

```
var cars=new Array("BYD "," BENZ ","BMW");
```

方法3：

```
var cars=[" BYD "," BENZ ","BMW"];
```

在例1-18中，使用了3种不同的方法创建cars数组。这3种方法是等价的，读者可以自行选择实现方法。

【例1-19】定义JavaScript对象。

```
var person={firstname:"Tom", lastname:"Doey", id:12};
```

JavaScript对象由花括号分隔。在括号内部，对象的属性以"名称/值"对的形式(name: value)来定义。属性之间由逗号分隔。例1-19中，对象person有3个属性：firstname、lastname及id。

【例1-20】对象属性寻址方式。

```
name=person. firstname;
name=person["firstname"];
```

由例1-20可知，对象的属性寻址有两种方式：第一种方式使用"."，第二种方式使用"[]"，输入属性名称即可。

【例 1-21】声明新变量。

```
var str= new String;
var num= new Number;
var bol= new Boolean;
var cars= new Array;
var book= new Object;
```

例 1-20 声明了若干新变量。新变量的声明可以使用关键词"new"来实现，其后紧跟常见的数据类型，如 String、Array 等。

1.4.6 正则表达式

正则表达式（Regular Expression）描述了一种字符串匹配的模式，可以用来检查一个字符串中是否含有某个子字符串、替换某个匹配的子字符串或者从某个字符串中取出符合某个条件的子字符串等。

目前，正则表达式已经在很多平台中得到了广泛的应用，例如，Linux、UNIX 等操作系统，PHP、C#、Java 等语言，以及大量的应用软件中，都可以看到正则表达式的身影。

使用正则表达式，可以用来测试字符串内的模式。例如，可以测试输入字符串内是否出现电话号码模式或信用卡号码模式，即实现数据验证。也可以替换文本，例如，使用正则表达式来识别文档中的特定文本，完全删除该文本或者用其他文本替换它。此外，还可以基于模式匹配从字符串中爬取子字符串，例如，可以查找文档内或输入域内特定的文本。

1．正则表达式语法

正则表达式是由普通字符（如字符 a～z）及特殊字符（元字符）组成的文字模式。构造正则表达式的方法和创建数学表达式的方法一样，就是利用多种元字符与运算符，将小的表达式结合在一起，创建更复杂的表达式。正则表达式的组件可以是单个字符、字符集合、字符范围、字符间的选择或者上述组件的任意组合。

正则表达式作为一个模板，将某个字符模式与所搜索的字符串进行匹配。

（1）普通字符

普通字符包括没有被显式指定为元字符的所有可打印和不可打印字符，包括所有大写和小写字母、所有数字、所有标点符号。

（2）非打印字符

非打印字符也可以是正则表达式的组成部分。表 1-5 列出了表示非打印字符的转义序列。

表 1-5 非打印字符的转义序列

字符	描　　述
\cx	匹配由 x 指明的控制字符。例如，\cM 匹配一个 Control+M 或回车符。x 的值必须为 A～Z 或 a～z 之一，否则将 c 视为一个原义的'c'字符
\f	匹配一个换页符，等价于\x0c 和\cL
\n	匹配一个换行符，等价于\x0a 和\cJ
\r	匹配一个回车符，等价于\x0d 和\cM
\s	匹配任何空白字符，包括空格、制表符、换页符等，等价于[\f\n\r\t\v]
\S	匹配任何非空白字符，等价于[^ \f\n\r\t\v]
\t	匹配一个制表符，等价于\x09 和\cI
\v	匹配一个垂直制表符，等价于\x0b 和\cK

（3）特殊字符

特殊字符是一些有特殊含义的字符，例如，特殊字符"*"表示任何字符串。如果需要查找字符串中的"*"符号，则需要对"*"进行转义。许多元字符要求在匹配它们时进行特殊处理，即对字符进行转义。转义的方法是：将反斜杠"\"放在字符前面。表 1-6 列出了正则表达式中的特殊字符。

表 1-6 特殊字符

特殊字符	描述
$	匹配输入字符串的结尾位置。如果设置了 Multiline 属性，则$也可以匹配"\n"或"\r"。要匹配"$"字符本身，应使用"\$"
( )	标记一个子表达式的开始和结束位置。要匹配这些字符，应使用"\"
*	匹配前面的子表达式 0 次或多次。要匹配"*"字符，应使用"*"
+	匹配前面的子表达式 1 次或多次。要匹配"+"字符，应使用"\+"
.	匹配除换行符\n之外的任何单字符。要匹配"."，应使用"\."
[	标记一个方括号表达式的开始。要匹配"["，应使用"\["
?	匹配前面的子表达式 0 次或 1 次，或指明一个非贪婪限定符。要匹配"?"字符，应使用"\?"
\	将下一个字符标记为特殊字符或原义字符或向后引用或八进制转义符
^	匹配输入字符串的开始位置，除非在方括号表达式中使用。当该符号在方括号表达式中使用时，表示不接受该方括号表达式中的字符集合。要匹配"^"字符本身，应使用"\^"
{	标记限定符表达式的开始。要匹配"{"，应使用"\{"
|	指明两项之间的一个选择。要匹配"|"，应使用"\\|"

（4）限定符

限定符用来指定正则表达式的一个给定组件必须要出现多少次才能满足匹配，有*、+、?、{n}、{n,}、{n,m}共 6 种形式。限定符出现在范围表达式之后。因此，它可以应用于整个范围表达式。

需要注意的是，"*"和"+"限定符都是贪婪的，它们会尽可能多地匹配文字，如果在它们的后面加上一个"?"，就可以将表达式从贪婪表达式转换为非贪婪表达式，或者实现最小匹配。正则表达式的限定符如表 1-7 所示。

表 1-7 限定符

限定符	描述
*	匹配前面的子表达式 0 次或多次
+	匹配前面的子表达式 1 次或多次
?	匹配前面的子表达式 0 次或 1 次
{n}	n 是非负整数。匹配确定的 n 次
{n,}	n 是非负整数。至少匹配 n 次
{n,m}	m 和 n 均为非负整数，其中 $n \leq m$。最少匹配 n 次且最多匹配 m 次

（5）定位符

定位符能够将正则表达式固定到行首或行尾。正则表达式还可以表达为这种形式：正则表达式出现在一个单词内、在一个单词的开头或者在一个单词的结尾。定位符用来描述字符串或单词的边界，"^"和"$"分别指字符串的开始与结束，"\b"描述单词的前边界或后边界，"\B"表示非单词边界。

需要注意的是，不能将限定符与定位符一起使用。由于紧靠换行、单词边界的前面或后面不能有一个以上的位置，因此不允许出现类似"^*"的表达式。若匹配一行文本开始位置的文本，则需要在正则表达式的一开始就使用"^"字符。若匹配一行文本结束处的文本，则需要在正则表达式的结束处使用"$"字符。

正则表达式的定位符如表 1-8 所示。

表 1-8　定位符

定位符	描　　述
^	匹配输入字符串开始的位置。如果设置了 Multiline 属性，"^"还会与"\n"或"\r"之后的位置匹配
$	匹配输入字符串结尾的位置。如果设置了 Multiline 属性，"$"还会与"\n"或"\r"之前的位置匹配
\b	匹配一个单词边界，即单词与空格之间的位置
\B	非单词边界匹配

2. 正则表达式在 Python 中的使用

自 Python 1.5 版本起增加了正则表达式 re 模块，它提供 Perl 风格的正则表达式模式。re 模块使 Python 语言拥有全部的正则表达式功能。模式和被搜索的字符串既可以是 Unicode 字符串，也可以是 8 位字节串。但是，Unicode 字符串与 8 位字节串不能混用，当进行替换时，替换字符串的类型也必须与所用的模式和搜索字符串的类型一致。

正则表达式使用反斜杠（\）来表示特殊的形式，或者把特殊字符转义成普通字符。对于正则表达式样式，Python 代码中通常都会使用原始字符串表示法。在带有'r'前缀的字符串中，反斜杠不必做任何特殊处理。因此，r"\n"表示包含'\'和'n'两个字符的字符串，而"\n"表示只包含一个换行符的字符串。

re 模块也提供了与这些方法功能完全一致的函数，这些函数使用一个模式字符串作为它们的第一个参数。本节主要介绍 Python 中常用的正则表达式处理函数。

（1）re.match 函数

re.match 尝试从字符串的起始位置匹配一个模式，匹配成功时，match 返回一个匹配的对象，否则返回 None。

函数语法：

```
re.match(pattern, string, flags=0)
```

参数说明：

- pattern：匹配的正则表达式。
- string：要匹配的字符串。
- flags：标志位，用于控制正则表达式的匹配方式，如是否区分大小写、多行匹配等。

【例 1-22】re.match 函数示例。

```
>>> import re
>>> print(re.match('www', 'www.python.com').span())
>>> print(re.match('com', 'www.python.com'))
```

上述实例执行结果如下：

```
(0, 3)
None
```

例 1-22 中，re.match('www', 'www.python.com')从起始位置开始匹配字符串'www'，此时是可以匹配到的。re.match('com', 'www.python.com')则从起始位置开始匹配字符串'com'，此时是无法匹配到的，因此显示结果为 None。

（2）re.search 函数

re.search 扫描整个字符串并返回第一个成功的匹配，如果找到，则直接返回，否则返回 None。

函数语法：

re.search(pattern, string, flags=0)

函数参数与 re.match 函数的相同，此处不再赘述。

【例 1-23】re.search 函数示例。

>>> import re
>>> print(re.search('www', 'www.python.com').span())
>>> print(re.search('com', 'www.python.com').span())

上述实例执行结果如下：

(0, 3)
(11, 14)

例 1-23 中，re.search('www', 'www.python.com')扫描全部字符串，匹配字符串'www'，此时是可以匹配到的。同理，re.search('com', 'www.python.com')也可以匹配到字符串'com'。

需要注意的是，re.match 与 re.search 的区别如下：re.match 只匹配字符串的开始，如果字符串开始不符合正则表达式，则匹配失败，函数返回 None；而 re.search 匹配整个字符串，直到找到一个匹配。

（3）re.sub 函数

re.sub 用于替换字符串中的匹配项。

函数语法：

re.sub(pattern, repl, string, count=0, flags=0)

参数说明：

- pattern：正则表达式中的模式字符串。
- repl：替换的字符串，也可为一个函数。
- string：要被查找替换的原始字符串。
- count：模式匹配后替换的最大次数，默认值为 0，表示替换所有的匹配。

【例 1-24】re.sub 函数示例。

>>> import re
>>> phone = "1394-959-559 # 这是一个手机号码"
>>> num = re.sub(r'#.*$', "", phone)
>>> print("手机号码是: ", num)
>>> num = re.sub(r'\D', "", phone)
>>> print("手机号码是 : ", num)

上述实例执行结果如下：

手机号码是：　1394-959-559
手机号码是 ：　1394959559

例 1-24 中，re.sub(r'#.*$', "", phone)可以删除字符串中的 Python 注释。re.sub(r'\D', "", phone)用于删除非数字的字符串。

（4）re.findall 函数

re.findall 用于在字符串中找到正则表达式所匹配的所有子字符串，并返回一个列表。如果没有找到匹配的，则返回空列表。

函数语法：

```
findall(string[, pos[, endpos]])
```

参数说明：
- string：要匹配的字符串。
- pos：可选参数，指定字符串的起始位置，默认值为 0。
- endpos：可选参数，指定字符串的结束位置，默认值为字符串的长度。

【例 1-25】查找字符串中的所有数字。

```
>>> import re
>>> pattern = re.compile(r'\d+')
>>> result1 = pattern.findall('python 123 python 456')
>>> result2 = pattern.findall('pyt88hon123python 456', 0, 10)
>>> print(result1)
>>> print(result2)
```

上述实例执行结果如下：

```
['123', '456']
['88', '12']
```

例 1-25 中，pattern = re.compile(r'\d+')表示设计了一个用于查找数字的 pattern，然后利用 pattern.findall('python 123 python 456')查找其中的数字，此时可以获得结果：['123', '456']。而 pattern.findall('pyt88hon123python 456', 0, 10)中，除确定要查找数字外，还固定了查找的范围是 [0,10]，因此只匹配了['88', '12']。

（5）re.split 函数

re.split 按照能够匹配的子字符串对字符串进行分割，然后返回列表。

函数语法：

```
re.split(pattern, string[, maxsplit=0, flags=0])
```

参数说明：
- pattern：匹配的正则表达式。
- string：要匹配的字符串。
- maxsplit：分割次数，默认值为 0，即不限制次数。
- flags：标志位，用于控制正则表达式的匹配方式，如是否区分大小写、多行匹配等。

【例 1-26】re.split 函数示例。

```
>>> import re
>>> p = re.compile(r'\d+')
>>> print(p.split('one11two22three33four44'))
```

上述实例执行结果如下：

```
['one', 'two', 'three', 'four', '']
```

例 1-26 中，p 是用于查找数字的模式，通过 p.split('one11two22three33four44')将待匹配字符串按照数字分割为以下内容：['one', 'two', 'three', 'four', '']。需要说明的是，返回的结果是一个列表，列表的最后一个元素是''，它也是被分割出来的内容。

1.5　Python 开发环境配置

Python 是一种高级、开源、通用的编程语言，广泛用于多个领域中。Python 最初设计为脚本可解释的语言，到目前为止，它仍然是最流行的脚本语言之一。

Python 的标准库功能强大，具有低级硬件接口、处理文件和处理文本数据等功能和特性。

在开发 Python 时，可以轻松地实现与现有应用程序的集成，甚至可以创建应用程序接口，以提供与其他应用程序和工具的接口。

目前，两个主要的 Python 版本是 2.x 和 3.x。它们非常相似，但是在 3.x 版本中出现了几个向前不兼容的变化，这导致在使用 2.x 到使用 3.x 的方法之间产生了巨大迁移。对于选择哪个版本，并没有绝对的答案。这取决于拟解决的问题、现有代码和具有的基础设施、将来如何维护代码及所有必要的依赖关系。

如果我们正在开始一个全新项目，不需要任何仅依赖于 Python 2.x 的外部程序包和库，那么建议使用 Python 3.x 启动系统开发。反之，如果项目中涉及很多外部程序包，并且可能会破坏 Python 3.x 或仅仅适用于 Python 2.x，那么就只能使用 Python 2.x。

1.5.1　在 Windows 中安装 Python

使用 Windows 操作系统的读者，可以访问 Python 的官网（https://www.python.org）下载安装包，如图 1-5 所示。

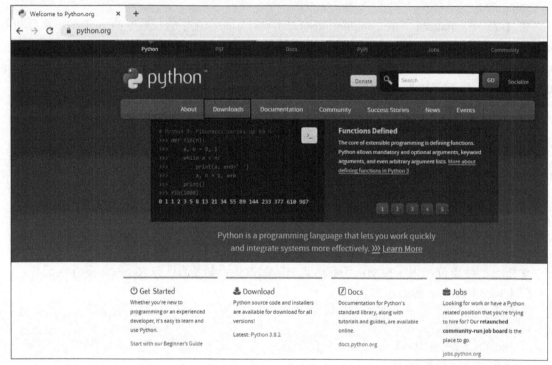

图 1-5　Python 官网

在官网主页面单击【Downloads】选项，从下拉列表中选择【Windows】，从弹出的【Download for Windows】页面中选择最新的 Python 版本下载，如图 1-6 所示，此时选择下载的 Python 版本是 Python 3.8.2。

下载完成后，双击安装程序，安装界面如图 1-7 所示。

注意：此处一定要勾选【Add Python 3.8 to PATH】复选框，然后选择【Install Now】选项，即可开始安装 Python。安装完成后，显示【Setup was successful】界面，如图 1-8 所示。此时单击【Close】按钮，关闭安装程序。

接下来检查 Python 的安装是否成功，使用组合键 Win+R 打开【运行】程序，并在【打开】文本框中输入 "cmd"，如图 1-9 所示。

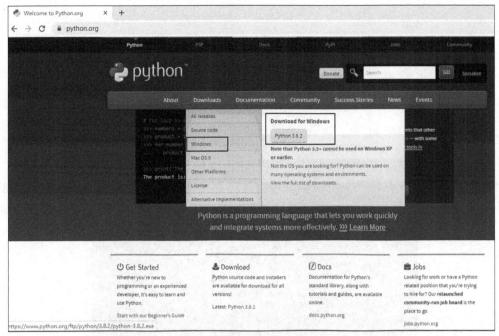

图 1-6　选择 Python 版本

图 1-7　Python 安装界面

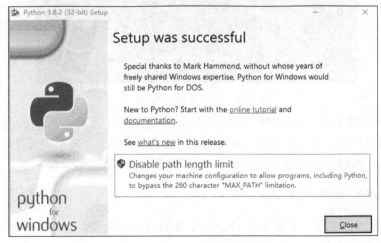

图 1-8　Python 安装完成界面

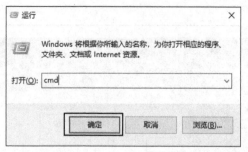

图 1-9 【运行】程序

单击【确定】按钮,打开 Windows 命令提示符(CMD)窗口,如图 1-10 所示,输入"python",并按回车键。

图 1-10 CMD 窗口

如果出现如图 1-11 所示的内容,就说明在 Windows 中的 Python 安装成功了。

图 1-11 Python 成功安装程序

在图 1-11 中出现了 3 个向右的箭头">>>",这是提示用户输入的提示符,表示进入 Python 命令行。在本章及后面章节的代码中,如果出现这样的 3 个箭头,表示代码是在图 1-11 所示窗口中直接输入的。按组合键 Ctrl+Z 后回车,可以退出 Python 命令行。

1.5.2 在 Linux 中安装 Python

Linux 的发行版本众多,本节仅以 Ubuntu 系统为例来说明如何在 Linux 中安装 Python,使用其他版本安装 Python 的方法请查阅官方说明。

Ubuntu 16.04 及其以上的版本已经默认安装了 Python 2.7 和 3.5,或者更高的 Python 版本。

如果使用较低版本的 Ubuntu，系统一般自带 Python 2。

读者可以在 Ubuntu 终端中输入“python”命令，来查看系统自带的 Python 的版本（或者使用“python -V”命令）。如图 1-12 所示，系统自带的版本为 Python 2.7.12。

```
hadoop@jianing-virtual-machine:~$ python
Python 2.7.12 (default, Apr 15 2020, 17:07:12)
[GCC 5.4.0 20160609] on linux2
Type "help", "copyright", "credits" or "license" for more in
formation.
>>> 
```

图 1-12　Ubuntu 终端中查看默认的 Python 版本

如果想查看系统是否安装了 Python 3 版本，则可以输入“python3”命令。如图 1-13 所示，系统显示已经安装了 Python 3.5.2。按组合键 Ctrl+Z，即可退出 Python 命令行。

```
hadoop@jianing-virtual-machine:~$ python3
Python 3.5.2 (default, Apr 16 2020, 17:47:17)
[GCC 5.4.0 20160609] on linux
Type "help", "copyright", "credits" or "license" for more in
formation.
>>> 
```

图 1-13　Ubuntu 终端中查看 Python 3 版本

如果当前系统自带的 Python 版本较低，或者尚未安装 Python 3，则需要在终端中输入以下几条命令来安装高版本的 Python。下面以安装 Python 3.6.1 为例介绍 Linux 下的安装方法。

安装命令如下：

```
$sudo add-apt-repository ppa:fkrull/deadsnakes
$sudo apt-get update
$sudo apt-get install python3.6 python3-dev python3-pip libxml2-dev libffi-dev libssl-dev
```

以上 3 条命令的操作过程分别如图 1-14、图 1-15 和图 1-16 所示。

```
hadoop@jianing-virtual-machine:~$ sudo add-apt-repository ppa:fkrull/deadsnakes
[sudo] hadoop 的密码:
 This repository is kept for historical purposes, but NOT UPDATED. Please use the new repository at

https://launchpad.net/~deadsnakes/+archive/ubuntu/ppa

instead!
 更多信息: https://launchpad.net/~fkrull/+archive/ubuntu/deadsnakes
按回车继续或者 Ctrl+c 取消添加

gpg: 钥匙环‘/tmp/tmpv6g94lgy/secring.gpg’已建立
gpg: 钥匙环‘/tmp/tmpv6g94lgy/pubring.gpg’已建立
gpg: 下载密钥‘DB82666C’，从 hkp 服务器 keyserver.ubuntu.com
gpg: /tmp/tmpv6g94lgy/trustdb.gpg: 建立了信任度数据库
gpg: 密钥 DB82666C: 公钥“Launchpad Old Python Versions”已导入
gpg: 合计被处理的数量: 1
gpg:               已导入: 1  (RSA: 1)
OK
```

图 1-14　安装命令 1

```
hadoop@jianing-virtual-machine:~$ sudo apt-get update
命中:1 http://archive.ubuntukylin.com:10006/ubuntukylin trusty InRelease
命中:2 http://cn.archive.ubuntu.com/ubuntu xenial InRelease
命中:3 http://security.ubuntu.com/ubuntu xenial-security InRelease
命中:4 http://cn.archive.ubuntu.com/ubuntu xenial-updates InRelease
获取:5 http://ppa.launchpad.net/fkrull/deadsnakes/ubuntu xenial InRelease [17.5 kB]
命中:6 http://cn.archive.ubuntu.com/ubuntu xenial-backports InRelease
获取:7 http://ppa.launchpad.net/fkrull/deadsnakes/ubuntu xenial/main amd64 Packages [20.6 kB]
获取:8 http://ppa.launchpad.net/fkrull/deadsnakes/ubuntu xenial/main i386 Packages [20.6 kB]
获取:9 http://ppa.launchpad.net/fkrull/deadsnakes/ubuntu xenial/main Translation-en [5,652 B]
已下载 64.4 kB，耗时 4秒 (15.3 kB/s)
正在读取软件包列表... 完成
```

图 1-15　安装命令 2

```
hadoop@jianing-virtual-machine:~$ sudo apt-get install python3.6 python3-dev python3-pip libxml2-dev li
bffi-dev libssl-dev
正在读取软件包列表... 完成
正在分析软件包的依赖关系树
正在读取状态信息... 完成
下列软件包是自动安装的并且现在不需要了:
  linux-headers-4.4.0-174 linux-headers-4.4.0-174-generic linux-headers-4.4.0-21
  linux-headers-4.4.0-21-generic linux-image-4.4.0-174-generic linux-image-4.4.0-21-generic
  linux-image-extra-4.4.0-21-generic linux-modules-4.4.0-174-generic
  linux-modules-extra-4.4.0-174-generic
使用'sudo apt autoremove'来卸载它(它们)。
将会同时安装下列软件:
  icu-devtools libexpat1-dev libicu-dev libpython3-dev libpython3.5-dev libpython3.6-minimal
  libpython3.6-stdlib libssl-doc libssl1.0.0 python-pip-whl python3-setuptools python3-wheel
  python3.5-dev python3.6-minimal zlib1g-dev
建议安装:
  icu-doc python-setuptools-doc python3.6-venv python3.6-doc binfmt-support
```

图 1-16　安装命令 3

在上述命令执行过程中，系统会提示【您希望继续执行吗？[Y/n]】，此时需要输入 Y，然后按回车键，系统便会继续安装。由于安装过程显示内容较多，图 1-16 中仅列出部分内容。

安装完毕后，系统中出现了多个 Python 的版本，此时需要调整 Python 3 的优先级，使 3.6 版的优先级较高。在终端中输入如下指令：

$sudo update-alternatives --install /usr/bin/python3 python3 /usr/bin/python3.6 2

如图 1-17 所示，执行成功时，将提示"使用/usr/bin/python3.6 来在自动模式中提供 /usr/bin/python3"类似的字样。

```
hadoop@jianing-virtual-machine:~$ sudo update-alternatives --install /usr/bin/python3 python3 /usr/bin/
python3.6 2
update-alternatives: 使用 /usr/bin/python3.6 来在自动模式中提供 /usr/bin/python3 (python3)
```

图 1-17　调整优先级命令

然后更改 Python 版本的默认值，之前 Python 版本默认为 Python 2，现在把它修改为 Python 3，在终端中输入如下指令：

$sudo update-alternatives --install /usr/bin/python python /usr/bin/python2 100

$sudo update-alternatives --install /usr/bin/python python /usr/bin/python3 150

如图 1-18 所示，当执行成功时，将 Python3 的优先级调整为最高。

```
hadoop@jianing-virtual-machine:~$ sudo update-alternatives --install /usr/bin/python python /usr/bin/py
thon2 100
update-alternatives: 使用 /usr/bin/python2 来在自动模式中提供 /usr/bin/python (python)
hadoop@jianing-virtual-machine:~$ sudo update-alternatives --install /usr/bin/python python /usr/bin/py
thon3 150
update-alternatives: 使用 /usr/bin/python3 来在自动模式中提供 /usr/bin/python (python)
```

图 1-18　更改 Python 版本命令

上述指令执行完毕后，重新输入"python"命令查看版本，即可发现此时版本已经更新为 Python 3.6.x（此处的 x 表示数字），如图 1-19 所示。

```
hadoop@jianing-virtual-machine:~$ python
Python 3.6.2 (default, Jul 17 2017, 23:14:31)
[GCC 5.4.0 20160609] on linux
Type "help", "copyright", "credits" or "license" for more in
formation.
>>>
```

图 1-19　查看 Python 版本

需要注意的是，不同版本的 Linux 系统所需的安装命令也不完全相同，同时不建议读者卸载系统自带的 Python。

1.5.3　Python 集成开发环境

任何文本编辑器都可以用来撰写 Python 程序，包括记事本、写字板、Sublime Text 等。唯一不同的是它们的效率有差异。优秀的集成开发环境可以帮助人们快速开发，从而节约大量的开发时间。常见的集成开发环境有 Anaconda、PyCharm 等，本节将重点介绍 Anaconda 集成开发环境的安装方法。

使用 Anaconda 可以便捷地获取第三方包，而且可以对这些包进行管理，同时对环境可以统一管理。Anaconda 包含 conda、Python 在内的超过 180 个科学包及其依赖项。Anaconda 具有如下特点：

- 开源；
- 安装过程简单；
- 高性能使用 Python 和 R 语言；
- 免费的社区支持。

1．环境安装

在 Anaconda 的官网（https://www.anaconda.com）上选择【Download】（见图 1-20），在弹出的新页面中，可以找到自己操作系统（Windows、macOS、Linux）对应的下载版本，有两个版本可供选择：Python 3.7 和 Python 2.7，如图 1-21 所示。这里选择下载 Python 3.7 version 到本地文件系统中。

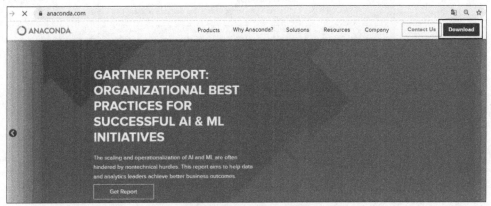

图 1-20　Anaconda 官网

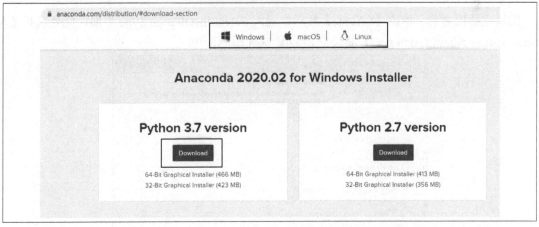

图 1-21　Anaconda 下载界面

Anaconda 的安装非常简单，本节以安装 Windows 版本为例来进行说明。

首先双击从网站上下载的安装文件，出现图 1-22 所示的安装界面。在图 1-22 中，单击【Next】按钮，进入 License Agreement 界面，如图 1-23 所示。

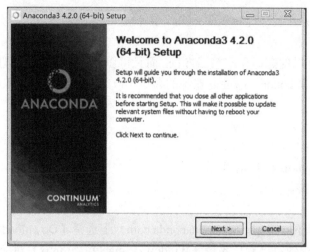

图 1-22　Anaconda 安装界面

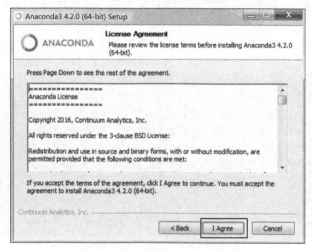

图 1-23　License Agreement 界面

阅读完协议之后，单击【I Agree】按钮，进入 Select Installation Type 界面，此处选择【All Users(requires admin privileges)】复选框。如图 1-24 所示。

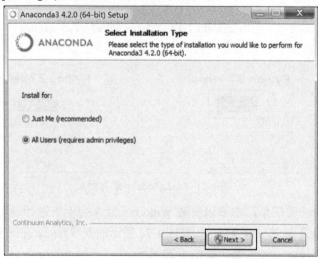

图 1-24　Select Installation Type 界面

单击【Next】按钮，进入 Choose Install Location 界面，此处可以单击【Browse】按钮选择 Anaconda 的安装路径，也可以直接使用默认安装路径，如图 1-25 所示。需要注意的是，在安装路径中不能含有空格，同时也不能是 Unicode 编码格式。

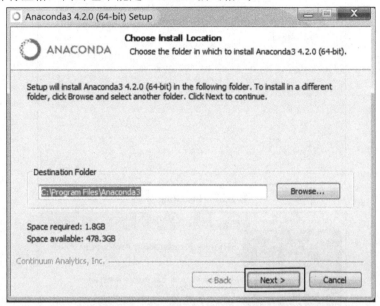

图 1-25　Choose Install Location 界面

单击【Next】按钮，进入 Advanced Installation Options 界面，此处需要勾选【Add Anaconda to the system PATH environment variable】复选框，实现环境变量的添加，如图 1-26 所示。

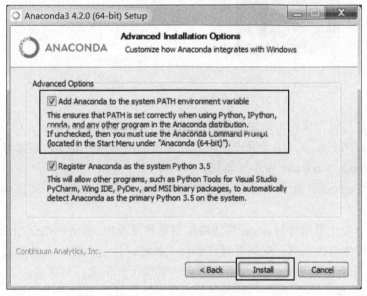

图 1-26　Advanced Installation Options 界面

单击【Install】按钮，开始进行安装，如图 1-27 所示。

在安装完成之后，显示 Thanks for installing Anaconda 界面，如图 1-28 所示。此时单击【Finish】按钮，即可完成安装。

需要注意的是，如果在安装过程中遇到问题，可以暂时关闭杀毒软件，并在安装程序完成之后再打开杀毒软件。

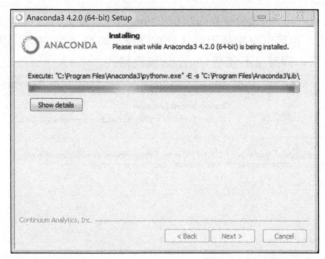

图 1-27　Installing 界面

图 1-28　Thanks for installing Anaconda 界面

安装完成后，可以发现在本地文件系统中增加了如下应用。

① Anaconda Navigator：用于管理工具包和环境的图形用户界面，后续涉及的众多管理命令也可以在 Anaconda Navigator 中手工实现。

② Jupyter Notebook：基于 Web 的交互式计算环境，可以编辑易于阅读的文档，用于展示数据分析的过程。

③ Qtconsole：一个可执行 IPython 的仿终端图形界面程序，相比 Python Shell 界面，Qtconsole 可以直接显示代码生成的图形，实现多行代码输入执行，以及内置许多功能和函数。

④ Spyder：一个使用 Python 语言、跨平台的科学运算集成开发环境。

2．创建虚拟环境

Anaconda 默认自带一个名为 base 的环境。当打开 Anaconda 时，默认进入 base 环境。如果 base 环境出现问题，则此时的 Anaconda 是不可用的。

因此，为了规避风险，同时满足用户想要使用不同的 Python 版本，并实现不同环境的配置的需求，可以自行准备多个虚拟环境。这些虚拟环境之间完全独立，用户可以根据需求在不同的虚拟环境之间进行切换。当一个环境出现错误时，可以直接删除该环境，不会对其他环境产生负面影响。

接下来用 Anaconda 来创建独立的 Python 环境。首先，双击【Anaconda Navigator (Anaconda3)】图标，打开 Anaconda 主界面，如图 1-29 所示。

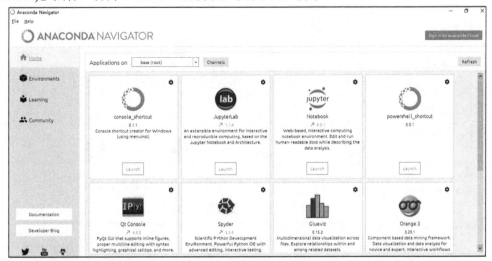

图 1-29　Anaconda 主界面

在左侧边栏中，选择【Environments】项，然后在界面的底部单击【Create】按钮，此时弹出 Create new environment 对话框。在这个对话框的【Name】框中输入名称，如："python3.7"，同时在下拉列表中选择 Python 版本为 3.7，如图 1-30 所示。

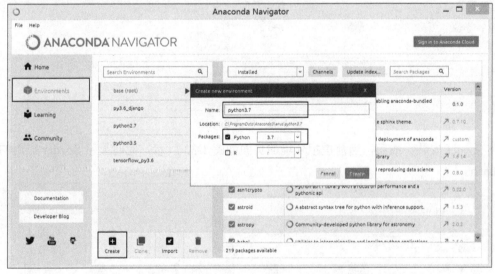

图 1-30　Create new environment 对话框

设置完成后，单击【Create】按钮，此时系统开始准备环境。读者需要等待一段时间，Anaconda 会从网络中下载对应的软件包，同时完成环境的创建和基础包的安装。注意，此时要确保网络的通畅，否则创建环境将失败。

在环境创建完成后，单击左侧边栏中的【Home】项，回到主界面。此时在【Applications on】下拉列表中，可以看到刚才创建的环境【python3.7】，如图 1-31 所示。

此时，python3.7 环境已经创建完成，可以在当前页面看到一些已经安装完成的应用程序。针对本书，建议读者选择 Spyder 安装工具作为编写程序的基础环境。如图 1-32 所示。

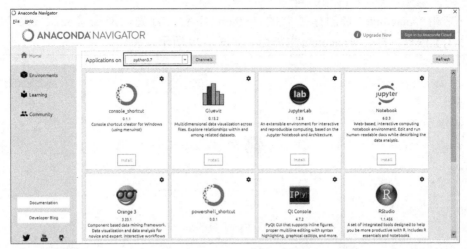

图 1-31　打开 python3.7 环境

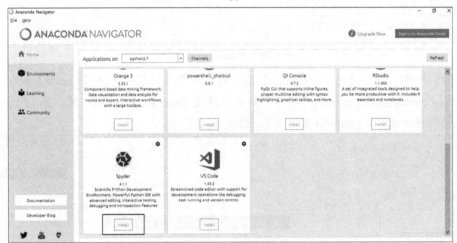

图 1-32　安装 Spyder

在 Spyder 安装完成后，当前虚拟环境的页面如图 1-33 所示，此时显示 Spyder 应用的状态为 Launch。

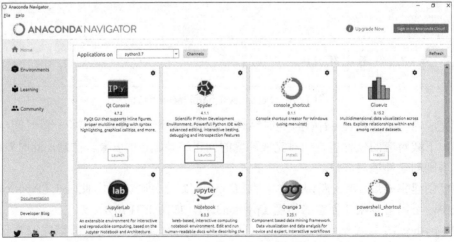

图 1-33　含有 Spyder 的虚拟环境

1.5.4 Python 第三方库管理

1. pip 简介

pip 是 Python 自带的第三方库管理工具，该工具提供了对 Python 第三方库的查找、下载、安装、卸载的功能。pip 官网地址为 https://pypi.org/project/pip。

如果在 Python 官网下载最新版本的 Python 安装包，则已经自带了该工具，可以通过以下命令来判断是否已安装 pip。

首先，打开 Anaconda Prompt (Anaconda3)软件 Anaconda Prompt (Anaconda3)，该软件在 1.5.3 节已经完成安装。需要注意的是，该软件的运行界面和 CMD 窗口相同，但是不可以把 Anaconda Prompt (Anaconda3)和 CMD 混淆使用。

然后，使用 activate 命令切换到之前创建好的 Python 环境，命令如下：

```
> activate   python3.7
```

activate 命令的功能是切换环境。命令格式：activate　环境名称。

如图 1-34 所示，当执行完成命令后，左侧提示符由 base 更改为 python3.7。

```
Anaconda Prompt (Anaconda3)
(base) C:\Users\hp>activate  python3.7

(python3.7) C:\Users\hp>
```

图 1-34 切换环境

接下来，查看 pip 工具的版本，命令如下：

```
> pip   --version
```

如图 1-35 所示，当执行完成命令后，显示当前的 pip 的版本是 20.0.2。

```
(python3.7) C:\Users\hp>pip --version
pip 20.0.2 from C:\Users\hp\Anaconda3\envs\python3.7\lib\
site-packages\pip (python 3.7)
```

图 1-35　查看 pip 版本

如果显示还未安装 pip，则可以使用以下方法来安装：

```
> curl   https://bootstrap.pypa.io/get-pip.py   -o   get-pip.py    # 下载安装脚本
> python   get-pip.py                                              # 运行安装脚本
```

2. 第三方库管理

（1）安装第三方库

使用 pip 工具安装第三方库，命令如下：

```
> pip   install   第三方库名称
```

以 NumPy 库的安装为例，可以输入命令 pip　install　numpy 完成自动下载和安装，如图 1-36 所示。

```
(python3.7) C:\Users\hp>pip install numpy
Collecting numpy
  Downloading numpy-1.18.2-cp37-cp37m-win_amd64.whl (12.8
 MB)
     |████████████████████████████
███████| 12.8 MB 595 kB/s
Installing collected packages: numpy
Successfully installed numpy-1.18.2
```

图 1-36　第三方库安装

这种方案采用默认的国外 pip 源，有时下载速度较慢，甚至无法连接 pip 源，导致安装失败。如果读者想提高下载速度，则可以使用如下命令：

```
>pip  install  第三方库名称  -i  pip源
```

其中，pip 源可以人为指定，可以直接更换为国内的 pip 源，从而提高下载速度和成功率。

（2）升级 pip

使用 pip 工具可以升级第三方库，命令如下：

```
>pip  install  -U  第三方库名称
```

例如，输入命令 pip install -U numpy 完成 NumPy 库的升级，如图 1-37 所示。当前的 NumPy 已经是最新的版本，无须升级。

```
(python3.7) C:\Users\hp>pip  install  -U  numpy
Requirement already up-to-date: numpy in c:\users\hp\anac
onda3\envs\python3.7\lib\site-packages (1.18.2)
```

图 1-37　第三方库升级

（3）卸载第三方库

使用 pip 工具可以卸载第三方库，命令如下：

```
>pip  uninstall  第三方库名称
```

以 NumPy 库的卸载为例，可以输入命令 pip uninstall numpy 完成此库的卸载，如图 1-38 所示。在卸载期间，系统提示“Proceed（y/n）?”，请及时输入 y（确定卸载）或者 n（不卸载），按回车键后，系统按照提示自动继续执行。

```
(python3.7) C:\Users\hp>pip  uninstall   numpy
Found existing installation: numpy 1.18.2
Uninstalling numpy-1.18.2:
  Would remove:
    c:\users\hp\anaconda3\envs\python3.7\lib\site-package
s\numpy-1.18.2.dist-info\*
    c:\users\hp\anaconda3\envs\python3.7\lib\site-package
s\numpy\*
    c:\users\hp\anaconda3\envs\python3.7\scripts\f2py.exe

Proceed (y/n)? y
  Successfully uninstalled numpy-1.18.2
```

图 1-38　第三方库卸载

（4）列出已经安装的第三方库

使用 pip 工具可以列出当前环境中已经安装的全部第三方库，命令如下：

```
>pip  list
```

图 1-39 仅列出了部分已经安装的第三方库。

```
(python3.7) C:\Users\hp>pip list
Package                          Version
-------------------------------- ----------------
alabaster                        0.7.12
argh                             0.26.2
asn1crypto                       1.3.0
astroid                          2.3.3
atomicwrites                     1.3.0
attrs                            19.3.0
autopep8                         1.4.4
Babel                            2.8.0
```

图 1-39　部分已经安装的第三方库

本 章 小 结

本章介绍了爬虫概述、数据清洗概述、可视化技术概述、相关网络技术简介和 Python 开发环境配置。

在爬虫概述中，介绍了爬虫的概念、发展历史和影响爬虫发展的常见因素，除此之外，还介绍了常见的爬虫包和框架。

在数据清洗概述中，介绍了数据清洗的概念和待清洗的数据特征，同时给出相应的数据清洗方法。此外，针对数据规整问题，介绍相关概念和常见操作。最后，介绍了在 Python 中常用的数据分析和处理工具。

在可视化技术概述中，介绍了数据可视化的概念、基本构成、3 种不同的形式，同时总结了数据可视化的优点。此外，本节还介绍了常见的可视化工具，如 Matplotlib、Pyecharts、Seaborn、Bokeh 及 Plotly 等。

在相关网络技术简介中，介绍了 HTTP、HTML、XML、JSON、JavaScript 和正则表达式等相关技术。

在 Python 开发环境配置中，介绍了在 Windows 和 Linux 中安装 Python 的方法、集成开发环境 Anaconda 的使用方法和 Python 第三方库管理方法。

习 题

1. 选择题

(1) 以下哪项不是爬虫的数据的主要来源？（　　）

A. 社交媒体　　　B. 社交网络　　　C. 知识库　　　D. 离线文字交流

(2) 以下哪项不是数据清洗的目标？（　　）

A. 对数据进行重新审查和校验　　　B. 删除重复信息

C. 提供数据一致性　　　D. 可视化数据

(3) 以下哪项不是常见的数据清洗工具？（　　）

A. NumPy　　　B. Scipy　　　C. Pandas　　　D. Scrapy

(4) 请求成功的 HTTP 状态码是（　　）。

A. 200　　　B. 300　　　C. 404　　　D. 500

(5) JSON 是一种轻量级的数据交换格式，以下哪个不是常用的"名称/值"对形式？（　　）

A. 对象　　　B. 字典　　　C. 列表　　　D. 字符

(6) 以下哪项不是常见的数据可视化工具？（　　）

A. Pyecharts　　　B. Matplotlib　　　C. Scrapy　　　D. Seaborn

(7) 在正则表达式的限定符中，"+"表示何种含义？（　　）

A. 匹配前面的子表达式 0 次或多次　　　B. 匹配前面的子表达式 1 次或多次

C. 匹配前面的子表达式 0 次或 1 次　　　D. 不匹配前面的子表达式

2. 填空题

(1) HTTP 是通过_____协议来传输数据的。

(2) HTML 元素是指从_____到_____的所有代码。

(3) 正则表达式是由_____和_____组成的文字模式。

(4) JavaScript 的起始标签一般表示为_____。

3. HTML 在 Web 发展过程中有着重要的地位，简述 HTML 的主要特点。

4. 简述 XML 和 JSON 的区别。

5. 简述流行的爬虫工具及其适用范围。

6. 简述数据可视化的 3 种形式及其特征。

第 2 章 爬 虫 概 述

大数据时代，要进行数据分析，首先要有数据源，而学习爬虫，可以让我们获取更多的数据源，并且这些数据源可以按我们的目的进行采集，排除很多无关数据。

在进行大数据分析或者进行数据挖掘时，数据源可以从某些提供数据统计的网站获得，也可以从某些文献或内部资料中获得，但是这些获得数据的方式，有时很难满足人们对数据的需求，若手动从互联网中去寻找这些数据，则耗费的精力过多。此时就可以利用爬虫技术，自动从互联网中获取人们感兴趣的数据内容，并将这些数据内容作为新的数据源，从而进行更深层次的数据分析，并获得更多有价值的信息。

2.1 爬虫基础概述

2.1.1 爬虫概念

爬虫是一种按照一定的规则自动爬取万维网信息的程序或者脚本。它们被广泛用于互联网搜索引擎或其他网站，可以自动采集所有其能够访问到的页面内容，以高效、准确、自动地获取这些网站的内容，还可以对采集到的数据进行后续的挖掘分析。

目前，爬虫的应用主要体现在以下几个方面。

1. 数据采集

爬虫本质上是一段计算机程序或脚本，它按照一定的逻辑和算法规则自动爬取和下载万维网的网页，例如，在一个固定周期内，搜索引擎从海量的互联网信息中进行爬取，爬取有效信息并实现收录，当用户在搜索引擎上检索对应关键词时，将对关键词进行分析处理，从收录的网页中找出相关网页，按照一定的排名规则进行排序并将结果展现给用户。很多搜索引擎拥有自己的爬虫。比如，百度搜索引擎的爬虫叫百度蜘蛛，360 的爬虫叫 360Spider，搜狗的爬虫叫 Sogouspider，必应的爬虫叫 Bingbot。

那么，如何覆盖互联网中更多的优质网页？又如何筛选其中重复的页面？这些都是由爬虫的算法决定的。采用不同的算法，爬虫的运行效率会不同，爬取结果也会有所差异。在学习爬虫时，不仅要了解爬虫如何实现，还需要知道一些常见爬虫的算法，如果有必要，还需要自己设计相应的算法，本书仅介绍一些常见的爬虫工具和它们的使用方法。

2. Web 挖掘

除获取海量的信息，实现数据存储外，爬虫还经常应用于大数据分析或数据挖掘中。Web 挖掘将传统的数据挖掘的思想和方法应用于 Web，从 Web 资源和 Web 活动中爬取感兴趣的、潜在的、有用的模式和隐藏信息。挖掘出来的信息可以用于信息管理、决策支持和过程控制，还可用于数据自身的维护。

在整个搜索与挖掘系统中，爬虫扮演着重要角色。它是 Internet 的数据来源，决定着整个系统的内容是否丰富、信息是否能够得到及时更新。目前主流的 Web 信息搜索的对象仍然是大量存在的、技术成熟的文本资源。我们把 Web 内容分析和 Web 链接分析结合起来，能够采集到包括图像、声音甚至视频片段等多媒体信息资源在内的所有 Web 数据，极大地提高了 Web 信息的挖掘质量，为整个搜索与挖掘系统奠定坚实的基础。

3. 舆情分析

网络舆情是当前网民们针对热点社会事件及社会政治经济状况等内容反映出的态度总和，可以说网络舆情就是当前社会现状的放大镜。爬虫的本质是能够实现网络信息自动爬取代码程序，当前网络舆情监测使用的面向主题爬虫程序，可以通过网页分析算法对非设定主题链接进行排除过滤，从而提高搜索的精确性。当前，网络舆情监测中面向主题爬虫技术的主要研究对象是行业领域的搜索策略问题。

4. 离线浏览

离线浏览允许用户设置若干个网站，将页面从服务器中下载到用户的硬盘中，从而可以在不连接互联网的前提下进行 Web 浏览。实现这种功能的是离线浏览器，典型的离线浏览器包括 Offline Browser、WebZIP 等。它们的核心技术就是爬虫技术，在执行时离线浏览器需要限定目标，即所需要爬取的网站列表，从而避免爬虫无限制地下载其他不相关的网站页面。

2.1.2 爬虫基本原理

爬虫按照系统结构和实现技术，大致可以分为：通用爬虫（General Purpose Web Crawler）、聚焦爬虫（Focused Web Crawler）、增量式爬虫（Incremental Web Crawler）、深层爬虫（Deep Web Crawler）。实际的爬虫系统通常是几种爬虫技术相结合实现的。

1. 通用爬虫

通用爬虫又称为全网爬虫。顾名思义，通用爬虫爬取的目标资源在全互联网中。通用爬虫所爬取的目标数据是巨大的，并且爬行的范围也非常大，正是由于其爬取的数据是海量数据，故而对于这类爬虫来说，其爬取的性能要求非常高。这种爬虫主要应用于大型搜索引擎中，有非常高的应用价值。

通用爬虫主要由初始 URL 集合、URL 队列、页面爬行模块、页面分析模块、页面数据库、链接过滤模块等构成。

2. 聚焦爬虫

聚焦爬虫也叫主题爬虫，顾名思义，聚焦爬虫是按照预先定义好的主题有选择地进行网页爬取的一种爬虫。聚焦爬虫不像通用爬虫一样将目标资源定位在全互联网中，而是将爬取的目标网页定位在与主题相关的页面中，这样可以大大节省爬取时所需的带宽资源和服务器资源。

聚焦爬虫主要应用在对特定信息的爬取中，主要为某一类特定的人群提供服务。

聚焦爬虫主要由初始 URL 集合、URL 队列、页面爬行模块、页面分析模块、页面数据库、链接过滤模块、内容评价模块、链接评价模块等构成。

聚焦爬虫的爬行策略主要有 4 种。

① 基于内容评价的爬行策略：将文本相似度的计算方法引入爬虫中，以用户输入的查询词作为主题，包含查询词的页面被视为与主题相关内容。它的局限性在于无法评价页面与主题相关度的高低。改进后的爬行算法，可以利用空间向量模型计算页面与主题的相关度大小。

② 基于链接结构评价的爬行策略：作为一种半结构化文档，Web 页面包含很多结构信息，可用来评价链接重要性。例如，网页排名（PageRank）算法用于搜索引擎信息检索中对查询结果进行排序，也可用于评价链接重要性。另一个利用 Web 结构评价链接价值的方法是 HITS

（Hyperlink-Induced Topic Search）方法，它计算每个已访问页面的权重，并以此决定链接的访问顺序。

③ 基于增强学习的爬行策略：将增强学习引入聚焦爬虫，利用贝叶斯分类器，根据整个网页文本和链接文本对链接进行分类，为每个链接计算重要性，从而决定链接的访问顺序。

④ 基于语境图的爬行策略：通过建立语境图（Context Graphs）学习网页之间的相关度，来训练一个机器学习系统，通过该系统可计算当前页面到相关 Web 页面的距离，距离越近的页面链接的优先级越高。

3. 增量式爬虫

增量式爬虫是指对已下载网页采取增量式更新和只爬行新产生的或者已经发生变化网页的爬虫，它能够在一定程度上保证所爬行的页面是尽可能新的页面。与周期性爬行和刷新页面的爬虫相比，增量式爬虫只会在需要时爬行新产生或发生更新的页面，并不重新下载没有发生变化的页面，可有效减少数据下载量，及时更新已爬行的网页，减少了时间和空间上的耗费，但是增加了爬行算法的复杂度和实现难度。

增量式爬虫的体系结构包含爬行模块、排序模块、更新模块、本地页面集、待爬行 URL 集合及本地页面 URL 集合。

增量式爬虫有两个目标：保持本地页面集中存储的页面为最新页面和提高本地页面集中页面的质量。为实现第一个目标，增量式爬虫需要通过重新访问网页来更新本地页面集中的页面内容，常用的方法有统一更新法、个体更新法、基于分类的更新法。为实现第二个目标，增量式爬虫需要对网页的重要性排序，常用的策略有广度优先策略等。例如，WebFountain 是一个功能强大的增量式爬虫，它采用优化模型控制爬行过程，并没有对页面变化过程做任何统计假设，而是采用自适应的方法，根据先前爬行周期中的爬行结果和网页实际变化速度对页面更新频率进行调整。

4. 深层爬虫

深层爬虫可以爬取网站的深层页面。什么是深层页面呢？在互联网中，网页按存在方式分类，可以分为表层页面和深层页面。所谓的表层页面，指的是不需要提交表单，使用静态的链接就能够访问的静态页面；而深层页面则隐藏在表单后面，不能通过静态链接直接获取，是需要提交一定的关键词之后才能够获取得到的页面。

在互联网中，深层页面的数量往往比表层页面的数量多。爬取深层页面，需要自动填写好对应表单，因此，深层爬虫最重要的部分即为表单填写部分。

深层爬虫主要由 URL 列表、LVS 列表（LVS 是指标签/数值集合，即填充表单的数据源）、爬行控制器、解析器、LVS 控制器、表单分析器、表单处理器、响应分析器等构成。

深层爬虫表单的填写有两种类型。

① 基于领域知识的表单填写，即建立一个填写表单的关键词库，在需要填写时，根据语义分析选择对应的关键词进行填写。

② 基于网页结构分析的表单填写，一般在领域知识有限的情况下使用，这种方式会根据网页结构进行分析，并自动进行表单填写。

常见的网页搜索策略可以分为深度优先、广度优先和最佳优先 3 种。

广度优先搜索策略是指在爬取过程中，在完成当前层次的搜索后，才进行下一层次的搜索。该算法的设计和实现相对简单。为覆盖尽可能多的网页，一般使用广度优先搜索策略。也有很多研究将广度优先搜索策略应用于聚焦爬虫中。其基本思想是，认为与初始 URL 集合在一定链接距离内的网页具有主题相关性的概率很大。另外一种方法是将广度优先搜索与网页过滤技术结合使用，先用广度优先策略爬取网页，再将无关的网页过滤掉。这个策略的缺点在于，随着爬取网页的增多，大量的无关网页将被下载并过滤，算法的效率将变低。

最佳优先搜索策略按照一定的网页分析算法，预测候选 URL 与目标网页的相似度，或与主题的相关性，并选取评价最好的一个或几个 URL 进行爬取。它只访问经过网页分析算法预测为"有用"的网页。因为最佳优先策略是一种局部最优搜索算法，在爬取路径上的很多相关网页可能被忽略，因此需要将最佳优先搜索策略结合具体的应用进行改进，以跳出局部最优点。研究表明，这样的调整可以将无关网页数量降低 30%~90%。

深度优先搜索策略从起始网页开始，选择一个 URL 进入，分析这个网页中的 URL，选择下一个再进入。如此一个链接一个链接地爬取下去，直到处理完一条路线之后再处理下一条路线。深度优先搜索策略设计较为简单，然而门户网站提供的链接往往最具价值。同时，这种策略的爬取深度直接影响着爬取命中率及爬取效率，正确的爬取深度是该种策略的关键。相对于其他两种策略而言，此种策略很少使用。

2.2 爬虫规范

2.2.1 爬虫尺寸

目前，爬虫的尺寸主要分为以下 3 种。

（1）小规模（小型）

小规模爬虫的数据量较小，爬取过程对速度极不敏感，一般使用 Requests 库实现此类网页的爬取。

（2）中规模（中型）

中规模爬虫的数据量较大，它对爬取数据的速度比较敏感，一般使用小型爬虫框架实现网站级别数据的爬取，例如 Scrapy 框架。

（3）大规模（大型）

大规模爬虫的数据量非常大，一般依托于流行的搜索引擎实现全网检索，它关注实时性，因此其爬取速度很关键，而且一般由各个搜索引擎定制开发，可以爬取指定的全站数据。

2.2.2 Robots 协议

1. Robots 协议简介

Robots 协议（也称为爬虫协议、机器人协议等）的全称是"爬虫排除标准"（Robots Exclusion Protocol），网站通过 Robots 协议告诉搜索引擎哪些页面能被爬取、哪些页面不能被爬取。使用 Robots 协议可以屏蔽一些网站中比较大的文件，如图像、音乐、视频等，从而节省服务器带宽。同时，方便搜索引擎爬取网站内容，设置网站地图，以方便引导爬虫爬取页面。

Robots 协议是国际互联网通行的道德规范，基于以下原则建立：

① 搜索技术应服务于人类，同时尊重信息提供者的意愿，并维护其隐私权；

② 网站有义务保护其使用者的个人信息和隐私不被侵犯。

根据 Robots 协议，网站管理员可以在网站域名的根目录下放一个名为 robots.txt 文件，里面可以指定不同的爬虫能访问的页面和禁止访问的页面，指定的页面由正则表达式表示。爬虫在采集这个网站之前，首先获取到这个文件，并解析其中的规则，然后根据规则来采集网站的数据。举例来说，当爬虫访问一个网站时，首先会检查该网站中是否存在 robots.txt 文件，如果爬虫找到了这个文件，它就会根据这个文件的内容来确定访问权限的范围。需要注意的是，这个协议的存在更多的是需要爬虫去遵守，而无法起到防止爬虫的作用。

那么，为什么需要Robots协议呢？这要从互联网的工作机制开始说起。首先，网页是通过超级链接互相关联起来的，从而形成了网页的网状结构。爬虫的工作方式就像蜘蛛在网上沿着链接爬来爬去，最基本的流程可以简化如下：为爬虫提供一堆访问地址，爬虫爬取地址中的数据，解析HTML网页，爬取其中的超级链接；爬虫接着爬取这些新发现的链接指向的网页。上述过程要循环往复执行多次。

了解了上面的流程就能发现：对网站而言，它非常被动，只有老老实实地被爬取。因此，对于网站管理员来说，存在这样的需求：某些路径下是个人隐私或者仅允许网站管理员使用的内容，不想被搜索引擎爬取；不喜欢某个搜索引擎，不愿意被它爬取；网站使用的是公用的虚拟主机，流量有限或者需要付费，希望搜索引擎爬取的频率低一些；某些网页是动态生成的，没有直接的链接指向，但是希望内容被搜索引擎爬取和索引。

网站内容的所有者是网站管理员，搜索引擎应该尊重所有者的意愿，此时就需要提供一种网站和爬虫进行沟通的途径，给网站管理员表达自己意愿的机会。有需求就有供应，Robots协议就此诞生。

如今，在中国互联网行业，正规的大型企业也都将Robots协议当作一项行业标准。不过，绝大多数中小网站都需要依靠搜索引擎来增加流量，因此通常并不排斥搜索引擎，也很少使用Robots协议。

2．Robots协议解读

表2-1描述了Robots协议中涉及的语法。

表2-1　Robots协议语法

语法	描述
User-Agent	指定对哪些爬虫生效
Disallow	指定要屏蔽的网址
Allow	允许访问的目录或页面
Crawl-delay	爬取频率
*	所有相关信息
/	根目录
$	匹配网址的结束字符

下面介绍一些Robots协议实例。

【例2-1】允许所有的爬虫访问。

```
User-Agent: *
Disallow:
```

其中，User-Agent中设置为*，表示允许所有的爬虫访问网站网址的全部目录。

【例2-2】禁止爬虫访问所有目录。

```
User-Agent: *
Disallow: /
```

其中，禁止爬虫访问所有的目录，这里的/表示所有路径。

【例2-3】禁止爬虫访问某些目录。

```
User-Agent: *
Disallow: /doc/
Disallow: /res/
Disallow: /pub/
```

其中，禁止爬虫访问网站的/doc、/res、/pub目录及其子目录中所有内容。

【例2-4】禁止某些爬虫访问。

```
User-Agent: SpiderOne
Disallow: /
```

其中，User-Agent中设置为SpiderOne，禁止名为SpiderOne的爬虫访问。

【例2-5】只允许某个爬虫访问。

```
User-Agent: SpiderOne
```

```
Disallow:
User-Agent: *
Disallow: /
```

其中，允许名为 SpiderOne 的爬虫访问网站的所有目录，不允许其他的爬虫访问网站的任何目录。

【例 2-6】 解读京东网站的 Robots 协议。

京东网站的 Robots 协议地址 https://www.jd.com/robots.txt，该网站的协议内容如下：

```
User-Agent: *
Disallow: /?*
Disallow: /pop/*.html
Disallow: /pinpai/*.html?*
User-Agent: EtaoSpider
Disallow: /
User-Agent: HuihuiSpider
Disallow: /
User-Agent: GwdangSpider
Disallow: /
User-Agent: WochachaSpider
Disallow: /
```

在本例中可以发现，京东网站不希望所有的爬虫爬取 3 个目录，它们分别是：

① /?*：禁止访问网站地址中带有问号、问号前后有任意值的页面。

② /pop/*.html：禁止访问网站/pop 目录中任何后缀为"html"的页面。

③ /pinpai/*.html?*：禁止访问网站/pinpai 目录中后缀为"html"、问号前后有任意值的页面。

同时，京东网站完全屏蔽了一些爬虫，如 EtaoSpider、HuihuiSpider、GwdangSpider、WochachaSpider 等。

【例 2-7】 解读豆瓣网站的 Robots 协议。

豆瓣网站的 Robots 协议地址 https://www.douban.com/robots.txt，该网站的协议内容如下：

```
User-Agent: *
Disallow: /subject_search
Disallow: /amazon_search
Disallow: /search
Disallow: /group/search
Disallow: /event/search
Disallow: /celebrities/search
Disallow: /location/drama/search
Disallow: /forum/
Disallow: /new_subject
Disallow: /service/iframe
Disallow: /j/
Disallow: /link2/
Disallow: /recommend/
Disallow: /doubanapp/card
Disallow: /update/topic/
Allow: /ads.txt
Sitemap: https://www.douban.com/sitemap_index.xml
Sitemap: https://www.douban.com/sitemap_updated_index.xml
# Crawl-delay: 5
```

```
User-Agent: Wandoujia Spider
Disallow: /

User-Agent: Mediapartners-Google
Disallow: /subject_search
Disallow: /amazon_search
Disallow: /search
Disallow: /group/search
Disallow: /event/search
Disallow: /celebrities/search
Disallow: /location/drama/search
Disallow: /j/
```

本例中,豆瓣网站禁止爬虫爬取根目录下的很多内容,如/subject_search、/amazon_search、/search 等目录及其子目录,同时允许爬虫访问/ads.txt 文件。此外,针对 Wandoujia Spider 爬虫,禁止其访问全部目录;针对 Mediapartners-Google 爬虫,对其进行了爬取范围的设置,禁止其访问/subject_search、/amazon_search、/search 等目录及其子目录。

3. sitemap

爬虫会通过网页内部的链接发现新的网页。但是如果没有链接指向的网页,或者用户输入条件生成的动态网页,又该如何处理呢?能否让网站管理员通知搜索引擎提供可供爬取的网页的提示信息呢?实际上,这个机制是存在的,它就是 sitemap。最简单的 sitemap 是 XML 文件,在其中列出了网站中的网址及其相关数据,利用这些信息搜索引擎可以更加智能地爬取网站内容。

由于网站的结构是千变万化的,如何让爬虫在访问时能够快速锁定 sitemap 文件的位置呢?这里可以借用 robots.txt 文件,因为它的位置是固定的,我们可以把 sitemap 的位置信息放在 robots.txt 里。例如,在上面提到的豆瓣网站的 Robots 协议中,有以下两行内容:

```
Sitemap: https://www.douban.com/sitemap_index.xml
Sitemap: https://www.douban.com/sitemap_updated_index.xml
```

上面两行内容为我们提供了豆瓣网站 sitemap 的关联地址,爬虫可以直接去相关地址爬取相关资源。

【例 2-8】 google 网站部分 Robots 协议内容。

```
Sitemap: http://www.gstatic.com/cultur...
Sitemap: http://www.google.com/hostedn...
```

本例中列出的两行内容直接为我们提供了 google 网站 sitemap 的关联地址。

4. Crawl-delay

除控制可爬取的内容外,Robots 协议还可以用来控制爬虫爬取的频率。可以通过设置爬虫在两次爬取之间等待的时长来实现爬取频率的设计,这种操作可以缓解服务器的压力。

例如,设置两次爬取的时间间隔为 5s,可以在 robots.txt 中使用如下语句:Crawl-delay:5。

在豆瓣网站的 Robots 协议中,可以看到类似的语句,但是该条语句前面有字符"#",其含义是,此条语句被注释了,并非协议正文。

5. Robots 协议的使用

对任何爬虫来讲,它应该能够识别 robots.txt 文件,根据文件的内容再进行爬取。然而 Robots 协议只是一种建议,而非约束性的,也就是说,爬虫可以不遵守 Robots 协议,但是如果不遵守这个协议,则可能存在一定的法律风险。

其实对于任何一个爬虫而言，都应该遵守 Robots 协议，比如爬取全网搜索引擎的爬虫、爬取某些网站信息进行商品比价数据分析的爬虫、爬取某些个别网页的爬虫等，都应遵守 Robots 协议。但是有一种情况可以适度考虑协议的规约。假设每天访问网站的次数很少，每次访问的内容不多，对服务器不会造成过大的资源负担，并且这种访问跟人类访问的行为非常类似，这种情况下可以酌情考虑不遵守 Robots 协议。

2.3 爬虫通用结构

2.3.1 爬虫通用结构简介

在爬虫的系统框架中，主要由控制器、解析器、资源库 3 部分组成。

（1）控制器

控制器是爬虫的中央控制器，负责根据系统传过来的 URL，分配线程后，启动线程调用爬虫爬取网页。

（2）解析器

解析器是爬虫的主要部分，其主要工作有：下载网页，处理网页中的文本信息（如过滤），爬取某些 HTML 标签，分析数据等。爬虫的基本工作由解析器完成。

（3）资源库

资源库是一组容器，主要是用来存储网页中下载的数据记录，并提供生成索引的目标源。一般采用大型数据库存储，例如常用的中大型数据库 Oracle、SQL Server 等。

爬虫一般会选择一些比较重要的、超链接量级较大的网站的 URL 作为种子 URL 集合。爬虫系统以这些种子集合作为初始 URL 集合，开始数据的爬取。因为网页中含有其他链接信息，通过已有网页的 URL 会得到一些新的 URL，可以把网页之间的指向结构视为一片森林，每个种子 URL 对应的网页是森林中一棵树的根节点。这样，爬虫系统就可以根据广度优先搜索策略或者深度优先搜索策略遍历所有的网页。由于深度优先搜索策略可能会使爬虫系统陷入一个网站的内部结构，不利于搜索相近网站首页的信息，因此一般采用广度优先搜索策略采集网页。广度优先搜索策略如下：首先将种子 URL 放入待爬取 URL 队列，然后从队首取出一个 URL，下载其对应的网页，存储网页的内容后，解析网页中的链接信息，从中可以得到一些新的 URL，将这些 URL 加入待爬取 URL 队列。然后再从队首取出一个 URL，对其对应的网页进行下载，然后再解析，如此反复执行多次，直到遍历整个网络或者满足特定条件后才会停止下载。

2.3.2 爬虫基本工作流程

爬虫的基本工作流程如下：

① 精心挑选种子 URL；

② 将这些 URL 放入待爬取 URL 队列；

③ 从待爬取 URL 队列中取出 URL，解析 DNS，得到主机的 IP，并将 URL 对应的网页下载下来，存储进已下载网页库中。此外，将这些 URL 送入已爬取 URL 队列。

④ 分析网页内容中的 URL，并将它们送入待爬取 URL 队列，从而进入下一个循环。

爬虫的基本工作流程如图 2-1 所示。

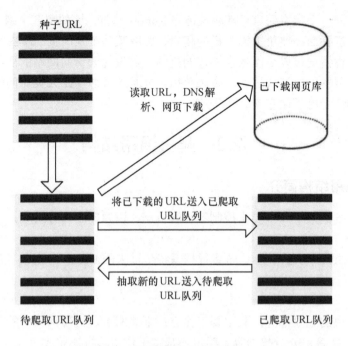

图 2-1　爬虫的基本工作流程

2.3.3　异常处理机制

异常的本质是一类事件，它们在程序执行过程中发生，影响了程序的正常执行。一般情况下，无法正常处理程序时就会产生一个异常。异常一般表示为一个错误。当 Python 脚本发生异常时，我们需要捕获并处理它，否则程序会终止执行。

在使用爬虫来爬取网页内容时，异常数据的处理是必须要注意的环节，本节主要介绍 HTTP 异常处理的相关内容。

1．异常检测

（1）URLError

通常，URLError 在没有网络连接（没有路由到特定服务器），或者服务器不存在的情况下产生。这种情况下，异常会带有 reason 属性。reason 属性是元组类型的数据结构，其中包含一个错误号和一个错误信息。

例如，当无网络连接时，返回的错误提示是：[Errno 11001] getaddrinfo failed，其含义是：错误号是 11001，内容是 getaddrinfo failed。

（2）HTTPError

服务器上每一个 HTTP 应答对象 response 都包含一个状态码，它的本质是一个数字。有的状态码表示服务器无法完成请求。默认的处理器会处理一部分这种应答。

例如，response 实现了 Web 资源的重定向，需要客户端从别的地址获取文档，针对不能处理的数据，会产生一个 HTTPError。HTTPError 的实例产生后会有一个整型的 code 属性，是服务器发送的相关错误代码。典型的错误代码包含"404"（页面无法找到）、"403"（请求禁止）和"401"（带验证请求）。

HTTP 状态码表示 HTTP 协议所返回的响应的状态。例如，客户端向服务器发送请求，如果成功地获得请求的资源，则返回的状态码为 200，表示响应成功。如果请求的资源不存在，则通常返回 404 错误。

因为默认的处理器自动处理了重定向（大于 300 的状态码），并且 100～299 范围的状态码指示成功，所以只能看到 400～599 的错误代码。

当一个错误产生后，服务器返回一个 HTTP 错误代码和一个错误页面。可以使用 HTTPError 实例作为页面返回的应答对象 response。

2. 异常处理

在 Python 中，捕捉异常可以使用 try/except 语句。try/except 语句用来检测 try 子句中的错误，从而让 except 子句捕获异常信息并处理。如果不想在异常发生时结束程序，则只需在 try 子句中捕获它。

try/except 语法如下：

```
try:
    <语句>          #运行别的代码
except <名字>:
    <语句>          #如果在try中引发了异常
except <名字>,<数据>:
    <语句>          #如果引发了异常，获得附加的数据
else:
    <语句>          #没有异常发生
```

try 的工作原理是：当开始一个 try 子句后，Python 在当前程序的上下文中做上标记，当异常出现时就可以回到标记处，让 try 子句先执行，接下来会执行哪些语句依赖于执行时是否出现异常。主要分为以下几种情况：

① 如果在 try 子句执行时发生异常，Python 跳回到 try 子句，并执行第一个匹配该异常的 except 子句，直到异常处理完毕，控制流通过了整个 try/except 语句。

② 如果在 try 子句中发生了异常，却没有匹配的 except 子句，异常将被递交到上层的 try 子句，或者到程序的最上层。

③ 如果在 try 子句执行时没有发生异常，Python 将执行 else 子句，然后控制流通过整个 try/except 语句。

下面给出两个实例用于说明爬虫产生异常情况时的处理方案，其中涉及的爬虫技术将在后文中详细介绍。

【例 2-9】 第一种异常处理方案。

```
from urllib2 import Request, urlopen, URLError, HTTPError
req = Request('###网站地址')
try:
    response = urlopen(req)
except HTTPError, e:
    print ' The server could not response the request.'
    print 'Error code: ', e.code
except URLError, e:
    print ' The server is failed to reach.'
    print 'Reason: ', e.reason
else:
    print 'No exception.'
    ###其他代码
```

从本例可以看出，Python 和其他语言相似，同样在 try 之后捕获异常并且将其内容打印出来。

需要注意的是，except HTTPError 必须为第一个，否则 except URLError 将同样接收 HTTPError。因为 HTTPError 是 URLError 的子类，如果把 URLError 放在前面，它会捕捉到所有的 URLError（包括 HTTPError），此时将无法捕获专属于 HTTPError 异常。

【例 2-10】第二种异常处理方案。

```
from urllib2 import Request, urlopen, URLError, HTTPError
req = Request('###网站地址')
try:
    response = urlopen(req)
except URLError, e:
    if hasattr(e, 'code'):
        print 'The server could not response the request.'
        print 'Error code: ', e.code
    elif hasattr(e, 'reason'):
        print ' The server is failed to reach.'
        print 'Reason: ', e.reason
    else:
        print 'No exception.'
###其他代码
```

在第二种异常处理方案中，只使用了 URLError。因为 HTTPError 是 URLError 的子类，所以可以统一使用 URLError 捕获全部异常，然后再将其中属于 HTTPError 类别的异常挑选出来。这里的区分条件是：if hasattr(e, 'code')，这条语句用于筛选 HTTPError，而 hasattr(e, 'reason')语句用于筛选 URLError。这种处理方案更加简化，而且风格统一，因此，在实际应用过程中，更倾向于使用第二种异常处理方案。

2.4 爬虫技术

2.4.1 urllib 3 库

1. urllib 3 库简介

urllib 3 库是一个常用于 HTTP 客户端的功能强大的 Python 库。需要注意的是，urllib 3 库和 urllib 库、urllib 2 库不同，urllib 库是 Python 中请求 URL 的官方标准库，在 Python 2 中主要使用 urllib 库和 urllib 2 库，而在 Python 3 中整合成了 urllib 库，形成了 urllib 3 库。由于它是一个第三方库，因此需要读者额外进行安装。

urllib 3 库功能非常强大，但是用起来却十分简单，许多 Python 的原生系统已经开始使用 urllib 3 库。与 urllib 2 库相比，urllib 3 库自身提供了很多独有的特性：

- 线程安全；
- 连接池；
- 客户端 SSL/TLS 验证；
- 文件编码上传；
- 协助处理重复请求和 HTTP 重定位；
- 支持压缩编码；
- 支持 HTTP 和 SOCKS 代理。

2. urllib 3 库安装

urllib 3 库可以通过 pip 工具来进行安装，安装命令如下：

```
>>> pip    install    urllib3
```
输入命令后，提示如图 2-2 所示，说明此时已经安装 urllib 3 库，无须再次进行安装。

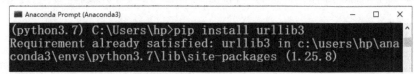

图 2-2　已安装 urllib 3 库

3．urllib 3 库的使用

本节以网站 http://httpbin.org 为例介绍 urllib 3 库的基本使用方法。

（1）生成请求（request 函数）

urllib 3 库主要使用连接池进行网络请求的访问，因此访问之前需要创建一个连接池对象。可以使用 request() 发送各种 HTTP 请求。

这里，需要一个 PoolManager 实例来发出请求，此实例对象处理连接池和线程安全的所有详细信息，然后使用 PoolManager 的 request() 发送数据包，并返回一个 HTTPResponse 对象。HTTPResponse 对象中包含以下内容：status（响应码）、data（实体）和 headers（头部）。

PoolManager 函数的基本语法如下：

PoolManager(num_pools = 10,headers = None,** connection_pool_kw)

参数说明：

- num_pools：可选，连接池的个数。如果访问的个数大于 num_pools，将按顺序丢弃最初始的缓存，将连接池个数维持在池的大小范围内。
- headers：可选，请求头的信息。可以定义一个包含 User-Agent 信息的字典，并作为 headers 参数传入。
- ** connection_pool_kw：基于 connection_pool 来生成的其他设置。

request 函数的基本语法如下：

request(method, url, fields=None, headers=None, **urlopen_kw)

参数说明：

- method：必选，指定请求方式。
- url：必选，字符串形式的网址。
- fields：可选，请求的参数。如果使用的是 POST 等请求，则会将 fields 作为请求的正文发送。
- headers：可选，请求头所带的参数。
- **urlopen_kw：可选，依据需求及请求的类型可添加的参数，通常参数赋值为字典类型或者具体类型。

【例 2-11】使用 request() 创建一个 GET 请求。

```
1    >>> import urllib3
2    >>> http = urllib3.PoolManager()
3    >>> resp = http.request('GET', 'http://httpbin.org/robots.txt')
4    >>> resp.status
200
5    >>> resp.data
'User-Agent: *\nDisallow: /deny\n'
```

例 2-11 需要在 Python 环境中执行。首先，在第 1 行导入 urllib 3 库，然后在第 2 行准备一个 PoolManager 实例来生成请求，由该实例对象处理与池的连接过程中的所有细节，不需要任何人为操作。在第 3 行通过 request()创建一个 GET 请求，该方法返回一个 HTTPResponse 对象。通过 status 查看服务器的响应码，可以看到响应码是 200。最后一行通过 data 查看响应的实体。

【例 2-12】使用 request()创建一个 POST 请求。

```
1    >>> import urllib3
2    >>> import json
3    >>> data = json.dumps({'key': 'python'})
4    >>> http = urllib3.PoolManager(num_pools=5, headers={'User-Agent': 'book'})
5    >>> resp1 = http.request('POST', 'http://www.httpbin.org/post', body=data, timeout=5, retries=5)
6    >>> print(resp1.data.decode())
```

最后一行的运行结果如图 2-3 所示。

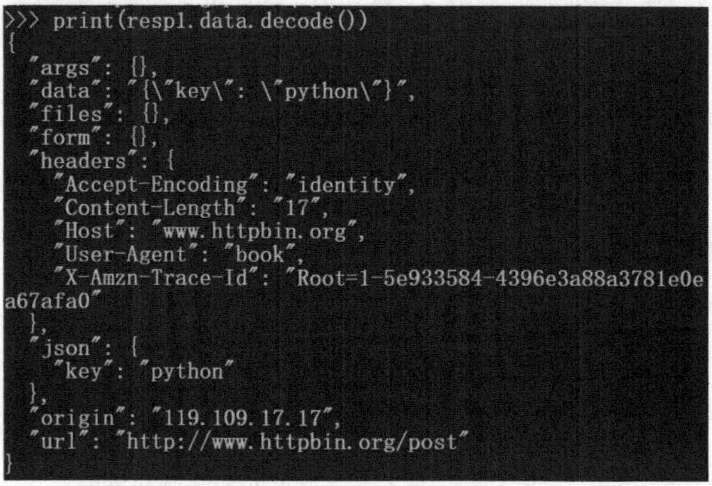

```
>>> print(resp1.data.decode())
{
  "args": {},
  "data": "{\"key\": \"python\"}",
  "files": {},
  "form": {},
  "headers": {
    "Accept-Encoding": "identity",
    "Content-Length": "17",
    "Host": "www.httpbin.org",
    "User-Agent": "book",
    "X-Amzn-Trace-Id": "Root=1-5e933584-4396e3a88a3781e0e
a67afa0"
  },
  "json": {
    "key": "python"
  },
  "origin": "119.109.17.17",
  "url": "http://www.httpbin.org/post"
}
```

图 2-3　例 2-12 的运行结果

在本例第 4 行中，PoolManager 函数指定了连接池的个数是 5，请求头的信息是：{'User-Agent': 'book'}。第 5 行通过 request()创建一个 POST 请求。最后一行输出 HTTPResponse 对象的实体信息，如图 2-3 所示。

【例 2-13】创建一个含有参数的 POST 请求。

```
1    >>> import urllib3
2    >>> import json
3    >>> http = urllib3.PoolManager(num_pools=5, headers={'User-Agent': 'book'})
4    >>> from urllib.parse import urlencode
5    >>> encoded_args = urlencode({'key': 'python'})
6    >>> url = 'http://httpbin.org/post?' + encoded_args
7    >>> resp = http.request('POST', url)
8    >>> json.loads(resp.data.decode('utf-8'))['args']
{key: 'python'}
```

在本例中，第 7 行通过 request()创建一个 POST 请求，需要手动对传入数据进行编码，加在 URL 之后，返回一个 HTTPResponse 对象。

（2）设置代理（ProxyManager）

如果需要使用代理来访问某个网站，则可以使用 ProxyManager 函数进行设置。

ProxyManager 函数的基本语法如下：

```
ProxyManager(proxy_url, num_pools=10, headers=None, proxy_headers=None, **connection_pool_kw)
```

参数说明：
- proxy_url：代理服务器地址。
- num_pools：可选，连接池的个数，如果访问的个数大于 num_pools，将按顺序丢弃最初始的缓存，将缓存的数量维持在池大小的范围内。
- headers：可选，请求头的信息。可以定义一个包含 User-Agent 信息的字典，并作为 headers 参数传入。
- proxy_headers：可选，包含发送给代理的头部字典。在 HTTP 中，它们随每个请求一起发送。可用于代理身份验证。
- **connection_pool_kw：基于 connection_pool 来生成的其他设置。

【例 2-14】使用代理提交一个含有参数的 GET 请求。

```
1   >>> import urllib3
2   >>> proxy = urllib3.ProxyManager('http://192.168.31.1', headers={'connection': 'keep-alive'})
3   >>> resp = proxy.request('GET', 'http://httpbin.org/ip')
4   >>> resp.status
200
5   >>> resp.data
b'{\n  "origin":"119.109.17.17"\n}\n'
```

例 2-14 和之前的实例相似，只是在第 2 行设置了 ProxyManager，并给出一个有效的代理地址和头部信息。从结果中可以看到，实现了 HTTPResponse 对象的获取。

（3）设置超时（timeout）

为了防止因为网络不稳定或者服务器不稳定等因素而造成的连接不稳定的丢包现象，可以在 GET 请求中添加 timeout 参数。根据需求，timeout 可以设置为浮点数。

【例 2-15】设置 timeout 参数。

```
1   >>> import urllib3
2   >>> http = urllib3.PoolManager()
3   >>> http.request('GET', 'http://httpbin.org/delay/3', timeout=4.5)
4   >>> http.request('GET', 'http://httpbin.org/delay/3', timeout=2)
```

图 2-4 和图 2-5 分别为两种不同超时参数设置方法的运行结果。由图中可以看出，第 3 行 timeout 的时长为 4.5s，而延时设置为 3s，因此未发生超时；第 4 行 timeout 的时长为 2s，小于延时时间，因此发生了超时，此时提示如图 2-5 所示的错误。

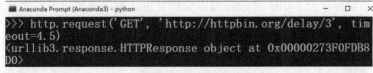

图 2-4　运行结果 1

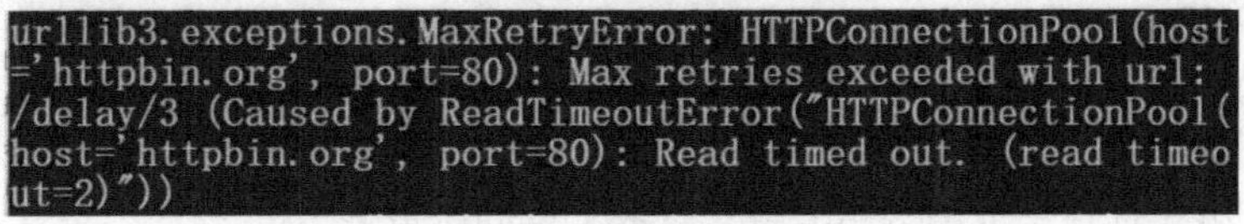

图 2-5　运行结果 2

timeout 参数提供了多种设置方法，可以通过使用 Timeout 实例来实现相关设置。创建 Timeout 实例的函数是：Timeout。

Timeout 函数的基本语法如下：

Timeout(total=None, connect=<object object>, read=<object object>)

参数说明：
- total：可选，将连接和读取超时合并为一个。默认为 None。
- connect：等待服务器连接尝试成功的最长时间（s）。
- read：连续读取操作之间等待服务器响应的最长时间（s）。

可以直接在 URL 后设置该次请求的全部参数，也可分别设置请求连接与读取 timeout 的参数。在 Poolmanager 实例中设置的 timeout 参数，也可以应用至该实例的全部请求中。

【例 2-16】将请求连接与读取 timeout 参数分开设置。

>>> http.request('GET','http://httpbin.org/delay/3',timeout=urllib3.Timeout(connect=2.0))
>>> http.request('GET', 'http://httpbin.org/delay/3', timeout=urllib3.Timeout(connect=2.0, read=2.5))

图 2-6 和图 2-7 分别为请求连接与读取超时参数的设置方法。从图中可以看出，第 1 行请求连接时长是 2s，而延时设置为 3s，因此未发生超时；第 2 行请求连接时长是 2s，读取 timeout 的时长为 2.5s，两者之和大于延时时间，因此发生了超时，此时提示如图 2-7 所示的错误。

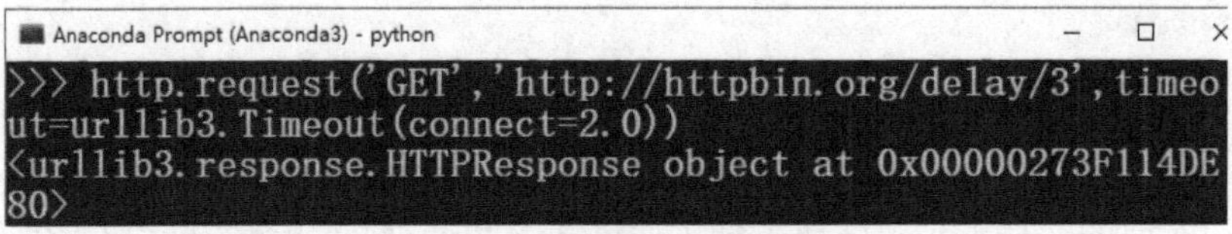

图 2-6 请求连接参数的设置方法

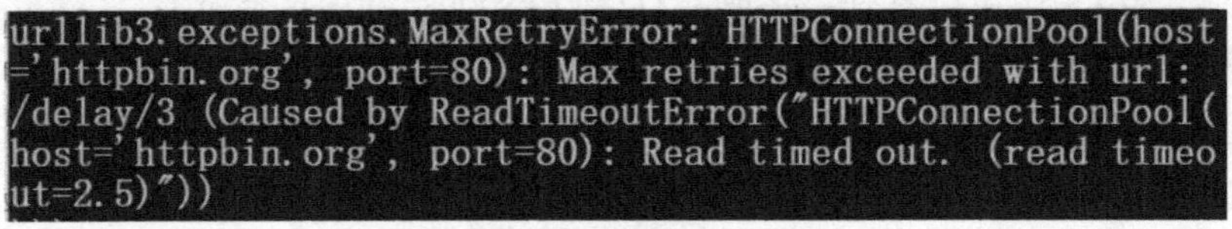

图 2-7 读取超时参数的设置方法

【例 2-17】在 PoolManager 中定义 timeout 参数。

>>> http = urllib3.PoolManager(timeout=urllib3.Timeout(connect=2.0, read=2.0))

在本例中，使用 PoolManager 定义了 timeout 参数。当在具体的 request()中再次定义 timeout 时，会覆盖 PoolManager 层面上的 timeout。

（4）请求重试（Retrying Requests）

urllib 3 库可以通过设置 retries 参数对重试进行控制。默认请求 3 次重试和 3 次重定向。

通过赋值一个整型数给 retries 参数，可以实现自定义重试次数；通过定义 retries 参数，定制请求重试次数及重定向次数。

【例 2-18】改变请求重试的次数。

1 >>> import urllib3
2 >>> http = urllib3.PoolManager()
3 >>> resp = http.request('GET','http://httpbin.org/ip',retries=8)
4 >>> resp.data
b'{\n "origin":"119.109.17.17"\n}\n'

在本例中，第 3 行使用 retries=8，修改请求重试的次数为 8。

若需要同时关闭请求重试及重定向，可以赋值 retries 参数为 False；若仅关闭重定向，可将 redirect 参数赋值为 False。

【例 2-19】关闭请求重试及重定向。

>>> import urllib3
>>> http = urllib3.PoolManager()

```
>>> resp = http.request('GET','http://httpbin.org/redirect/1',retries=False)
>>> resp.data
```

在本例中，设置 retries=False，同时关闭请求重试及重定向。图 2-8 是关闭请求重试及重定向之后得到的返回信息，由图中可以看出，此时网址 http://httpbin.org/redirect/1 是无法访问的。

```
>>> resp.data
b'<!DOCTYPE HTML PUBLIC "-//W3C//DTD HTML 3.2 Final//EN">
\n<title>Redirecting...</title>\n<h1>Redirecting...</h1>\
n<p>You should be redirected automatically to target URL:
<a href="/get">/get</a>.  If not click the link.'
```

图 2-8　关闭请求重试及重定向运行结果

【例 2-20】关闭重定向，保持重试。

```
>>> import urllib3
>>> http = urllib3.PoolManager()
>>> resp = http.request('GET','http://httpbin.org/redirect/1',redirect=False)
>>> resp.data
```

在本例中，设置 redirect =False，仅关闭请求重定向。此时的结果与图 2-8 完全相同，说明在关闭重定向的条件下，该网址是无法访问的。

Poolmanager 与 Timeout 的设置非常类似，可以在 Poolmanager 实例中设置 retries 参数，从而控制该实例下的全部请求重试策略。

【例 2-21】全局设置 retries 参数。

```
1    >>> import urllib3
2    >>> http = urllib3.PoolManager(retries=8)
3    >>> resp = http.request('GET','http://httpbin.org/ip')
4    >>> resp.data
b'{\n "origin":"119.109.17.17"\n}\n'
```

在本例中，第 2 行设置了一个全局的设置 retries=8：请求重试的次数为 8，即在该实例下全体请求重试次数均设置为 8。但是，此时仅设置的是默认值，如果在具体的 request()中再次定义 retries，则会覆盖刚才在 PoolManager 层面上的 retries 默认值。

2.4.2　网页内容查看

解析海量的网页是爬虫的基本目标，在解析一个网页之前，首先要了解网页中的基本内容、结构、涉及的图片、音频、视频等资源，甚至还想知道网页包含哪些请求、各个请求的访问是否正常、访问时长等信息，可以编写程序实现上述功能，也可以通过一些开发者工具进行在线操作，实时查询结果。后者操作简单，而且无须编程即可实现，是目前程序员的首选方案。

Chrome 浏览器提供了一个非常便利的开发者工具，供广大 Web 开发人员使用，该工具提供查看网页元素、查看请求资源列表等功能。本节以网站 http://httpbin.org 为例介绍 Chrome 浏览器开发者工具的基本使用方法。

如果想打开此工具，可通过右键单击 Chrome 浏览器页面，在弹出菜单中单击【检查】选项打开，如图 2-9（a）所示。也可以单击浏览器右上角的快捷菜单，单击【更多工具】选项中的【开发者工具】选项，如图 2-9（b）所示。此外，还可以使用 F12 快捷键打开此工具。

Chrome 浏览器开发者工具界面共包括 9 个模块，如图 2-10 所示。根据打开方式的不同，模块可能位于浏览器的右侧或者下方等位置。

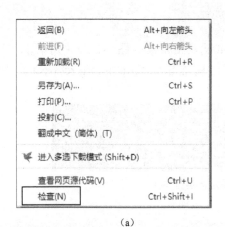 

图 2-9　打开 Chrome 浏览器开发者工具

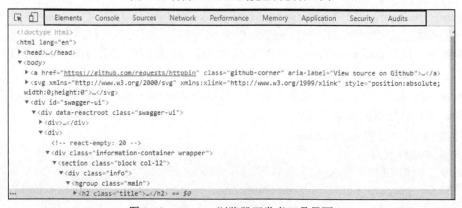

图 2-10　Chrome 浏览器开发者工具界面

Chrome 浏览器开发者工具最常用的 4 个模块是：Elements（元素）、Console（控制台）、Sources（源代码）、Network（网络）。下面分别详细介绍它们的功能。

Elements：用于查看或修改 HTML 元素的属性、CSS 属性、监听事件、断点等。CSS 可以即时修改并显示，为开发者调试程序提供了便利。

Console：用于执行一次性的代码，可查看 JavaScript 对象、调试日志信息或异常信息。

Sources：用于查看页面的 HTML 文件源代码、JavaScript 源代码、CSS 源代码，可以调试 JavaScript 源代码，给 JavaScript 源代码添加断点等。

Network：用于查看 headers 等与网络连接相关的信息。

下面将分别说明这 4 个模块的具体操作方法。

1. Elements

在图 2-10 中，从 Elements 模块的代码中可以看到，当前的页面是树状结构，单击三角符号即可展开对应的分支。例如，在<body>标签下，依次展开可以看到<div>、<div>、<div>、<div>、<section>、<div>、<hgroup>、<h2>等标签。当单击标签时，可以从源代码中读出元素的属性，在最右侧有详细的解释内容。

此外，单击左上角的箭头图标（或按快捷键 Ctrl+Shift+C）进入选择元素模式，从页面中选择需要查看的元素，然后可以在开发者工具 Elements 模块中定位到该元素源代码的具体位置。如图 2-11 所示，当光标悬停至某个标签（如<h2>标签）上时，会同步在原有界面中标识出对应部分的信息。

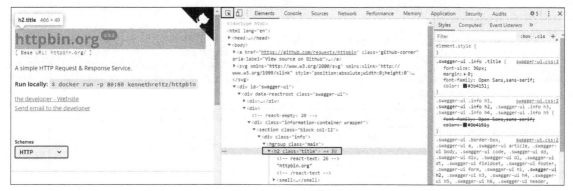

图 2-11 Elements 模块界面

从源代码中读到的只是一部分显式声明的属性，要查看该元素的所有属性，可以单击右边的 ">>" 中的 "Properties" 查看，如图 2-12 所示。

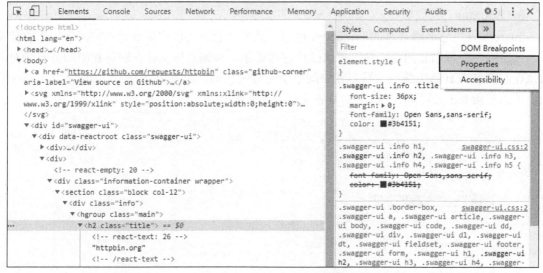

图 2-12 打开 Properties 属性

Properties 属性详情如图 2-13 所示，可以展开相关属性查看详情。

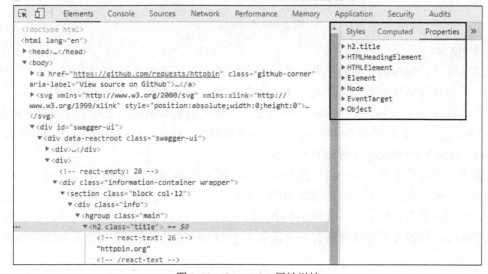

图 2-13 Properties 属性详情

2. Console

在 Console 中，可以查看 JavaScript 对象及其属性，也可以执行如下 JavaScript 语句：

> s='i love spyder'
> s.split('love')

执行结果如图 2-14 所示。

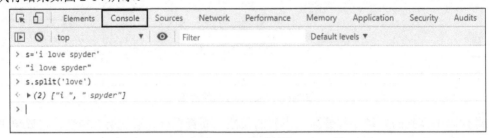

图 2-14　执行结果

3. Sources

Sources 模块通常用来调试 JavaScript 程序。此外，它还可以用来查看当前网页的所有源文件。在左侧栏中可以看到源文件以树状结构进行展示。单击对应文件，即可在中间查看预览。如果在左侧单击 HTML 文件，可以在中间显示完整的代码。如图 2-15 所示，切换至 Sources 界面，单击左侧 top 文件夹中的文件，则在中间显示完整代码。

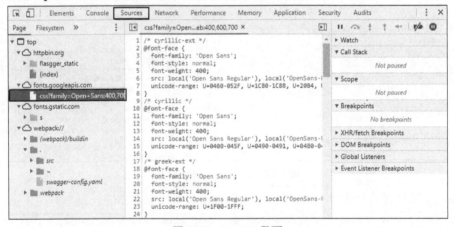

图 2-15　Sources 界面

4. Network

对爬虫来说，Network 界面主要用于查看页面加载时读取的各项资源，如图片、HTML、JavaScript、页面样式等详细信息，通过单击某个资源便可以查看这个资源的详细信息。

如图 2-16 所示，在切换至 Network 界面后，需要重新加载页面，之后在资源文件夹中单击 httpbin.org 资源，将在开发者工具中间部分显示该资源的 Headers（头部信息）、Preview（预览）、Response（响应）和 Timing（时间）等信息。

根据所选资源的类型，显示信息也不尽相同，常见的标签信息如下所示。

① Headers 标签列出了资源的请求 URL、HTTP 方法、状态码、请求头和响应头及它们各自的值、请求参数等详细信息，如图 2-16 所示。

② Preview 标签可以根据所选择的资源类型（JSON、图片、文本）来显示对应的预览信息，如图 2-17 所示。

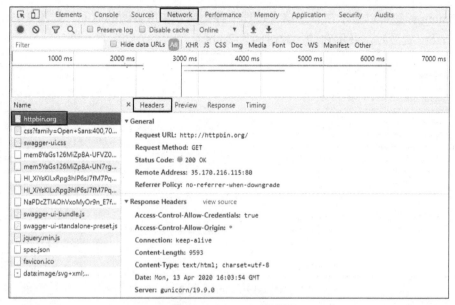

图 2-16　Network 界面

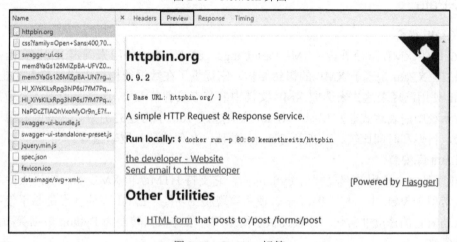

图 2-17　Preview 标签

③ Response 标签可以显示 HTTP 的响应信息，如图 2-18 所示。如果选中 httpbin.org 资源，则可以展示它的程序。

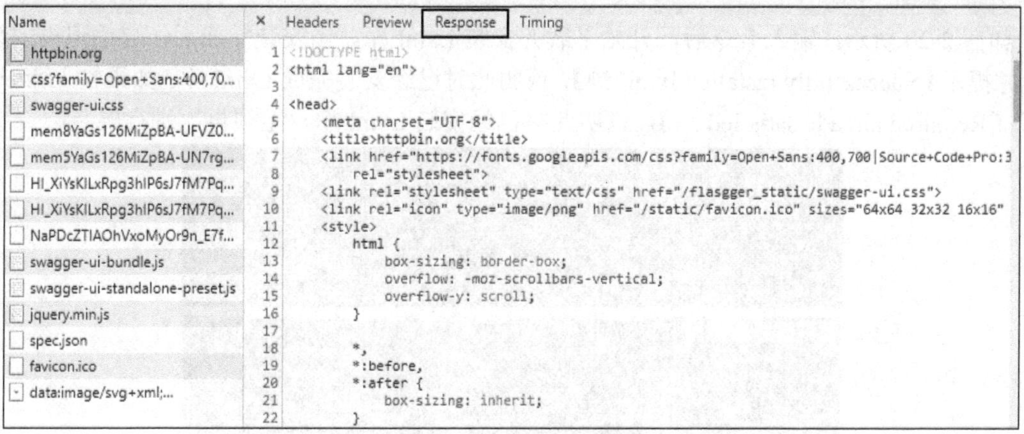

图 2-18　Response 标签

④ Timing 标签可以显示在整个请求过程中各个部分使用资源的时间，如图 2-19 所示。当选中 httpbin.org 资源时，展示它的加载时间为 2.11s。

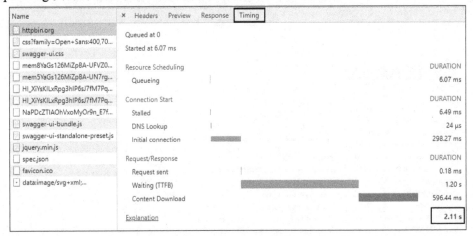

图 2-19　Timing 标签

2.4.3　XPath

1. XPath 简介

　　XPath 即为 XML 路径语言（XML Path Language），它是一种用来确定 XML 文档中某部分位置的语言。XPath 是基于 XML 的树状结构，它提供了在数据结构树中找寻节点的能力。

　　XPath 使用路径表达式来选取 XML 文档中的节点或者节点集。这些路径表达式和常规的计算机文件系统中的表达式非常相似。XPath 含有超过 100 个内建的函数。这些函数用于字符串值、数值、日期和时间比较、节点和 QName 处理、序列处理、逻辑值等。

2. Lxml 库安装

　　Lxml 库是一个常用的网页解析 Python 库，它支持 HTML 和 XML 的解析，支持 XPath 解析方式，常用于 Web 中，与 XPath 结合使用实现爬虫功能。Lxml 库的优点是易于使用，在解析大型文档时它的速度非常快，并且提供了简单的方法将数据转换为 Python 数据类型，而且解析效率非常高。

　　本节主要介绍在 Windows 平台上安装 Lxml 库的方法。因为 Lxml 库不是 Python 的标准库，所以需要用户自行安装。下面通过 pip 工具进行安装，安装命令如下：

```
> pip install  lxml
```

　　如图 2-20 所示，输入命令后，开始下载并安装 Lxml 库。当安装完成后，自动退出安装环境，并提示【Successfully installed lxml***】，说明此时已经安装完成 Lxml 库。如果输入命令后，提示【Required already satisfied …】，说明此时已经安装 Lxml 库，无须再次进行安装。

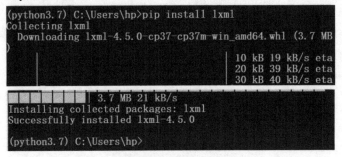

图 2-20　安装 Lxml

下面需要验证 Lxml 库的安装是否正确，在 Anaconda Prompt(Anaconda3)中输入命令：python，进入 Python 环境，然后在光标处输入命令：from lxml import etree，按回车键，如果系统没有任何的提示，如图 2-21 所示，则说明此时的安装是正确的。如果出现错误提示，则代表 Lxml 库的安装存在问题，需要仔细检查安装的命令是否正确，或者卸载 Lxml 库后进行二次安装。

图 2-21　测试 Lxml

如果输入命令 pip install lxml，提示没有网络连接等相关错误，则可以选择下载二进制 whl 格式的安装包进行离线安装。操作方法如下：

① 在网站 https://www.lfd.uci.edu/~gohlke/pythonlibs/#lxml 中下载 Lxml 库的安装包，安装包的后缀为"*.whl"。

② 假设安装包存放在 D:\目录下，可以使用命令 pip install D:\lxm-***.whl 完成安装。注意，"D:\lxm-***.whl"代表下载安装包的完整路径和包名，读者请根据下载的版本自行填写完整包名。

3. XPath 节点

XPath 有 7 种类型的节点：元素、属性、文本、命名空间、处理指令、注释及文档（根）节点。XML 文档是被作为节点树来对待的。树的根被称为文档节点或根节点。下面给出一个 XML 文档。

【例 2-22】 XML 文档。

```
<?xml version="1.0" encoding="UTF-8"?>
<shop>
  <book>
    <title lang="en">Angels and Demons</title>
    <author> Dan Brown</author>
    <year>2003</year>
    <price>6.99</price>
  </book>
</shop>
```

在上面的 XML 文档中，涉及了一些节点，例如：<shop>是文档节点，<author> Dan Brown</author>是元素节点，lang="en"是属性节点。

此外，节点之间还存在一些关系，包括父节点（Parent）、子节点（Children）、同胞节点（Sibling）、先辈节点（Ancestor）、后代节点（Descendant）等。

（1）父节点

节点之间存在父子关系，每个元素及属性都有一个父节点。在例 2-22 中，book 元素是 title、author、year 及 price 元素的父节点。

（2）子节点

针对一个元素节点，它可有 0 个、1 个或多个子节点。在上述实例中，title、author、year 及 price 元素都是 book 元素的子节点。

（3）同胞节点

同胞节点是指拥有相同父节点的节点。在上述实例中，title、author、year 及 price 元素都是同胞关系。

（4）先辈节点

先辈节点是指某节点的父节点、父节点的父节点等。在上述实例中，title 的先辈是 book 节点和 shop 节点。

（5）后代节点

后代节点是指某节点的子节点、孙子节点等。在上述实例中，shop 的后代是 book、title、author、year 及 price 节点。

4．XPath 语法

XPath 使用路径表达式来选取 XML 文档中的节点或节点集。节点是通过沿着路径（path）或者步（steps）来选取的。常见的路径表达式如表 2-2 所示。表 2-3 列出了一些常见的路径表达式实例。

表 2-2　常见的路径表达式

表达式	描述
nodename	选取此节点的所有子节点
/	从根节点选取
//	从匹配选择的当前节点选取文档中的节点，而不考虑它们的位置
.	选取当前节点
..	选取当前节点的父节点
@	选取属性

表 2-3　常见的路径表达式实例

路径表达式	结果
shop	选取 shop 元素的所有子节点
/shop	选取根元素 shop
shop/book	选取属于 shop 的子元素的所有 book 元素
//book	选取所有 book 子元素，而不管它们在文档中的位置
shop//book	选择属于 shop 元素的后代的所有 book 元素
//@lang	选取名为 lang 的所有属性

表 2-4　常用通配符

通配符	描述
*	匹配任何元素节点
@*	匹配任何属性节点
node()	匹配任何类型的节点

除此之外，XPath 通配符可用来选取未知的 XML 元素，如表 2-4 所示。

以下给出一些路径表达式及这些表达式的结果。

【例 2-23】路径表达式示例。

（1）/shop/*　　　：选取 shop 元素的所有子元素。
（2）//*　　　　　：选取文档中的所有元素。
（3）//title[@*]　　：选取带有 title 属性的所有元素。

在 XPath 中，经常使用谓语（Predicates）查找某个特定的节点或者包含某个指定的值的节点。谓语一般嵌入在方括号中。以下给出一些带有谓语的路径表达式及这些表达式的结果。

【例 2-24】带有谓语的路径表达式。

（1）/shop/book[1]　　　　　：选取属于 shop 子元素的第一个 book 元素。
（2）/shop/book[last()]　　　：选取属于 shop 子元素的最后一个 book 元素。
（3）/shop/book[last()-1]　　：选取属于 shop 子元素的倒数第二个 book 元素。
（4）/shop/book[position()<4]：选取前 3 个属于 shop 子元素的 book 元素。
（5）//title[@lang]　　　　　：选取所有拥有 lang 属性的 title 元素。
（6）//title[@lang='eng']　　：选取所有 lang 属性值为 eng 的 title 元素。

5．XPath 实例

本例用于使用 XPath 进行文档的解析。首先，新建待解析的 HTML 文件，文件名为 demo_xpath.html，文件内容如下：

```
<div>
    <ul>
```

```
            <li class="item-0"><a href="test1.html">1th item</a></li>
            <li class="item-1"><a href="test2.html">2th item</a></li>
            <li class="item-inactive"><a href="test3.html">3th item</a></li>
            <li class="item-1"><a href=" test 4.html">4th item</a></li>
            <li class="item-0"><a href=" test 5.html">5th item</a></li>
        </ul>
</div>
```

这段 HTML 源码的最外层是 1 对<div>标签,内层分别是 1 对<ul>和 5 对<li>标签,这是当前 HTML 源码的基本结构。它采用层次化的组织形式,如果想寻找一个标签,则可以从头开始寻找。例如,寻找第 1 个<li>标签,可以按照<div>→<ul>→<li>的顺序完成搜索。

实际上,XPath 就是按照这种层次化的形式查找相应元素的,类似于 Linux 操作系统的文件寻址过程。如果待寻找的元素是唯一的,也可以直接指出这个元素,而无须按照层次化的形式进行逐层寻找。

下面给出一些 XPath 的实例,用于 demo_xpath.html 文件的解析。

【例 2-25】 XPath 解析实例。

```
1   >>> from lxml import etree
2   >>> html = etree.parse('demo_xpath.html')
3   >>> print(type(html))
<class 'lxml.etree._ElementTree'>
4   >>> result = html.xpath('//li')
5   >>> print(result)
[<Element li at 0x1a7d3a29908>, <Element li at 0x1a7d37373c8>,
<Element li at 0x1a7d3b65088>, <Element li at 0x1a7d3b650c8>,
<Element li at 0x1a7d3b65108>]
6   >>> print(len(result) )
5
7   >>> print(type(result) )
<class 'list'>
8   >>> print(type(result[0]))
<class 'lxml.etree._Element'>
```

在例 2-25 中使用 XPath 时,首先在第 1 行导入 lxml.etree 模块,第 2 行通过 etree.parse 方法加载 demo_xpath.html 文件。需要注意的是,此时文件存放在终端运行的当前目录下(如果文件存放于其他目录中,则需要填写完整的文件路径)。此时得到了一个名为 html 的 Element 对象。在第 3 行输出 html 的类型时,可以看到<class 'lxml.etree._ElementTree'>表示为 Element 的树状结构。

此时可以对这个 Element 对象使用 XPath 筛选,系统会返回一个筛选后的结果列表。第 4 行对 Element 对象 html 使用了 xpath 方法,该方法的参数就是 XPath 路径,即路径://li,它是字符串的表达形式,可以理解为:从根节点开始查找<li>标签。这样找到了全部<li>标签,并将结果 result 保存到一个 list 中,然后第 5 行打印输出 result 的内容。第 6 行输出 result 的长度为 5,第 7 行输出 result 的数据类型为 list,即标签列表。如果想定位第 1 个<li>标签,则可以使用最后一行语句的形式,即使用 result[0]表示要爬取的第 1 个<li>标签。需要说明的是,在 XPath 语法中,序号是从 0 开始排列的,在使用时需要注意不要产生越界访问的错误。

【例 2-26】 爬取属性值。

```
>>> result = html.xpath('//li/@class')
>>> print(result)
```

['item-0', 'item-1', 'item-inactive', 'item-1', 'item-0']

爬取属性值的含义是，要爬取的内容是某个标签里的某个属性的值。在例 2-26 中，要爬取的是<li>标签的 class 属性值，这里使用了@class 这种语法形式。从输出的结果可以看到，5 个<li>标签的 class 属性值均得到输出。

【例 2-27】爬取标签。

```
>>> result = html.xpath('//li/a[@href="test1.html"]')
>>> print(result)
[<Element a at 0x1a7d3b65188>]
```

利用属性来定位元素要使用类似"@属性=值"这种语法形式。在例 2-27 中，要爬取 href 为"test1.html"的<li>标签，这里使用了'//li/a[@href="test1.html"]'这种语法形式，其中//li 为查找的标签范围，a[@href="test1.html"]表示搜索条件是：href 属性为"test1.html"。从输出的结果可以看到，获取到的元素被保存到 result 中。

【例 2-28】筛选部分标签。

```
>>> result = html.xpath('//li[starts-with(@class,"item-i")]')
>>> print(result)
[<Element li at 0x1a7d3b65048>]
```

HTML 源码中有 5 个标签，如果想筛选出以某些字符开头的标签，这里可以使用"starts-with"这种语法形式。在例 2-28 中，要筛选出以"item-i"开头的<li>标签，这里使用了'//li[starts-with(@class,"item-i")]' 这种语法形式，其中 //li 为查找的标签范围，starts-with(@class,"item-i")表示搜索条件是：以"item-i"开头的 class 属性。从输出的结果可以看到，只有 1 个元素满足条件，筛选出的元素被保存到 result 中并输出。

本 章 小 结

本章介绍了爬虫基础概述、爬虫规范、爬虫通用结构和爬虫技术等内容。其中，爬虫通用结构和爬虫技术是本章的重点内容。

在爬虫基础概述中，介绍了爬虫的概念和爬虫的基本原理，其中详细介绍了通用爬虫、聚焦爬虫、增量式爬虫和深层爬虫的形式及原理。

在爬虫规范中，介绍了爬虫的尺寸、Robots 协议等内容，其中重点强调 Robots 协议解读、Robots 协议的使用，通过实例介绍 robots.txt 文件的含义。

在爬虫通用结构中，介绍了爬虫通用结构、爬虫基本工作流程、异常处理机制等内容，通过实例介绍了异常检测的多种方法。

在爬虫技术中，介绍了 urllib 库的安装和解析方案、网页内容的查看方法和 XPath 的概念、节点和语法等内容。其中，重点强调开发者工具的使用方法、XPath 的路径表达式的语法和文档的解析方案。

习 题

1. 选择题

（1）以下哪项不属于常见的爬虫？（ ）

A. 聚焦爬虫　　　　　B. 遍历型爬虫　　　　　C. 增量式爬虫　　　　　D. 深层爬虫

（2）Scrapy 库属于以下哪种形式的爬虫？（ ）

A. 小规模　　　　　B. 中规模　　　　　C. 大规模　　　　　D. 超大规模

（3）如果存在 robots.txt 文件，它应位于网站域名哪个目录下？（ ）

A．根目录　　　　　　B．家目录　　　　　　C．/home　　　　　　D．/root

（4）以下哪项不包含在 HTTPResponse 的对象中？（ ）

A．status（状态响应码）　　B．data（实体）　　C．get（方法）　　D．headers（头部）

（5）在 XPath 中，"/"表示（ ）。

A．从根节点选取　　　　　　　　　　　B．从匹配选择的当前节点选择文档中的节点

C．选取当前节点　　　　　　　　　　　D．选取当前节点的父节点

2．填空题

（1）通用爬虫在爬行时会采取一定的爬行策略，主要有_____策略和_____策略。

（2）在 Robots 协议中，"Disallow: /?"的含义是_____。

（3）XPath 的全称为_____，它是一种用来确定 XML 文档中某部分位置的语言。

3．简述爬虫的主要应用。

4．聚焦爬虫的爬行策略主要有哪些？

5．简述 urllib 3 库的特点。

6．简述什么是 Robots 协议？为什么要使用 Robots 协议？

7．简述爬虫的基本工作流程。

第 3 章　Requests 库

Requests 库是一个原生的 HTTP 库，相比于 urllib 库，Requests 库非常简洁，它是非常容易上手的 Python 爬虫库。Requests 库可以发送原生的 HTTP 请求，不需要在访问路径中添加额外的查询语句，也无须对数据进行表单编码。基于上述优势，目前，Requests 库是非常受欢迎的爬虫库。

3.1　Requests 库简介与安装

3.1.1　Requests 库简介

urllib 库作为 Python 的基本库，Requests 库是在 urllib 库基础上使用 Python 编写的爬虫库，Requests 库采用 Apache2 Licensed 开源的 HTTP 协议。相比于 urllib 库，Requests 库更加方便，可以节约大量的爬虫工作，完全满足 HTTP 测试需求。Requests 库包含如下特性：

- 支持 Keep-Alive，可构建高效的连接池；
- 国际化域名和 URL；
- 含有 Cookies 的持久会话；
- 浏览器式的 SSL 认证；
- Response 对象自动解码；
- 基本/摘要式身份认证；
- 优雅的键/值 Cookies；
- 自动解压（gzip）被压缩的网页内容；
- Unicode 响应体；
- 支持 HTTP(S)代理；
- 文件分块上传；
- 流下载；
- 连接超时；
- 分块请求；
- 支持.netrc。

目前，Requests 库支持 Python 2.x 和 Python 3.x 等版本，其应用非常广泛，在 Twitter、Spotify、Microsoft、Amazon、NSA、Google 等公司的产品中均有广泛的应用。

3.1.2　Requests 库安装

本节主要介绍在 Windows 平台上安装 Requests 库的方法。因为 Requests 库不是 Python 的标准库，所以需要用户自行安装。它的安装过程比较简单，可以直接通过 pip 工具进行安装，命令如下：

```
> pip install requests
```

输入上述命令后，开始下载并安装 Requests 库。当安装完成后，自动退出安装环境，并提示【Successfully installed requests***】，如图 3-1 所示，已经安装完成 Requests 库。如果输入命令后，提示【Required already satisfied …】，如图 3-2 所示，则说明此时已经安装 Requests 库，无须再次进行安装。

```
(python3.7) C:\Users>pip install requests
Collecting requests
  Using cached requests-2.23.0-py2.py3-none-any.whl (58 kB)
Requirement already satisfied: chardet<4,>=3.0.2 in c:\users\hp
\anaconda3\envs\python3.7\lib\site-packages (from requests) (3.
0.4)
Requirement already satisfied: certifi>=2017.4.17 in c:\users\h
p\anaconda3\envs\python3.7\lib\site-packages (from requests) (2
019.11.28)
Requirement already satisfied: idna<3,>=2.5 in c:\users\hp\anac
onda3\envs\python3.7\lib\site-packages (from requests) (2.9)
Requirement already satisfied: urllib3!=1.25.0,!=1.25.1,<1.26,>
=1.21.1 in c:\users\hp\anaconda3\envs\python3.7\lib\site-packag
es (from requests) (1.25.8)
Installing collected packages: requests
Successfully installed requests-2.23.0
```

图 3-1　初次安装 Requests 库

```
(python3.7) C:\Users>pip install requests
Requirement already satisfied: requests in c:\users\hp\anaconda
3\envs\python3.7\lib\site-packages (2.23.0)
Requirement already satisfied: certifi>=2017.4.17 in c:\users\h
p\anaconda3\envs\python3.7\lib\site-packages (from requests) (2
019.11.28)
Requirement already satisfied: chardet<4,>=3.0.2 in c:\users\hp
\anaconda3\envs\python3.7\lib\site-packages (from requests) (3.
0.4)
Requirement already satisfied: urllib3!=1.25.0,!=1.25.1,<1.26,>
=1.21.1 in c:\users\hp\anaconda3\envs\python3.7\lib\site-packag
es (from requests) (1.25.8)
Requirement already satisfied: idna<3,>=2.5 in c:\users\hp\anac
onda3\envs\python3.7\lib\site-packages (from requests) (2.9)
```

图 3-2　已安装 Requests 库

下面需要验证 Requests 库的安装是否正确，在 Anaconda Prompt(Anaconda3)工具中输入命令：python，进入 Python 环境，然后在光标处输入命令 import requests，按回车键。如果系统没有任何的提示，如图 3-3 所示，则说明此时的安装是正确的。如果出现错误提示，则说明 Requests 库的安装存在问题，需要仔细检查安装的命令是否正确，或者卸载 Requests 库后进行第二次安装。

```
(python3.7) C:\Users>python
Python 3.7.0 (default, Jun 28 2018, 08:04:48) [MSC v.1912 64 bi
t (AMD64)] :: Anaconda, Inc. on win32
Type "help", "copyright", "credits" or "license" for more infor
mation.
>>> import requests
>>> ■
```

图 3-3　测试 Requests 库

3.2　Requests 库基本使用

3.2.1　Requests 库的主要方法

Requests 库中包含 7 个常用的方法，如表 3-1 所示。

表 3-1 Requests 库中的常用方法

方法	说明
requests.request()	构造一个请求，是最基本的方法，是后续方法的支撑
requests.get()	获取网页，对应 HTTP 中的 get 方法
requests.post()	向网页提交信息，对应 HTTP 中的 post 方法
requests.head()	获取网页的头信息，对应 HTTP 中的 head 方法
requests.put()	向的提交 put 方法，对应 HTTP 中的 put 方法
requests.patch()	向网页提交局部修改的请求，对应 HTTP 中的 patch 方法
requests.delete()	向的提交删除请求，对应 HTTP 中的 delete 方法

下面将详细介绍 Requests 库中方法的具体应用。

1. requests.request()

Requests 库中有很多方法，但所有的方法在底层都是通过调用 requests.request() 方法实现的。因此，严格来说，Requests 库只有一个方法——requests.request()。但我们一般都不会直接使用这个方法，而是使用其他更加简便的方法。

requests.request() 方法的基本语法如下：

requests.request(method,url,**kwargs)

参数说明：

- method：请求方式，可选参数有 get、put、post、patch、delete、head 等请求方式。
- url：拟获取页面的 URL 链接。
- **kwargs：控制访问参数，共有 13 个，均为可选项。常用控制访问参数及其说明见表 3-2。

表 3-2 常用控制访问参数及其说明

控制访问参数	说明
params	字典或字节序列，作为参数增加到 URL 中
data	字典、字节序列或文件对象，作为 Requests 库的内容
json	JSON 格式的数据，作为 Requests 库的内容
headers	字典，HTTP 定制头部信息
cookies	字典或 CookieJar，Requests 库中的 Cookies
files	字典类型，用于传输的文件
timeout	设定超时时间，以秒(s)为单位
proxies	字典类型，设定访问代理服务器，可以增加登录认证
allow_redirects	True/False，默认为 True，重定向开关
stream	True/False，默认为 True，获取内容立即下载开关
verify	True/False，默认为 True，认证 SSL 证书开关
cert	本地 SSL 证书
auth	元组，支持 HTTP 认证功能

2. requests.get()

requests.get() 方法的基本语法如下：

requests.get(url,params=None,**kwargs)

参数说明：

- url：拟获取页面的 URL 链接。

- params：URL 中的额外参数，字典或字节流格式，可选。
- **kwargs：控制访问参数，共有 12 个，均为可选项。与 requests.request()方法的控制访问参数相比，缺少 params 参数，其余 12 个参数的使用方法与表 3-2 相同。

3．requests.post()

requests.post()方法的基本语法如下：

requests.post(url,data=None,json=None,**kwargs)

参数说明：

- url：拟更新页面的 URL 链接。
- data：字典、字节序列或文件，作为 Requests 库的内容。
- json：JSON 格式的数据，作为 Requests 库的内容。
- **kwargs：控制访问参数，共有 11 个，均为可选项。与 requests.request()方法的控制访问参数相比，缺少了 data 和 json 参数，其余 11 个参数使用方法与表 3-2 相同。

4．requests.head()

requests.head()方法的基本语法如下：

requests.head(url,**kwargs)

参数说明：

- url：拟获取页面的 URL 链接。
- **kwargs：控制访问参数，共有 12 个，均为可选项。与 requests.request()方法的控制访问参数相比，缺少 params 参数，其余 12 个参数的使用方法与表 3-2 相同。

5．requests.put()

requests.put()方法的基本语法如下：

requests.put(url,data=None,**kwargs)

参数说明：

- url：拟更新页面的 URL 链接。
- data：字典、字节序列或文件，作为 Requests 库的内容。
- **kwargs：控制访问参数，共有 12 个，均为可选项。与 requests.request()方法的控制访问参数相比，缺少 data 参数，其余 12 个参数的使用方法与表 3-2 相同。

6．requests.patch()

requests.patch()方法的基本语法如下：

requests.patch(url,data=None,**kwargs)

参数说明：

- url：拟更新页面的 URL 链接。
- data：字典、字节序列或文件，作为 Requests 库的内容。
- **kwargs：控制访问参数，共有 12 个，均为可选项。与 requests.request()方法的控制访问参数相比，缺少了 data 参数，其余 12 个参数的使用方法与表 3-2 相同。

7．requests.delete()

requests.delete()方法的基本语法如下：

requests.delete(url,**kwargs)

参数说明：

- url：拟删除页面的 URL 链接。
- **kwargs：控制访问参数，共有 13 个，均为可选项。与 requests.request()方法的控制访问参数的使用方法相同。

3.2.2 发送基本请求

使用 Requests 库发送网络请求非常简单。可以利用 3.2.1 节介绍的方法实现，首先要导入 Requests 库：

```
>>> import requests
```

然后尝试获取某个网页。本例中尝试获取豆瓣网站（https://www.douban.com/）的首页：

```
>>> r = requests.get('https://www.douban.com/')
```

现在，使用 requests.get()方法获得了一个名为 r 的 Response 对象，可以从这个对象中获取豆瓣网站首页的信息。在这里使用的是 HTTP 请求中的 get 方法。实际上，还可以使用 requests.post()方法实现：

```
>>> r = requests.post('https://www.douban.com/')
```

3.2.3 响应内容

在 Requests 库中有一个非常重要的对象，即在 3.2.2 节中生成的 Response 对象。它是一个包含服务器资源的对象，其中涉及的属性及其说明如表 3-3 所示。

表 3-3 Response 对象属性及其说明

属性	说明
r.status_code	HTTP 请求返回状态码，200 表示成功
r.text	HTTP 响应的字符串形式，即 URL 对应的页面内容
r.encoding	从 HTTP headers 中猜测的响应内容的编码方式
r.apparent_encoding	从内容中分析响应内容的编码方式（备选编码方式）
r.content	HTTP 响应内容的二进制形式
r.headers	HTTP 响应内容的头部内容

注意区分 r.encoding 和 r.apparent_encoding 的用法。

- r.encoding：如果 headers 中不存在 charset，则认为当前编码是 ISO-8859-1，r.text 将根据 r.encoding 的编码格式显示网页内容。
- r.apparent_encoding：根据网页内容进一步分析网页的编码方式，它可以看作是 r.encoding 的备选编码。

下面给出一个实例用于获取 Response 对象常用属性的返回结果。

【例 3-1】Response 对象属性分析。

```
1    >>> import requests
2    >>> headers={'User-Agent': 'Mozilla/5.0 (Windows NT 6.1; Win64; x64) AppleWebKit/537.36 (KHTML, like Gecko) Chrome/79.0.3945.88 Safari/537.36'}
3    >>> res = requests.get('https://book.douban.com/',headers=headers)
#  获取状态码
4    >>> print(type(res.status_code), res.status_code)
<class 'int'> 200
#  获取响应头信息
5    >>> print(type(res.headers), res.headers)
<class 'requests.structures.CaseInsensitiveDict'> {'Date': 'Sat, 18 Apr 2020 15:15:45 GMT', 'Content-Type': 'text/html; charset=utf-8', 'Transfer-Encoding': 'chunked', 'Connection': 'keep-alive', 'Keep-Alive': 'timeout=30', 'Vary': 'Accept-Encoding, Accept-Encoding', 'X-Xss-Protection': '1; mode=block', 'X-Douban-Mobileapp': '0', 'Expires': 'Sun, 1 Jan 2006 01:00:00 GMT', 'Pragma': 'no-cache', 'Cache-Control': 'must-revalidate, no-cache, private', 'Set-Cookie':
```

```
'bid=ZLvcMjcftuk; Expires=Sun, 18-Apr-21 15:15:45 GMT; Domain=.douban.com; Path=/', 'X-DOUBAN-NEWBID':
'ZLvcMjcftuk', 'X-DAE-App': 'book', 'X-DAE-Instance': 'default', 'Server': 'dae', 'Strict-Transport-Security':
'max-age=15552000', 'X-Content-Type-Options': 'nosniff', 'Content-Encoding': 'gzip'}
    # 获取响应头中的apparent_encoding
6   >>> print(type(res.apparent_encoding), res.apparent_encoding)
<class 'str'> Windows-1254
    # 获取访问的encoding
7   >>> print(type(res.encoding), res.encoding)
<class 'str'> utf-8
    # 获取访问的页面内容
8   >>> print(type(res.text), res.text)
```

在上述实例中，第2行设计了一个头部信息 headers（在后文中将详细介绍头部信息的定制规则），然后在第3行 requests.get()中将 headers 添加在其中，此时返回了 Response 对象 res，接下来在第4～8行中，依次输出了 res 对象的状态码、头部信息、apparent_encoding、encoding 和访问页面的内容。访问页面的部分结果如图3-4所示，由于页面内容较多，这里只给出前几行的截图。

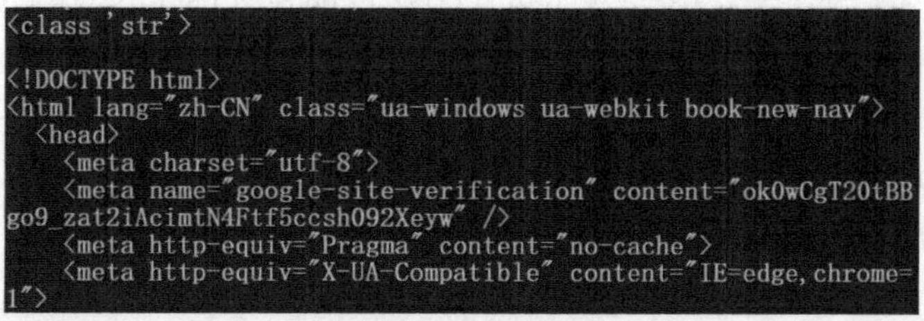

图 3-4　访问的页面内容

头部信息的设置也非常关键，以下给出一个未添加头部发送请求的实例。

【例 3-2】 未添加头部的请求。

```
>>> res = requests.get('https://book.douban.com/')
# 获取状态码
>>> print(type(res.status_code), res.status_code)
<class 'int'> 418
```

在本例中，发送了 get 请求，而未添加头部信息，根据当前网站的设置，当前的爬虫被认定为非正常的访问，于是收到了代号为418的错误代码。此时无法正常获取页面信息。

3.2.4　访问异常处理方案

在进行网络访问时，经常会遇到各种错误的情况发生，Requests 库的主要异常情况如表3-4所示。

表 3-4　主要异常情况及其说明

异常	说明
requests.ConnectionError	网络连接异常，如 DNS 查询失败、拒绝连接等
requests.HTTPError	HTTP 错误异常
requests.URLRequired	URL 缺失异常
requests.TooManyRedirects	超过最大重定向次数，产生重定向异常
requests.ConnectTimeout	连接远程服务器超时异常
requests.Timeout	请求 URL 超时，产生超时异常

当使用 Requests 库的方法提交请求后，会获得一个 Response 对象，Response 返回所有内容或者抛出异常，那么该如何判定 Response 对象是成功访问了还是抛出异常了呢？在返回的 Response 对象中的方法——response.raise_for_status()，其作用是当访问网页后的 HTTP 状态码不是 200 时，会产生一个 requests.HTTPError。

基于此，需要逐个判断状态码不为200情况。在大批量爬取网页内容时，只要出现HTTPError异常，直接记录或者跳过当前页面，待爬取完所有数据后再进行异常处理。基于这种思路，可以设计爬取网页的通用代码结构如下：

```
def getHTMLText(url):
    try:
        r=requests.get(url,timeout30)
        r.raise_for_status()   #如果状态码不是200，则引发HTTPError异常
        r.encoding = r.apparent_encoding
        return r.text
    except:
        return #产生异常
```

上述通用代码结构中，在 r.raise_for_status()方法内部判断 r.status_code 是否等于 200。如果返回的值不是 200，则该语句可直接引发 HTTPError 异常，可以利用 try-except 进行异常处理，甚至不需要增加额外的 if 语句。

下面给出一个实例，其中构造几个网站的 URL 地址，分别模拟错误地址、连接远程服务器超时等异常情况的判断与处理。

【例 3-3】 访问异常的判断与处理。

```
# -*- coding: utf-8 -*-
import requests
urls = ['https://book.douban.com/',
        'https://www.douban.com/',
        'http://httpbin.org/']
for i,u in enumerate(urls):
    print(u)
    timeout = 3
    if i ==0:
        timeout = 0.001
    try:
        response = requests.get(u, timeout=timeout)
        response.raise_for_status()    # 检查http状态码是否为200
    except requests.ConnectTimeout:
        print('超时！')
    except requests.HTTPError:
        print('http状态码非200')
    except Exception as e:
        print('未进行容错处理的情况：', e)
```

例 3-3 的运行结果如图 3-5 所示，事先设置了一个网址列表，其中含有 3 个网址，分别为 https://book.douban.com/、https://www.douban.com/、http://httpbin.org/。然后对 3 个网址分别进行遍历，可以看到：

① 程序中只针对网址 https://book.douban.com/进行超时判断，超时时间 timeout = 0.001，如果在 0.001s 内无法完成连接，则会报超时的错误。由于该网址无法在 0.001s 内完成连接，此

时返回了 requests.ConnectTimeout，因此输出内容为：超时!。

② 访问网址 https://www.douban.com/时，由于未添加正确的头部信息，因此无法正常访问该网站。此时返回了 requests.HTTPError，因此输出内容为：http 状态码非 200。

③ 访问网址 http://httpbin.org/时，response.raise_for_status()检查状态码为 200，此时属于正常的访问，因此没有进入后续的异常判断中，此时并未输出内容。

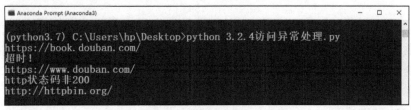

图 3-5　程序运行结果

3.3　Requests 库高级用法

3.3.1　定制请求头部

在上文中提到过，网站通过读取头部的信息来判断当前的请求方是正常的浏览器还是一个爬虫，因此，可以在请求时添加 HTTP 头部信息来将爬虫伪装成正常的浏览器。

如果想为请求添加 HTTP 头部，则只要简单地给 headers 参数传递一个字典类型的变量即可。以下给出一个定制头部的实例。

【例 3-4】定制请求头部信息。

```
1    >>> import requests
2    >>> headers={'User-Agent': 'Mozilla/5.0 (Windows NT 6.1; Win64; x64) AppleWebKit/537.36 (KHTML, like Gecko) Chrome/79.0.3945.88 Safari/537.36'}
3    >>> url = ' https://www.douban.com/'
4    >>> r = requests.get(url,headers=headers)
5    >>> r. requests.headers
     {'User-Agent': 'Mozilla/5.0 (Windows NT 6.1; Win64; x64) AppleWebKit/537.36 (KHTML, like Gecko) Chrome/79.0.3945.88 Safari/537.36', 'Accept-Encoding': 'gzip, deflate', 'Accept': '*/*', 'Connection': 'keep-alive'}
6    >>> r.status_code
     200
```

从例 3-4 可以看出，在第 2 行设置了头部信息，然后在第 3 行设置了目标网站：https://www.douban.com/，在第 4 行为这个网站定制了头部信息，实际是定制了代理数据，然后将该头部信息封装在请求中，一并发送给服务器。可以通过 r.requests.headers 看到里面有'User-Agent'，这一项内容的值正是设置的代理。

此外，也可以使用 r.headers 查看以字典形式展示的服务响应头：

```
7    >>> r. headers
     {'Date': 'Sun, 19 Apr 2020 05:02:36 GMT', 'Content-Type': 'text/html; charset=utf-8', 'Transfer-Encoding': 'chunked', 'Connection': 'keep-alive', 'Keep-Alive': 'timeout=30', 'Vary': 'Accept-Encoding, Accept-Encoding', 'X-Xss-Protection': '1; mode=block', 'X-Douban-Mobileapp': '0', 'Expires': 'Sun, 1 Jan 2006 01:00:00 GMT', 'Pragma': 'no-cache', 'Cache-Control': 'must-revalidate, no-cache, private', 'Set-Cookie': 'll="118124"; path=/; domain=.douban.com; expires=Mon, 19-Apr-2021 05:02:36 GMT; bid=Afgx4wp449I; Expires=Mon, 19-Apr-21 05:02:36 GMT; Domain=.douban.com; Path=/', 'X-DOUBAN-NEWBID': 'Afgx4wp449I', 'X-DAE-App': 'sns', 'X-DAE-Instance': 'home', 'X-DAE-Mountpoint': 'True', 'Server': 'dae', 'X-Frame-Options': 'SAMEORIGIN',
```

'Strict-Transport-Security': 'max-age=15552000;', 'Content-Encoding': 'gzip'}

3.3.2 设置超时

超时是发送的请求能够容忍的最大时间，如果在爬取网页的过程中达到超时的时间，服务器还没有响应数据返回，那么这次请求就被认为是一次失败的访问，爬虫也就不会再继续等待请求的结果。

在 Requests 库中，使用 timeout 参数设定了超时的时间，满足条件时就会停止响应。目前，基本上所有生产环境中的程序都会设置超时。如果不使用 timeout 参数，程序则可能会一直等待响应。下面给出一个设置超时时间的实例。

【例 3-5】超时时间设置。

```
1    >>> import requests
2    >>> url = ' http://www.abcdef123.com/'
3    >>> r = requests.get(url,timeout=2)
requests.exceptions.ReadTimeout: HTTPConnectionPool(host='666.666sequ.com', port=80): Read timed out. (read timeout=2)
```

在例 3-5 中，第 2 行给出一个无法访问的地址，同时第 3 行设置服务器的响应时间为 2s，此时由于无法在 2s 中内获得对方的反应，因此抛出了一个 timeout 异常。

3.3.3 传递参数

在向服务器发送请求时，经常会通过 URL 地址向对方传递某种数据，例如，实现查询的功能等。此时，向服务器请求的地址也会发生变化。针对这种形式的数据传递，主要有两种解决方法：传递 URL 参数和传递 body 参数。

1. 传递 URL 参数

通过 URL 传递参数时，查询的数据会以键值对的形式放置于 URL 中，紧跟在一个问号（?）的后面。Requests 库允许在 get 请求中使用查询字符串来进行参数传递，此时需要使用 params 关键字，以一个字符串字典的形式提供参数。下面给出一个实例。

【例 3-6】访问网站 http://httpbin.org/get?user=python37&pwd=2020。

```
1    >>> import requests
2    >>> base_url = 'http://httpbin.org'
3    >>> params_data = {"user": "python37", "pwd": '2020'}    # 将参数存在字典里
4    >>> r = requests.get(base_url + '/get', params=params_data)
5    >>> print(r.url)    # 打印URL
http://httpbin.org/get?user=python37&pwd=2020
6    >>> print(r.status_code)
200
```

在例 3-6 中，首先准备了一个 base_url，作为访问地址的前半部分，第 3 行将参数封装在字典 params_data 中，然后第 4 行利用开源网站 http://httpbin.org 为开发人员提供的 get 接口发送了一个 get 请求，来测试 get 请求是否成功发出，第 5 行和第 6 行打印 URL 和返回状态码。通过输出可以看到，URL 地址已经被正确编码，而且返回的状态码是正常结果。

2. 传递 body 参数

使用 requests.get()方法可以实现参数的传递，但是一般只应用于简单的查询、统计等操作中，当面临复杂的参数传递时，一般使用 post 请求来实现。在 post 请求里有两个参数：data 和 json，其中，data 使用 form 表单格式，json 使用的 content-type 是 json 格式的。

如果服务器返回的值是 json 格式的，则可以使用 r.json()进行初步解析；如果无法确定返回数据的格式，则可以使用 r.text 方法获取数据，这个方法既支持 json 格式，也支持 html 格式的数据。

在 post 请求中，一般在请求体中传递参数。下面给出一个 post 请求实例。

【例 3-7】使用 post 请求传递参数。

```
1    >>> import requests
2    >>> base_url = 'http://httpbin.org'
3    >>> form_data = {"user": "python37", "pwd": '2020'}    # 将参数存在字典里
4    >>> r = requests.post(base_url + '/post', data=form_data)
5    >>> print(r.url)    # 打印URL
     http://httpbin.org/post
6    >>> print(r.status_code)
     200
7    >>> print(r.json())
     {'args': {}, 'data': '', 'files': {}, 'form': {'pwd': '2020', 'user': 'python37'}, 'headers': {'Accept': '*/*',
'Accept-Encoding': 'gzip, deflate', 'Content-Length': '22', 'Content-Type': 'application/x-www-form-urlencoded', 'Host':
'httpbin.org', 'User-Agent': 'python-requests/2.23.0', 'X-Amzn-Trace-Id': 'Root=1-5e9bf4d0-74fa90bf530a2d
157fc5f5d3'}, 'json': None, 'origin': '119.109.31.57', 'url': 'http://httpbin.org/post'}
8    >>> print(r.text)
```

在例 3-7 中，第 3 行将参数封装在字典 form_data 中，然后第 4 行利用开源网站 http://httpbin.org 提供的 post 接口发送了一个 post 请求，来测试该请求是否成功发出，通过第 5 行打印输出可以看到，URL 地址仍为 http://httpbin.org/post，地址并未发生变化，而且第 6 行返回的状态码是正常结果。这说明我们的请求已经封装在表单中成功提交，从第 7 行和第 8 行返回的结果中可以看到，使用 r.json()和 r.text 均可以解析返回的数据。图 3-6 为 r.text 的返回结果。

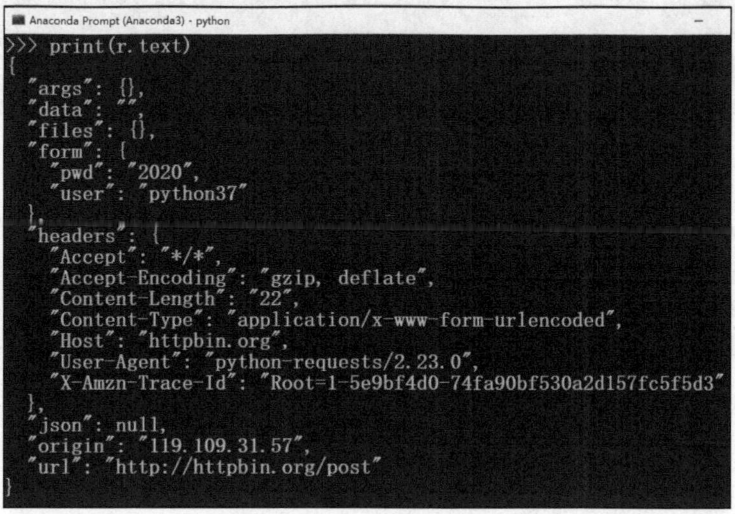

图 3-6 响应文本内容

此外，需要注意的是，在发送 post 请求时，其中有两个参数：json 和 data，它们既可以是字符串形式，也可以是字典，而且都用于向服务器提交数据，那它们有什么区别呢？

针对 json 参数，如果在 headers 中不指定 content-type，则默认为 application/json。针对 data 参数，当 data 是字典类型时，如果不指定 content-type，则默认为 application/x-www-form-urlencoded，相当于普通 form 表单提交的形式，此时数据可以从 requests.post()中获取，

requests.body()的内容则为 a=1&b=2 的这种形式。若 data 为字符串,如果不指定 content-type,则默认为 application/json。

3.3.4 解析 JSON

在发送网站请求时,请求到的返回值有可能是 JSON 格式,此时,需要进行格式之间的转换。Requests 库中提供了 json()方法以实现 JSON 的转换,json()与 json.loads()方法的输出结果相同。下面给出一个解析实例。

【例 3-8】JSON 格式解析。

```
1    >>> import requests
2    >>> import json
3    >>> response = requests.get("http://httpbin.org/get")
4    >>> print(type(response.text))
     <class 'str'>
5    >>> print(response.json())
6    >>> print(json.loads(response.text))
```

例 3-8 的运行结果如图 3-7 所示。在本例中,第 2 行引入了 JSON 包,然后第 3 行向网站 http://httpbin.org 发送了一个 get 请求,第 4 行返回原始的 response 数据类型是'str'。然后第 5 行对获取返回数据进行 JSON 解析,即通过 response.json()方法将其转换为 JSON 格式。最后第 6 行使用 json.loads()方法再次执行相同的操作,两次操作可以获得相同的结果,如图 3-7 所示,这说明 response.json()方法的转换是成功的。

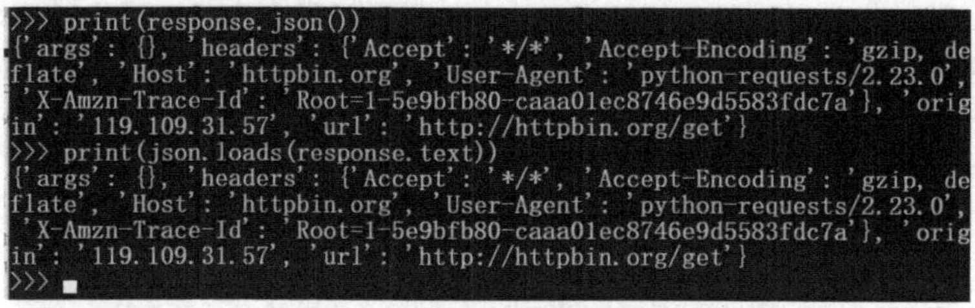

图 3-7 例 3-8 程序运行结果

3.4 代理设置

设置访问代理(Proxy)也是一个常见的操作。目前很多网站都有商业爬虫的屏蔽策略和限制策略,如果使用本机 IP 地址设计爬虫,则很容易被相关网站察觉甚至封禁 IP。为了规避这种风险,很多爬虫使用代理 IP 来解决此类问题。

除此之外,当需要对多个主机进行访问或者需要绕过对方的防火墙时,也可以利用代理进行访问。

一个完整的 Proxy 的格式如下:

用户名 username   密码 password   代理地址**.**.**   端口号 8080

例如:http://username:password@scrapy1.proxy.jp:8380/。

当存在多个代理时,可以将其汇总为字典的形式,例如:

```
proxy_dict = {
    "http": "http://username:password@scrapy1.proxy.jp:8380/",
    "https": "http://username:password@scrapy2.proxy.jp:8380/"
}
```

针对无密码的代理，也可以省略其中的密码部分。下面给出 3 个代理设置有关的实例。

【例 3-9】设置无密码代理。

```
1    >>> import requests
2    >>>headers={'User-Agent': 'Mozilla/5.0 (Windows NT 6.1; Win64; x64) AppleWebKit/537.36 (KHTML, like Gecko) Chrome/79.0.3945.88 Safari/537.36'}
3    >>>proxies = {"http":"http://178.128.63.64:8388"}    # 无密码
4    >>> res = requests.get('https://www.douban.com/',headers=headers, proxies=proxies)
5    >>>print(res.status_code)
     200
```

在本例中，第 2 行和第 3 行分别给出了 headers 和 proxies，其中 proxies 中不包含密码，第 4 行向网站 www.douban.com 发送一个 get 请求，在这个请求中指定了 headers 和 proxies，第 5 行中打印输出状态码为 200。可以看出，已经成功发送了对该网站的请求，并获得了反馈信息。

【例 3-10】设置有密码代理。

```
1    >>> import requests
2    >>>headers={'User-Agent': 'Mozilla/5.0 (Windows NT 6.1; Win64; x64) AppleWebKit/537.36 (KHTML, like Gecko) Chrome/79.0.3945.88 Safari/537.36'}
3    >>>proxies = {"http":"http://user:password@178.128.63.64:8388"}    # 有密码
4    >>>res = requests.get('https://www.douban.com/',headers=headers, proxies=proxies)
5    >>>print(res.status_code)
     200
```

在本例中，第 2 行和第 3 行再次给出了 headers 和 proxies，这次的 proxies 中包含密码信息，第 4 行同样向网站 www.douban.com 发送 get 请求，第 5 行中打印输出状态码为 200。可以看出，已经利用有密码的代理成功实现了 get 请求。

【例 3-11】同时设置多个代理地址。

```
1    >>> import requests
2    >>>headers={'User-Agent': 'Mozilla/5.0 (Windows NT 6.1; Win64; x64) AppleWebKit/537.36 (KHTML, like Gecko) Chrome/79.0.3945.88 Safari/537.36'}
3    >>> proxies = {"http":"http://178.128.63.64:8388","http":"http://178.128.63.65:8388"}
4    >>>res = requests.get('https://book.douban.com/',headers=headers, proxies=proxies)
5    >>>print(res.status_code)
     200
```

在本例中，第 3 行再次给出了 proxies，这次的 proxies 中包含多组有效的代理地址信息，再次向网站 https://book.douban.com/发送 get 请求，再次打印输出状态码为 200。可以看到，此次的 get 请求已经成功实现。

需要注意的是，Requests 库会按照目标 URL 的协议来为它配置代理信息。可以为不同的协议甚至不同的域名设置不同的代理，如果想为所有请求使用同一个代理，那么可以直接使用 all 作为 key（关键词）来进行设置。在代理地址中如果没有指明协议，则默认使用 HTTP 协议。

3.5　模　拟　登　录

3.5.1　保持登录机制

很多时候爬虫获取的内容需要登录以后才能看到，这时就需要爬虫能够自助实现网站登录，并在一段时间内保持登录状态。例如，当我们登录到豆瓣网站时，打开新的豆瓣网页会发现还是处于登录状态。那么，网站是如何保持这种登录状态的呢？是否可以利用爬虫模拟登录状态实现对网站爬虫的设计呢？这就是本节要重点解决的问题。

首先，来分析一下网站保持登录状态的方式，主要分为以下两种机制。

1．Cookies 机制

Cookies 是浏览器访问一些网站后，这些网站存放在客户端的一组数据，用于网站跟踪用户，实现用户自定义功能。由于 Cookies 具有可以保存在客户端上的特性，因此它可以帮助我们实现记录用户的个人信息。

常见的使用 Cookies 保持用户登录的过程如下：用户登录验证后，网站会创建登录凭证（例如，用户 ID+登录时间+过期时间），对登录凭证进行加密，将加密后的信息写入浏览器的 Cookies 中，以后每次浏览器请求都会发送 Cookies 给服务器，服务器根据对应的解密算法对其进行验证。

2．Session 机制

Session 是存放在服务器的类似于 HashTable 的结构，用来存放用户数据。

当浏览器第 1 次发送请求时，服务器自动生成一个 HashTable 和一个 Session ID 用来唯一标示出这个 HashTable，并将其通过响应的方式发送到浏览器。

当浏览器第 2 次发送请求时，系统会将前一次服务器响应的 Session ID 存放在请求中，一并发送到服务器上，服务器从请求中爬取出 Session ID，并和保存的所有 Session ID 进行对比，从而找到这个用户对应的 HashTable。

一般来说，Session ID 在客户端使用 Cookies 来保存。

虽然 Cookies 和 Session 机制均可以保持登录状态，但是两者还存在一些区别：

① Cookies 数据存放在客户端，Session 数据存放在服务器；

② Cookies 安全性不够，通过分析存放在本地的 Cookies，可能产生 Cookies 欺骗；

③ 设置 Cookies 时间可以使 Cookies 过期，但是使用 session-destroy()方法，可以销毁会话；

④ Session 在一定时间内保存在服务器上，当访问增多时，会占用服务器的性能；

⑤ 单个 Cookies 保存的数据不能超过 4KB，很多浏览器会限制一个站点保存 Cookies 的数量。

3.5.2 使用 Cookies 登录网站

实际上，Cookies 和 Session 机制均使用了 Cookies，在网站的登录过程中 Cookies 的使用是非常关键的一步。基于此，爬虫也可以模拟人类通过浏览器访问网站的方式，保留 Cookies 的特性，来实现登录后的数据爬取。我们可以在发起请求时，给爬虫添加一个已经登录的 Cookies，就可以让爬虫使用这个 Cookies 直接登录网站，从而实现登录后的数据爬取。

要使用 Cookies 登录一个网站，首先需要获得一个已经登录成功的 Cookies。可以先在浏览器上登录，然后把浏览器保持登录的 Cookies 复制下来，在发起请求时带上复制下来的 Cookies，这样就可以实现爬虫登录网站。

接下来以豆瓣网站（www.douban.com）为例模拟 Cookies 登录网站的过程。首先打开豆瓣网站的首页，输入已经注册的用户名和密码，并单击【登录豆瓣】。在登录后的网站空白处单击鼠标右键，在弹出的菜单中选择"检查"，然后在弹出的检查页面顶部菜单中选择【Network】，如图 3-8 所示。

我们发现，在检查页面中很多的内容是空白的，此时可以刷新页面，就会发现在检查页面中的【Network】增加了很多访问链接，可以看到链接列表中的第一个网址为 https://www.douban.com，如图 3-9 所示。

图 3-8 使用 Chrome 检查工具查看网站

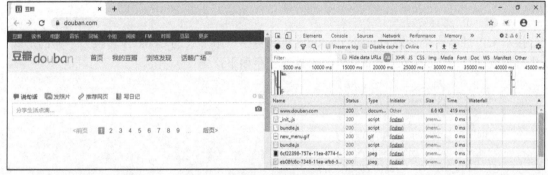

图 3-9 刷新后的【Network】列表

单击链接列表中的第一个网址 https://www.douban.com，在它的右侧会出现这个请求的详细信息，如 Headers、Preview、Response、Cookies 等内容。选择列表中的【Headers】项，从中可以查看到访问当前网站时浏览器所使用的 Cookies，如图 3-10 所示。

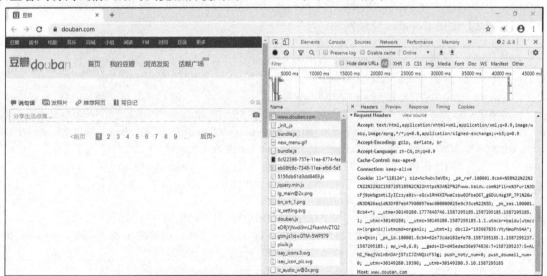

图 3-10 【Headers】项中的 Cookies

需要注意的是，Cookies 信息是保存在本地浏览器里面的，服务器上并不存储相关的信息。在发送请求时，Cookies 的这些内容是放在 HTTP 协议的 headers 字段中进行传输的。

现在大部分网站都会发送一些 Cookies 信息，当用户请求中携带了 Cookies 信息，服务器就可以知道是哪个用户的访问，从而不需要再使用账户和密码登录。

但是，由于 Cookies 信息是直接放在 HTTP 协议的 headers 中进行传输的，一旦他人获取到 Cookies 信息，对方就可以从 Cookies 中分析出当前用户的账号和密码。

当前的 Cookies 可以帮助我们设计一个爬虫来实现对于当前网站的登录。从浏览器上面直接将这个 Cookies 复制下来，以一个长字符串的形式赋值给变量 cookie，如下所示：

```
>>> cookie = 'll="118124"; bid=NcRwbv3eVEk; _pk_ref.100001.8cb4=%5B%22%22%2C%22%22%2C1587295185%2C%22https%3A%2F%2Fwww.baidu.com%2Flink%3Furl%3DcFj9pkNgzmtLIyICzzya9zv-sGcw1RH4XIMweCsbw6OFbeO6T_g6DULHsg3P_7P1%26wd%3D%26eqid%3Df07eb47900057eac000000025e9c33ce%22%5D; _pk_ses.100001.8cb4=*; __utma=30149280.1777640746.1587295185.1587295185.1587295185.1; __utmc=30149280; __utmz=30149280.1587295185.1.1.utmcsr=baidu|utmccn=(organic)|utmcmd=organic; __utmt=1; dbcl2="193967835:VtyNmoPh94A"; ck=Qkzn; _pk_id.100001.8cb4=62e73cda182efe78.1587295185.1.1587295237.1587295185.;ap_v=0,6.0; __gads=ID=d45edad36e974836:T=1587295237: S=ALNI_MaqjVolnBnOArjSTzIJZhNQzcF53g;push_noty_num=0; push_doumail_num=0; __utmv=30149280.19396; __utmb=30149280.3.10.1587295185'
```

接下来，准备一个函数 change_cookie，实现将字符串形式的 Cookies 转换为字典的形式，以进行后续的处理。change_cookie 函数的具体程序如下：

```
coo = {}
def change_cookie(cookie):
    cookie_piece = cookie.split(';')
    for item in range(len(cookie_piece)):
        k,v = cookie_piece[item].split('=',1)
        coo[k.strip()] = v.replace('"','')
    return coo
cookies = change_cookie(cookie)
print(cookies)
```

接下来，把这个 Cookies 传递给 change_cookie 函数，就得到了字典类型的保持登录状态的 Cookies。下面给出一个实例，使用这个 Cookies 访问豆瓣网的首页，观察是否已经成功登录了。

【例3-12】使用 Cookies 登录网站。

```
1    >>>import requests
2    >>>headers={'User-Agent': 'Mozilla/5.0 (Windows NT 6.1; Win64; x64) AppleWebKit/537.36 (KHTML, like Gecko) Chrome/79.0.3945.88 Safari/537.36'}
3    >>>cookie = 'll="118124"; bid=NcRwbv3eVEk; _pk_ref.100001.8cb4=%5B%22%22%2C%22%22%2C1587295185%2C%22https%3A%2F%2Fwww.baidu.com%2Flink%3Furl%3DcFj9pkNgzmtLIyICzzya9zv-sGcw1RH4XIMweCsbw6OFbeO6T_g6DULHsg3P_7P1%26wd%3D%26eqid%3Df07eb47900057eac000000025e9c33ce%22%5D; _pk_ses.100001.8cb4=*; __utma=30149280.1777640746.1587295185.1587295185.1587295185.1; __utmc=30149280; __utmz=30149280.1587295185.1.1.utmcsr=baidu|utmccn=(organic)|utmcmd=organic; __utmt=1; dbcl2="193967835:VtyNmoPh94A"; ck=Qkzn; _pk_id.100001.8cb4=62e73cda182efe78.1587295185.1.1587295237.1587295185.; ap_v=0,6.0; __gads=ID=d45edad36e974836:T=1587295237:S=ALNI_MaqjVolnBnOArjSTzIJZhNQzcF53g; push_noty_num=0; push_doumail_num=0; __utmv=30149280.19396; __utmb=30149280.3.10.1587295185'
4    >>>res = requests.get('https://www.douban.com/',headers=headers, cookies=cookies)
5    >>>print('蛋' in res.text)
     True
```

从本例中可以看出，第 2 行和第 3 行将变量 headers 和 cookie 信息封装在 get 请求中，第 4 行将 get 请求传递给网站 https://www.douban.com/，模拟网站的登录过程，第 5 行返回的结果中包含了当前用户名信息，因此可以验证此时已经打开了登录后的个人主页。这个实例说明已经可以成功地使用 Cookies 登录当前网站。

需要注意的是，有的 Cookies 存在时效问题。在一段时间过后，Cookies 会失效。失效后，爬虫会遇到重新登录的页面。因此在编写程序时，需要预先判断 Cookies 是否过期，而且需要准备过期时的处理预案。使用 Cookies 登录网络相对简单、易用，唯一的缺点是必须提前获取到已经登录的 Cookies。

3.5.3 登录流程分析

通过上一节的介绍，我们已经了解如何使用 Cookies 登录一个网站，现在来回顾一下正常的登录网站流程。

以登录到豆瓣网站 https://www.douban.com 的过程为例。首先，需要打开豆瓣网站的首页，然后在首页的登录框内输入用户名和密码，最后单击【登录豆瓣】完成登录过程。为了确保爬虫能够完整地模拟整个过程，首先对登录过程的细节进行分析，了解从单击【登录豆瓣】之后到登录成功之间的阶段，服务器和客户端进行了哪些相关操作。

首先，在浏览器中打开豆瓣网站 https://www.douban.com，可以在右上角看到登录的输入框，在当前页面的空白处单击鼠标右键，在弹出的菜单中选择【检查】，此时在网页中弹出了【检查】页面。在此页面的菜单中选择【Network】，如图 3-11 所示。

图 3-11 【Network】界面

此时，勾选【Preserve log】选项。当遇到跳转页面时，如果事先勾选了这个选项，则可以看到跳转前的请求。如图 3-12 所示。

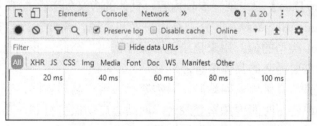

图 3-12 选中【Preserve log】选项

在【Network】界面中，网络的请求情况会被记录下来，例如登录、下载等信息。

在当前页面中输入用户名和密码，然后单击【登录豆瓣】，此时可以看到【Network】界面中有很多链接信息，其中可以找到一个名为 basic 的链接，如图 3-13 所示。

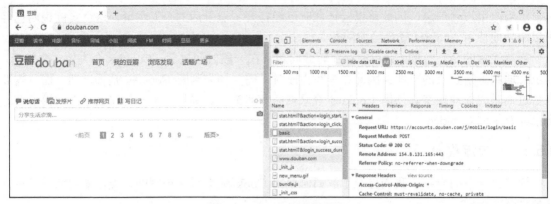

图 3-13 【basic】链接详情

单击【basic】，可以看到这个链接的详细信息。在【General】项中可以看出，请求 URL 为 https://accounts.douban.com/j/mobile/login/basic，Request 的方法为：POST，返回状态码为 200。这些信息说明，登录的过程实际上是向网址：https://accounts.douban.com/j/mobile/login/basic 发起的请求。

在发送 post 请求时，可以向服务器提交数据，那么要如何查看提交的数据呢？此时，可以在【Headers】列表的底部查看提交的数据信息。如图 3-14 所示，【Form Data】项中的信息就是实际向网络提交的信息。

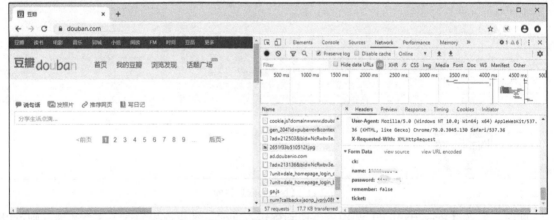

图 3-14 【Form Data】详情

可以发现，【Form Data】项中现存 5 项内容，具体的含义如下：ck 和 ticket 两个字段为空，可以暂时不处理；name 和 password 分别是用户名和密码，需要输入自己的用户名和密码；remember 是一个 bool 类型的值，用来记录是否保存密码。至此，我们已经了解登录当前网址所需要的请求方法和需要提交的具体信息。

需要注意的是，目前登录当前网站时，只需要输入用户名和密码，无须输入验证码。但是当几次输入错误密码或者短时间内频繁登录时，网站会启动保护机制，要求用户输入验证码，这时需要对请求数据进一步处理才可以继续访问。

3.5.4　Requests 会话对象

目前，已经了解如何使用 Requests 登录当前网站，即使用 post 方法提交相关的请求。但是还有一个亟待解决的问题：如何维持登录的状态。使用在上文提到的会话机制可以解决这个问题。

Requests 的 Session 对象能够跨请求保持某些参数。它会在同一个 Session 实例发出的所有请求之间保持 Cookies。而 Requests 每次会自动处理 Cookies，这样可以很方便地处理登录时保存 Cookies 的问题。因此，如果想在爬虫过程中保持登录中的状态，则可以使用 Requests 的 Session 对象，此时底层的 TCP 连接会被重用，能够有效提升系统性能。

Requests 的 Session 对象具有 Requests API 的全部方法，下面给出一个使用 Session 对象的实例。

【例 3-13】Session 对象实例。

```
1    >>> import requests
2    >>>s = requests.Session()
3    >>>s.get('http://httpbin.org/cookies/set/session_coo/123456abc')
     <Response [200]>
4    >>>r = s.get("http://httpbin.org/cookies")
5    >>>r.text
     '{\n  "cookies": {\n    "session_coo": "123456abc"\n  }\n}\n'
```

在例 3-13 中，第 2 行初始化了一个会话对象，这样就得到一个 Session 对象 s，第 3 行使用 Session 中的 get 方法，输入网址 http://httpbin.org/cookies/set/session_coo/123456abc，发送 get 请求，其中访问网址时设置会话对象的 Cookies 为 123456abc。然后第 4 行再次发送请求，网址为 http://httpbin.org/cookies，这个请求的返回信息还包括发出请求所携带的 Cookies。在最后一行，可以查看返回结果的内容，是上一次访问设置的会话对象中的值。因此，可以得出结论，在两次请求之间，会话对象保持了第一次访问时设置的 Cookies。

Requests 的 Session 对象还能提供请求方法的默认数据，可以通过设置 Session 对象的属性来实现。下面给出一个实例。

【例 3-14】请求方法出现默认数据。

```
1    >>> import requests
2    >>>s = requests.Session()
3    >>>s.auth = ('user', 'pass')
4    >>>s.headers.update({'x-test1': 'true'})
5    >>>r = s.get('http://httpbin.org/headers', headers={'x-test2': 'true'})
6    >>>r.request.headers
     {'User-Agent': 'python-requests/2.23.0', 'Accept-Encoding': 'gzip, deflate', 'Accept': '*/*', 'Connection':
'keep-alive', 'x-test1': 'true', 'x-test2': 'true', 'Authorization': 'Basic dXNlcjpwYXNz'}
```

在本例中，第 2 行初始化了一个 Session 对象 s。第 3 行中设置 Session 对象的 auth 属性，作为请求的默认参数。第 4 行设置 Session 的 headers 属性，通过 update 方法，将其与剩下的 headers 属性合并起来作为最终的请求方法的 headers。第 5 行发送一个 get 请求，这里没有设置 auth，此时会默认使用 Session 对象的 auth 属性，同时会将此处的 headers 属性与 Session 对象的 headers 属性合并。在最后一行查看请求头信息，可以看到默认的属性、x-test1 和 x-test2，说明属性的合并是成功的。

【例 3-15】覆盖 Session 原有参数。

延续例 3-14 的程序，只是将第 5 行的 get 请求修改为：

```
>>>r = s.get('http://httpbin.org/headers', auth=('user','hah'), headers={'x-test2': 'true'})
>>>r.request.headers
{'User-Agent': 'python-requests/2.23.0', 'Accept-Encoding': 'gzip, deflate', 'Accept': '*/*', 'Connection':
'keep-alive', 'x-test1': 'true', 'x-test2': 'true', 'Authorization': 'Basic dXNlcjpoYWg='}
```

在本例的结果中发现，该请求的头部信息：{'Authorization': 'Basic dXNlcjpoYWg='}发生了

变化，也就是说，方法层的参数覆盖了原有 Session 的属性。

因此，在发送请求时，可以省略 Session 对象中设置的属性，只需简单地在方法的参数中重新覆盖原有的信息即可。

3.5.5 登录网站实例

在无须输入验证码的情况下，模拟登录过程的步骤如下：
① 准备 headers 信息，构造 post 请求的表单；
② 初始化一个会话（Session）对象；
③ 发送 post 请求，登录当前网站；
④ 获取服务器响应数据。

以下给出一个模拟登录过程的实例。

【例 3-16】模拟豆瓣网站的登录过程。

```
1   #encoding: utf-8
2   import requests
3   from lxml import etree
4   headers={"User-Agent": "Mozilla/5.0 (Windows NT 10.0; Win64; x64) AppleWebKit/537.36 (KHTML, like Gecko) Chrome/79.0.3945.130 Safari/537.36"}
5   url = "https://accounts.douban.com/j/mobile/login/basic"
6   data = {
    "ck":" ",
    "name":name,
    "password":password,
    "remember":"false",
    "ticket":""}
7   s = requests.Session()
8   r = s.post(url, data=data,headers=headers)
9   print(r.status_code)
```

在例 3-16 中，首先第 4 行和第 5 行定义当前用户的 headers 和目标网站的 url，然后第 6 行构造了一个表单 data，在设计表单时，需要把登录网站的 post 信息组合成一个字典，其中涉及的每一组键值均为用户的个人信息。第 7 行初始化一个 Session，第 8 行使用 post 方法登录豆瓣网站。最终在第 9 行，可以通过 status_code 查看与对方服务器的连接是否正常。

由此可见，这种向网站上提交数据的形式比较简单，只需要把数据准备好，然后在 Session 中使用 data 参数提交即可成功登录网站。在登录成功后，就可以使用这个 Session 继续爬取该网站的深层页面，如推送信息等。在爬取过程中，Session 会自动处理 Cookies，从而让爬虫一直保持登录状态。

需要注意的是，此种模拟登录的方式仅限于不需要验证码的情景，而且读者需要输入正确的表单数据才可以成功登录。在实际环境下，当需要频繁登录或者多次输入密码错误时，网站的反爬机制会限制这种登录方式，此时会要求读者输入验证码或者更改新的表单内容。

3.6 资源下载

利用 Requests 库实现的爬虫，除可以获取网页外，还可以下载图片、音频或视频等资源。本节将以下载图片资源为例详细介绍两种实现方法。

首先在网上找到一张图片,访问地址如下:https://img3.doubanio.com/view/photo/s_ratio_poster/public/p480747492.Webp。可以利用响应信息的 content 属性来下载图片,当然也可以下载其他的资源文件。content 属性返回的是 bytes 类型数据,也就是二进制数据。根据图片或视频的地址,通过请求获取图片的二进制代码,可以利用二进制的格式将其写入文件中,从而实现资源的下载。

以下给出一个下载图片的实例。

【例 3-17】使用 write 方法写入下载的图片。

```
1   >>>import requests
2   >>>src = 'https://img3.doubanio.com/view/photo/s_ratio_poster/public/p480747492.Webp'
3   >>>r = requests.get(src)
4   >>>with open('poster.jpg', 'wb') as f:
5       f.write(r.content)
```

在例 3-17 中,第 2 行给定 src 为图片的下载地址,第 3 行使用 get 方法获取服务器的响应内容 r,由于图片属于二进制数据,因此可以通过 r.content 获取响应内容的二进制表示形式。第 4 行利用 open 函数,打开一个文件"poster.jpg",最后第 5 行通过 write 方法将二进制数据写入"poster.jpg"文件中。

程序运行后,在当前目录下即可找到名为"poster.jpg"的图片,如图 3-15 所示。

需要注意的是,保存图片的地址必须为一个详细的地址,即包含完整的路径及文件名。在批量下载图片时,需要获取所有图片的链接,放入一个列表里面,再依次循环访问链接路径,将二进制数据写入文件中。

除此之外,Requests 库还可以自动解码 gzip 和 deflate 传输编码的响应数据。以下实例再提供一种方法——利用 Image 库将请求返回的二进制数据生成一张图片。

图 3-15 下载图片

【例 3-18】使用 Image 库创建文件。

```
1   >>> import requests
2   >>> from PIL import Image
3   >>> from io import BytesIO
4   >>> src='https://img3.doubanio.com/view/photo/s_ratio_poster/public/p480747492.Webp'
5   >>> r = requests.get(src)
6   >>> i = Image.open(BytesIO(r.content))
7   >>> i.save("poster.png")
```

在例 3-18 中,如果执行命令 from PIL import Image,则系统提示【No module named 'PIL'】,如图 3-16 所示,说明尚未安装 Image 库。

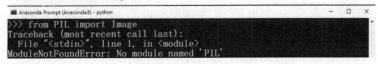

图 3-16 未安装 Image 库

此时需要先准备好网络环境,然后执行命令 pip install Image,进行 Image 库的安装,如图 3-17 所示。待安装完成后,再执行例 3-18 中的内容。

本例的实现非常简单,在最后两行中,应用 Image 库的 open 方法,将二进制形式响应内容 r.content 保存为图片,存储在当前目录中。

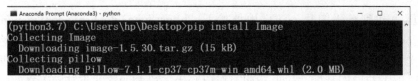

图 3-17 安装 Image 库

针对其他形式的二进制文件，例如音频、视频等数据，均可以使用第 1 种方法实现。针对图片形式的文件，上述两种方法均可使用。

3.7　Requests 库应用实例

本例拟实现的功能是，爬取豆瓣电影网站（https://movie.douban.com）中 Top250 排行榜的前 100 部电影的名字、主演、评分、图片等信息，并将获取图片保存在本地目录中，将获取的文字信息保存在文本文件中。

3.7.1　具体功能分析

1．目标网址分析

目标网址为 https://movie.douban.com/top250，在浏览器中打开该网页，如图 3-18 所示。

图 3-18 目标网址

由图中可以看到每页显示 25 部电影。如果需要获取前 100 部电影，则需要访问前 4 页的网址，以下是每一页的网页链接：

https://movie.douban.com/top250?start=0&filter=　　#首页
https://movie.douban.com/top250?start=25&filter=　　#第 2 页
https://movie.douban.com/top250?start=50&filter=　　#第 3 页
https://movie.douban.com/top250?start=75&filter=　　#第 4 页

通过分析上面的链接可以得出一个规律：start=0 显示编号【1-25】电影，start=25 显示编号【26-50】电影。以此类推，在爬取每一页的电影数据时，只需要改变 start 的值即可。

2. 爬取首页

爬取豆瓣电影 Top250 排行榜首页的代码如下：

```
1  import requests
2  headers = {"User-Agent": "Mozilla/5.0 (Windows NT 10.0; WOW64) AppleWebKit/537.36 (KHTML, like Gecko) Chrome/58.0.3029.110 Safari/537.36 SE 2.X MetaSr 1.0"}
3  url = 'https://movie.douban.com/top250?start=0&filter='
4  proxies = {"http": "http://123.207.96.189:80"}
5  response = requests.get(url, proxies = proxies,headers=headers)
6  text = response.text
7  print(text)
```

由于很多网站有反爬虫的机制，对于没有 headers 头信息的请求将禁止对其的访问，因此在每次爬取网页时都需要加上 headers 头信息。

此外，对于访问过于频繁的请求，客户端的 IP 会被禁止访问，因此需要设置代理，将请求伪装成来自不同的 IP 地址，前提是要保证代理的 IP 地址是有效的。

基于此，在上述代码中，第 2~4 行分别设置了 headers 头信息、URL 信息和 proxies 代理信息，headers 和 proxies 均定义为字典类型的变量，然后在第 5 行调用 requests.get()方法时传输这 3 个参数，获取了返回信息 response。

3. 爬取单部电影信息

以爬取首页为例，在网站空白处单击鼠标右键，在弹出的菜单中选择【检查】，然后在弹出的检查页面菜单中依次选择【Network】→【Response】，可以查看当前页面的源代码，如图 3-19 所示。

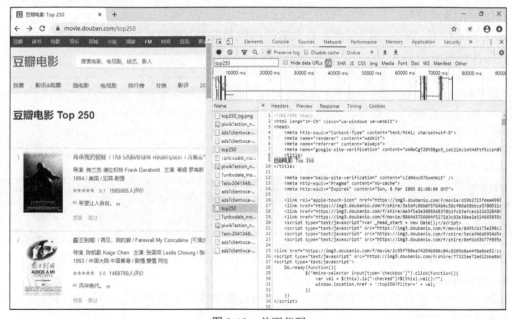

图 3-19 首页代码

从图 3-19 的全部源代码中，可以定位某部电影的详细信息，如图 3-20 所示。爬取一部电影的详细信息可以使用正则表达式实现。

通过图 3-20 可以看出一部电影的信息对应的源代码是<div class="item">节点。先用正则表达式爬取每部电影的所有信息：

```
regix = '<div class="item">'
```

```
<div class="item">
    <div class="pic">
        <em class="">1</em>
        <a href="https://movie.douban.com/subject/1292052/">
            <img width="100" alt="肖申克的救赎" src="https://img3.doubanio.com/view/photo/s_ratio_poster/public/p480747492.webp" class="">
        </a>
    </div>
    <div class="info">
        <div class="hd">
            <a href="https://movie.douban.com/subject/1292052/" class="">
                <span class="title">肖申克的救赎</span>
                        <span class="title"> / The Shawshank Redemption</span>
                        <span class="other"> / 月黑高飞(港)  /  刺激1995(台)</span>
            </a>


                <span class="playable">[可播放]</span>
        </div>
        <div class="bd">
            <p class="">
                导演: 弗兰克·德拉邦特 Frank Darabont   主演: 蒂姆·罗宾斯 Tim Robbins /...<br>
                1994 / 美国 / 犯罪 剧情
            </p>


            <div class="star">
                    <span class="rating5-t"></span>
                    <span class="rating_num" property="v:average">9.7</span>
                    <span property="v:best" content="10.0"></span>
                    <span>1985865人评价</span>
            </div>

                <p class="quote">
                    <span class="inq">希望让人自由。</span>
                </p>
```

图 3-20 单部电影的详细信息

class 为 pic 的 div 节点内包含了电影的排名和电影图片信息。

class 为 info 的 div 标签中包含了电影的名字、导演和演员等信息，电影名字是在 class 为 hd 的 div 的节点内，<span class="title">节点内包含的是电影的名字，<span class="other">节点内包含的是电影的别名。

class 为 bd 的节点内包含的是电影的导演和主演信息，其中 class 为""的 p 节点内包含的是电影的导演和演员信息。

class 为 start 的 div 标签中包含的是电影的星级和评分。爬取星级和评分的规则与爬取电影排名、图片等信息类似。

因此，爬取整个电影信息的正则表达式为：

regix = '<div class="item">.*?<div class="pic">.*?<em class="">(.*?)</em>.*?<img.*?src="(.*?)" class="">.*?div class="info.*?class="hd".*?class="title">(.*?)</span>.*?class="other">(.*?)</span>.*?<div class="bd">.*?<p class="">(.*?)
(.*?)</p>.*?class="star.*?<span class="(.*?)"></span>.*?span class="rating_num".*?average">(.*?)</span>'

爬取一页中所有电影信息的代码如下：

```
import re
results = re.findall(regix,text,re.S)
for item in results:
    print(item)
```

在上面的代码中，使用 re.findall(regix,text,re.S)爬取页面中全部符合条件的信息。

4．存储单部电影信息

爬取到网页的信息后，将爬取的信息保存到数据库或文本文件中。下面的代码将爬取到的电影信息保存到文本文件中：

```
def write_movies_file(str):
    with open('douban_film.txt','a',encoding='utf-8') as f:
        f.write(json.dumps(str,ensure_ascii=False) + '\n')
```

在上面的代码中，写入文本文件时用到了 json 库的 dumps()方法，该方法实现了字典的序列化，并且指定 ensure_ascii 参数为 False，从而保证中文的显示不会出现乱码。

在爬取网页时，会将图片同步爬取下来。下面的代码可以将每部电影的图片保存到本地

picture 目录中：

```
def down_image(url,headers):
    r = requests.get(url,headers = headers)
    filename = re.search('/public/(.*?)$',url,re.S).group(1)
    with open('picture\\'+filename,'wb') as f:
        f.write(r.content)
```

5. 获取前 100 部电影信息

我们已经实现了爬取单部电影的信息，在一个页面内包含 25 部电影，如果需要获取前 100 部电影信息，则爬虫需要获取 4 页的网址数据。通过上面给出的地址可知，改变 start 的值即可爬取不同网页的电影。下面是构造 4 页电影 URL 的代码：

```
for offset in range(0, 100, 25):
    url = 'https://movie.douban.com/top250?start=' + str(offset) +'&filter='
```

3.7.2 具体代码实现

本实例实现了爬取豆瓣电影网站（https://movie.douban.com）中 Top250 排行榜的前 100 部电影信息，可以下载图片到指定目录中，将爬取到的数据保存到文件中，完整代码如下：

```
import requests
import re
import json
def parse_html(url):
    headers = {
        "User-Agent": "Mozilla/5.0 (Windows NT 10.0; WOW64) AppleWebKit/537.36 (KHTML, like Gecko) Chrome/58.0.3029.110 Safari/537.36 SE 2.X MetaSr 1.0"}
    response = requests.get(url, headers=headers)
    text = response.text
    regix = '<div class="pic">.*?<em class="">(.*?)</em>.*?<img.*?src="(.*?)" class="">.*?<div class="info.*?class="hd".*?class="title">(.*?)</span>.*?class="other">' \
        '(.*?)</span>.*?<div class="bd">.*?<p class="">(.*?)<br>(.*?)</p>.*?class="star.*?<span class="(.*?)"></span>.*?' \
        'span class="rating_num".*?average">(.*?)</span>'
    results = re.findall(regix, text, re.S)
    for item in results:
        down_image(item[1],headers = headers)
        yield {
            '电影名称' : item[2] + ' ' + re.sub(' ',',',item[3]),
            '导演和演员' : re.sub(' ',',',item[4].strip()),
            '评分': item[6].strip() + '/' + item[7] + '分',
            '排名' : item[0]
        }

def main():
    for offset in range(0, 100, 25):
        url = 'https://movie.douban.com/top250?start=' + str(offset) +'&filter='
        for item in parse_html(url):
            print(item)
            write_movies_file(item)
```

```
def write_movies_file(str):
    with open('douban_film.txt','a',encoding='utf-8') as f:
        f.write(json.dumps(str,ensure_ascii=False) + '\n')

def down_image(url,headers):
    r = requests.get(url,headers = headers)
    filename = re.search('/public/(.*?)$',url,re.S).group(1)
    with open('picture\\'+filename,'wb') as f:
        f.write(r.content)

if __name__ == '__main__':
    main()
```

程序运行结束后，在当前目录下生成文件 douban_film.txt，内含前 100 部电影信息，如图 3-21 所示。同时，在【picture】目录下产生 100 张对应电影的图片，如图 3-22 所示。需要注意的是，读者需要先创建【picture】空目录，再执行当前程序。

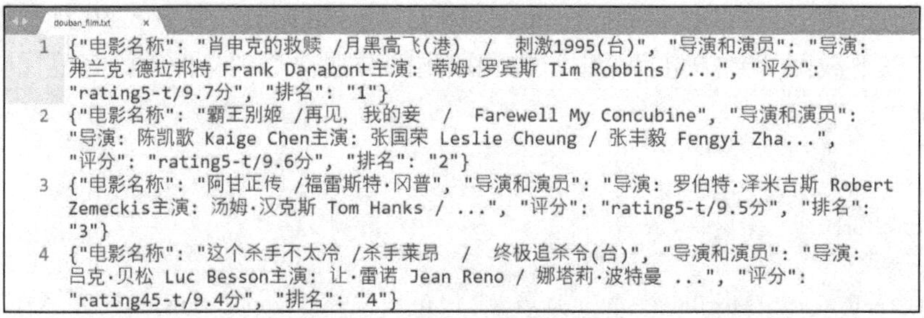

图 3-21　前 100 部电影信息

图 3-22　前 100 部电影图片

本 章 小 结

本章介绍了 Requests 库简介与安装、Requests 库的基本使用、Requests 库的高级用法、代理设置方法、模拟登录方案、资源下载等内容。此外，本章还提供了一个应用实例，对实例进行了深刻剖析，并给出了实现的全部代码。其中，Requests 库的基本使用、高级用法和模拟登录方案是本章的重点内容。

在 Requests 库简介与安装中，介绍了 Requests 库简介、基本特征与安装的具体方案。

在 Requests 库的基本使用中，介绍了 Requests 库的 7 个主要方法、发送基本请求的方法、响应内容的形式及访问异常时的处理方案。其中，7 个主要方法、发送基本请求的方法和响应内容是本节的重点。

在 Requests 库的高级用法中，介绍了定制请求头部、设置超时的方法、设置 URL 参数的方法及如何解析为 JSON 格式的数据。其中，传递不同形式参数的方法是本节的难点。

在代理设置中，介绍了有无密码和多个地址的代理设置方法。

在模拟登录中，介绍了两种常见的保持登录机制：Cookies 和 Session，详细介绍了使用 Cookies 登录网站的方法，同时针对登录的流程进行分析，介绍了 Requests 会话对象的设置方法，最后通过一个登录网站的实例介绍如何模拟登录的全过程。其中，使用 Cookies 登录网站和 Requests 会话对象是本节的重点内容。

在资源下载中，介绍了图片等二进制资源的两种不同的下载方法。

在 Requests 库应用实例中，以一个实际的爬虫案例作为引导，介绍爬取数据的基本方案和正则表达式相结合进行爬取数据解析的方法。

习　题

1．选择题

（1）以下哪个是 Requests 库中最基础的方法？（　　）

A．requests.get()　　　　B．requests.request()　　　　C．requests.post()　　　　D．requests.head()

（2）使用 requests.get()方法可以获得哪种类型的对象？（　　）

A．response　　　　B．request　　　　C．requests　　　　D．cookies

（3）如果需要获取响应头部信息，应使用以下哪个方法？（　　）

A．requests.get()　　　　B．requests.patch()　　　　C．requests.post()　　　　D．requests.head()

（4）利用响应信息的 content 属性可以下载图片等资源，content 属性返回数据的类型是（　　）。

A．bytes　　　　B．string　　　　C．array　　　　D．list

2．填空题

（1）一个完整的 Proxy 的内容包括_____、_____、_____、_____。

（2）Requests 库中提供的 json()方法的功能是_____。

（3）针对一个 Response 对象 r，r.status_code 表示的含义是_____。

3．简述 Requests 库的特点。

4．针对同一个 Response 对象 r，请说明 r.encoding 和 r.apparent_encoding 的不同之处。

5．简述保持登录状态的方式的两种不同机制。

6．简述爬虫模拟登录的过程。

7．列举常见的 Requests 库的异常，并解释其含义。

8．综合题。

使用 Requests 库及相关方法，获取豆瓣电影网站中的某部电影的详情页面信息，包括电影名、电影演员、电影导演、年份、评分等信息。

第 4 章　BeautifulSoup 爬虫

BeautifulSoup 爬虫是必学的技能之一。BeautifulSoup 是一个可以从 HTML 或 XML 文件中爬取数据的 Python 库。它能够通过特定的转换器实现文档导航、文件查找、修改文档等操作，使用 BeautifulSoup 可以帮助开发人员节省大量重复工作的时间。

4.1　BeautifulSoup 简介与安装

4.1.1　BeautifulSoup 简介

网页爬虫的主要工作是爬取网页的 HTML 源码等内容，对其进行分析，然后爬取相应的内容。这种分析网页工作，如果只是用普通的正则表达式进行匹配，对于内容简单的网页分析，这是可以实现的。但是针对工作量较重，分析内容很繁杂的网站而言，利用正则表达式的 re 模块实现爬虫是非常烦琐的。此时需要更为高效的分析工具。

BeautifulSoup 的主要功能就是从复杂的网页中解析和爬取 HTML 或 XML 内容，哪怕此时使用 BeautifulSoup 实现的是海量的网站源码的分析工作，我们会发现，它的实现过程也非常简单，极大地提高了分析源码的效率。

此外，BeautifulSoup 还能自动将输入文档转换为 Unicode 编码，输出文档转换为 UTF-8 编码。除非文档中没有指定原始的编码方式，否则不需要考虑编码方式。仅需要说明原始的编码方式，就可以正常使用 BeautifulSoup 了。

同时，BeautifulSoup 支持 Python 标准库中的 HTML 解析器，还支持一些第三方库的解析器，如果不进行特殊的解析器安装，Python 则会使用它默认的解析器。基于以上特性，BeautifulSoup 已成为和 Lxml 一样出色的 Python 解释器，为用户灵活地提供不同的网站数据爬取和解析策略。

4.1.2　BeautifulSoup4 安装方法

目前，BeautifulSoup 已经开发到 BeautifulSoup4（简称为 BS4），BeautifulSoup3 甚至以前的版本已经被移植到 BeautifulSoup4 中，本节使用的版本是 BeautifulSoup4.*（统称 BeautifulSoup4，不再单独列出版本信息）。

本节主要介绍在 Windows 平台上安装 BeautifulSoup4 的方法。因为 BeautifulSoup4 不是 Python 的标准库，所以需要用户自行安装。它的安装过程比较简单，可以直接通过 pip 工具来进行在线安装，命令如下：

```
> pip install beautifulsoup4
```

如图 4-1 和图 4-2 所示，输入命令后，开始下载并安装 BeautifulSoup4。当安装完成后，自动退出安装环境，并提示【Successfully installed beautifulsoup4***】，如图 4-1 所示，已经安装完成 BeautifulSoup4 库。

如果输入命令后，提示【Required already satisfied...】，如图 4-2 所示，说明此时已经安装 BeautifulSoup4 库，无须再次进行安装。

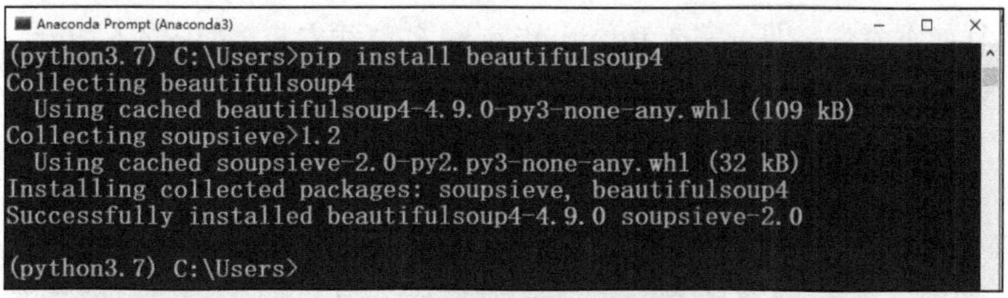

图 4-1　初次安装 BeautifulSoup4

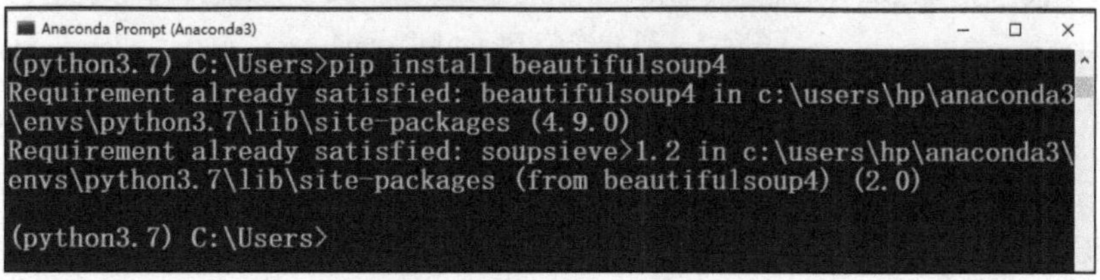

图 4-2　已安装 BeautifulSoup4

下面需要验证 BeautifulSoup4 的安装是否正确，在 Anaconda Prompt(Anaconda3)工具中输入命令：python，进入 Python 环境，然后在光标处输入命令：from bs4 import BeautifulSoup，按回车键。如果系统没有任何的提示，如图 4-3 所示，则说明此时的安装是正确的。如果出现错误提示，则代表 BeautifulSoup4 的安装存在问题，需要仔细检查安装的命令是否正确，或者卸载 BeautifulSoup4（pip uninstall beautifulsoup4）后，进行第二次安装。

图 4-3　测试 BeautifulSoup4

如果读者没有安装 pip 工具，或者无法联网在线安装，则也可以下载 BeautifulSoup4 的源码，通过离线的方式进行安装。BeautifulSoup4 源码的下载地址如下：https://www.crummy.com/software/BeautifulSoup/bs4/download/4.0/，将源码下载到本地后，首先解压缩到一个目录中，然后打开 Anaconda Prompt(Anaconda3)工具，将当前路径切换到此目录中，可以通过 dir 命令，查看当前目录的结构。如图 4-4 所示。

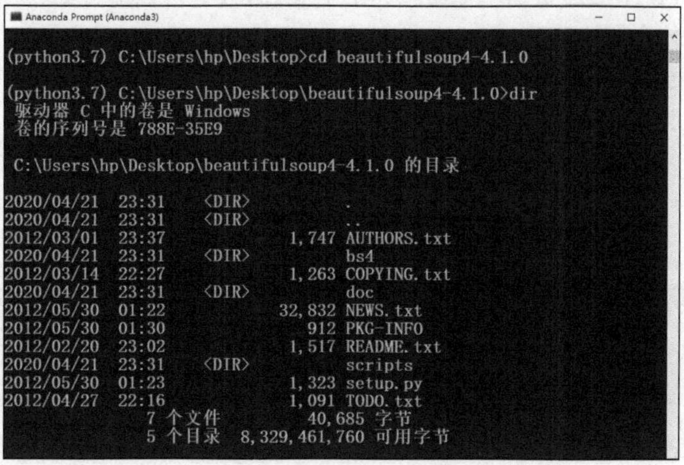

图 4-4　切换至 BeautifulSoup4 源码包文件夹

然后，执行如下命令，即可完成 BeautifulSoup4 的离线安装，如图 4-5 所示。

> python setup.py install

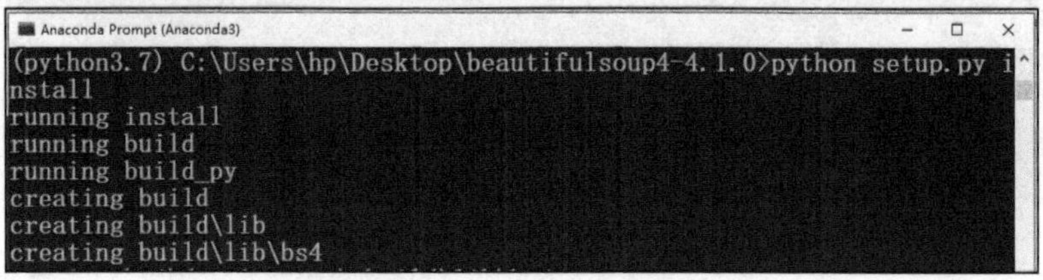

图 4-5 离线安装 BeautifulSoup4

使用上述命令完成离线的 BeautifulSoup4 安装后，也可以采用图 4-3 中的测试方法检验安装是否成功。

4.1.3 BeautifulSoup 解析器

BeautifulSoup 支持 Python 标准库中的 HTML 解析器，还支持一些第三方库的解析器。表 4-1 中列出了一些常用的解析器，包括 Python 标准库、Lxml HTML 解析器、Lxml XML 解析器和 html5lib 解析器。除了第一种解析器，其他均需要单独安装。

表 4-1 常用解析器

解析器	使用方法	优势	劣势
Python 标准库	BeautifulSoup(markup, "html.parser")	Python 的内置标准库 执行速度适中 文档容错能力强	Python 3.2 及以前版本的文档容错能力差
Lxml HTML 解析器	BeautifulSoup(markup, "lxml")	速度快 文档容错能力强	需要安装 C 语言库
Lxml XML 解析器	BeautifulSoup(markup, ["lxml-xml"]) BeautifulSoup(markup, "xml")	速度快 唯一支持 XML 的解析器	需要安装 C 语言库
html5lib 解析器	BeautifulSoup(markup, "html5lib")	最好的容错性 以浏览器的方式解析文档 生成 HTML5 格式的文档	速度慢 不依赖外部扩展

针对基础的数据解析任务，可以直接使用 Python 标准库，无须安装其他解析器。但是针对复杂的解析工作，就需要其他解析器来提高分析数据的效率。

若需安装 Lxml HTML 解析器和 Lxml XML 解析器，读者可以参考 2.4.3 节介绍的安装 Lxml 方法，本节不再具体介绍。

html5lib 解析器是利用纯 Python 实现的，其解析方式与浏览器的操作类似，在操作前可以选择下列方法安装 html5lib 解析器：

> pip install html5lib

如图 4-6 所示，输入命令后，开始下载并安装 html5lib 解析器。当安装完成后，自动退出安装环境，并提示【Successfully installed html5lib***】，已经安装完成 html5lib 解析器的安装。

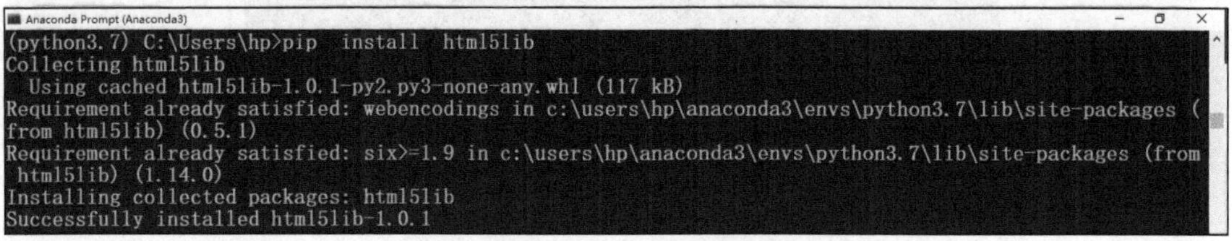

图 4-6 初次安装 html5lib 解析器

如果输入命令后，提示【Required already satisfied…】，如图 4-7 所示，说明此时已经安装过此解析器，无须再次进行安装。

```
Anaconda Prompt (Anaconda3)
(python3.7) C:\Users\hp>pip  install  html5lib
Requirement already satisfied: html5lib in c:\users\hp\anaconda3\envs\python3.7\lib\site-packages (1.0.
1)
Requirement already satisfied: six>=1.9 in c:\users\hp\anaconda3\envs\python3.7\lib\site-packages (from
 html5lib) (1.14.0)
Requirement already satisfied: webencodings in c:\users\hp\anaconda3\envs\python3.7\lib\site-packages (
from html5lib) (0.5.1)
```

图 4-7　已安装 html5lib 解析器

如果目标是解析 HTML 文档，那么只要用文档创建 BeautifulSoup 对象就可以了，BeautifulSoup 会自动选择一个解析器来解析文档。也可以通过设置参数，指定使用哪种解析器来完成对应的解析操作。

在 BeautifulSoup 中，第 1 个参数是待解析的文档字符串或是文件句柄，第 2 个参数即解析文档的方案。如果第 2 个参数为空，BeautifulSoup 会根据当前系统安装的第三方库，自动选择解析器。解析器的优先顺序为：Lxml→html5lib→Python 标准库。如果在第 2 个参数中指定了解析器，则优先选择指定的解析器完成操作；如果指定的解析器没有安装，BeautifulSoup 则会按照默认的优先级别自动选择其他方案。

目前只有 Lxml 解析器支持 XML 文档的解析，在没有安装 Lxml 库的情况下，创建的 BeautifulSoup 对象将无法获得解析后的 XML 文档对象。

BeautifulSoup 为不同的解析器提供了相同的接口，但解析器本身是有区别的。以 HTML 文档为例，如果被解析的 HTML 文档是标准格式，那么解析器获得的结果没有任何差别，都会返回正确的文档树，只是解析的速度不同而已。但是如果被解析的文档不是标准格式，那么不同的解析器返回结果可能不同。

以下给出一组非标准格式 HTML 文档的解析实例。

【例 4-1】使用不同的解析器对 HTML 文档进行解析。

当利用正确的 HTML 文档进行解析器分析时，将获得相同的结果。因此为了检验这些解析器的差异，我们给出了一个非标准格式的文档片段"<a></p>"。它是一种错误的 HTML 格式，下面通过对错误文档的解析来判断几种解析器之间的差异。

（1）Lxml 解析器

```
1    >>> from bs4 import BeautifulSoup
2    >>> soup = BeautifulSoup("<a></p>", "lxml")
3    >>> print(soup)
     <html><body><a></a></body></html>
```

在本例中，第 1 行导入 BeautifulSoup 包，第 2 行使用"lxml"解析器，将解析的文档内容保存至 soup 中，返回的 soup 内容为：<html><body><a></a></body></html>，此时忽略了</p>标签。

（2）html5lib 解析器

```
4    >>> from bs4 import BeautifulSoup
5    >>> soup = BeautifulSoup("<a></p>", "html5lib")
6    >>> print(soup)
     <html><head></head><body><a><p></p></a></body></html>
```

在本例中，第 5 行使用 html5lib 库，并没有忽略</p>标签，而是自动补全了标签，而且还给文档树添加了<head>标签。此时返回的 soup 内容为：<html><head></head><body><a><p></p></a></body></html>。

（3）Python 标准库

```
7    >>> from bs4 import BeautifulSoup
8    >>> soup = BeautifulSoup("<a></p>", "html.parser")
9    >>> print(soup)
     <a></a>
```

从本例中可以发现，html.parser 与 Lxml 库类似，在这个解析器中忽略了 </p> 标签。与 html5lib 解析器不同的是，作为 Python 标准库，html.parser 没有创建符合标准的文档格式。

基于上述实例可知，不同的解析器可能影响代码的执行结果，因此，在使用 BeautifulSoup 时最好主动注明使用何种解析器。

4.1.4 BeautifulSoup 初探

要使用 BeautifulSoup 解析网页，首先需要创建 BeautifulSoup 对象，通过将字符串或 HTML 文件传入 BeautifulSoup 的构造方法，即可创建一个 BeautifulSoup 对象，方法如下：

```
1    >>> from bs4 import BeautifulSoup
2    >>> soup = BeautifulSoup(open("index.html"))
3    >>> soup = BeautifulSoup("<html>spyder</html>")
```

其中，第 1 行导入 BeautifulSoup，然后提供了两种创建对象的方法：在第 2 行使用字符串创建 BeautifulSoup 对象，第 3 行通过 HTML 文件创建对象。

除此之外，还可以直接将网页内容转换为 BeautifulSoup 对象。下面通过一个实例来学习这种转换方法。此次获取数据的目标地址是豆瓣电影网站中的一部经典电影的详情页面，其网址为 https://movie.douban.com/subject/1292052/，将当前网页转换为 BeautifulSoup 对象，用于后续章节内容的解析。

【例 4-2】 创建 BeautifulSoup 对象。

```
1    >>> import requests
2    >>> from bs4 import BeautifulSoup
3    >>> headers={'User-Agent': 'Mozilla/5.0 (Windows NT 6.1; Win64; x64) AppleWebKit/537.36 (KHTML, like Gecko) Chrome/79.0.3945.88 Safari/537.36'}
4    >>> url = "https://movie.douban.com/subject/1292052/"
5    >>> r = requests.get(url,headers=headers)
6    >>> demo = r.text
7    >>> soup = BeautifulSoup(demo,"html.parser")
8    >>> print(soup.prettify())
```

在例 4-2 中，第 1 行和第 2 行导入 Requests 和 BeautifulSoup，然后第 3 行定制了头部信息，实际是定制了代理数据，并将该头部信息封装在请求中，第 5 行将 url 和头部信息一并发送给服务器。第 6 行通过 r.text 获取了网页内容的字符串形式。第 7 行利用 Python 标准库解析网页的内容，将其保存至 soup 中。最后一行使用 prettify() 方法将 BeautifulSoup 的文档格式化后以 Unicode 编码输出，每个 HTML 标签独占一行，如图 4-8 所示。由于网页的内容非常多，图 4-8 中只列出了前几行内容。

如无特殊说明，在后文中出现的 soup 对象均来源于此处。

```
Anaconda Prompt (Anaconda3)
<!DOCTYPE html>
<html class="ua-windows ua-webkit" lang="zh-CN">
 <head>
  <meta content="text/html; charset=utf-8" http-equiv="Content-Type"/>
  <meta content="webkit" name="renderer"/>
  <meta content="always" name="referrer"/>
  <meta content="okOwCgT20tBBgo9_zat2iAcimtN4Ftf5ccsh092Xeyw" name="go
ogle-site-verification"/>
  <title>
   肖申克的救赎 (豆瓣)
  </title>
```

图 4-8 BeautifulSoup 对象内容

4.2 BeautifulSoup 对象类型

BeautifulSoup 可以将复杂 HTML 文档转换成一个复杂的树状结构，每个节点都是一个 Python 对象，所有对象可以归纳为 4 种类型：Tag、NavigableString、BeautifulSoup、Comment。

4.2.1 Tag

Tag 对象为 HTML 文档中的标签，例如，HTML 标签："\<p>这是 1 个段落\</p>"，如果为其添加包含的内容，便形成了 Tag 对象。通过 Tag 名称可以直接获取到文档树中的 Tag 对象，使用 Tag 名称查找的方法只能获得文档树中的第一个同名对象。以下给出一个获取 Tag 对象的实例。

【例 4-3】获取图 4-8 中的 title 标签。

```
1    >>> import requests
2    >>> from bs4 import BeautifulSoup
3    >>> headers={'User-Agent': 'Mozilla/5.0 (Windows NT 6.1; Win64; x64) AppleWebKit/537.36 (KHTML,
     like Gecko) Chrome/79.0.3945.88 Safari/537.36'}
4    >>> url = "https://movie.douban.com/subject/1292052/"
5    >>> r = requests.get(url,headers=headers)
6    >>> demo = r.text
7    >>> soup = BeautifulSoup(demo,"html.parser")
8    >>> tag = soup.title
9    >>> print(tag)
     <title>
         肖申克的救赎 (豆瓣)
     </title>
10   >>> print(type(tag))
     <class 'bs4.element.Tag'>
```

在例 4-3 中，利用前 6 行获取网页信息 demo，第 7 行通过 soup.title 获取名为"title"的 Tag。从图 4-8 中可以看出，此时的 Tag 对象对应文档树中的 title 标签，因此，第 9 行通过 print 直接输出 title 标签的内容。第 10 行输出 Tag 对象的类型是 bs4.element.Tag。

【例 4-4】获取图 4-8 中的非唯一标签。

```
1    >>> soup = BeautifulSoup(demo,"html.parser")
2    >>> tag = soup.meta
3    >>> print(tag)
     <meta content="text/html; charset=utf-8" http-equiv="Content-Type"/>
```

在本例中，省略了 demo 对象的获取过程（例 4-3 中的第 1~6 行），第 2 行通过 soup.meta

获取名为"meta"的 Tag。从图 4-8 可以看出，此时存在多个名为"meta"的标签，BeautifulSoup 默认的操作是，当获得到第 1 个符合要求的标签，立即返回 Tag 的内容。因此，本例的输出结果是第一个"meta"的 Tag 内容。

Tag 对象有很多方法和属性，其中包含两个重要属性：name（名称）和 attributes（属性）。每个 Tag 都有自己的名称，通过.name 方法可以获取名称。如果改变了 Tag 对象的 name，将影响整个 BeautifulSoup 生成文档的解析方式。

【例 4-5】获取并修改 title 标签的名称。

```
1    >>> soup = BeautifulSoup(demo,"html.parser")
2    >>> tag = soup.title
3    >>> print(tag.name)
     title
4    >>> tag.name = "newTag"
5    >>> print("The new name is: ",tag.name)
     The new name is:    newTag
```

在例 4-5 中，省略了 demo 对象的获取过程，第 3 行通过 tag.name 获取标签的名称，第 4 行利用 tag.name = "newTag"修改标签的名称，可以看到在最后一行输出了新名称。

attributes（属性）表示 Tag 对象的一个属性。与 name 不同，attributes 不是 Tag 对象唯一的属性，也就是说，一个 Tag 对象可能有很多个属性。例如，在图 4-8 中，<html lang="zh-CN" class="ua-windows ua-Webkit">的含义是，标签 html 有两个属性，一个是"lang"属性，值为"zh-CN"，另一个是"class"属性，值为"ua-windows ua-Webkit"。在实际操作时，Tag 对象的属性与字典的使用方法相同，以下给出一个使用属性的实例。

【例 4-6】获取 HTML 标签的属性。

```
1    >>> soup = BeautifulSoup(demo,"html.parser")
2    >>> tag_html = soup.html
3    >>> print(tag_html['lang'])
     zh-CN
4    >>> print(tag_html['class'])
     ['ua-windows', 'ua-Webkit']
5    >>> print(tag_html.attrs)
     {'lang': 'zh-CN', 'class': ['ua-windows', 'ua-Webkit']}
```

在例 4-6 中，通过 tag[属性名称]获取标签属性的内容，如第 3 行和第 4 行所示，分别通过 tag_html['lang']和 tag_html['class']获取了对应属性的内容。此处也可以直接用.attrs 获取属性。在最后一行，通过 tag_html.attrs 获取标签的全部属性，将其封装在 1 个对象中全部返回。

HTML4 定义了一系列可以包含多个值的属性，在 HTML5 中移除了一些属性，也增加了更多属性。最常见的多值属性是 class（一个 Tag 对象可以有多个层叠样式表（CSS）的 class），在 BeautifulSoup 中多值属性的返回类型是 list。在上面的代码中，tag_html['class']获取的属性内容即为多值属性，在返回信息中，以 list 的形式列出了所有的内容。

Tag 对象的属性也可以被添加、删除或修改。以下给出一个具体操作的实例。

【例 4-7】添加、删除和修改 html 标签的属性。

```
1    >>> soup = BeautifulSoup(demo,"html.parser")
2    >>> tag_html = soup.html
3    >>> tag_html['lang']="Eng"
4    >>> print(tag_html['lang'])
     Eng
```

```
5    >>> tag_html['id'] = 1
6    >>> print(tag_html.attrs)
     {'lang': 'Eng', 'class': ['ua-windows', 'ua-Webkit'], 'id': 1}
7    >>> del tag_html['class']
8    >>> print(tag_html.attrs)
     {'lang': 'Eng', 'id': 1}
```

在例 4-7 中，通过 tag[属性名称]="新名称"，直接修改标签属性的内容，如第 3 行所示。当给出的属性名称不存在时，即添加一个新的属性，如第 5 行所示。由于 id 属性不存在，此时新添加了 id 属性。在第 6 行 tag_html.attrs 输出属性时，可以看到新增的 id 属性内容。第 7 行使用 del 实现属性的删除，此处删除了 class 属性。通过最后一行输出的内容可知，当前只保留了 lang 和 id 属性，而 class 属性已经被删除。

4.2.2 NavigableString

通过图 4-8 可知，字符串常被包含在标签内部，在 BeautifulSoup 中使用非属性字符串——NavigableString 包装 Tag 中的字符串，简单来说，NavigableString 是 Tag 中的字符串内容形式。以下给出一个 NavigableString 的实例。

【例 4-8】显示 NavigableString 信息。

```
1    >>> soup = BeautifulSoup(demo,"html.parser")
2    >>> tag = soup.title
3    >>> tag_meta = soup.meta
4    >>> print(tag)
     <title>
         肖申克的救赎（豆瓣）
     </title>
5    >>> print(tag.string)
     肖申克的救赎（豆瓣）
6    >>> print(type(tag.string))
     <class 'bs4.element.NavigableString'>
7    >>> print(tag_meta)
     <meta content="text/html; charset=utf-8" http-equiv="Content-Type"/>
8    >>> print(tag_meta.string)
     None
```

在例 4-8 中，通过 tag.string 直接访问标签的 NavigableString 内容，如第 5 行所示。也可以直接输出它的类型，如第 6 行所示，其类型为'bs4.element.NavigableString'，当标签中不存在非属性字符串时，访问结果为 None。如最后一行所示，由于 tag_meta 中不包含 NavigableString，因此显示结果为 None。

一个 NavigableString 字符串与 Python 中的 Unicode 字符串相同，并且还支持遍历文档树和搜索文档树中的一些特性。可以通过 str()方法直接将 NavigableString 对象转换成 Unicode 字符串。以下给出一个转换的实例。

【例 4-9】NavigableString 对象转换成 Unicode 字符串。

```
1    >>> soup = BeautifulSoup(demo,"html.parser")
2    >>> tag = soup.title
3    >>> unicode_string = str(tag.string)
4    >>> print(unicode_string)
     肖申克的救赎（豆瓣）
```

```
5    >>> print(type(unicode_string))
     <class 'str'>
```

在本例中,第 3 行通过 str(tag.string)将 NavigableString 对象转换成 Unicode 字符串。在最后一行输出的类型中,可以看到它的类型为'str'。

需要注意的是,Tag 中包含的字符串不能编辑,但是可以被替换成其他字符串,此时可以使用 replace_with()方法。

【例 4-10】替换字符串。

```
1    >>> soup = BeautifulSoup(demo,"html.parser")
2    >>> tag = soup.title
3    >>> tag.string.replace_with("The Shawshank Redemption")
4    >>> print(tag)
     <title>The Shawshank Redemption</title>
```

在本例中,第 3 行通过 tag.string.replace_with()方法将 NavigableString 对象内容替换成"The Shawshank Redemption"。在最后一行输出中,可以看到它更新后的内容是:<title>The Shawshank Redemption</title>。

NavigableString 对象支持遍历文档树和搜索文档树中定义的大部分属性,但并非全部属性,其中也会存在一些特例,例如一个字符串不能包含其他内容(Tag 能够包含字符串或其他 Tag),字符串不支持.contents 或.string 属性或 find()方法。

需要注意的是,如果在 BeautifulSoup 之外使用 NavigableString 对象,则需要先将该对象转换成普通的 Unicode 字符串,然后再引用。因为 BeautifulSoup 方法执行结束后,该对象的输出仍会带有对象的引用地址,这样会造成内存的浪费。

4.2.3 BeautifulSoup

BeautifulSoup 对象表示的是一个文档的全部内容。大部分情况下,可以把它当作 Tag 对象,它支持遍历文档树和搜索文档树中描述的大部分方法。因为 BeautifulSoup 对象并不是真正的 HTML 或 XML 的 Tag,所以它没有 name 和 attribute 属性。为了便于查看它的.name 属性,BeautifulSoup 对象包含了一个值为"[document]"的特殊属性。

【例 4-11】访问 BeautifulSoup 对象属性。

```
>>> soup = BeautifulSoup(demo,"html.parser")
>>> tag = soup.title
>>> print(soup.name)
[document]
```

在上述实例中,可以通过 soup.name,清晰地看到 BeautifulSoup 对象的值。

4.2.4 Comment

前 3 节中介绍的内容几乎覆盖了 HTML 和 XML 中的全部内容,但是还有一些特殊对象,例如文档的注释部分。文档的注释部分很容易与 Tag 对象中的文本字符串混淆。在 BeautifulSoup 中,可以利用 Comment 对象来表示注释信息,可以认为 Comment 是一个特殊类型的 NavigableString 对象。下面给出一个含有注释的实例。

【例 4-12】访问 Comment 对象属性。

```
1    >>> import requests
2    >>> from bs4 import BeautifulSoup
3    >>> markup = "<b><!--Hello, do you want to buy a markup?--></b>"
```

```
4   >>> soup = BeautifulSoup(markup,"html.parser")
5   >>> comment = soup.b.string
6   >>> print(type(comment))
    <class 'bs4.element.Comment'>
7   >>> print(comment)
    Hello, do you want to buy a markup?
```

在例 4-12 中，自定义了一个标签：markup，第 4 行通过 BeautifulSoup 解析当前标签，第 5 行通过 soup.b.string 获取 b 标签的具体内容，第 6 行中输出它的类型是：'bs4.element.Comment'，这是 BeautifulSoup 的注释类型。最后一行直接输出了注释 Comment 的内容。

本例中的注释出现在标签中，如果它出现在 HTML 文档中，Comment 对象会使用特殊的格式输出，此时需要调用 prettify 函数获取节点的 Comment 对象并输出内容。

【例 4-13】 在 HTML 文档中访问 Comment 对象属性。

```
>>> import requests
>>> from bs4 import BeautifulSoup
>>> markup = "<b><!--Hello, do you want to buy a markup?--></b>"
>>> soup = BeautifulSoup(markup,"html.parser")
>>> print(soup.b.prettify())
<b>
   <!--Hello, do you want to buy a markup?-->
</b>
```

在本例中，直接使用 soup.b.prettify()语句，以特殊的格式输出 Comment 信息。

4.3 BeautifulSoup 的遍历与搜索

4.3.1 遍历文档树

遍历文档树就是通过一些方法获取指定的节点和节点集合，包括 ".方法"、子节点、父节点、兄弟节点、前进后退等。

在本节中，遍历文档树采用的目标地址是豆瓣电影网站中的某部经典电影的详情页面，其网址为 https://movie.douban.com/subject/1292052/。该网页的结构如图 4-9 所示。

图 4-9 待解析网页结构

通过以下程序将当前网页转换为 BeautifulSoup 对象,用于后续章节内容的解析。其中,soup 为待解析的文档树。

```
>>> import requests
>>> from bs4 import BeautifulSoup
>>>headers={'User-Agent': 'Mozilla/5.0 (Windows NT 6.1; Win64; x64) AppleWebKit/537.36 (KHTML, like Gecko) Chrome/79.0.3945.88 Safari/537.36'}
>>> url = "https://movie.douban.com/subject/1292052/"
>>> r = requests.get(url,headers=headers)
>>> demo = r.text
>>> soup = BeautifulSoup(demo,"html.parser")
```

1. ".方法"

操作文档树最简单的方法是用".方法"。如果需要获取某个标签,则只要使用 soup.<节点名>即可。需要注意的是,通过".方法"只能获取文档中的第一个要搜索的节点。下面给出一个访问节点的实例。

【例4-14】获取 link 节点。

```
>>> tag = soup.link
>>> print(tag)
<link href="https://img3.doubanio.com/f/movie/d59b2715fdea4968a450ee5f6c95c7d7a2030065/pics/movie/apple-touch-icon.png" rel="apple-touch-icon"/>
```

在例 4-14 中,利用 soup.link 获取到了第 1 个 link 节点,即图 4-9 中的第 16 行。

此外,还可以在文档树的 Tag 中多次调用这个方法,从而获得指定标签下的子标签。

【例4-15】获取<head>标签中的第 1 个<link>标签。

```
>>> tag_2 = soup.head.link
>>> print(tag_2)
<link href="https://img3.doubanio.com/f/movie/d59b2715fdea4968a450ee5f6c95c7d7a2030065/pics/movie/apple-touch-icon.png" rel="apple-touch-icon"/>
```

在例 4-15 中,获取到了<head>标签中的第 1 个<link>标签。当多个同名标签存在于不同的父节点中时,可以通过这种方式区分同名标签。

如果需要获得所有的同名标签,或是通过名字得到比一个 Tag 更多的内容,就需要用到 4.3.2 节中描述的方法,如 find_all()等。

2. 子节点

一个 Tag 可能包含多个字符串或其他 Tag,这些都是这个 Tag 的子节点。例如,在图 4-9 中,<head>标签包含的子节点有<meta>、<title>、<link>、<script>等。

BeautifulSoup 提供了许多操作和遍历子节点的属性,下面将介绍子节点的一些常见操作。需要注意的是,BeautifulSoup 中字符串节点不支持这些属性,因为字符串没有子节点。

(1).contents

Tag 对象的.contents 属性可以将某个 Tag 的子节点以列表的方式输出。当然,列表会允许用索引的方式来获取列表中的元素。

【例4-16】获取<head>标签的全部子节点。

```
1    >>> tag = soup.head
2    >>> tag_contents = tag.contents
3    >>> print(tag_contents)
['\n', <meta content="text/html; charset=utf-8" http-equiv="Content-Type"/>, '\n', <meta content="Webkit" name="renderer"/>, '\n', <meta content="always" name="referrer"/>, '\n', <meta
```

```
content="ok0wCgT20tBBgo9_zat2iAcimtN4Ftf5ccsh092Xeyw" name="google-site-verification">
4    >>> tag_contents_num = len(tag_contents)
5    >>> print(tag_contents_num)
     8
6    >>> print(tag_contents[1])
     <meta content="text/html; charset=utf-8" http-equiv="Content-Type"/>
```

在上述实例中,第 1 行爬取 head 节点,第 2 行利用 tag.contents 访问当前节点的全部子节点,在第 3 行的返回结果中可以看到,所有的节点以列表的形式提供。由于返回数据内容较多,这里只显示部分结果。

接下来,可以利用 list 中的常用操作获得子节点信息,例如在第 4 行中获得 tag_contents 的长度,即子节点的数量。在最后一行中,输出第 2 个子节点的内容。需要注意的是,在将子节点转换为列表的过程中,所有的换行符'\n'也被转换成子节点。因此,在打印的子节点列表中,可以发现一些'\n'的身影。在爬取子节点的过程中,部分节点的序号会和网页上展示的不一致。

BeautifulSoup 对象本身会包含子节点,也就是说<html>标签也是 BeautifulSoup 对象的子节点。

【例 4-17】获取 BeautifulSoup 对象的子标签。

```
1    >>> print(len(soup.contents))
     4
2    >>> print(soup.contents[0])
     html
```

在例 4-17 中,将 soup 看作一个包含节点的对象,可以获取它的长度,如第 1 行所示。也可以直接输出某个子节点的信息,例如,在第 2 行输出了第 1 个子节点的内容为:html。

需要注意的是,由于非属性字符串没有子节点,因此不能将.contents 用于非属性字符串中。以下给出一个错误的操作方法。

【例 4-18】获取 title 的字符串属性。

```
>>> tag = soup.title.string
>>> print(tag.contents)
    self.__class__.__name__, attr))
AttributeError: 'NavigableString' object has no attribute 'contents'
```

在例 4-18 中,soup.title.string 是一个非属性字符串,在最后一行,对其使用.contents 获取子节点信息。由于此时没有子节点存在,因此系统返回了错误,即'NavigableString'没有.contents 属性。

(2).children

Tag 对象通过 children 属性对子节点进行循环,返回的结果是一个迭代器。因此,一般将其用于循环遍历操作,很少应用在其他的获取操作中。

【例 4-19】遍历<head>标签的全部子节点。

```
>>> for child in soup.head.children:
>>>     print(child)
```

在本例中,通过循环遍历 soup.head.children,将每个子节点以单行的形式输出。图 4-10 显示了最后一行的输出结果。可以发现其中存在一些空行,这些都是<head>标签的子节点。

需要说明的是,.contents 和.children 属性仅包含 Tag 的直属子节点。如果当前的子节点中又包含子节点,甚至孙子节点,则使用这两种方法是无法直接获得的。

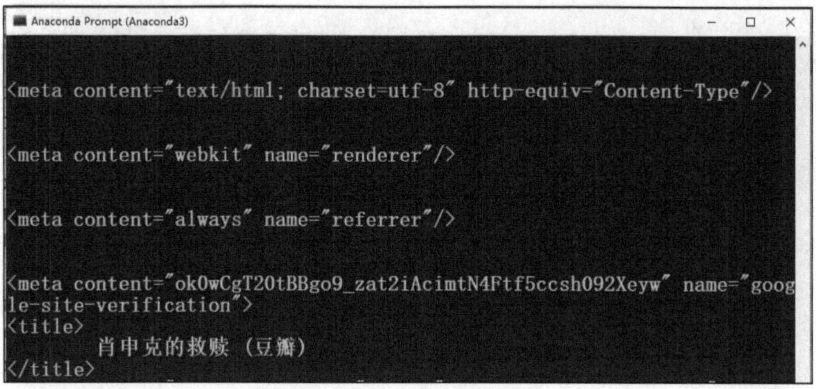

图 4-10 例 4-19 运行结果

（3）.descendants

.descendants 属性可以对所有 Tag 的子孙节点进行递归循环，也就是说，.descendants 可以将儿子节点、孙子节点等家族中所有子节点以列表的形式呈现出来。

【例 4-20】循环遍历<head>标签的全部子孙节点。

```
1    >>> for child in soup.head.descendants:
2    >>>       print(child)
3    >>> print(len(list(soup.head.children)))
     8
4    >>> print(len(list(soup.head.descendants)))
     68
```

在例 4-20 中，第 1 行循环遍历<head>标签的全部子孙节点，并通过第 2 行逐一输出，图 4-11 中仅列出了一部分结果。从第 3 行语句中可以发现，<head>标签的子节点有 8 个，而从第 4 行可以看出，<head>标签的全部子孙节点有 68 个。

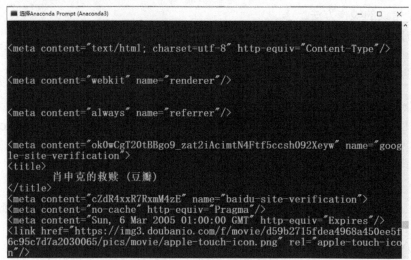

图 4-11 例 4-20 运行结果

（4）.string

如果 Tag 只有一个 NavigableString 类型子节点，那么这个 Tag 可以使用.string 得到子节点。如果一个 Tag 仅有一个子节点，那么这个 Tag 也可以使用.string 方法，输出结果与当前唯一子节点的.string 的结果相同。如果 Tag 包含多个子节点，Tag 就无法确定.string 方法应该调用哪个子节点的内容，此时.string 的输出结果是 None。

【例 4-21】.string 的使用。
```
>>> print(soup.title.string)
肖申克的救赎 (豆瓣)
>>> print(soup.head.string)
None
```
在例 4-21 中，由于 title 只有 NavigableString 类型子节点，因此 soup.title.string 返回子节点内容：肖申克的救赎 (豆瓣)。而 head 节点包含多个子节点，因此 soup.head.string 的输出结果为 None。

（5）.strings 和.stripped_strings

如果 Tag 中包含多个字符串，则可以使用.strings 来循环获取。

【例 4-22】.strings 的使用。
```
>>> for string in soup.strings:
>>>     print(repr(string))
'\n'
'\n'
'\n'
'\n'
'\n'
'\n'
'\n'
'\n'
'\n'        肖申克的救赎 (豆瓣)\n'
```
在本例中，通过 for 循环遍历 soup 标签中的全部字符串，并逐一输出，这里仅列出了一部分结果。可以看到，此时输出的字符串中可能包含很多空格或空行，使用.stripped_strings 可以去除多余空白内容。

【例 4-23】去除多余空白内容。
```
>>> for string in soup.stripped_strings:
>>>     print(repr(string))
'肖申克的救赎 (豆瓣)'
'登录/注册'
'下载豆瓣客户端'
'豆瓣'
'6.0'
'全新发布'
'×'
'豆瓣'
'扫码直接下载'
```
在例 4-23 中，通过.stripped_strings 循环遍历 soup 标签中的全部字符串，过滤空行后逐一输出，这里仅列出了一部分结果。

3. 父节点

通过分析文档树可以发现，除文档树的根节点外，每个 Tag 或字符串都有它的父节点，即上一级的节点，具体表现为：当前节点被包含在某个 Tag 中，这个 Tag 就是父节点。如图 4-9 所示，<title>的父节点是<meta>，<meta>的父节点是<head>，<head>的父节点是<html>，而<html>没有父节点，它可以被认为是文档树的根节点。以下介绍一些在父节点中常用的方法。

（1）.parent

可以通过.parent 方法，获取父辈的节点集合。本节涉及的网站结构如图 4-12 所示。

```
 1  <!DOCTYPE html>
 2  <html lang="zh-CN" class="ua-windows ua-webkit">
 3  <head>
 4      <meta http-equiv="Content-Type" content="text/html; charset=utf-8">
 5      <meta name="renderer" content="webkit">
 6      <meta name="referrer" content="always">
 7      <meta name="google-site-verification" content="ok0wCgT20tBBgo9_zat2iAcimtN4Ftf5ccsh092Xeyw" />
 8      <title>
 9          肖申克的救赎（豆瓣）
10  </title>
```

图 4-12　网站部分结构

【例 4-24】 获取 title 元素的父节点。

1	>>> title = soup.title
2	>>> print(title)
	<title>
	肖申克的救赎（豆瓣）
	</title>
3	>>> print(title.parent.name)
	meta
4	>>> print(title.parent.parent.name)
	head
5	>>> print(title.parent.parent.parent.name)
	html

在例 4-24 中，第 1 行获取到 title 节点，然后第 3 行通过 title.parent.name 获得 title 的父节点为 meta，第 4 行获取 title 的爷爷节点，即 head 节点，在最后一行中获取 head 的父节点，即为 html。此时，已经访问到文档树的根节点。对于一个文档的顶层节点，比如常见的<html>顶层节点，可以认为它的父节点是 BeautifulSoup 对象，而且这个 BeautifulSoup 对象的.parent 是 None。

【例 4-25】 顶层节点的访问。

1	>>> html_tag = soup.html
2	>>> print(type(html_tag.parent))
	<class 'bs4.BeautifulSoup'>
3	>>> print(soup.parent)
	None

在例 4-25 中，html_tag 作为 html 标签，第 2 行输出它的父节点类型是'bs4.BeautifulSoup'，在最后一行输出 soup 对象的父节点是 None。

文档 title 的字符串也有父节点，也就是<title>标签。

【例 4-26】 访问字符串的父节点。

```
>>> title_string = soup.title.string
>>> print(title_string.parent)
<title>
    肖申克的救赎（豆瓣）
</title>
```

在例 4-26 中，title_string 是 title 的非属性字符串，当访问它的父节点时，输出的内容是 title 标签。

（2）.parents

通过元素的.parents 可以递归得到元素的所有父节点。下面给出一个实例使用.parents 遍历当前节点到根节点的所有节点。

【例 4-27】 遍历<a>标签到根节点的所有节点。

```
1    >>> title = soup.title
2    >>> for parent in title.parents:
3    >>>     if parent is None:
4    >>>         print(parent)
5    >>>     else:
6    >>>         print(parent.name)
meta
head
html
[document]
```

在例 4-27 中，第 2 行通过.parents 循环遍历 title 标签中的全部父节点，第 3 行判断如果是 None，则输出当前节点，代表已经遍历到根节点；如果当前节点不是 None，则在第 6 行输出当前节点的名称。从结果中可以看出，title 的父节点名称依次为 meta、head、html，[document] 表示已经访问到根节点。

4．兄弟节点

当一组节点是同一个元素的子节点时，它们被称为兄弟节点。当一段文档以标准格式输出时，兄弟节点有相同的缩进级别。例如，图 4-12 中，几个<meta>节点之间均为兄弟关系。通过兄弟节点，可以获取同一个父节点下的前一个兄弟和后一个兄弟的节点和节点集合。下面以图 4-13 中的网站结构为例介绍兄弟节点中常见的方法。

```
12      <meta name="baidu-site-verification" content="cZdR4xxR7RxmM4zE" />
13      <meta http-equiv="Pragma" content="no-cache">
14      <meta http-equiv="Expires" content="Sun, 6 Mar 2005 01:00:00 GMT">
15
16      <link rel="apple-touch-icon"
        href="https://img3.doubanio.com/f/movie/d59b2715fdea4968a450ee5f6c95c7d7a2030065/pics/movie/apple-touch-icon.png">
17      <link href="https://img3.doubanio.com/f/shire/3e5dfc68b0f376484c50cf08a58bbca3700911dc/css/douban.css"
        rel="stylesheet" type="text/css">
18      <link
        href="https://img3.doubanio.com/f/shire/ae3f5a3e3085968370b1fc63afcecb22d3284848/css/separation/all.css"
        rel="stylesheet" type="text/css">
```

图 4-13　网站部分结构

（1）.next_sibling 和.previous_sibling

在文档树中，一般使用.next_sibling 和.previous_sibling 来查询一个兄弟节点的信息。.next_sibling 用来获取下一个兄弟节点，而.previous_sibling 用于获取前一个兄弟节点。

【例 4-28】 获取<link>的兄弟节点。

```
1    >>> link = soup.link
2    >>> print(link)
     <link href="https://img3.doubanio.com/f/movie/d59b2715fdea4968a450ee5f6c95c7d7a203 0065/pics/movie/apple-touch-icon.png" rel="apple-touch-icon"/>
3    >>> print(link.next_sibling)

4    >>> print(link.next_sibling.next_sibling)
     <link href="https://img3.doubanio.com/f/shire/3e5dfc68b0f376484c50cf08a58bbca3700911 dc/css/douban.css"rel="stylesheet" type="text/css"/>
5    >>> print(link.previous_sibling)

6    >>> print(link.previous_sibling.previous_sibling)
     <meta content="Sun, 6 Mar 2005 01:00:00 GMT" http-equiv="Expires"/>
```

在上述实例中，第 1 行中获得 link，代表 soup 中的第 1 个 link 标签，其具体位置在图 4-13

中第 16 行，当在第 3 行访问它的下一个兄弟节点时，输出的内容是'\n'，表示为空行。当在第 4 行访问再下一个兄弟节点时，输出的内容才是图 4-13 中第 17 行内容。类似地，在第 5 行中访问上一个兄弟节点时，输出的内容是'\n'，表示为空行。当在第 6 行访问再上一个兄弟节点时，输出的内容才是图 4-13 中第 14 行内容。

需要注意的是，访问的节点必须要存在对应的兄弟节点。当不存在兄弟节点时，运行结果会显示 None。

【例 4-29】访问 html 的兄弟节点。

```
1   >>> html = soup.html
2   >>> print(html.next_sibling.name)
    None
3   >>> print(html.previous_sibling.name)
    None
```

在本例中，第 1 行设置了 html 是 soup 中的根节点，第 2 行和第 3 行想要获取它的兄弟节点，这里由于没有兄弟节点的存在，因此运行显示的内容均为 None。

（2）.next_siblings 和.previous_siblings

.next_siblings 和.previous_siblings 可以实现对当前兄弟节点的迭代输出。

【例 4-30】迭代输出 link 的兄弟节点。

```
1   >>> link = soup.link
2   >>> for siblings in link.next_siblings:
3   >>>     print(repr(siblings.name))
    None
    'link'
    None
    'link'
    None
    …
4   >>> for siblings in link.previous_siblings:
5   >>>     print(repr(siblings.name))
    None
    'meta'
    None
    'meta'
    None
```

在本例中，第 2 行通过.next_siblings 循环遍历 link 标签中的全部后续兄弟节点，第 4 行通过.previous_siblings 循环遍历 link 标签中的全部前继兄弟节点。

5. 前进后退

在解析 BeautifulSoup 对象过程中，HTML 解析器把它转换成一连串的事件流，包含"打开<html>标签""打开一个<head>标签""打开一个<title>标签""添加一段字符串""关闭<title>标签""打开<p>标签"等流程。BeautifulSoup 提供了重现解析器初始化过程的方法。下面以图 4-14 中的网站结构为例详细介绍这些方法。

```
300  <div id="db-global-nav" class="global-nav">
301    <div class="bd">
302
303    <div class="top-nav-info">
304      <a href="https://accounts.douban.com/passport/login?source=movie" class="nav-login" rel="nofollow">登录/注册</a>
305    </div>
306
```

图 4-14 网站部分结构

（1）.next_element 和.previous_element

.next_element 属性指向解析过程中下一个被解析的对象（字符串或 tag），结果可能与.next_sibling 相同，但通常是不同的。.previous_element 属性刚好与.next_element 相反，它指向当前被解析的对象的前一个解析对象。

【例 4-31】对比上一个解析对象和前继兄弟节点。

```
1   >>> title = soup.a
2   >>> print(title)
    <a class="nav-login" href="https://accounts.douban.com/passport/login?source=movie" rel="nofollow">登录/注册</a>
3   >>> print(title.previous_element.previous_element)
    <div class="top-nav-info">
    <a class="nav-login" href="https://accounts.douban.com/passport/login?source=movie" rel="nofollow">登录/注册</a>
    </div>
4   >>> print(title.previous_sibling.previous_sibling)
    None
```

在例 4-31 中，第 1 行获取 soup 中的第 1 个名为 a 的标签 a，它的具体位置在图 4-14 中第 304 行，第 3 行使用.previous_element.previous_element 获得上一个解析对象，这个解析对象是 <a> 的父节点 <div>，第 4 行使用.previous_sibling.previous_sibling 获得前继兄弟节点，由于标签 a 是 <div> 中的唯一一个标签，因此返回结果为 None。

（2）.next_elements 和.previous_elements

.next_elements 和.previous_elements 是两个不同方向的迭代器，通过迭代器可以向前或向后访问文档的解析内容。

【例 4-32】向前解析 link 节点。

```
>>> link = soup.link
>>> for siblings in link.previous_elements:
>>>     print(repr(siblings.name))
None
'meta'
None
'meta'
None
'meta'
…
```

在本例中，通过.previous_elements 模拟 link 标签中的前继节点的打开过程。这里只列出了一部分结果，通过与.previous_siblings 对比可以发现，.previous_elements 的操作过程更为复杂，其操作的标签也更为丰富。

4.3.2 搜索文档树

在 BeautifulSoup 定义了很多搜索方法，表 4-2 列出一些常用的搜索文档树方法。

表 4-2 常用的搜索文档树方法

搜索文档树方法	功能
find_all(name , attrs , recursive , string , **kwargs)	搜索当前 Tag 的所有子节点，返回符合条件的所有节点
find(name , attrs , recursive , string , **kwargs)	搜索当前 Tag 的所有子节点，返回符合条件的第 1 个节点

续表

搜索文档树方法	功能
find_parents(name , attrs , recursive , string , **kwargs)	搜索当前 Tag 的所有父节点，返回符合条件的所有节点
find_parent(name , attrs , recursive , string , **kwargs)	搜索当前 Tag 的所有父节点，返回符合条件的第 1 个节点
find_next_siblings(name , attrs , recursive , string , **kwargs)	搜索当前 Tag 后面的所有兄弟节点，返回符合条件的所有节点
find_next_sibling(name , attrs , recursive , string , **kwargs)	搜索当前 Tag 后面的所有兄弟节点，返回符合条件的第 1 个节点
find_previous_siblings(name , attrs , recursive , string , **kwargs)	搜索当前 Tag 前面的所有兄弟节点，返回符合条件的所有节点
find_previous_sibling(name , attrs , recursive , string , **kwargs)	搜索当前 Tag 前面的所有兄弟节点，返回符合条件的第 1 个节点
find_all_next(name , attrs , recursive , string , **kwargs)	搜索当前 Tag 之后的节点和字符串，返回符合条件的所有节点
find_next(name , attrs , recursive , string , **kwargs)	搜索当前 Tag 之后的节点和字符串，返回符合条件的第 1 个节点

下面介绍两种常见的方法：find_all()方法和 find()方法，并给出一些应用实例。

1. find_all()方法

find_all()方法用于搜索当前标签（Tag）的所有子节点，并判断是否符合过滤器的条件。find_all()方法的基本语法如下：

```
find_all(name, attrs, recursive, string, **kwargs)
```

参数说明：

- name：查找所有符合 name 的 Tag，此参数可以是过滤器，包括字符串、列表、正则表达式、True 和方法等。
- attrs：指定的 Tag 属性。
- recursive：确定是否只搜索直接子节点，如果只想搜索直接子节点，则设为 False。
- string：需要查找的字符串内容，可以是字符串、列表、正则表达式或者 True。
- limit：设定需要查找的数量。
- **kwargs：若指定名字的参数不是搜索内置的参数，在搜索时会把该参数当作指定名字的 Tag 对象的属性来搜索。

针对 find_all()方法，以下给出各个参数的具体使用方法。本节继续使用图 4-12 的网站结构。

（1）name 参数

name 参数可以查找所有名字为 name 的 Tag，此时字符串对象会被自动忽略。

【例 4-33】按照 name 进行查找。

```
>>> title = soup.find_all("title")
>>> print(title)
[<title>
    肖申克的救赎 (豆瓣)
</title>]
```

从例 4-33 可以看出，名称为"title"的 Tag 被筛选出来。需要说明的是，如果传入字节码参数，BeautifulSoup 则会把它当作 UTF-8 编码，因此可以传入 Unicode 编码，这样可以避免 BeautifulSoup 解析编码出错。

搜索 name 参数的值可以使用任一类型的过滤器，例如字符串、正则表达式、列表、方法或 True。如果传入正则表达式作为参数，BeautifulSoup 则会通过正则表达式的 match()方法来匹配内容。

【例4-34】找出所有以 b 开头的标签。

```
>>> import re
>>> for tag in soup.find_all(re.compile("^b")):
>>>     print(tag.name)
body
br
br
br
br
…
```

在本例中筛选所有以 b 开头的标签。上面仅列举出其中一部分结果，其中所有<body>和<b>标签都会被找到。

在搜索 name 参数的值时，如果传入列表参数，BeautifulSoup 会返回与列表中元素匹配的内容。

【例4-35】找到文档中所有<title>标签和<body>标签。

```
>>> for tag in soup.find_all(["title", "body"]):
>>>     print(tag.name)
title
body
```

在本例中，使用[]将待查找的标签<title>和<body>组合起来。可以看出，两个标签均被找到。

除了上述的过滤器，还可以使用关键字：True。True 可以匹配任何值，因此它可以查找到所有的 Tag，但是不会返回字符串节点。

【例4-36】查找文档中的所有标签。

```
>>> for tag in soup.find_all(True):
>>>     print(tag.name)
html
head
meta
meta
meta
meta
title
…
```

在本例中，通过 soup.find_all(True)遍历 soup 中的全部节点，这里仅输出了其中一部分节点的名称。

（2）attrs 参数

如果一个指定名字的参数不是搜索内置的参数名，搜索时会把该参数当作指定名字 Tag 的属性来搜索。

【例4-37】搜索"content"属性。

```
1   >>> for tag in soup.find_all(content='always'):
2   >>>     print(tag)
    <meta content="always" name="referrer"/>
3   >>> for tag in soup.find_all(href=re.compile("init.css")):
4   >>>     print(tag)
    <link href="https://img3.doubanio.com/f/movie/8864d3756094f5272d3c93e
30ee2e32466585 5b0/css/movie/base/init.css" rel="stylesheet"/>
```

在本例中，第 1 行提供了一个名字为 content 的参数，BeautifulSoup 会搜索每个 Tag 的"content"属性，并在第 2 行输出符合要求的标签。在第 3 行中，使用正则表达式查找所有包含"init.css"内容的 href 属性，在第 4 行输出了找到的一个 link 标签。

使用多个指定名字的参数也可以同时过滤 Tag 的多个属性。

【例 4-38】过滤多个属性。

```
1   >>> print(len(soup.find_all(href=re.compile("css"))))
    12
2   >>> print(len(soup.find_all(href=re.compile("css"),type='text/css')))
    6
```

在例 4-38 中，第 1 行只过滤包含 href 属性而且内容含有"css"的标签，可以发现文档树中满足要求的共有 12 个。在第 2 行中，增加了 1 个过滤条件：同时过滤含有 type 属性且内容为'text/css'的标签，同时符合这两个条件的文档树只有 6 个。

需要注意的是，有些 Tag 属性在搜索时需要配合 attrs 参数使用。

【例 4-39】搜索 HTML5 中的"data-*"属性。

```
1   >>> data_soup = BeautifulSoup('<div data-foo="value">foo!</div>')
2   >>> data_soup.find_all(data-foo="value")
    SyntaxError: keyword can't be an expression
3   >>> print(data_soup.find_all(attrs={"data-foo": "value"}))
    [<div data-foo="value">foo!</div>]
```

由本例可知，HTML5 中的"data-*"属性不能直接搜索使用，可以看到第 2 行执行时，系统会提示错误。此时可以通过 find_all()方法的 attr 参数定义一个字典参数，来搜索包含特殊属性的 Tag，如第 3 行所示。从结果中可以看出，此时的属性可以被成功地搜索。

（3）string 参数

通过 string 参数可以搜索文档中的字符串内容，与 name 参数的可选值一样，string 参数接收的范围是字符串、正则表达式、列表和 True。

【例 4-40】利用 string 参数搜索内容。

```
1   >>> for tag in soup.find_all(string="6.0"):
2   >>>     print(tag.parent)
    <span class="version">6.0</span>
3   >>> for tag in soup.find_all(string=["6.0","iPhone"]):
4   >>>     print(tag.parent)
    <span class="version">6.0</span>
    <a href="https://www.douban.com/doubanapp/redirect?channel=top-nav&amp;direct_dl=1&amp;download=iOS">iPhone</a>
```

由例 4-40 可知，第 1 行提供了字符串类型的搜索内容："6.0"，第 2 行输出了父节点的内容，第 3 行提供了两组待搜索的内容："6.0"和"iPhone"，在最后一行输出了满足任何一组条件的标签的父节点。

【例 4-41】融合正则表达式的 string 参数实现内容搜索。

```
>>> for tag in soup.find_all(string=re.compile("iPh")):
>>>     print(tag.parent)
<a href="https://www.douban.com/doubanapp/redirect?channel=top-nav&amp;direct_dl=1&amp;download=iOS">iPhone</a>
```

由例 4-41 可知，第 1 行中提供了一个正则表达式：re.compile("iPh")，利用 find_all()方法进行搜索，在最后一行输出了满足当前条件的标签的父节点。

（4）recursive 参数

调用 Tag 的 find_all()方法时，BeautifulSoup 会搜索当前 Tag 的所有子孙节点。如果仅搜索 Tag 的直接子节点，则可以设置参数 recursive=False。

【例 4-42】设置 recursive 参数。
```
>>> print(len(soup.find_all(href=re.compile("css"),recursive=False)))
0
>>> print(len(soup.find_all(href=re.compile("css"),recursive=True)))
12
```

在例 4-42 中，第 1 行中 recursive=False，即只检索直接子节点，当前 Tag 的直接子节点中没有包含 href 属性而且内容含有"css"的标签，因此，第 1 行的输出结果为 0。在第 2 行中遍历所有子孙节点，可以搜索出满足条件的节点有 12 个。

（5）limit 参数

find_all()方法默认将返回全部的搜索结构，当文档树很大时，搜索速度会很慢。如果不需要全部结果，则可以使用 limit 参数限制返回结果的数量。它的效果与 SQL 中的 limit 关键字类似，当搜索到的结果数量达到 limit 的限制时，立即停止搜索，并返回结果。

【例 4-43】限制返回结果的数量为 2。
```
>>> for tag in soup.find_all(href=re.compile("css"),limit=2):
>>>     print(tag.name)
link
link
```

在例 4-42 中可以看出，当设置 recursive=True 时，我们发现满足第 1 行条件的标签有 12 个。在例 4-43 中，限制了查找数量仅为 2，此时输出的节点仅有 2 个。

2. find()方法

上面介绍的 find_all()方法将返回文档中符合条件的所有 Tag，如果只想得到一个结果，使用 find_all()方法查找的效率会比较低。通过上面的介绍，可以使用 find_all()方法并设置 limit=1 参数实现查找一个结果，其实还可以直接使用 find()方法实现此功能。

find()方法的基本语法如下：

find(name, attrs, recursive, string, **kwargs)

参数说明：
- name：查找所有名字符合 name 的 Tag，参数可以是所有的过滤器，包括字符串、列表、正则表达式、True 和方法等。
- attrs：指定的 Tag 属性。
- recursive：确定是否只搜索直接子节点，如果只想搜索直接子节点，则设为 False。
- string：需要查找的字符串内容。
- **kwargs：若指定名字的参数不是搜索内置的参数名，搜索时会把该参数当作指定名字的 Tag 对象的属性来搜索。

【例 4-44】实现 1 个 Tag 对象的获取。
```
1   >>> for tag in soup.find_all(href=re.compile("css"),limit=1):
2   >>>     print(tag)
    <link href="https://img3.doubanio.com/f/shire/3e5dfc68b0f376484c50cf08a58bbca3700911dc/css/douban.css"rel="stylesheet" type="text/css"/>
3   >>> print(soup.find(href=re.compile("css")))
    <link href="https://img3.doubanio.com/f/shire/3e5dfc68b0f376484c50cf08a58bbca3700911
```

dc/css/douban.css" rel="stylesheet" type="text/css"/>

由上述运行结果可知，例 4-44 中的两段代码是等价的，均为获取包含 href 属性而且内容含有"css"的标签。唯一的区别是第 1 行的 find_all()方法的返回结果是包含一个元素的列表，而第 3 行中 find()方法直接返回结果。

需要注意的是，当 find_all()方法没有找到目标时，会返回空列表，而当 find()方法找不到目标时，会返回 None。

【例 4-45】获取不存在的对象。

```
>>> print(soup.find_all(href=re.compile("csl")))
[]
>>> print(soup.find(href=re.compile("csl")))
None
```

由例 4-45 可知，此处的目标对象是包含 href 属性而且内容含有"csl"的标签。当此标签不存在时，find_all()返回空列表，find()方法则返回 None。

此外，当多次调用 find()方法时，还可以使用简写方式：soup.标签 1.标签 2。

【例 4-46】获取 head 标签中的 title 标签。

```
1   >>> print(soup.head.title)
    <title>
        肖申克的救赎 (豆瓣)
    </title>
2   >>> print(soup.find("head").find("title"))
    <title>
        肖申克的救赎 (豆瓣)
    </title>
```

由例 4-46 的运行结果可知，第 1 行和第 2 行的结果是等价的。基于这种方法，可以对标签的访问进行有限的延伸。

4.4 BeautifulSoup 应用实例

4.4.1 基于 BeautifulSoup 的独立数据爬取

1. 实例分析

本实例的爬取目标是豆瓣电影票-天津城市网站中的全部电影列表，网站地址如下：https://movie.douban.com/cinema/nowplaying/tianjin/。网页内容如图 4-15 所示。

图 4-15 网页内容

部分网页源代码如图 4-16 所示。需要说明的是，由于网站内容不断地动态更新，因此每次运行得到结果可能会有差异。

```
831        <ul class="lists">
832            <li
833                id="34768418"
834                class="list-item"
835                data-title="金禅降魔"
836                data-wish="4605"
837                data-duration=""
838                data-region="中国大陆"
839                data-director="彭发 王凯 程中豪"
840                data-actors="释小龙 / 胡军 / 姚星彤"
841                data-category="upcoming"
842                data-enough="false"
843                data-subject="34768418"
844            >
845                <ul class="">
846                    <li class="poster">
847                        <a href="https://movie.douban.com/subject/34768418/?from=playing_poster"
848                            target="_blank"
849                            data-psource="poster">
850                            <img
src="https://img9.doubanio.com/view/photo/s_ratio_poster/public/p2564190636.webp" alt="金禅降魔" rel="nofollow" class="" />
851                        </a>
852                    </li>
853                    <li class="stitle">
854                        <a class="" href="https://movie.douban.com/subject/34768418/?from=playing_poster"
target="_blank" title="金禅降魔" data-psource="title">
855                            金禅降魔
856                        </a>
857                    </li>
858                    <li class="release-date">
859                        05月08日上映
860                    </li>
861                </ul>
862            </li>
```

图 4-16　部分网页源代码

我们的目标是电影列表，首先从图 4-16 中搜索到目标位置，然后通过"soup.find_all('li',class_='list-item')"，找到全部 class_ 属性为'list-item'的<li>标签，从而确定每一部电影的位置。

然后，依次遍历每一个<li>标签，爬取需要的电影信息。例如，item['data-title']获取<li>标签中的指定属性 data-title（电影名）对应的 value 值，item['id']对应属性 id（电影 ID）的 value 值，item['data-actors']对应属性 data-actors（电影演员）的 value 值，item['data-director']对应属性 data-director（电影导演）的 value 值。最后依次输出提出的内容即可。

2. 具体代码实现

本实例实现了爬取豆瓣电影票-大津城市网站中的全部电影列表，程序完整代码如下：

```python
import requests
from bs4 import BeautifulSoup
url ="https://movie.douban.com/cinema/nowplaying/tianjin/"
headers={'User-Agent': 'Mozilla/5.0 (Windows NT 6.1; Win64; x64) AppleWebKit/537.36 (KHTML, like Gecko) Chrome/79.0.3945.88 Safari/537.36'}
#获取页面信息
response = requests.get(url,headers=headers)
content = response.text
soup =BeautifulSoup(content,'html.parser')
# 找到所有的电影信息对应的<li>标签;
nowplaying_movie_list = soup.find_all('li',class_='list-item')
# 存储所有电影信息
movies_info=[]
# 依次遍历每一个<li>标签，再次爬取需要的信息
for item in nowplaying_movie_list:
    nowplaying_movie_dict = {}
```

```
            nowplaying_movie_dict['title']=item['data-title']
            nowplaying_movie_dict['id']=item['id']
            nowplaying_movie_dict['actors']=item['data-actors']
            nowplaying_movie_dict['director']=item['data-director']
            movies_info.append(nowplaying_movie_dict)
for items in movies_info:
    print(items)
```

程序运行结果如图 4-17 所示，图中列出了页面中所有的电影信息。

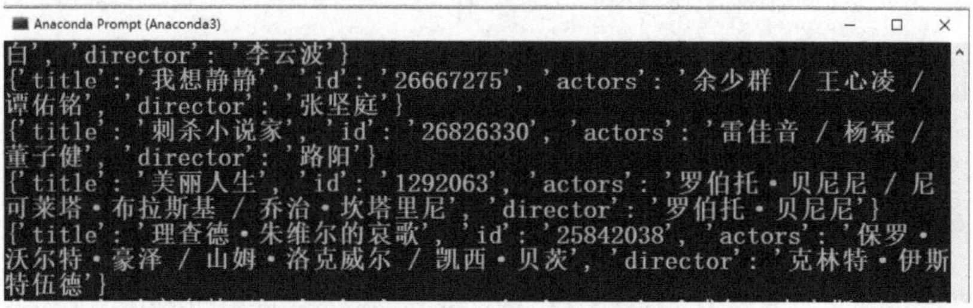

图 4-17　显示所有电影信息

4.4.2　融合正则表达式的数据爬取

1．实例分析

目标网址为 https://movie.douban.com/top250，该网页如图 3-18 所示，由图中可以看到每页显示 25 部电影。如果需要获取前 100 部电影，则需要访问前 4 页的网址，图 4-18 是第 1 页网址（https://movie.douban.com/top250?start=0&filter=）的部分源代码。

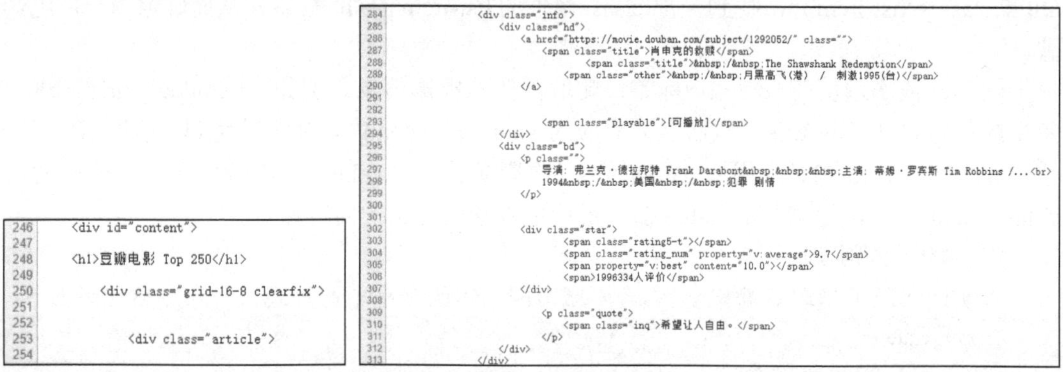

图 4-18　部分网页源代码

针对其中一页的电影信息，其解析过程主要由以下几步构成。

（1）先找到 id 的位置，通过 id 的位置找到父节点

parent = soup.find('div',attrs={'id':'content'})

（2）找到 parent 中的所有<li>标签

lis = parent.find_all('li')

（3）遍历每一个<li>标签，获取电影名称

filmName = each.find('div',attrs={'class': 'hd'}).find('span',attrs={'class': 'title'}).string

（4）获取电影放映时间，通过正则表达式只获取中间的 4 个数字

reg1 = re.compile('.*(\d{4}).*')
filmTimeStr = each.find('div',attrs={'class': 'bd'}).find('p').get_text()
filmTime = re.findall(reg1,filmTimeStr)[0]

(5) 获取电影评分
```
film_score = each.find('div',attrs={'class':'star'}).find_all('span')[1].get_text()
```
(6) 获取电影评分人数，匹配任意数字
```
reg2 = re.compile('(\d*)')
discussNumStr = each.find('div',attrs={'class': 'star'}).find_all('span')[3].get_text()
discussNum = re.findall(reg2, discussNumStr)[0]
```
(7) 获取电影影评

因为个别电影没有影评标签，所以需要增加影评的判断。例如判断是否有 p 标签，如果 p 标签中只有一个 span，就不需要指定 span 的属性。
```
if each.find('p', attrs={'class': 'quote'}):
    filmReview = each.find('p', attrs={'class': 'quote'}).find('span').get_text()
else:
    filmReview = ''
```
将上述信息合并在一个 list 中，即形成一部电影的具体信息。只需要循环第 3~7 步，就可以获取当前页面的 25 部电影信息。

2. 具体代码实现

本实例实现了爬取豆瓣电影网站（https://movie.douban.com）中 Top250 排行榜的前 100 部电影信息，完整代码如下：

```python
# -*- coding:utf-8 -*-
import requests
from bs4 import BeautifulSoup
import chardet
import re
headers={'User-Agent': 'Mozilla/5.0 (Windows NT 6.1; Win64; x64) AppleWebKit/537.36 (KHTML, like Gecko) Chrome/79.0.3945.88 Safari/537.36'}
def getHtml(index=0):
    url = 'https://movie.douban.com/top250?start='+str(index*25)+'&filter='
    r = requests.get(url,headers=headers)
    code = chardet.detect(r.content)['encoding']
    return r.content.decode(code)

def getData(page):
    dataList = []
    for i in range(page):
        html = getHtml(i)
        soup = BeautifulSoup(html,'html.parser')
        parent = soup.find('div',attrs={'id':'content'})
        lis = parent.find_all('li')
        for each in lis:
            data = []
            filmName = each.find('div',attrs={'class': 'hd'}).find('span',attrs={'class': 'title'}).string
            data.append(filmName)
            reg1 = re.compile('.*(\d{4}).*')
            filmTimeStr = each.find('div',attrs={'class': 'bd'}).find('p').get_text()
            filmTime = re.findall(reg1,filmTimeStr)[0]
            data.append(filmTime)
            film_score = each.find('div',attrs={'class':'star'}).find_all('span')[1].get_text()
```

```
            data.append(film_score)
            reg2 = re.compile('(\d*)')
            discussNumStr = each.find('div',attrs={'class': 'star'}).find_all('span')[3].get_text()
            discussNum = re.findall(reg2, discussNumStr)[0]
            data.append(discussNum)
            if each.find('p', attrs={'class': 'quote'}):
                filmReview = each.find('p', attrs={'class': 'quote'}).find('span').get_text()
            else:
                filmReview = ''
            data.append(filmReview)
            dataList.append(data)
    return dataList
print(getData(4))
```

程序运行结果如图 4-19 所示。由图中可以看出，Top250 排行榜中的前 100 部电影信息已经可以成功获取。

图 4-19 爬取前 100 部运行结果

本 章 小 结

本章介绍了 BeautifulSoup 简介与安装、BeautifulSoup 对象类型、BeautifulSoup 的遍历与搜索等内容。此外，本章还提供了两个 BeautifulSoup 应用实例：独立使用 BeautifulSoup 爬虫和融合正则表达式的 BeautifulSoup 爬虫，对实例进行深刻剖析，并给出了代码的全部实现过程。其中，BeautifulSoup 对象类型、BeautifulSoup 的遍历与搜索是本章的重点内容。

在 BeautifulSoup 简介与安装中，介绍了 BeautifulSoup 简介、BeautifulSoup 安装方法、BeautifulSoup 的 4 种解析器和 BeautifulSoup 的基本使用方法。其中，BeautifulSoup 解析器和 BeautifulSoup 的基本使用方法是本节的重点内容。

在 BeautifulSoup 对象类型中，介绍了 Tag、NavigableString、BeautifulSoup、Comment 等 4 种对象，其中，前 3 种对象经常用于对象解析之中。

在 BeautifulSoup 的遍历与搜索中，介绍了遍历文档树和搜索文档树的方法。遍历文档树包括".方法"、子节点、父节点、兄弟节点、前进后退等，其中涉及了很多常见的方法；搜索文档树包括 find_all()、find()等方法，同时详细说明了两者之间的异同点。

在 BeautifulSoup 应用实例中，以两个实际的爬虫案例作为引导。第 1 个实例介绍 BeautifulSoup 独立爬取数据的基本方案和初步解析数据的方法；第 2 个实例提供了 BeautifulSoup 和正则表达式混合使用的基本方案和程序解析思路，并提供了程序。通过本章的学习，读者可以独立开发一个 BeautifulSoup 爬虫，以实现基础的文档树解析。

习 题

1．选择题

（1）在数据采集过程中，BeautifulSoup 类与以下哪项等价？（　　）

A．标签树　　　　　B．Response 对象　　　C．Requests 对象　　　D．Get 对象

（2）在数据采集过程中，以下哪个不是 BeautifulSoup 解析器？（　　）

A．Lxml HTML 解析器　　　　　　　　　B．Lxml XML 解析器

C．html5lib 解析器　　　　　　　　　　　D．JSON

（3）在数据采集过程中，树状结构形成了 3 种遍历方法，以下哪种是错误的方法？（　　）

A．下行遍历　　　　B．上行遍历　　　　　C．多行遍历　　　　　D．平行遍历

（4）在数据采集过程中，BeautifulSoup 类中的 NavigableString 表示以下哪种元素？（　　）

A．非属性字符串　　B．标签的注释　　　　C．标签的属性　　　　D．标签的名称

2．填空题

（1）Tag 通过".name 方法"来获取标签的_____信息。

（2）Tag 对象的.contents 属性实现的功能是_____。

（3）Tag 对象通过 children 属性对子节点进行循环，返回的结果是_____。

（4）在 find_all()方法中，如果需要限制返回结果的数量，则可以使用_____参数实现。

3．请列举常用的搜索文档树的方法。

4．简述 BeautifulSoup 中常见的解析器。

5．针对网址 http://httpbin.org，使用 BeautifulSoup 爬取网页中的信息。

6．综合题。

合理使用 BeautifulSoup 中的方法，获取豆瓣读书 Top100 书籍的信息，包含书名、作者、出版社、价格、星级和评价数量等。爬取的目标网址为 https://book.douban.com/top250。

第 5 章　自动化测试工具 Selenium

Selenium 是一个用于 Web 应用程序测试的工具，也是一个流行的开源软件。Selenium 测试可以直接运行在浏览器中，支持的浏览器包括 IE、Firefox、Safari、Chrome、Opera 等。Selenium 的主要功能包括测试与浏览器的兼容性、测试检验软件功能和用户需求等。目前，Selenium 工具获得很多公司和独立开发者的支持，在自动化测试领域中得到广泛的应用。

5.1　Selenium 简介与安装

5.1.1　Selenium 简介

Selenium 是一个 Web 自动化测试工具。Selenium 框架的底层使用 JavaScript 模拟真实用户对浏览器进行操作。执行测试脚本时，浏览器自动按照脚本代码实现"单击—输入—打开—验证"等操作，就像真实用户的操作一样，从终端用户的角度测试应用程序。Selenium 的出现使浏览器兼容性测试自动化成为可能，尽管在不同的浏览器上依然有细微的差别。

在大数据爬取过程中，使用 Selenium 主要是为了解决 Requests 无法直接执行 JavaScript 代码的问题。Selenium 本质是通过驱动浏览器，完全模拟浏览器的操作，比如跳转、输入、单击、下拉等，从而获得网页渲染之后的结果。

Selenium 的组件包含以下 3 部分内容。

① Selenium IDE：一个 Firefox 插件，可以录制用户的基本操作，生成测试用例。随后可以运行这些测试用例，并在浏览器里回放，就将测试用例转换为其他语言的自动化脚本。

② Selenium Remote Control (RC)：支持多种平台和多种浏览器，可以用多种语言（Java、Ruby、Python、Perl、PHP、C#）编写测试用例。

③ Selenium Grid：允许 Selenium Remote Control(RC)针对规模庞大的测试案例集，或者在不同环境中运行的测试案例集中进行扩展。

目前 Selenium 已经成为学习自动化爬虫的首选工具，与 QTP（Quick Test Professional）工具相比，它有以下优势：

- 免费，无须破解工具，而 QTP 需要破解；
- 小巧，以包的形式存在，而 QTP 需要下载安装多达 1GB 的程序；
- 支持 C、Java、ruby、Python、C#等语言，而 QTP 只支持 VBScript 语言；
- 支持多平台，如 Windows、Linux、macOS、Android、iOS，支持多浏览器，如 Chrome、IE7/8/9/10/11、Firefox、Safari、Opera 等；
- 支持分布式测试用例，可将测试用例分布到不同的测试机器上执行，相当于分发机的功能。

5.1.2　Selenium 安装

安装 Selenium 工具的前提条件是：已安装并配置好 Python（Python 3.5 及以上版本）的开发环境。本节主要介绍在 Windows 平台上安装 Selenium 工具的方法。

1. 下载并安装 Selenium

因为 Selenium 工具没有包含在 Python 标准库中，所以需要用户自行安装。它的安装过程比较简单，可以直接通过 pip 工具来进行在线安装，命令如下：

> pip   install   selenium

如图 5-1 所示，输入命令后，开始下载并安装 Selenium。当安装完成后，自动退出安装环境，并提示【Successfully installed selenium***】，说明已经安装完成 Selenium 工具。

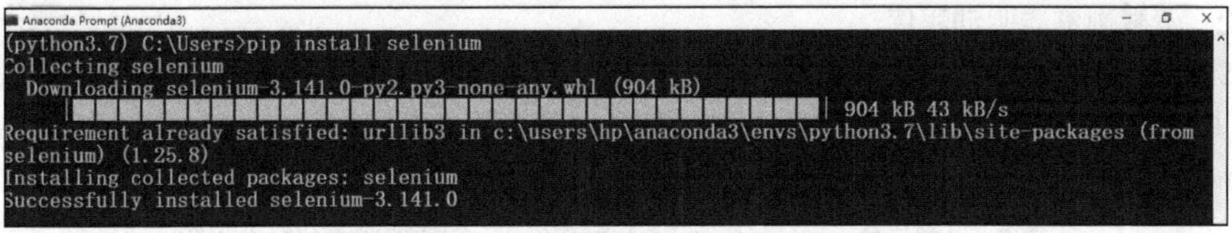

图 5-1　初次安装 Selenium 工具

如果输入命令后，提示【Required already satisfied …】，如图 5-2 所示，说明此时已经安装 Selenium 工具，无须再次进行安装。

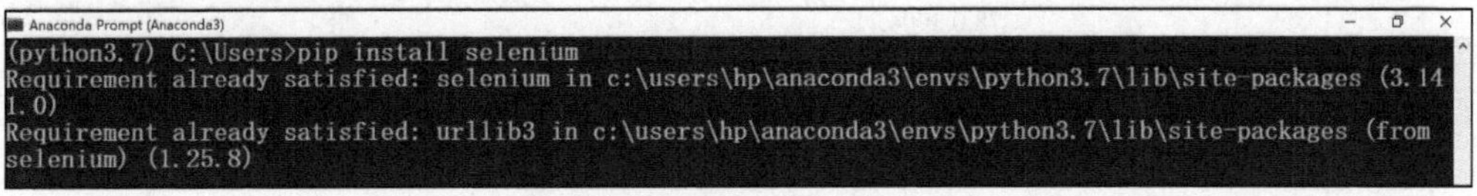

图 5-2　已安装 Selenium 工具

下面需要验证 Selenium 工具的安装是否正确，在 Anaconda Prompt(Anaconda3)工具中输入命令 python，进入 Python 环境，然后在光标处输入命令 from selenium import webdriver，按回车键。如果系统没有任何的提示，如图 5-3 所示，则说明此时的安装是正确的。如果出现错误提示，则代表 Selenium 工具的安装存在问题，需要仔细检查安装的命令是否正确，或者卸载 Selenium（输入命令 pip uninstall selenium）后，进行第二次安装。

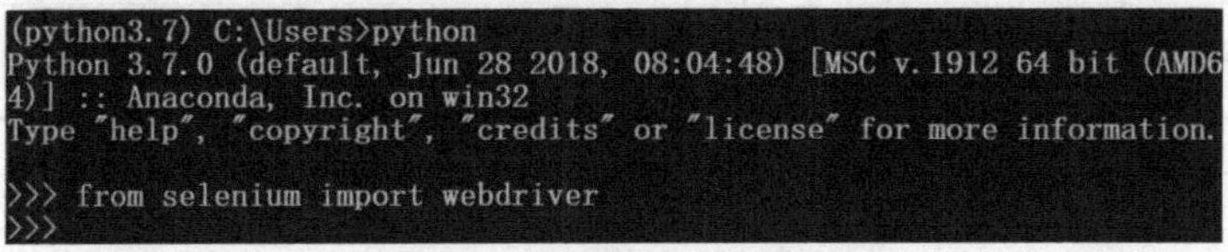

图 5-3　测试 Selenium 工具

如果读者没有安装 pip，或者无法联网实现在线安装，那么也可以下载 Selenium 的源码，通过离线方式来进行安装。Selenium 源码的下载地址如下：https://pypi.org/project/selenium/#files，如图 5-4 所示。可以选择下载安装包（selenium**.whl）或者源码包（selenium**.tar.gz），进行离线安装。

图 5-4　Selenium 官网下载地址

这里以安装包（selenium-3.141.0-py2.py3-none-any.whl）为例介绍离线安装方法。将安装包下载到本地计算机后，首先打开 Anaconda Prompt(Anaconda3)工具，切换到下载目录中，然后执行如下命令完成安装：

> pip install selenium-3.141.0-py2.py3-none-any.whl

以上就完成了 Selenium 的安装。Selenium 需要配合浏览器使用，本书中使用 Chrome 浏览器。接下来需要在浏览器中进行配置。

2．下载浏览器驱动程序

Selenium 需要使用 chromedriver 来驱动 Chrome 浏览器，需要下载对应操作系统的版本配合使用。注意，下载的 chromedriver 版本还需要与浏览器的版本相对应。表 5-1 列出了常见的 chromedriver 版本与 Chrome 浏览器版本的对应关系。

表 5-1 常见的 chromedriver 版本与 Chrome 浏览器版本的对应关系

chromedriver 版本	Chrome 浏览器版本
80.0.3987.106	80
79.0.3945.16、79.0.3945.36	79
78.0.3904.11	78
77.0.3865.40、77.0.3865.10	77
76.0.3809.126、76.0.3809.68、76.0.3809.25、76.0.3809.12	76
75.0.3770.90、75.0.3770.8	75
74.0.3729.6	74
73.0.3683.68	73
72.0.3626.69	72
2.46	71-73
2.45	70-72
2.43、2.44	69-71
2.42	68-70
2.41	67-69
2.39、2.4	66-68
2.38	65-67
2.37	64-66
2.36	63-65
2.35	62-64

例如，本书中使用的 Chrome 浏览器版本为：79.0.3945.130，操作系统是 Windows 10，根据表中的对应关系，应该下载 79.0.3945.16 或 79.0.3945.36 版本的 chromedriver 文件。

图 5-5 为查询 Chrome 浏览器版本的方法，在浏览器地址栏输入 chrome://version，即可看到该浏览器的版本信息。

图 5-5 查询 Chrome 浏览器版本

所有操作系统中的 chromedriver 文件均可以在以下链接中下载到：http://chromedriver.storage.googleapis.com/index.html

下载 chromedriver 后解压，将得到 chromedriver.exe 文件，把它放到 Python 的安装目录下，以本节为例，Python 集成在 Anaconda3 的 Python 3.7 环境中。将 chromedriver.exe 文件放到 C:\Users\hp\Anaconda3\envs\python3.7 目录中，如图 5-6 中的存放位置。

图 5-6   chromedriver.exe 存放目录

接下来需要设置系统的 path 环境变量。右键单击【我的电脑】→【属性】→【高级系统设置】→【环境变量】，然后在 path 路径下添加图 5-6 中设置的目录，并单击【确定】按钮返回。环境变量的设置如图 5-7 所示。

图 5-7   path 环境变量设置

此时，已经顺利完成了 Selenium 环境的基本设置。

3. Selenium 环境测试

在完成上述配置之后，可以运行以下程序测试环境的配置情况：

```
from selenium import webdriver
def main():
    b=webdriver.Chrome()
if __name__ == '__main__':
    main()
```

当环境配置正确时，运行上述程序将弹出 Chrome 浏览器。

5.2 Selenium 基本用法

5.2.1 声明浏览器对象

Selenium 支持多种浏览器，如果需要声明并调用浏览器，则需要使用下列语句：

```
1   >>> from selenium import webdriver
2   >>> browser = webdriver.Chrome()
3   >>> browser = webdriver.Firefox()
4   >>> browser = webdriver.Edge()
5   >>> browser = webdriver.PhantomJS()
6   >>> browser = webdriver.Safari()
```

在上述语句中，第 1 行从 Selenium 中引入 webdriver，第 2~6 行根据当前配置好的浏览器，实现 webdriver 的初始化。这里提供了 Chrome、Firefox、Edge、PhantomJS 和 Safari 浏览器的初始化方案，读者可以根据自己计算机的环境，选择正确的其中一条语句运行即可。这里只列出了几个常见的实例，支持的其他浏览器都可以通过这种方式进行调用。

以 Chrome 为例，运行完这一步，Selenium 会打开 Chrome 浏览器，如图 5-8 所示。

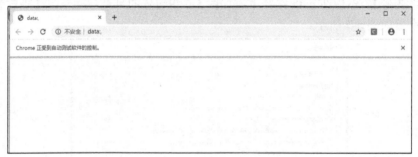

图 5-8　Selenium 打开 Chrome 浏览器

5.2.2 访问页面

访问页面时，可以使用 webdriver 打开网站的页面。完整的程序如例 5-1 所示。

【例 5-1】打开指定网页。

```
1   >>> from selenium import webdriver
2   >>> browser = webdriver.Chrome()
3   >>> url = 'https://movie.douban.com/subject/1292052/'
4   >>> browser.get(url)
```

在本例中，第 2 行生成了 webdriver 的对象，第 3 行设置了访问地址，第 4 行使用 browser 的 get 方法打开预设的 URL 地址。运行结果如图 5-9 所示。

还可以获取当前页面的源码，如例 5-2 所示。

【例 5-2】获取网页代码。

```
>>> data = browser.page_source
>>> print(data)
```

在本例中，可以使用 browser 的 page_source 方法获取网页的源代码并保存至 data 中，最后输出 data 的内容。如图 5-10 所示。

由于输出结果太长，图 5-10 中仅列出了部分内容。在获取网页源代码后，就可以使用解析库（如正则表达式、BeautifulSoup 等）来爬取关键信息。

图 5-9 Selenium 驱动 Chrome 浏览器打开豆瓣电影网站

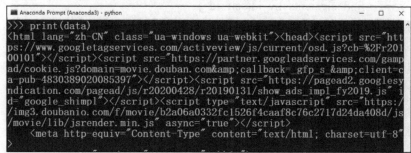

图 5-10 输出网页源代码

在运行结束后，也可以通过以下语句关闭浏览器：

>>> browser.close()

通过以上操作，可以实现对浏览器的控制、网页的浏览、源代码的查看和浏览器关闭操作。

5.3 元 素

5.3.1 定位元素

在执行 Web 自动化测试与搜索时，最根本的就是操作页面上的元素，我们需要找到这些元素后，才能操作这些元素，也就是先定位元素，再执行操作。但是，传统的工具或程序无法像程序员一样迅速分辨页面上的元素，此时需要使用 Selenium 工具来实现元素的定位。

Selenium 工具主要通过以下 8 种方法实现元素的定位，具体方法如表 5-2 所示。可以根据 id、name、xpath 等方式获取标签信息，无论采取哪种方式，它们返回的结果是完全一致的。

表 5-2 元素定位方法及其含义

单个元素定位方法	多个元素定位方法	定位方式	含义
find_element_by_id()	find_elements_by_id()	id	唯一的 id
find_element_by_name()	find_elements_by_name()	name	元素的名称
find_element_by_class_name()	find_elements_by_class_name()	class_name	元素的类名
find_element_by_tag_name()	find_elements_by_tag_name()	tag_name	标签

续表

单个元素定位方法	多个元素定位方法	定位方式	含义
find_element_by_link_text()	find_elements_by_link_text()	link_text	文本链接
find_element_by_partial_link_text()	find_elements_by_partial_link_text()	partial_link_text	对文本链接的补充
find_element_by_xpath()	find_elements_by_xpath()	xpath	相对/绝对路径
find_element_by_css_selector()	find_elements_by_css_selector()	css_selector	CSS 定位

表中第 1 列中的方法 find_element_by_***用于寻找第一个符合条件的元素，如果更换为表中第 2 列的方法 find_elements_by_***，则用于寻找所有符合条件的元素。

下面将分别介绍这些定位方法的具体使用方法。

1. id 或 name 定位

在查找元素时，可以直接通过 id 或者 name 进行单个或多个元素定位。其中，涉及以下 4 种方法，基本语法如下所示：

（1）按照 id 定位 1 个或者多个元素

定位 1 个元素：find_element_by_id(self, id_)

定位多个元素：find_elements_by_id(self, id_)

参数说明：

● id：待查找元素的 id。

（2）按照 name 定位 1 个或者多个元素

定位 1 个元素：find_element_by_name(self, name_)

定位多个元素：find_elements_by_name(self, name_)

参数说明：

● name：待查找元素的名称。

下面给出一个实例，通过两种不同的方式去获取相同的响应元素。

【例 5-3】 针对网站 https://movie.douban.com/subject/1292052/，分别按照 id 和 name 查找元素。待查找的对象是 id 为'inp-query'及 name 为'search_text'的元素。这个元素是第 401 行的<div>标签，它有 1 个 id 属性和 name 属性，网页源代码如图 5-11 所示。

```
401    <div class="inp"><input id="inp-query" name="search_text" size="22" maxlength="60"
       placeholder="搜索电影、电视剧、综艺、影人" value=""></div>
```

图 5-11　待搜索网页源代码

```
1    >>> from selenium import webdriver#导入库
2    >>> browser = webdriver.Chrome()#声明浏览器
3    >>> url = 'https://movie.douban.com/subject/1292052/'
4    >>> browser.get(url)#打开浏览器预设网址
5    >>> tag_id = browser.find_element_by_id('inp-query')
6    >>> print(tag_id)
     <selenium.webdriver.remote.webelement.WebElement(session="47ff99f67c747cd4bc173b725930f2b6",
element="909f9548-dead-4fb3-ab84-28a0b4cd35b4")>
7    >>> tag_name = browser.find_element_by_name('search_text')
8    >>> print(tag_name)
     <selenium.webdriver.remote.webelement.WebElement(session="47ff99f67c747cd4bc173b725930f2b6",
element="909f9548-dead-4fb3-ab84-28a0b4cd35b4")>
```

在本例中，使用了两种方式进行元素的查找，第 1 种是通过 find_element_by_id 的方式（第 5 行），第 2 种是通过 find_element_by_name 实现（第 7 行）。我们发现，由于查询的对象都是第 401 行的<div>标签，因此它们的结果（第 6 行和第 8 行）是相同的。

2．class_name 或 tag_name 定位

在查找一个元素时，还可以通过 class_name 或 tag_name 进行单个或多个元素定位。其中，涉及以下 4 个方法，基本语法如下所示：

（1）按照 class_name 定位 1 个或者多个元素

定位 1 个元素：find_element_by_class_name(self, class_name_)

定位多个元素：find_elements_by_class_name(self, class_name_)

参数说明：

- class_name：待查找元素的 class 名称。

（2）按照 tag_name 定位 1 个或者多个元素

定位 1 个元素：find_element_by_tag_name(self, tag_name_)

定位多个元素：find_elements_by_tag_name(self, tag_name_)

参数说明：

- tag_name：待查找元素的标签名称。

下面给出一个实例，通过两种不同的方式获取多个元素。

【例 5-4】 针对网站 https://movie.douban.com/subject/1292052/，分别按照 class_name 和 tag_name 查找元素。待查找的对象是 class_name 为'inp'及 tag_name 为'div'的元素。网页源代码如图 5-11 所示。

```
1    >>> from selenium import webdriver#导入库
2    >>> browser = webdriver.Chrome()#声明浏览器
3    >>> url = 'https://movie.douban.com/subject/1292052/'
4    >>> browser.get(url)#打开浏览器预设网址
5    >>> tag_class_name = browser.find_element_by_class_name('inp')
6    >>> print(tag_class_name)
     <selenium.webdriver.remote.webelement.webElement(session="da3cd7239d281ea78c6003cf9e742344",
element="6f37bd38-9f36-4333-910c-91d00eb9903d")>
7    >>> tag_tag_name = browser.find_element_by_tag_name('div')
8    >>> print(tag_tag_name)
     <selenium.webdriver.remote.webelement.webElement(session="da3cd7239d281ea78c6003cf9e742344",
element="eb06b0a7-0884-4aba-b8d9-80bc6443041a")>
9    >>> tag_tags_name = browser.find_elements_by_tag_name('div')
10   >>> print(tag_tags_name)
```

在本例中，使用了两种方式分别进行元素的查找，第 1 种是通过 class_name 的方式（第 5 行），第 2 种是通过 tag_name 实现的（第 7 行和第 9 行）。可以发现，如第 6 行所示，通过 class_name 方式查询的对象是第 401 行的<div>标签，但是在第 8 行输出的是第 1 个<div>标签，与第 6 行的结果不同。在第 9 行输出查询到的所有<div>标签，因此，它的结果是 1 个列表，最后一行的结果如图 5-12 所示。

```
[<selenium.webdriver.remote.webelement.WebElement (session="da3cd7239d
281ea78c6003cf9e742344", element="eb06b0a7-0884-4aba-b8d9-80bc6443041a
")>, <selenium.webdriver.remote.webelement.WebElement (session="da3cd7
239d281ea78c6003cf9e742344", element="bf46faeb-10eb-4b3d-8232-40a6410a
e433")>, <selenium.webdriver.remote.webelement.WebElement (session="da
3cd7239d281ea78c6003cf9e742344", element="7e1c9504-6ca7-4e13-8c1e-5b4f
dbc4f624")>, <selenium.webdriver.remote.webelement.WebElement (session
```

图 5-12　例 5-4 运行结果

在进行元素定位时，经常发现 class_name 是由多个 class 组合的复合类，中间以空格隔开。如果直接进行定位会出现报错，则可以通过 XPath 或 css_selector 等方式处理，具体方法将在后面详细介绍。

另外，由于 HTML 是通过 Tag 来定义功能的，比如 input 是输入、table 是表格等。每个元素其实就是一个 Tag，一个 Tag 往往用来定义一类功能，查看 HTML 代码时可以看到有很多"div""input""a"等 Tag，很难通过 Tag 直接区分不同的元素。因此在实际环境下很少单独使用这种方法。

3. link_text 或 partial_link_text 定位

这两种方式是专门用来定位文本链接的，例如，在某网站的右上角有"登录/注册"等链接。在查找这种类型的元素时，可以直接通过 link_text 或 partial_link_text 进行单个或多个元素定位。两者的区别是，当超链接的文本很长时，如果一次性全部输入，则会非常烦琐，而且程序显得很不美观，这时就可以只截取一部分字符串，例如，可以使用 partial_link_text 实现模糊匹配。

内容定位涉及的 4 个方法如下所示：

（1）按照 link_text 定位 1 个或者多个元素

定位 1 个元素：find_element_by_link_text(self, link_text_)

定位多个元素：find_elements_by_link_text(self, link_text_)

参数说明：

● link_text：待查找元素的 link 内容。

（2）按照 partial_link_text 定位 1 个或者多个元素

定位 1 个元素：find_element_by_partial_link_text(self, partial_link_text_)

定位多个元素：find_elements_by_partial_link_text(self, partial_link_text_)

参数说明：

● partial_link_text：待查找元素的部分 link 内容。

下面给出一个实例，通过两种不同的方式获取相同的元素。

【例 5-5】针对网站 https://movie.douban.com/subject/1292052/，分别按照 link_text 和 partial_link_text 查找元素。待查找的对象是 link 内容为'登录/注册'及部分 link 内容为'登录'的元素。网页源代码如图 5-13 所示。

```
303  <div class="top-nav-info">
304    <a href="https://accounts.douban.com/passport/login?source=movie" class="nav-login" rel="nofollow">登录/注册</a>
305  </div>
```

图 5-13 待搜索网页源代码

```
1    >>> from selenium import webdriver#导入库
2    >>> browser = webdriver.Chrome()#声明浏览器
3    >>> url = 'https://movie.douban.com/subject/1292052/'
4    >>> browser.get(url)#打开浏览器预设网址
5    >>> tag_link_text = browser.find_element_by_link_text('登录/注册')
6    >>> print(tag_link_text)
     <selenium.webdriver.remote.webelement.webElement(session="96d35a0610f4e0fbe4d90e060e34ea17", element="96d14324-3c5d-496d-a19b-92bac10e6b75")>
7    >>> tag_partial_link_text = browser.find_element_by_partial_link_text('登录')
8    >>> print(tag_partial_link_text)
     <selenium.webdriver.remote.webelement.webElement(session="96d35a0610f4e0fbe4d90e060e34ea17", element="96d14324-3c5d-496d-a19b-92bac10e6b75")>
```

在本例中，使用了两种方式进行元素的查找，第 1 种是通过完整 link 内容的方式（第 5 行），第 2 种是通过部分 link 内容实现的（第 7 行）。可以发现，由于查询的对象都是第 304 行的<a>标签，因此它们的结果是相同的，如第 6 行和第 8 行所示。

4．xpath 定位或 css_selector 定位

前面介绍的几种定位方法适用于理想状态，即在当前页面中，每个元素都有一个唯一的 id 或 name 或 class 或超链接文本的属性，那么就可以通过这个唯一的属性值来定位它们。

但是在实际环境中，有时要定位的元素并没有 id、name、class 属性，或者多个元素的这些属性值都相同，或者在刷新页面时属性动态更新，那么此时就只能通过 xpath 或 css_Selector 来进行定位。涉及的 4 个方法的基本语法如下所示：

（2）按照 xpath 定位 1 个或者多个元素

定位 1 个元素：find_element_by_xpath(self, xpath)

定位多个元素：find_elements_by_xpath(self, xpath)

参数说明：

● xpath：待查找元素的 xpath 内容。

（2）按照 css_selector 定位 1 个或者多个元素

定位 1 个元素：find_element_by_css_selector(self, css_selector)

定位多个元素：find_elements_by_css_selector(self, css_selector)

参数说明：

● css_selector：待查找元素的部分内容。

下面给出一个实例，通过两种不同的方式获取相同的元素。

【例 5-6】针对网站 https://movie.douban.com/subject/1292052/，分别按照 xpath 和 css_selector 查找元素。待查找内容为"肖申克的救赎 The Shawshank Redemption"。网页源代码如图 5-14 所示。

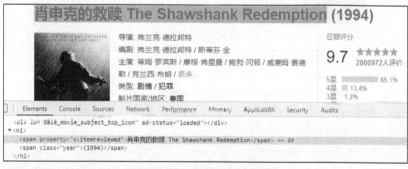

图 5-14　待搜索网页源代码

```
1    >>> from selenium import webdriver#导入库
2    >>> browser = webdriver.Chrome()#声明浏览器
3    >>> url = 'https://movie.douban.com/subject/1292052/'
4    >>> browser.get(url)#打开浏览器预设网址
5    >>> tag_xpath = browser.find_element_by_xpath('//*[@id="content"]/h1/span[1]')
6    >>> print(tag_xpath)
     <selenium.webdriver.remote.webelement.WebElement(session="a643b4975ba7911d50ddc860ba1fa046",
element="2601b18a-870b-4c7d-b697-c4ac1c37c70b")>
7    >>> tag_css_selector = browser.find_element_by_css_selector('#content > h1 > span:nth-child(1)')
8    >>> print(tag_css_selector)
     <selenium.webdriver.remote.webelement.WebElement(session="a643b4975ba7911d50ddc860ba1fa046",
element="2601b18a-870b-4c7d-b697-c4ac1c37c70b")>
```

在例 5-6 中，同样使用了两种特殊的方式，第 1 种是通过 XPath 的方式（第 5 行），第 2 种是通过 css_selector 实现的（第 7 行）。由于查询的对象都是标题：“肖申克的救赎 The Shawshank Redemption”，因此它们的结果都是相同的，如第 6 行和第 8 行所示。

另外，Selenium 还提供了一个通用方法 find_element()，它需要传入两个参数：查找方式“By”和它的值。实际上，它就是 find_element_by_id()这种方法的通用函数版本，例如，find_element_by_id(id)就等价于 find_element(By.ID, id)，二者得到的结果完全一致。

5.3.2 交互操作元素

Selenium 可以驱动浏览器来执行一些操作，也就是说，可以让浏览器模拟执行一些动作。常见的用法有：输入文字时用 send_keys()方法，清空文字时用 clear()方法，单击按钮时用 click()方法。下面给出一个实例。

【例 5-7】 搜索关键字，单击提交。

本例在豆瓣电影页面（https://movie.douban.com/subject/1292052/）的搜索框内依次输入：肖申克的救赎、阿甘正传，两次输入的时间间隔为 2s，然后单击搜索按钮，实现对关键词的搜索。搜索框位置及其源代码如图 5-14 和图 5-15 所示。

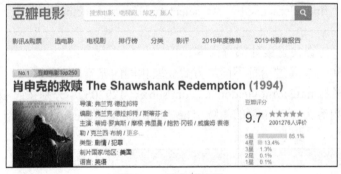

图 5-14　搜索框位置

```
<div id="db-nav-movie" class="nav">
  <div class="nav-wrap">
  <div class="nav-primary">
    <div class="nav-logo">
      <a href="https:&#47;&#47;movie.douban.com">豆瓣电影</a>
    </div>
    <div class="nav-search">
      <form action="https:&#47;&#47;search.douban.com&#47;movie/subject_search" method="get">
        <fieldset>
          <legend>搜索：</legend>
          <label for="inp-query">
          </label>
          <div class="inp"><input id="inp-query" name="search_text" size="22" maxlength="60"
placeholder="搜索电影、电视剧、综艺、影人" value=""></div>
          <div class="inp-btn"><input type="submit" value="搜索"></div>
          <input type="hidden" name="cat" value="1002" />
        </fieldset>
      </form>
    </div>
  </div>
  </div>
  <div class="nav-secondary">
```

图 5-15　搜索框位置源代码

实现上述功能的程序如下：

```
>>> from selenium import webdriver
>>> import time
>>> browser = webdriver.Chrome()
>>> browser.get('https://movie.douban.com/subject/1292052/')
>>> input = browser.find_element_by_name('search_text')
```

6	>>> input.send_keys('肖申克的救赎') # 搜索框接收内容
7	>>> time.sleep(2)
8	>>> input.clear()
9	>>> input.send_keys('阿甘正传')
10	>>> button = browser.find_element_by_class_name('inp-btn')
11	>>> button.click() # 单击按钮

在例 5-7 中，第 5 行使用了 find_element_by_name('search_text')获取搜索框的 Tag，然后第 6 行使用send_keys('肖申克的救赎')，向搜索框输入了内容：'肖申克的救赎'。第7行的time.sleep(2)的作用是延迟 2s 操作，这是为了避免速度太快，使得我们无法及时捕捉信息。第 8 行的 input.clear()实现了清空搜索框，然后，在第 9 行中向搜索框输入了内容：'阿甘正传'，此时搜索框中的内容是：'阿甘正传'，如果需要完成搜索，则需要利用第 10 行的语句 find_element_by_class_name('inp-btn')找到搜索图标的 Tag，然后在第 11 行通过 click()实现单击搜索，此时，模拟浏览器的单击操作，界面将跳转到图 5-16 所示的界面。

图 5-16　搜索界面

需要注意的是，例 5-7 中仅执行了一次搜索操作，此时仅完成了"阿甘正传"内容的搜索，而第 1 次输入的内容'肖申克的救赎'并没有执行搜索操作。

5.3.3　动作链

在例 5-7 中，一些交互动作都是针对某个 Tag 执行的。例如，对于搜索框的操作，可以调用它的输入文字和清空文字方法；对于按钮的操作，可以调用它的单击方法。

还有另外一些操作，它们没有特定的执行对象，比如鼠标拖拽、键盘按键等，这些动作需要通过另一种方式来执行，即动作链。下面给出一个实例。

【例 5-8】实现一个节点的拖曳操作，将某个节点从一处拖曳到另一处。

1	from selenium import webdriver
2	from selenium.webdriver import ActionChains
3	from time import sleep
4	bro = webdriver.Chrome() # 创建一个浏览器对象
5	bro.get("https://www.runoob.com/try/try.php?filename=jqueryui-api-droppable")
6	bro.switch_to.frame("iframeResult") #定位到iframe标签位置
7	target_ele = bro.find_element_by_id("draggable") #通过id定位到需要拖动的标签
8	action = ActionChains(bro) # 创建一个拖动对象

```
9    action.click_and_hold(target_ele) # 单击拖动对象并长按保持
10   for i in range(5): # 模拟拖动5次，每次拖动17个像素点
11       action.move_by_offset(17, 0).perform() # 执行拖动动作
12       sleep(2)
13   action.release() # 释放拖动对象句柄
14   sleep(2)
15   bro.quit()
```

在例 5-8 中，模拟了将一个节点从一端移动到另一端的过程。具体流程如下：

① 前 3 行中分别引入了 webdriver、ActionChains 和 sleep 模块。

② 第 4 行创建一个浏览器对象，在第 5 行发起 URL 请求。

③ 定位标签位置。定位的标签存在于 iframe 的子页面中，无法直接使用 find 进行定位，因此第 6 行中先定位 iframe 的标签位置。

④ 第 7 行通过 find_element_by_id 定位到需要拖动的标签。

⑤ 第 8 行创建一个拖动对象 action，在第 9 行中，单击拖动对象 action 并长按保持这个操作。

⑥ 在第 10~12 行中，利用 for 循环模拟拖动 action 对象 5 次，每次拖动 17 个像素点，两次拖动之间暂停 2s。

⑦ 在第 13 行中，释放拖动对象 action；在第 14 行中，暂停 2s，然后关闭浏览器。

程序运行时，将看到界面由图 5-17 跳转到图 5-18 所示的界面。

图 5-17 拖曳前界面

图 5-18 拖曳后界面

5.3.4 获取元素属性

在查找元素时，可以同步返回对象的属性信息。获取元素属性的方法为：

get_attribute(属性名称)

【例 5-9】获取<div>元素的属性，网页源代码如图 5-11 所示。

```
1   >>> from selenium import webdriver
2   >>> browser = webdriver.Chrome()
3   >>> url = 'https://movie.douban.com/subject/1292052/'
4   >>> browser.get(url)
```

5	>>> tag_attribute = browser.find_element_by_id('inp-query').get_attribute("name")
6	>>> print(tag_attribute)
	search_text

在例 5-9 中，第 5 行中获取 id 为'inp-query'的元素，然后获取对应的属性：name。在运行结果中可以看出，当前元素的属性已经成功被取出。

除上述方法外，还可以通过"标签.属性"的方法获得元素的相关属性。下面给出一个实例。

【例 5-10】获取<a>元素的属性，网页源代码如图 5-13 所示。

1	>>> from selenium import webdriver#导入库
2	>>> browser = webdriver.Chrome()#声明浏览器
3	>>> url = 'https://movie.douban.com/subject/1292052/'
4	>>> browser.get(url)#打开浏览器预设网址
5	>>> tag_attribute = browser.find_element_by_class_name('nav-login')
6	>>> print(tag_attribute.text)
	登录/注册
7	>>> print(tag_attribute.id)
	55bee728-d6a1-44c7-abab-5aaf701ca9f2
8	>>> print(tag_attribute.location)
	{'x': 930, 'y': 0}
9	>>> print(tag_attribute.tag_name)
	a
10	>>> print(tag_attribute.size)
	{'height': 28, 'width': 75}

在例 5-10 中，第 5 行获取 name 为'nav-login'的元素，然后分别在第 6~10 行获取对应的属性：text、id、location、tag_name 和 size。从运行结果中可以看出，当前元素的属性已经成功被取出。

5.4　Selenium 高级操作

5.4.1　执行 JavaScript

在 Selenium API 中没有提供一些特定操作，如下拉进度条等，可以通过调用 JavaScript 来实现这些特定的操作。

在 JavaScript 中，控制滚动条的方法是：window.scrollTo(x,y)。其中，竖向滚动条置顶的方法是 window.scrollTo(0,0)，竖向滚动条置底的方法是 window.scrollTo(0, document.body.scrollHeight)。

【例 5-11】实现屏幕滑动和提示框操作。

1	from selenium import webdriver
2	from time import sleep
3	browser = webdriver.Chrome()
4	browser.get('https://movie.douban.com/subject/1292052/')
5	sleep(5)
6	browser.execute_script('window.scrollTo(0, document.body.scrollHeight)')
7	sleep(5)
8	browser.execute_script('alert("123")')

在例 5-11 中，第 6 行执行了'window.scrollTo(0, document.body.scrollHeight)'操作，实现了模拟竖直的滑动操作，滑动到屏幕底部。第 8 行执行了'alert("123")'，弹出一个提示框，内容为：123，如图 5-19 所示。

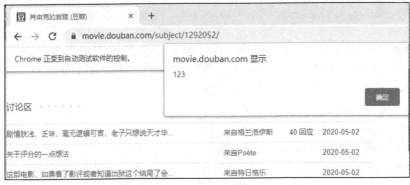

图 5-19　提示框弹出

5.4.2　前进、后退和刷新操作

在 Selenium 中，可以直接使用以下方法实现前进、后退和刷新操作。
- 前进：browser.forward()
- 后退：browser.back()
- 刷新：browser.refresh()

可以直接通过上述方法模拟浏览器的操作。以下给出一个操作实例。

【例 5-12】前进、后退和刷新操作。

```
1   from selenium import webdriver
2   from time import sleep
3   browser = webdriver.Chrome()
4   browser.get('https://movie.douban.com/subject/1292052/')
5   browser.get('https://movie.douban.com/subject/30314127/')
6   browser.get('https://movie.douban.com/subject/26336252/')
7   browser.back()
8   sleep(4)
9   browser.forward()
10  sleep(4)
11  browser.refresh()
```

在例 5-12 中，第 4～6 行执行了 3 次操作，依次访问了网页：https://movie.douban.com/subject/1292052/、https://movie.douban.com/subject/30314127/、https://movie.douban.com/subject/26336252/，在第 7 行调用 browser.back()后退到前一个访问页面（第 2 个页面），在第 9 行调用 browser.forward()前进到下一个访问页面（第 3 个页面），在最后一行中使用 browser.refresh()刷新了当前页面（第 3 个页面）。通过观察浏览器的变化，可以了解整个自动化操作流程。

5.4.3　等待操作

在使用 Selenium 自动化测试的过程中，有时会遇到环境不稳定、网络速度较慢等情况，如果不做任何处理，则经常会因没有找到元素而报错。这时就要进行设置，让其等待一段时间，加载后再执行。

在 Selenium 中，存在 3 种等待方式，应根据具体需求情况选择最优的等待方式。

1．强制等待：time 模块

强制等待方式是使用 Python 自带 time 模块的 sleep()进行等待，无论浏览器是否加载完成，程序都要等待设定的时间后才能运行。

这种方式的缺陷是设置过于死板，有时会影响程序的执行速度。但由于其设置比较方便，因此在脚本调试过程时经常使用这种方式。

【例5-13】强制等待10s。

```
>>> import time
>>> time.sleep(10)
```

在例5-13中，第2行语句的功能是强制等待10s，然后自动退出。

2. 隐式等待：implicitly_wait

隐式等待的本质是设置了一个最长的等待时间，如果在规定时间内网页加载完成，则执行下一步，否则一直等到时间截止后，再执行下一步。

隐式等待的生命周期是整个webdriver周期，即起始时设置一次就可全程有效。

隐式等待的缺陷是程序会一直等待整个页面加载完成才会继续执行。然而程序往往只需要几个特定的模块加载完成即可，无须全部加载。如果使用隐式等待，程序则仍需要等到其他所有模块及大量的JavaScript加载完后才能继续执行，此时的等待周期较长，效率较低。

【例5-14】隐式等待10s。

```
>>> from selenium import webdriver
>>> driver= webdriver.Chrome()
>>> driver.implicitly_wait(10)
```

在例5-14中，第3行语句执行时隐式等待10s，然后再进行后续的操作。

3. 显式等待：WebDriverWait

显式等待可以解决隐式等待的弊端，使用显式等待需要引入模块：WebDriverWait，同时配合WebDriverWait中的until()和until_not()方法。显示等待的功能是根据设置的判断条件，进行灵活地等待，只要满足条件即可继续执行代码，否则将等待到最长等待时间。

WebDriverWait()的基本语法如下：

WebDriverWait(driver,timeout,poll_frequency=0.5,ignored_exceptions=None)

参数说明：

- driver：浏览器驱动。
- timeout：最长等待时间，默认以s为单位。
- poll_frequency：检测的间隔步长，默认值为0.5s。
- ignored_exceptions：忽略异常，如果在调用until()或until_not()的过程中抛出指定元组的异常，则不中断代码，继续等待；如果抛出的是指定元组外的异常，则中断代码，抛出异常。默认只有NoSuchElementException。

WebDriverWait中有两种等待方式。

（1）until()方法

until(self, method, message)

当某元素出现或条件成立时，程序继续执行。

参数说明：

- method：在等待期间，每隔一段时间调用这个传入的方法，直到返回值不为False。
- message：如果超时，则抛出TimeoutException，将message传给异常。

（2）until_not()方法

until_not(self, method, message)

与until()方法相反，当某元素消失或条件不成立，程序继续执行，参数与until()方法相同，此处不再赘述。

以上两种方法内必须含有__call__，也可以用 Selenium 提供的 expected_conditions 模块中的各种条件，也可以用 is_displayed()、is_enabled()、is_selected()等方法，或者使用用户封装的方法。以下给出一个显式等待的实例。

【例 5-15】如果标题中包含"肖申克的救赎"，则跳转下一个网页。

```
1    from selenium import webdriver
2    from selenium.webdriver.support.wait import WebDriverWait
3    from selenium.webdriver.support import expected_conditions as EC
4    browser = webdriver.Chrome()#声明浏览器
5    url = 'https://movie.douban.com/subject/1292052/'
6    browser.get(url)#打开浏览器预设网址
7    wait = WebDriverWait(browser,10)
8    wait.until(EC.title_contains("肖申克的救赎"))
9    browser.get('https://movie.douban.com/subject/26336252/')
```

在例 5-15 中，前 3 行引入了 webdriver、WebDriverWait 和 expected_conditions 库，第 4~5 行声明浏览器，并打开对应的地址。第 7 行开启了显式等待，最长等待时间为 10s。第 8 行利用 EC.title_contains("肖申克的救赎")来判断标题中是否包含"肖申克的救赎"内容，当满足条件时，跳转到最后一行地址的网页中。

5.4.4 处理 Cookies

在使用 Selenium 测试工具时，有时需要登录操作，这时用 Selenium 操作 Cookies 是非常方便的。

1．获取 Cookies

在获取 Cookies 时，可以通过内置的函数 get_cookies()实现，它得到的是一组 Cookies，即由 Cookies 组成的列表。单个 Cookies 是由字典组成的，因此 get_cookies()的返回值是由字典组成的列表。

【例 5-16】获取 Cookies 信息。

```
1    from selenium import webdriver#导入库
2    browser = webdriver.Chrome()#声明浏览器
3    url = 'https://movie.douban.com/subject/1292052/'
4    browser.get(url)
5    print(browser.get_cookies())
```

在例 5-16 中，第 3~4 行设置网址，驱动浏览器打开了预设网址。第 5 行通过 get_cookies()获取了 Cookies 信息，以列表的形式展现。运行结果如图 5-20 所示。

图 5-20　运行结果

2．添加 Cookies

获取 Cookies 信息之后，就可以携带 Cookies 进行操作，此时可以通过另一个函数 add_cookie()添加 Cookies 信息。

【例5-17】添加Cookies信息。

```
1  from selenium import webdriver#导入库
2  browser = webdriver.Chrome()#声明浏览器
3  url = 'https://movie.douban.com/subject/1292052/'
4  browser.get(url)#打开浏览器预设网址
5  browser.add_cookie({'name': 'book', 'domain': '.douban.com', 'value': 'book'})
6  print(browser.get_cookies())
```

运行结果如下：

…{'domain': '.douban.com', 'httpOnly': False, 'name': 'book', 'path': '/', 'secure': True, 'value': 'book'},…

在例5-17中，第5行通过add_cookies()添加一组Cookies信息，然后在最后一行输出当前的Cookies信息，可以在众多信息中找到刚才添加的一条数据。

3. 删除Cookies

还可以通过delete_all_cookies()方法删除所有Cookies信息。

【例5-18】删除Cookies信息。

```
1  from selenium import webdriver#导入库
2  browser = webdriver.Chrome()#声明浏览器
3  url = 'https://movie.douban.com/subject/1292052/'
4  browser.get(url)#打开浏览器预设网址
5  browser.delete_all_cookies()
6  print(browser.get_cookies())
```

运行结果如下：

[]

在例5-18中，第5行通过delete_all_cookies()删除全部Cookies信息，然后在最后一行输出当前的Cookies信息。可以看到此时的输出结果为空，说明Cookies已经被删除。

5.4.5 处理异常

在自动化测试执行过程中，经常会出现错误或者异常，例如测试脚本没有对应元素等，此时Selenium会立刻抛出NoSuchElementException异常。那么应该如何处理这些异常呢？

一般情况下，产生异常的位置只是某些局部位置，并非全局位置，因此为了让脚本继续执行，可以使用try/except语句捕捉异常。该语句的具体使用方法见2.3.3节，这里不再赘述。

在捕获异常后，可以打印出相应的异常原因，这样便于从数据源的结构中分析异常产生的原因。表5-3列出了常见异常及其含义。

表5-3 常见异常及其含义

异常内容	含义
NoSuchElementException	找不到元素
NoSuchAttributeException	元素没有这个属性
NoAlertPresentException	没有找到alert弹出框
NoSuchFrameException	没有找到指定的frame或iframe
NoSuchWindowException	没有找到窗口句柄指定的窗口
UnexpectedAlertPresentException	出现了弹出框而未处理
InvalidSwitchToTargetException	切换到指定frame或窗口报错
UnexpectedTagNameException	使用的Tag Name不合法
TimeoutException	查找元素或操作超时
ElementNotVisibleException	元素不可见异常，不能直接操作隐藏元素
StaleElementReferenceException	陈旧元素引用异常，页面刷新或跳转后使用了之前定位到的元素

续表

异常内容	含义
InvalidElementStateException	元素状态异常。例如，元素只读/不可单击等
ElementNotSelectableException	元素不可被选中
InvalidSelectorException	使用的定位方法不支持或 XPath 语法错误，未返回元素
MoveTargetOutOfBoundsException	使用 ActionChains 的 move 方法时移动到的位置不合适
InvalidCookieDomainException	Cookies 相应的域名无效
UnableToSetCookieException	设置 Cookies 异常

【例 5-19】捕获 TimeoutException 和 NoSuchElementException 异常。

```
from selenium import webdriver
from selenium.common.exceptions import TimeoutException, NoSuchElementException,NoSuchFrame Exception
try:
    browser=webdriver.Chrome()
    browser.get('https://movie.douban.com/subject/1292052/')
    browser.find_element_by_id("abc")
except TimeoutException as e:
    print(e)
except NoSuchElementException as e:
    print(e)
finally:
    browser.close()
```

运行结果如下：

```
Message: no such element: Unable to locate element: {"method":"css selector", "selector":"[id="abc"]"}
(Session info: chrome=79.0.3945.130)
```

在例 5-19 中，第 3 行开始添加了 try/except 语句，在 try 语句块中利用 find_element_by_id("abc")获取 id 为 "abc" 的 Tag。由于在当前网页中并不存在这样的 Tag，因此会产生 NoSuchElementException 异常。在 except 中捕捉此种类型的异常，并将异常信息输出。在运行结果中，可以看出异常的具体信息。

5.5 Selenium 实例

5.5.1 具体功能分析

我们的目标是获取豆瓣图书信息。目标网址为 https://book.douban.com，可以在浏览器中打开该网页，如图 5-21 所示。目标网站的源代码如图 5-22 所示。

由图 5-22 可知，每本书的信息都包含在<ul>标签中，因此，针对一本书的解析过程可分为以下几步：

（1）通过 XPath 中的'//ul'内容，查找元素

```
uls = driver.find_elements_by_xpath('//ul')
```

（2）判断当前标签是否为书籍的信息

```
if ulItemClass == 'list-col list-col5 list-express slide-item'
```

（3）从 ulItemClass 中筛选 XPath 中包含'//li'的内容

```
lis = ulItem.find_elements_by_xpath('//li')
```

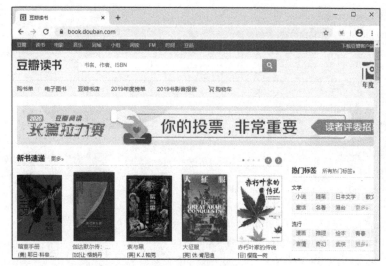

图 5-21　目标网站

```
<ul class="list-col list-col5 list-express slide-item">


        <li class="">
          <div class="cover">
            <a href="https://book.douban.com/subject/34995610/?icn=index-latestbook-subject" title="八百万种死法">
              <img src="https://img3.doubanio.com/view/subject/s/public/s33601900.jpg" class="" alt="八百万种死法">
            </a>
          </div>
          <div class="info">
            <div class="title">
              <a class="" href="https://book.douban.com/subject/34995610/?icn=index-latestbook-subject"
                title="八百万种死法">八百万种死法</a>
            </div>
            <div class="author">
              [美] 劳伦斯·布洛克
            </div>
            <div class="more-meta">
              <h4 class="title">
                八百万种死法
              </h4>
              <p>
                <span class="author">
                  [美] 劳伦斯·布洛克
                </span>
                /
                <span class="year">
                  2020-4
                </span>
                /
                <span class="publisher">
                  江苏凤凰文艺出版社
                </span>
              </p>
              <p class="abstract">
```

图 5-22　目标网站的源代码

（4）按照 class_name 查找内容为 more-meta 的数据

```
divs = liItem.find_element_by_class_name('more-meta')
```

（5）获取 title、author、year、publisher 等信息

```
def getContent(marker, tagName):
    txt = marker.find_element_by_class_name(tagName).get_attribute('textContent').strip()
    return txt
bookName = getContent(divs, 'title')
author = getContent(divs, 'author')
publishYear = getContent(divs, 'year')
publisher = getContent(divs, 'publisher')
```

（6）保存数据，输出结果

```
books.append([bookName, author, publishYear, publisher])
print(books)
```

5.5.2 具体代码实现

本实例实现了获取豆瓣图书信息，目标网址为 https://book.douban.com，完整代码如下：

```
#!/usr/bin/env python3
```

```python
from selenium import webdriver
def getContent(marker, tagName):
    txt = marker.find_element_by_class_name(tagName).get_attribute('textContent').strip()
    return txt
if __name__ == '__main__':
    url = r"https://book.douban.com/"
    driver = webdriver.Chrome()
    driver.maximize_window()    # 最大化窗口
    driver.get(url)
    books = []
    uls = driver.find_elements_by_xpath('//ul')
    for ulItem in uls:
        ulItemClass = ulItem.get_attribute('class')
        if ulItemClass == 'list-col list-col5 list-express slide-item':
            lis = ulItem.find_elements_by_xpath('li')
            for liItem in lis:
                divs = liItem.find_element_by_class_name('more-meta')
                bookName = getContent(divs, 'title')
                author = getContent(divs, 'author')
                publishYear = getContent(divs, 'year')
                publisher = getContent(divs, 'publisher')
                books.append([bookName, author, publishYear, publisher])
    driver.quit()      # 关闭浏览器
    for book in books:
        print(book)
```

程序运行部分结果如图 5-23 所示，输出了当前网页中的全部书籍信息，图中仅列出了其中一部分信息。

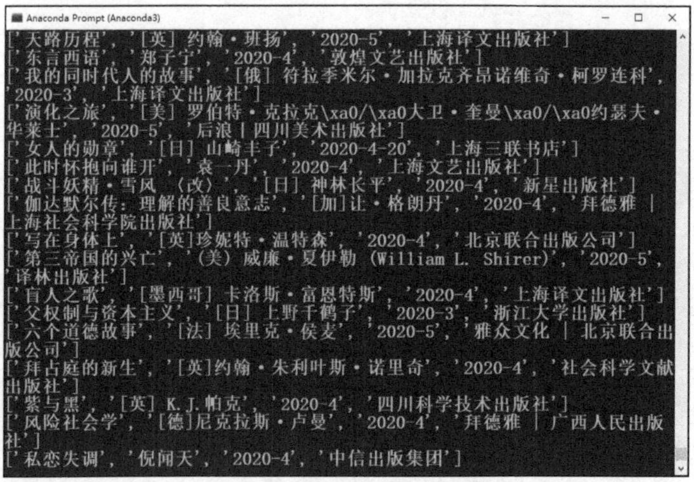

图 5-23　程序运行部分结果

本 章 小 结

本章介绍了 Selenium 简介与安装、Selenium 基本用法、元素和 Selenium 高级操作等内容。此外，本章还提供了 Selenium 的应用实例，实现对于网页数据的爬取，在对实例进行深刻剖析的基础上，给出了代码的分析和实现过程。其中，Selenium 基本用法、元素和 Selenium 高级操作等内容是本章的重点。

在 Selenium 简介与安装中，介绍了 Selenium 简介和 Selenium 安装方法。其中，Selenium 安装方法是本节的重点内容。

在 Selenium 的基本用法中，介绍了声明浏览器对象和访问页面的方法。通过本节内容掌握 Selenium 的基本使用规则。

在元素中，介绍了定位元素、交互操作元素、动作链和获取元素属性的方法。其中，定位元素和交互操作元素是本节的重点内容。

在 Selenium 的高级操作中，介绍了执行 JavaScript、前进、后退和刷新操作、等待操作、处理 Cookies 和处理异常的方法。通过本节内容掌握 Selenium 的高级用法，其中，等待操作、处理 Cookies 和处理异常是本节的重点内容。

在 Selenium 应用实例中，以一个实际的获取书籍信息的案例作为引导，介绍 Selenium 自动化测试工具在实际环境下的解决方案设计和实现思路。

习　题

1．选择题

（1）在 Selenium 中，隐式等待可以使用哪个方法？（　）

A．implicitly_wait()　　　B．time()　　　C．wait()　　　D．await()

（2）在 Selenium 中，WebDriverWait()用来设置哪种等待方式？（　）

A．强制等待　　　B．隐式等待　　　C．显式等待　　　D．阻塞等待

（3）在获取 Cookies 时，可以通过函数 get_cookies()实现，它的返回值的类型是（　）。

A．字典　　　B．列表　　　C．数组　　　D．对象

（4）在 Selenium 处理异常时，NoSuchElementException 的含义是（　）。

A．元素没有这个属性　　　　　　　　B．找不到元素

C．没有找到 alert 弹出框　　　　　　D．没有找到指定的 frame

2．填空题

（1）使用 Selenium 工具时，可以根据_____、_____、_____和 XPath 等方式获取标签信息。

（2）find_element_by_xpath 的主要功能是_____。

（3）从 Selenium 中引入 webdriver，需要根据配置完成的浏览器实现 webdriver 的_____操作。

3．什么是 Selenium？Selenium 的组件包含哪些内容？

4．简述 Selenium 的安装过程。

5．列举常见的元素定位方法及其含义。

6．在 Selenium 中，存在 3 种等待方式，请列举 3 种等待方式的异同之处。

第 6 章　中型爬虫框架 Scrapy

在实际环境下利用爬虫获取数据时,必然要涉及中型爬虫框架,例如 Scrapy 框架,因为此类框架能够提升爬虫的效率,从而更好地实现数据爬取。

Scrapy 是一个为了爬取网页数据、爬取结构性数据而编写的应用框架。该框架是封装的,包含 Requests(异步调度和处理)、下载器(多线程的 Downloader)、选择器(Selector)等。利用这个框架,爬取网站内容的速度可以得到很大的提升。

也许读者会感到迷惑,有这么好用的爬虫框架,为什么前面的章节还要学习使用 Requests 请求网页数据呢?其实,Requests 是一个功能十分强大的库,它能够满足大部分网页数据获取的需求。其工作原理是向服务器发送数据请求,至于数据的下载和解析,都需要用户自行处理,因此它的灵活性较高;而 Scrapy 将众多需求封装在框架内部,其操作方便,但是灵活性较低。

至于使用哪种爬虫方式,完全取决于读者的实际需求。在没有明确需求之前,依然推荐初学者先选择 Requests 请求网页数据,而在实际环境下产生实际数据获取需求时,再考虑使用 Scrapy 框架。

6.1　Scrapy 框架简介与安装

6.1.1　Scrapy 运行机制

从结构上看,Scrapy 框架的架构主要由以下组件构成,如图 6-1 所示。

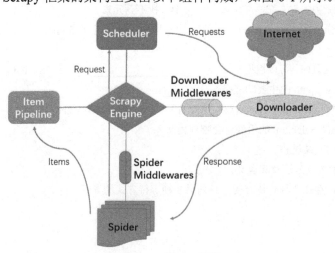

图 6-1　Scrapy 架构

- Scrapy Engine(引擎)

引擎负责控制数据流在系统中所有组件中流动,并在相应动作发生时触发事件。

- Scheduler(调度器)

调度器从引擎接收请求(Request),并将请求加入队列,以便之后引擎请求时将其提供给引擎。

- Downloader（下载器）

下载器负责获取页面数据并提供给引擎，而后提供给 Spider。

- Spider

Spider 是 Scrapy 用户编写用于分析 Response 并爬取 Items 或额外跟进的 URL 的类。每个 Spider 负责处理一个特定网站。

- Item Pipeline

Item Pipeline 负责处理被 Spider 爬取出来的 Items。典型的处理有清理、验证及持久化等。

- Downloader Middlewares（下载器中间件）

下载器中间件是在引擎及下载器之间的特定钩子（Specific Hook），处理下载器传递给引擎的 Response。它提供了一种简便的机制，可以通过插入自定义代码来扩展 Scrapy 功能。

- Spider Middlewares（爬虫中间件）

爬虫中间件是在引擎及 Spider 之间的特定钩子，处理 Spider 的输入（Response）和输出（Items 及 Request）。爬虫中间件提供了一种简便的机制，可以通过插入自定义代码来扩展 Scrapy 功能。

具体来说，一个 Scrapy 爬虫的工作流程如下：

① 引擎打开一个网站，找到处理该网站的 Spider，并向它请求第一个要爬取的 URL。
② 引擎从 Spider 中获取到第一个要爬取的 URL 并在调度器以 Request 调度。
③ 引擎向调度器请求下一个要爬取的 URL。
④ 调度器返回下一个要爬取的 URL 给引擎，引擎将 URL 通过下载器中间件转发给下载器。
⑤ 一旦页面下载完毕，下载器生成一个该页面的 Response，并将其通过下载器中间件发送给引擎。
⑥ 引擎从下载器中接收到 Response 并通过爬虫中间件发送给 Spider 处理。
⑦ Spider 处理 Response 并返回爬取到的 Items 及新的 Request 给引擎。
⑧ 引擎将爬取到的 Items 给 Item Pipeline，将 Request 给调度器。
⑨ 重复执行第②~⑧步，直到调度器中没有更多的 Request，引擎关闭该网站。

6.1.2 Scrapy 框架简介

Scrapy 常应用在包括数据挖掘、信息处理或存储历史数据等一系列的程序中。Scrapy 原本是设计用来实现网络爬取的，但目前一般通过 Scrapy 框架来设计一个爬虫，去爬取指定网站的内容或图片。

Scrapy 是一个健壮的爬虫框架，可以利用一个快速、简单并且可扩展的方法从网站中爬取需要的数据。Scrapy 使用了异步网络框架来处理网络通信，可以获得较快的下载速度。然而，我们并不需要去自己实现异步框架，因为 Scrapy 框架中提供了各种中间件的接口，可以帮助我们灵活地完成各种需求。所以只需要定制开发几个模块就可以轻松地实现一个中型爬虫，用来爬取网页上的各种内容。现有的 Scrapy 框架的优点有：

- 内建的 CSS 选择器和 XPath 表达式。
- 基于 IPython 交互 Shell，方便编写爬虫和 Debug。
- 健壮的编码支持。
- 扩展性强，可使用信号（Signals）和 API（中间件、插件、管道）添加自定义功能。
- 多用于 Session、Cookies、HTTP 认证、User-Agent、robots.txt、爬取深度限制的中间件和插件。

- Scrapy 内建 teinet console，可用于 Debug。

作为最流行的 Python 爬虫框架之一，掌握 Scrapy 爬虫编写是用户在爬虫过程中迈出的重要一步。当然，关于 Scrapy 框架的资料有很多，深入了解它的最佳方式就是去 Scrapy 的官网（https://scrapy.org）查看文档，读者可以随时访问并查看最新版本的使用方法。

6.1.3 Scrapy 安装

本节主要介绍在 Windows 上安装 Scrapy 的方法。安装 Scrapy 的前提条件是：已安装并配置好 Python（Python 3.5 及以上版本）的开发环境。此外，Scrapy 框架还有两个依赖库：Lxml 和 Twisted。读者可以参考 2.4.3 节中介绍的安装 Lxml 方法，本节不再具体介绍。

Scrapy 框架高度依赖于 Twisted 库，确切来说，Twisted 是 Python 中的一个非常重要的基于事件驱动的异步输入/输出引擎。因为 Twisted 没有包含在 Python 的标准库中，所以需要用户自行安装。它的安装过程比较简单，可以直接通过 pip 工具来进行在线安装，命令如下：

```
>>> pip install twisted
```

如图 6-2 和图 6-3 所示，输入命令后，开始下载并安装 Twisted。当安装完成后，自动退出安装环境，并提示【Successfully installed twisted***】。从图 6-3 可知，除安装 Twisted 外，利用 pip 工具同时完成了 Automat***、PyHamcrest***、constantly***、hyperlink***、incremental*** 和 zope.interface*** 的安装，当然这些包的安装是自动下载完成的。需要注意的是，Python 版本的不同可能会导致安装包的版本不同，但是不影响读者的正常使用。

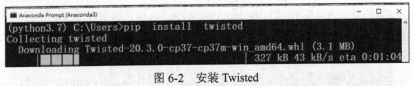

图 6-2　安装 Twisted

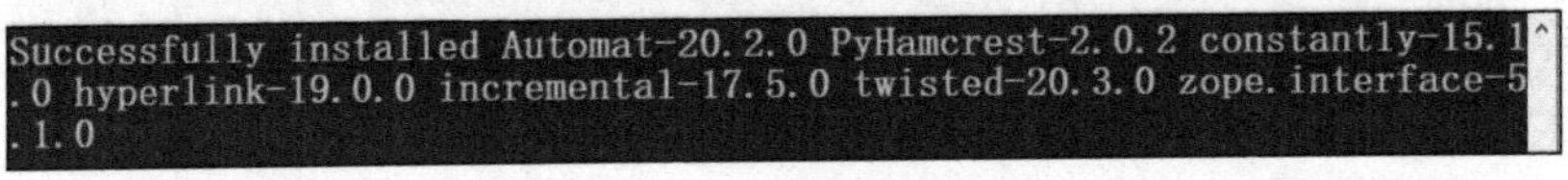

图 6-3　成功安装 Twisted

在前面的环境都准备好之后，就可以使用 pip 工具来在线安装 Scrapy，命令如下：

```
> pip install scrapy
```

安装过程如图 6-4 所示，输入命令后，开始下载并安装 Scrapy。当安装完成后，自动退出安装环境，并提示【Successfully installed scrapy***】。如果输入命令后，提示【Required already satisfied …】，如图 6-5 所示，则说明此时已经安装 Scrapy 工具，无须再次进行安装。

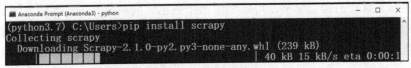

图 6-4　安装 Scrapy

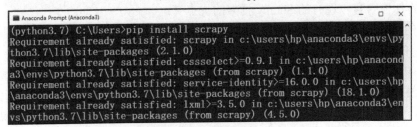

图 6-5　已经安装 Scrapy

下面需要验证 Scrapy 的安装是否正确，在 Anaconda Prompt(Anaconda3)工具中输入命令 python，进入 Python 环境，然后在光标处输入命令 import scrapy，按回车键。如果系统没有任何的提示，如图 6-6 所示，则说明此时的安装是正确的。

图 6-6　测试 Scrapy

如果出现错误提示，则代表 Scrapy 的安装存在问题，需要仔细检查的内容有：
- Lxml 是否正确安装；
- Twisted 是否正确安装；
- Visual C++ Build Tools 是否安装；
- pyopenssl 是否正确安装；
- cryptography 是否正确安装；
- Scrapy 是否正确安装。

读者也可以选择卸载上述异常的包（输入命令 pip uninstall ***），进行第二次安装。

如果读者没有安装 pip，或者无法联网实现在线安装，那么也可以下载相关包的源码，然后通过离线的方式进行安装。Scrapy 源码包的下载地址为 https://scrapy.org/download/，如图 6-7 所示。源码包的安装方法请读者参考 4.1.2 节，这里不再赘述。

图 6-7　官网下载地址

6.2　Scrapy 命令行工具

Scrapy 爬虫是通过 Scrapy 命令行工具进行控制的，例如创建工程、运行爬虫等，Scrapy 提供了很多的参数和命令。我们称这个命令行工具为 "Scrapy tool"。Scrapy tool 针对不同的目的提供了多个命令，每个命令支持不同的参数和选项。

Scrapy tool 的通用命令格式如下：

scrapy　<command>　[options]　[args]

如果直接输入 scrapy，它会显示帮助信息，即命令参数，也可以输入 scrapy -h 或者 scrapy <command> -h 来显示某个命令的帮助。如图 6-8 所示。

```
(python3.7) C:\Users\hp\Desktop>scrapy -h
Scrapy 2.1.0 - no active project

Usage:
  scrapy <command> [options] [args]

Available commands:
  bench         Run quick benchmark test
  fetch         Fetch a URL using the Scrapy downloader
  genspider     Generate new spider using pre-defined templates
  runspider     Run a self-contained spider (without creating a project)
  settings      Get settings values
  shell         Interactive scraping console
  startproject  Create new project
  version       Print Scrapy version
  view          Open URL in browser, as seen by Scrapy

  [ more ]      More commands available when run from project directory

Use "scrapy <command> -h" to see more info about a command
```

图 6-8 查看 Scrapy 帮助信息

Scrapy tool 提供了两种类型的命令：一种必须在 Scrapy 项目中运行（Project-only 命令），另一种则不需要（全局命令）。常见命令如表 6-1 所示。

表 6-1 常见命令

全局命令	Project-only 命令
startproject	genspider
shell	crawl
view	check
version	list
settings	edit
runspider	parse
fetch	bench

6.2.1 全局命令

1. startproject

startproject 命令用于创建项目命令。

语法：scrapy startproject <project_name>

前置条件：项目不需要存在。

【例 6-1】创建名为 Demo01 的项目。

> scrapy startproject Demo01

输入以上命令，则会在当前目录下建立 Demo01 项目，如图 6-9 所示。可以在本地文件系统中找到新建项目的目录。

图 6-9 创建项目

2. shell

shell 命令用于创建一个 shell 环境和调试用的 Response。

语法：scrapy　shell　\<url\>

前置条件：项目不需要存在。

此时创建的 scrapy shell 是一个交互终端，在未启动爬虫的情况下，可供用户尝试及调试爬取代码。一般用来测试爬取数据的代码，不过也可以将其作为正常的 Python 终端，在上面测试 Python 代码。

【例 6-2】创建 shell 环境。

> scrapy　shell　"https://movie.douban.com/subject/1292052/"

输入以上命令，则会为指定网址打开 shell 调试环境，即开启了 Python 交互模式，如图 6-10 所示。在调试环境中，终端的提示符会变为"In[n]:"字样。

这个命令经常用来在交互模式下检查 XPath 语法或 CSS 表达式爬取的数据是否正确。图中列出了在 shell 调试环境中自动创建的一些常用对象。

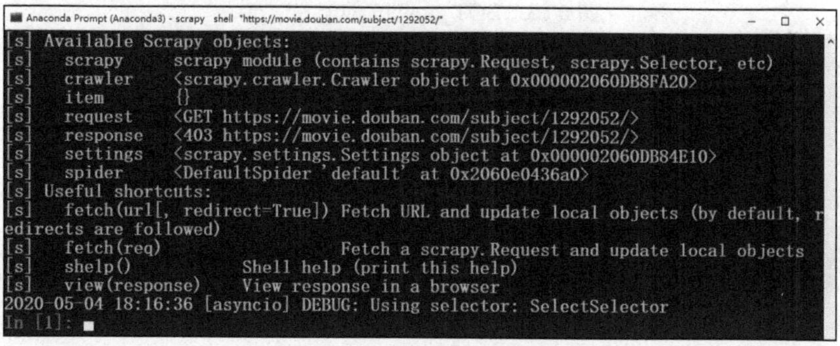

图 6-10　shell 调试环境

3. view

view 命令用于查看页面的内容。

语法：scrapy　view　\<url\>

前置条件：项目不需要存在。

【例 6-3】查看页面内容。

> scrapy　view　"http://httpbin.org/"

输入以上命令，即可驱动浏览器打开指定的网址，如图 6-11 所示。

图 6-11　浏览器打开网址

4. version

version 命令用查看版本信息。

语法：scrapy　version　[-v]

前置条件：项目不需要存在。

【例 6-4】查看 Scrapy 的版本信息。

> scrapy　version　[-v]

输入以上命令，则会显示 Scrapy 的版本号，如图 6-12 所示。

```
(python3.7) C:\Users\hp\Desktop> scrapy  version  [-v]
Scrapy 2.1.0
```

图 6-12　查看版本信息

5. settings

settings 命令用于查看配置文件的参数。

语法：scrapy　settings　[options]

前置条件：项目不需要存在。

【例 6-5】查看 BOT_NAME 配置。

```
> scrapy   settings   --get   BOT_NAME
```

输入以上命令，则会返回配置文件中关于 BOT_NAME 的配置信息，如图 6-13 所示。

```
(python3.7) C:\Users\hp\Desktop>scrapy  settings  --get  BOT_NAME
scrapybot
```

图 6-13　BOT_NAME 的配置信息

6. runspider

runspider 命令用于运行一个爬虫。

语法：scrapy　runspider　<spider_file.py>

前置条件：项目不需要存在。

【例 6-6】运行名为 demo1 的爬虫。

```
> scrapy   runspider   demo1.py
```

在未创建项目的情况下，上述命令可以运行一个编写完成的 spider 模块。

7. fetch

fetch 命令用于显示爬取的过程。

语法：scrapy　fetch　[url]

前置条件：项目是否存在均可使用。

【例 6-7】显示网站 http://httpbin.org 的爬取过程。

```
> scrapy   fetch   "http://httpbin.org/"
```

输入以上命令，将显示网站 http://httpbin.org 的爬取过程，由于输出内容较多，图 6-14 中仅列出了其中一部分内容。

```
Anaconda Prompt (Anaconda3)
2020-05-04 18:52:28 [scrapy.core.engine] DEBUG: Crawled (200) <GET http://h
ttpbin.org/> (referer: None)
<!DOCTYPE html>
<html lang="en">

<head>
    <meta charset="UTF-8">
    <title>httpbin.org</title>
    <link href="https://fonts.googleapis.com/css?family=Open+Sans:400,700|S
ource+Code+Pro:300,600|Titillium+Web:400,600,700"
        rel="stylesheet">
```

图 6-14　网站爬取过程信息

6.2.2　Project-only 命令

1. genspider

genspider 命令用于查看模板，或者通过模板生成 Scrpay 爬虫。

前置条件：项目已存在。

语法：

- scrapy　genspider　-l：查看 scrapy genspider 的模板
- scrapy　genspider　[-t template]　<name>　<domain>：生成爬虫

其中，-t 表示指定模板，template 为对应模板的名称。

【例 6-8】新建一个名为 demo01 的爬虫。

```
> scrapy  genspider  -l
> scrapy  genspider  -t  crawl  demo01  demo01.com
```

输入以上命令，将显示 scrapy genspider 现有的模板，这里选择 crawl 模板，生成了一个新的爬虫，名为 demo01，如图 6-15 所示。

```
(python3.7) C:\Users\hp\Desktop\Demo01>scrapy  genspider  -l
Available templates:
  basic
  crawl
  csvfeed
  xmlfeed
```

```
(python3.7) C:\Users\hp\Desktop\Demo01>scrapy genspider  -t  crawl  demo01
 demo01.com
Created spider 'demo01' using template 'crawl' in module:
  Demo01.spiders.demo01
```

图 6-15　配置信息

2．crawl

crawl 命令用于启动一个爬虫。

语法：scrapy　crawl　<spider>

前置条件：项目已存在。

【例 6-9】启动 demo01 爬虫。

```
> scrapy  crawl  demo01
```

3．check

check 命令用于检查爬虫的完整性。

语法：scrapy　check　[-l]　<spider>

前置条件：项目需要存在。

【例 6-10】检查 demo01 爬虫的完整性。

```
> scrapy  check  demo01
```

输入以上命令，将检查 demo01 爬虫的完整性，检查结果如图 6-16 所示。从返回的信息可以看出，这个爬虫的内容是完整的。

```
(python3.7) C:\Users\hp\Desktop\Demo01>scrapy  check  demo01

----------------------------------------------------------------------
Ran 0 contracts in 0.000s

OK
```

图 6-16　完整性检查

4．list

list 命令用于查看爬虫的列表。

语法：scrapy　list

前置条件：项目已存在。

【例 6-11】显示爬虫列表。

```
> scrapy  list
```

输入以上命令,将显示当前项目中的所有爬虫,如图 6-17 所示。

```
(python3.7) C:\Users\hp\Desktop\Demo01>scrapy list
demo01
```

图 6-17 显示爬虫列表

5. edit

edit 命令用于编辑爬虫。

语法:scrapy edit <spider>

前置条件:项目已存在,而且在 Linux 操作系统中操作。

【例 6-12】编辑 demo01 爬虫。

> scrapy edit demo01

在 Linux 操作系统中,edit 命令使用设定的编辑器来修改 demo01 爬虫。该命令提供了一种快捷方式,开发者可以自由选择其他工具或者集成开发环境来编写和调试爬虫。

6. parse

parse 命令用于获取给定的 URL,并使用相应的爬虫进行分析处理。

语法:scrapy parse <url> [options]

支持的选项[options]如下:

- --spider=SPIDER:跳过自动检测 spider,并强制使用特定的 spider。
- --a NAME=VALUE:设置 spider 的参数(可能被重复)。
- --callback 或者-c:spider 中用于解析返回的回调函数。
- --pipelines:在 Item Pipeline 中处理 Items。
- --rules 或者-r:使用 crawlspider 规则,寻找用于解析的回调函数。
- --noitems:不显示爬取到的 Items。
- --nolinks:不显示爬取到的链接。
- --nocolour:避免使用 pygments 对输出着色。
- --depth 或者-d:指定跟进链接请求的层次数(默认值为 1)。
- --verbose 或者-v:显示每个请求的详细信息。

前置条件:项目已存在。

7. bench

bench 命令用于运行 benchmark(基准)测试。

语法:scrapy bench

前置条件:项目不需要存在。

【例 6-13】运行 benchmark 测试 demo01 爬虫。

> scrapy bench

在 Scrapy 中也可以自定义项目的命令,具体来讲,可以通过 COMMANDS_MODULE 来添加属于自己项目的命令。

6.3 选 择 器

Scrapy 爬取数据有自己的一套机制,称为选择器(Selector),通过特定的 XPath 或者 CSS (Cascading Style Sheets,层叠样式表)表达式来选择 HTML 文件的某个部分。本节重点介绍如何通过选择器实现指定信息的获取。

6.3.1 选择器简介

目前，流行的选择器主要有以下两种。

① XPath，是专门在 XML 文件中选择节点的语言，也可以用在 HTML 上。XPath 的功能非常强大，内含超过 100 个内建函数。详细介绍见 2.4.3 节，本节不再赘述。

② CSS，是一门将 HTML 文档样式化语言，它定义了选择器，并与特定的 HTML 元素的样式相关联。

本节将重点介绍 CSS 的基本用法。

CSS 不仅可以静态地修饰网页，还可以配合各种脚本语言动态地对网页各元素进行格式化。CSS 能够对网页中元素位置的排版进行像素级的控制，支持几乎所有的字体、字号、样式等设计，拥有编辑网页对象和模型样式的能力。

总体来说，CSS 具有以下特点：
- 丰富的样式定义；
- 易于使用和修改；
- 多页面应用；
- 层叠性；
- 页面压缩。

现有的 CSS 选择器主要分为以下几类。
- 类选择器：元素的 class 属性，例如，class="box"表示选取 class 为 box 的元素。
- ID 选择器：元素的 id 属性，例如，id="box"表示选取 id 为 box 的元素。
- 元素选择器：直接选择文档元素，例如，p 表示选择所有的 p 元素，div 表示选择所有的 div 元素。
- 属性选择器：选择具有某个属性的元素，例如，*[title]表示选择所有包含"title"属性的元素、a[href]表示选择所有包含"href"属性的 a 元素等。
- 后代选择器：选择包含元素后代的元素，例如，li a 表示选取所有 li 下的所有 a 元素。
- 子元素选择器：选择作为某元素的子元素，例如，h1 > strong 表示选择父元素为 h1 的所有 strong 元素。
- 相邻兄弟选择器：选择紧接在另一个元素后的元素，且二者有相同父元素，例如，h1 + p 表示选择紧接在 h1 元素之后的所有 p 元素。

6.3.2 选择器基础

1. 选择器的常见方法

上面列举了常用的两种选择器，针对选择器对象，Scrapy 提供了两个实用的快捷方法。
- selector.xpath(query)或者 xpath(query)：传入 XPath 表达式，返回该表达式所对应的所有节点的 selector list 列表。
- selector.css(query)或者 css(query)：传入 CSS 表达式，返回该表达式所对应的所有节点的 selector list 列表。

以上方法均返回一个类 SelectorList 的实例，它是一个新选择器的列表，可以用来快速爬取嵌套数据。

SelectorList 对象有以下几种方法。
- extract()：序列化该节点为 Unicode 字符串并返回 list。

- re("正则表达式")：根据传入的正则表达式对数据进行爬取，返回 Unicode 字符串。
- extract_first()：返回列表中的第一个元素内容。
- re_first("正则表达式")：返回列表中的第一个元素内容。

2．选择器的应用

下面通过一个实例介绍选择器在 Scrapy 框架中的使用方法。

【例 6-14】解析 Scrapy 官方帮助文档。

本例针对 Scrapy 官网提供的帮助文档进行解析，网址为 http://doc.scrapy.org/en/latest/_static/selectors-sample1.html，通过这个文档的解析来学习选择器的使用方法。

此网页的配置信息及源码如图 6-18 和图 6-19 所示。

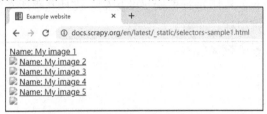

图 6-18　配置信息

```
view-source:https://docs.scrapy.org/en/latest/_static/selectors-sample1.html
<html>
 <head>
  <base href='http://example.com/' />
  <title>Example website</title>
 </head>
 <body>
  <div id='images'>
   <a href='image1.html'>Name: My image 1 <br /><img src='image1_thumb.jpg' /></a>
   <a href='image2.html'>Name: My image 2 <br /><img src='image2_thumb.jpg' /></a>
   <a href='image3.html'>Name: My image 3 <br /><img src='image3_thumb.jpg' /></a>
   <a href='image4.html'>Name: My image 4 <br /><img src='image4_thumb.jpg' /></a>
   <a href='image5.html'>Name: My image 5 <br /><img src='image5_thumb.jpg' /></a>
  </div>
 </body>
</html>
```

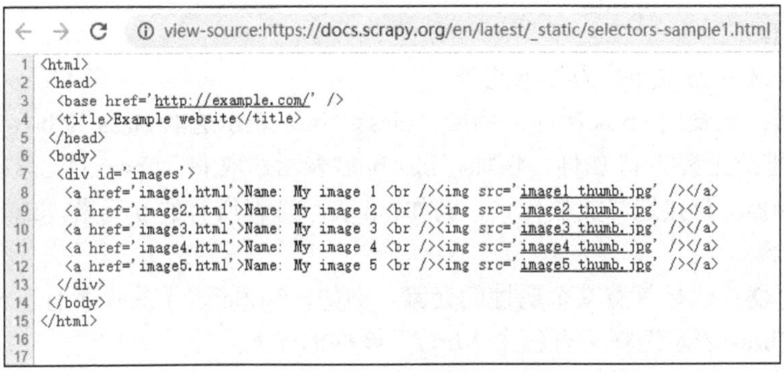

图 6-19　配置信息源码

（1）获取 selector

首先在命令行中使用 shell 命令，并且传入该网址，进入命令行交互模式：

```
> scrapy   shell   https://doc.scrapy.org/en/latest/_static/selectors-sample1.html
```

如图 6-20 所示，在 Scrapy Shell 中显示了可用的 scrapy 变量。

```
2020-05-04 23:12:57 [asyncio] DEBUG: Using selector: SelectSelector
[s] Available Scrapy objects:
[s]   scrapy     scrapy module (contains scrapy.Request, scrapy.Selector, e
tc)
[s]   crawler    <scrapy.crawler.Crawler object at 0x0000028DE16B8B38>
[s]   item       {}
[s]   request    <GET https://doc.scrapy.org/en/latest/_static/selectors-sa
mple1.html>
[s]   response   <200 https://doc.scrapy.org/en/latest/_static/selectors-sa
mple1.html>
[s]   settings   <scrapy.settings.Settings object at 0x0000028DE16AFDD8>
[s]   spider     <DefaultSpider 'default' at 0x28de1b8fa58>
[s] Useful shortcuts:
[s]   fetch(url[, redirect=True]) Fetch URL and update local objects (by de
fault, redirects are followed)
[s]   fetch(req)                  Fetch a scrapy.Request and update local o
bjects
[s]   shelp()           Shell help (print this help)
[s]   view(response)    View response in a browser
2020-05-04 23:12:57 [asyncio] DEBUG: Using selector: SelectSelector
In [1]:
```

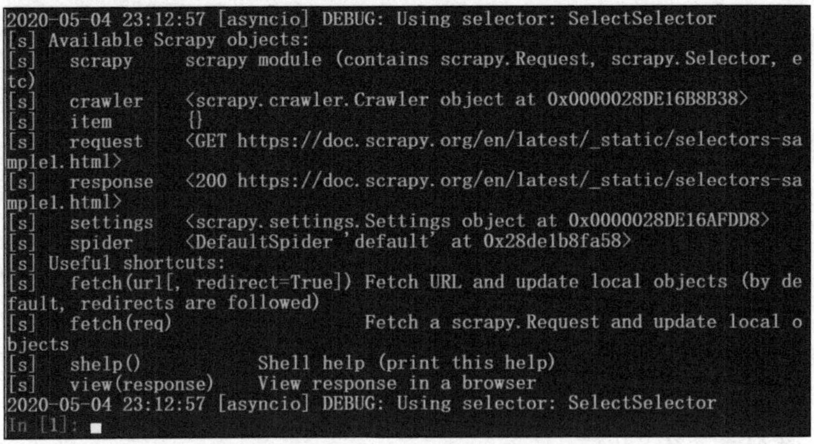

图 6-20　交互模式

当 shell 载入后，可以获得名为 response 的 shell 变量，它是网站的响应信息 response，并且在其 response.selector 属性上绑定了一个 selector。

接下来可以利用以下命令查看可用的 selector：

In [1]: response.selector
Out[1]: <Selector xpath=None data='<html>\n <head>\n   <base href="http://e...'>

selector 是 Scrapy 内置的一个选择器类。利用这个类，可以进行许多数据的爬取。由于正在处理 HTML 文档，因此选择器将自动使用 HTML 解析器。

观察图 6-19 的 HTML 代码，可以构建 XPath："//title/text()"来选择 title 标签内的文本：

In [2]: response.xpath('//title/text()')
Out[2]: [<Selector xpath='//title/text()' data='Example Website'>]
In [3]: response.css('title::text')
Out[3]: [<Selector xpath='descendant-or-self::title/text()' data='Example Website'>]

以上操作等价于：response.selector.xpath('//title/text()')和 response.selector.css('title::text')

可以看出，response.xpath()及 response.css()方法均返回了一个新的选择器的列表，而且这两种表达方式可以获得相同的内容。我们发现，在返回的列表中只有一个元素：selector 对象。

（2）获取内容信息

为了从刚才返回的 selector 对象中爬取真实的原文数据，需要调用.extract()方法：

In [4]: response.xpath('//title/text()').extract()
Out[4]: ['Example Website']

如果需要爬取到第一个匹配到的元素，则可以调用.extract_first()方法：

In [5]: response.xpath('//title/text()').extract_first()
Out[5]: 'Example Website'

如果没有匹配的元素，则会返回"[]"，如下所示：

In [6]: response.xpath('//titles/text()')
Out[6]:[]

也可以设置默认的返回值，来替代可能出现的"[]"：

In [7]: response.xpath('//titles/text()').extract_first(default='not-found')
Out[7]: 'not-found'

在上面语句中，设置了默认的返回值为 not-found。

还可以在 CSS 选择器中使用 CSS 伪元素（pseudo-elements）来选择文字或者属性节点：

In [8]: response.css('title::text').extract()
Out[8]: ['Example Website']

（3）获取图片

可以通过 XPath 获得图片的 div 标签，或者可以直接调用 CSS，选择其中所有的 imgs 标签：

In [9]: response.xpath('//div[@id="images"]')
Out[9]: [<Selector xpath='//div[@id="images"]' data='<div id="images">\n <a href= "image1....'>]
In [10]: response.xpath('//div[@id="images"]').css('img')
Out[10]:
[<Selector xpath='descendant-or-self::img' data='<img src="image1_thumb.jpg">'>,
<Selector xpath='descendant-or-self::img' data='<img src="image2_thumb.jpg">'>,
<Selector xpath='descendant-or-self::img' data='<img src="image3_thumb.jpg">'>,
<Selector xpath='descendant-or-self::img' data='<img src="image4_thumb.jpg">'>,
<Selector xpath='descendant-or-self::img' data='<img src="image5_thumb.jpg">'>]

在上述结果中，可以获得由 Selector 组成的 list，其中每个元素都是一个 Selector。接下来如何爬取其中每一项的数据呢？

首先，可以通过 CSS 中加入::attr(属性名)获得属性。

In [11]: response.xpath('//div[@id="images"]').css('img::attr(src)')
Out[11]:
[<Selector xpath='descendant-or-self::img/@src' data='image1_thumb.jpg'>,
<Selector xpath='descendant-or-self::img/@src' data='image2_thumb.jpg'>,
<Selector xpath='descendant-or-self::img/@src' data='image3_thumb.jpg'>,
<Selector xpath='descendant-or-self::img/@src' data='image4_thumb.jpg'>,
<Selector xpath='descendant-or-self::img/@src' data='image5_thumb.jpg'>]

在上述语句中，使用的属性是 src，如果需要获取具体的内容，还需要在后面加上 extract()方法：

In [12]: response.xpath('//div[@id="images"]').css('img::attr(src)').extract()
Out[12]:
['image1_thumb.jpg',
'image2_thumb.jpg',
'image3_thumb.jpg',
'image4_thumb.jpg',
'image5_thumb.jpg']

上述语句等价于从 Selector 中取出 src 属性，此时返回一个 list，然后使用 extract()爬取出实际的数据。

如果此时 src 属性中含有多个内容，则可以通过 extract_first()获取第一个内容：

In [13]: response.xpath('//div[@id="images"]').css('img::attr(src)').extract_first()
Out[13]: 'image1_thumb.jpg'

（4）获取超链接

从图 6-19 中可以看到，超链接出现在 href 属性中。可以通过以下命令直接获取超链接的列表，并通过 extract()爬取出具体的链接数据。

In [14]: response.xpath('//a/@href')
Out[14]:
[<Selector xpath='//a/@href' data='image1.html'>,
<Selector xpath='//a/@href' data='image2.html'>,
<Selector xpath='//a/@href' data='image3.html'>,
<Selector xpath='//a/@href' data='image4.html'>,
<Selector xpath='//a/@href' data='image5.html'>]
In [15]: response.xpath('//a/@href').extract()
Out[15]: ['image1.html', 'image2.html', 'image3.html', 'image4.html', 'image5.html']

同理，还可以使用 CSS 实现上述功能：

In [16]: response.css('a::attr(href)')
Out[16]:
[<Selector xpath='descendant-or-self::a/@href' data='image1.html'>,
<Selector xpath='descendant-or-self::a/@href' data='image2.html'>,
<Selector xpath='descendant-or-self::a/@href' data='image3.html'>,
<Selector xpath='descendant-or-self::a/@href' data='image4.html'>,
<Selector xpath='descendant-or-self::a/@href' data='image5.html'>]
In [17]: response.css('a::attr(href)').extract()
Out[17]: ['image1.html', 'image2.html', 'image3.html', 'image4.html', 'image5.html']

（5）高级选项

Selector 还提供了一些高级操作，例如，查找包含指定内容的属性名称，可以使用 contains

选项，它含有两个参数，第 1 个是属性名，第 2 个是待搜索的值。

例如，查找属性名称包含"image"的所有超链接。

In [17]: response.xpath('//a[contains(@href,"image")]/@href').extract()
Out[17]: ['image1.html', 'image2.html', 'image3.html', 'image4.html', 'image5.html']
In [18]: response.css('a[href*=image]::attr(href)').extract()
Out[18]: ['image1.html', 'image2.html', 'image3.html', 'image4.html', 'image5.html']

上面语句分别用.xpath 和.css 方法实现了超链接的获取。

再如，要获取所有 a 标签的 img 中的 src 属性可以使用以下方法：

In [19]: response.xpath('//a[contains(@href,"image")]/img/@src').extract()
Out[19]:
['image1_thumb.jpg',
'image2_thumb.jpg',
'image3_thumb.jpg',
'image4_thumb.jpg',
'image5_thumb.jpg']
In [20]: response.css('a[href*=image] img::attr(src)').extract()
Out[20]:
['image1_thumb.jpg',
'image2_thumb.jpg',
'image3_thumb.jpg',
'image4_thumb.jpg',
'image5_thumb.jpg']

上面语句分别用.xpath 和.css 方法实现了 a 标签的 img 中 src 属性的获取。

6.3.3 结合正则表达式

在 Selector 中，还提供了一种使用正则表达式爬取数据的方法：.re()，当 XPath 的 starts-with() 或 contains()方法无法满足需求时，可以考虑通过归纳正则表达式的写法实现指定信息的获取。

【例 6-15】爬取图 6-21 的文本中"Name:"后的内容：My image *。

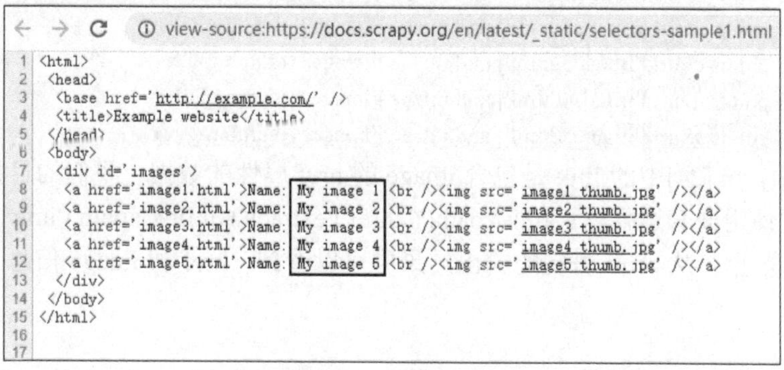

图 6-21 待爬取内容

In [21]:   response.css('a::text').re('Name\:(.*)')
Out[21]:
[' My image 1 ',
' My image 2 ',
' My image 3 ',
' My image 4 ',
' My image 5 ']

在本例中，直接使用'a::text'获取所有的文本，然后通过正则表达式 re('Name\:(.*)')获取 ":" 后的内容。注意，这里使用 "\" 实现了对 ":" 字符的转义。

与 extract()方法类似，re 也提供了取得列表中第一个元素的方法：re_first()。

【例6-16】爬取图 6-21 的文本中第一个 ":" 后的内容：My image 1。

```
In [22]: response.css('a::text').re_first('Name\:(.*)')
Out[22]: ' My image 1 '
In [23]: response.css('a::text').re_first('Name\:(.*)').strip()
Out[23]: 'My image 1'
```

在本例中，同样用'a::text'获取所有的文本，然后通过 re_first 获取第一个 ":" 后的内容。此外，还可以使用 strip()方法，去除返回结果中前后的空格。

6.3.4 嵌套选择器

通过 6.3.3 节的内容，发现选择器方法（.xpath()或者.css()）返回的是相同类型的选择器列表，因此也可以针对这些选择器再次调用选择器的方法。

【例6-17】嵌套选择器的应用。

```
In [24]: links = response.xpath('//a[contains(@href, "image")]')
In [25]: links.extract()
Out[25]:
['<a href="image1.html">Name: My image 1 <br><img src="image1_thumb.jpg"></a>',
'<a href="image2.html">Name: My image 2 <br><img src="image2_thumb.jpg"></a>',
'<a href="image3.html">Name: My image 3 <br><img src="image3_thumb.jpg"></a>',
'<a href="image4.html">Name: My image 4 <br><img src="image4_thumb.jpg"></a>',
'<a href="image5.html">Name: My image 5 <br><img src="image5_thumb.jpg"></a>']
In [26]: for index, link in enumerate(links):
            args = (index, link.xpath('@href').extract(), link.xpath ('img/@src').extract())
            print('Link number %d points to url %s and image %s' % args)
Out[26]:
Link number 0 points to url ['image1.html'] and image ['image1_thumb.jpg']
Link number 1 points to url ['image2.html'] and image ['image2_thumb.jpg']
Link number 2 points to url ['image3.html'] and image ['image3_thumb.jpg']
Link number 3 points to url ['image4.html'] and image ['image4_thumb.jpg']
Link number 4 points to url ['image5.html'] and image ['image5_thumb.jpg']
```

在例 6-17 中，In [24]中的 link 是包含 image 的 href 属性的数据，我们的目标是遍历 link 中的每一项，通过使用嵌套选择器：link.xpath('@href').extract()和 link.xpath ('img/@src').extract()，获取对应的目标数据。从 print 语句的输出结果中可以看到，href 和 image 信息均实现了正确的输出。

6.4 Scrapy 项目开发

本节主要介绍使用 Scrapy 框架创建项目，爬取结构化数据的过程。一般来说，爬取数据的过程可以分为以下几步：

① 创建一个 Scrapy 项目；
② 定义爬取的 Items；
③ 编写爬取网站的 Spider；

④ 分析并爬取 Items；
⑤ 使用 Items。

本节通过一个实例来介绍 Scrapy 项目的具体操作流程。任务是爬取豆瓣电影网站 https://movie.douban.com/subject/1292052/，网页内容如图 5-9 所示。目标是爬取电影的标题等信息。

6.4.1 新建项目

在开始爬取之前，先创建一个新的 Scrapy 项目。进入自定义的项目中，运行下列命令：
> scrapy startproject spiderdemo

新建项目命令如图 6-22 所示，其中，spiderdemo 为项目名称。

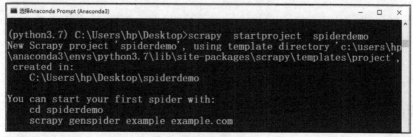

图 6-22 新建项目

假设当前的操作目录是 desktop，可以看到上述命令将会在 desktop 目录中创建一个名为 spiderdemo 文件夹，同时，会在 spiderdemo 文件夹内自动产生一些文件。项目结构如图 6-23 所示，各个文件的主要作用如下。

- scrapy.cfg：项目的配置文件。
- spiderdemo/：项目的 Python 模块，从此处引用项目代码。
- spiderdemo/items.py：项目的目标文件。
- spiderdemo/pipelines.py：项目的管道文件。
- spiderdemo/settings.py：项目的设置文件。
- spiderdemo/middlewares.py：项目的中间件文件。
- spiderdemo/spiders/：存储爬虫代码目录。

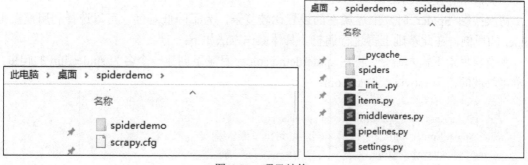

图 6-23 项目结构

6.4.2 定义 Items

Items 是保存爬取到的数据的容器，其使用方法和 Python 中的字典类似。虽然也可以在 Scrapy 中直接使用字典，但是 Items 提供了额外保护机制，从而避免拼写错误而导致的未定义字段错误。

在上面创建的项目中,可以通过创建一个 scrapy.Item 类、定义类型为 scrapy.Field 的类属性来定义一个 Items。

首先,打开 spiderdemo 目录下的 items.py 文件,根据从目标网站上获取到的数据,对 Items 进行模型设计。假设要从豆瓣电影网站(https://movie.douban.com/subject/1292052/)中获取电影名称、导演、上映日期等信息。

现在编辑 items.py 文件,需要在其中定义相应的字段,文件内容如下:

```
import scrapy
class SpiderdemoItem(scrapy.Item):
    title = scrapy.Field()
    director = scrapy.Field()
    time = scrapy.Field()
```

在上面程序中,在 scrapy.Field 中定义了 title、director、time,分别代表电影名称、导演和上映日期。定义 Items 后,就可以直接使用 Scrapy 的其他方法了。因为这些方法需要利用 Items 中的定义内容。

6.4.3 制作爬虫

Spider 是用户编写用于从指定网站爬取数据的类。其中包含一个用于下载的初始 URL、后继网页的链接及待分析页面中的内容,同时含有爬取和生成 Items 的方法。

为了创建一个正确的 Spider,必须继承自 scrapy.Spider 类,并且定义以下属性。

- name:Spider 的识别名称,可用于区别 Spider。该名称必须是唯一的,不同的 Spider 必须严格区分它们的名字。
- start_urls:包含 Spider 在启动时进行爬取的 URL 列表。此处必须列出第一个被获取到的页面,后续的 URL 可以从初始 URL 的数据中爬取。
- parse:Spider 的重要方法。当 parse()被调用时,每个初始 URL 完成下载后,其生成的 Response 对象将会作为唯一的参数传递给该函数。该方法负责解析返回的数据、爬取数据及生成下一步处理 URL 的 Request 对象。
- allow_domains:待搜索的域名范围及爬虫的约束区域,规定爬虫只爬取这个域名下的网页,不存在的 URL 会被忽略。

初次接触 Spider 时,上述属性的设置比较复杂,为了降低难度,可以选择利用模板生成 Spider 的样例,在此基础上再进行调整。具体操作方法如下:

在当前目录下输入命令,将在 spiderdemo/spider 目录下创建一个名为 spiderfilm 的爬虫,并指定爬取域的范围 movie.douban.com:

```
> cd   spiderdemo
> scrapy  genspider  spiderfilm  movie.douban.com
Created spider 'spiderfilm' using template 'basic' in module:
spiderdemo.spiders.spiderfilm
```

打开 spiderdemo/spider 目录下的 spiderfilm.py 文件,里面默认写好了如图 6-24 所示的代码。可以发现文件中已经默认创建好了代码的结构,因此,使用命令可以免去编写固定代码的困扰。

接下来,按照需求继续修改 spiderfilm.py 文件,修改后的程序如下:

```
# -*- coding: utf-8 -*-
import scrapy
class SpiderfilmSpider(scrapy.Spider):
```

```
name = 'spiderfilm'
allowed_domains = ['https://movie.douban.com/subject/1292052/']
start_urls = ['https://movie.douban.com/subject/1292052/',]
def parse(self, response):
    filename = response.url.split("/")[-2] + '.html'
    with open(filename, 'wb') as f:
        f.write(response.body)
```

```python
1  # -*- coding: utf-8 -*-
2  import scrapy
3
4  class SpiderfilmSpider(scrapy.Spider):
5      name = 'spiderfilm'
6      allowed_domains = ['movie.douban.com']
7      start_urls = ['http://movie.douban.com/']
8
9      def parse(self, response):
10         pass
```

图 6-24 默认 spiderfilm.py 文件内容

在上述程序中，class SpiderfilmSpider 内部重新指定了 allowed_domains 和 start_urls，作为目标的爬取地址和约束区域。此外，在 parse()方法中，设置 filename 是 response.url 中"response.url.split("/")[-2]"与'.html'的拼接。最后利用 open()方法打开 filename 路径的文件，将 response.body 写入其中。此时 Spider 即可按照指示就完成了指定网页数据的爬取和存储。

接下来开始执行 Spider，首先进入项目的根目录，执行下列命令启动 Spider：

> scrapy   crawl   spiderfilm

运行过程如图 6-25 所示。爬虫过程显示的内容较多。

```
2020-05-06 00:59:52 [scrapy.extensions.telnet] INFO: Telnet console li
stening on 127.0.0.1:6024
2020-05-06 00:59:52 [scrapy.core.engine] DEBUG: Crawled (200) <GET htt
ps://movie.douban.com/robots.txt> (referer: None)
2020-05-06 00:59:53 [scrapy.core.engine] DEBUG: Crawled (200) <GET htt
ps://movie.douban.com/subject/1292052/> (referer: None)
2020-05-06 00:59:53 [scrapy.core.engine] INFO: Closing spider (finishe
d)
```

图 6-25 Spider 爬取数据过程

值得注意的是，当爬取数据时，通常正确的调试信息是：

DEBUG: Crawled (200) <GET http://www.techbrood.com/> (referer: None)

如果在爬取过程中，提示信息如下：

DEBUG: Crawled (403) <GET http://www.techbrood.com/> (referer: None)

如图 6-26 所示，此时的 Crawled (403)表示爬取失败。通常情况下产生这种失败是由于目标网站采用了防爬虫技术（Anti-Web-Crawling Technique），这种防爬虫技术会检查用户代理（User-Agent）信息，当代理信息中出现类似爬虫的字样时，Spider 的过程会被禁止，进而提示"403"等信息。

```
2020-05-06 00:52:43 [scrapy.extensions.telnet] INFO: Telnet console li
stening on 127.0.0.1:6024
2020-05-06 00:52:43 [scrapy.core.engine] DEBUG: Crawled (403) <GET htt
ps://movie.douban.com/robots.txt> (referer: None)
2020-05-06 00:52:43 [scrapy.core.engine] DEBUG: Crawled (403) <GET htt
ps://movie.douban.com/subject/1292052/> (referer: None)
2020-05-06 00:52:43 [scrapy.spidermiddlewares.httperror] INFO: Ignorin
g response <403 https://movie.douban.com/subject/1292052/>: HTTP statu
s code is not handled or not allowed
```

图 6-26 Spider 爬取失败

解决此问题的方法是在请求头部构造一个 User-Agent，从而规避由用户代理信息带来的风险。具体解决方法如下：修改 Scrapy 环境中 default_settings.py 文件内容，本书中的配置文件位于 C:\Users\hp\Anaconda3\envs\python3.7\Lib\site-packages\scrapy\settings 目录，将

  USER_AGENT = 'Scrapy/%s (+https://scrapy.org)' % import_module('scrapy').__version__

修改为：

  USER_AGENT = 'Mozilla/5.0 (Windows NT 5.1; rv:5.0) Gecko/20100101 Firefox/5.0'

修改完成后，利用以下命令重新启动爬虫：scrapy crawl spiderfilm，即可完成数据爬取。此时，可以看到在当前目录下生成了"1292052.html"文件，文件内容是网站的源码，如图 6-27 所示。

图 6-27 爬取数据查看

本例完成了一个目标网址数据的获取，如果读者需要同时爬取多个页面，则可以在 URL 列表 start_urls 中设置多个目标网址，例如：

  start_urls = ['https://movie.douban.com/subject/1291546/', 'https://movie.douban.com/subject/1292720/']

此时 Spider 运行后，可以同时生成上述两个页面的对应 html 文件，如图 6-28 所示。

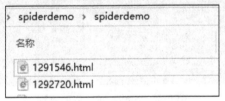

图 6-28 同时爬取多个页面

6.4.4 爬取数据

在 6.4.3 节中已经实现了网页源代码全部信息的爬取，现在尝试从这些页面中爬取部分有用的数据。

从网页中爬取数据有很多方法。Scrapy 使用了一种基于 XPath 或 CSS 表达式机制：Scrapy Selectors（选择器）。选择器的使用方法可参考 6.3 节。

需要说明的是，当 XPath 或 CSS 表达式过于复杂时，利用人工爬取表达式存在一定的困难，此时可以借助专业浏览器的工具直接获取 XPath 或 CSS 信息。

以 Chrome 浏览器为例，它给我们提供了快速获取 XPath 或 CSS 的方法。

① 在待操作的元素处单击鼠标右键，选择【检查】选项。如图 6-29 所示，目标是标题【肖申克的救赎】元素的获取，在当前的标题上单击鼠标右键。

② 在源代码页面，锁定目标元素的源码，单击鼠标右键，依次选择【Copy】、【Copy XPath】（【Copy selector】），即可复制 XPath 或 CSS 信息，如图 6-30 所示。

此处复制得到的 XPath 信息是：//*[@id="content"]/h1/span[1]，CSS 信息是：#content > h1 > span:nth-child(1)。

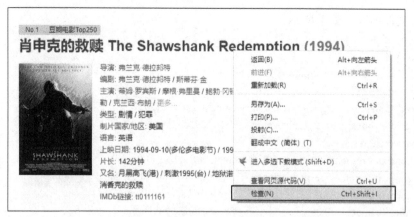

图 6-29　检查元素

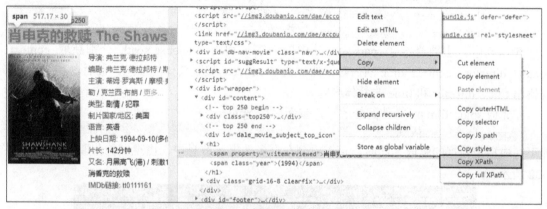

图 6-30　复制 XPath 或 CSS 信息

③ 可以利用 XPath 或 CSS 信息，让 Spyder 定向爬取指定的元素信息。我们的目标是网站标题、导演和上映日期等元素的内容，各个元素的具体位置如图 6-31 所示。

图 6-31　待爬取信息

首先，可以获得它们的 XPath，分别为：
- 网站标题：'//*[@id="content"]/h1/span[1] '
- 导演：'//*[@id="info"]/span[1]/span[2]/a'
- 上映日期：'//*[@id="info"]/span[10]'

需要注意的是，如果直接使用复制的 XPath，则得到的是对应的标签，例如 span 标签，内容是：['<span property="v:initialReleaseDate" content="1994-09-10(多伦多电影节)">1994-09-10(多伦多电影节)</span>']，但这并非是需要的元素具体内容，因此，需要在每个 XPath 后面添加"/text()"，以获取具体的信息，例如：1994-09-10(多伦多电影节)。基于上述形式，继续修改

spiderfilm.py 文件内容，如下所示：

```python
# -*- coding: utf-8 -*-
import scrapy
class SpiderfilmSpider(scrapy.Spider):
    name = 'spiderfilm'
    allowed_domains = ['https://movie.douban.com/subject/1292052/']
    start_urls = ['https://movie.douban.com/subject/1292052/']
    def parse(self, response):
        context = response.xpath('//*[@id="content"]/h1/span[1]/text()')
        context_director = response.xpath('//*[@id="info"]/span[1]/span[2]/a/text()')
        context_time = response.xpath('//*[@id="info"]/span[10]/text()')
        title = context.extract()              # 爬取网站标题
        director = context_director.extract()  # 爬取导演信息
        time = context_time.extract()          # 爬取上映日期
        print(title,'   ',director,'   ',time)
```

在本例中，主要修改了 parse()方法中的内容，利用 response.xpath 分别获取 context、context_director、context_time 的内容，然后通过 extract()爬取具体的信息。最后，利用 print 分别输出 title、director 和 time 的具体内容。

在完成 spiderfilm.py 文件的修改后，重新启动 Spider：

> scrapy crawl spiderfilm

即可完成指定数据的爬取。此时，可以看到在众多的提示信息中，出现了待获取的内容，如图 6-32 所示。

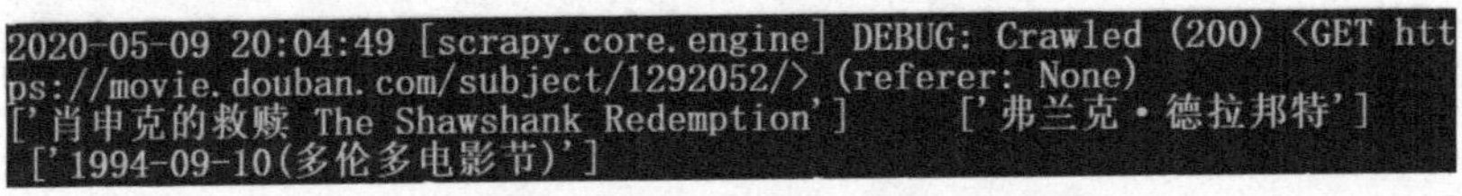

图 6-32 利用 XPath 爬取的指定信息

在上述实例中，还可以使用 CSS 爬取元素实现上述的功能。例如，可以将 parse()方法修改为：

```python
def parse(self, response):
    context = response.css('#content > h1 > span:nth-child(1)')
    context_director = response.css('#info > span:nth-child（1）> span.attrs > a')
    context_time = response.css('#info > span:nth-child(16)')
    title = context.extract()
    director = context_director.extract()
    time = context_time.extract()
    print(title,'   ',director,'   ',time)
```

此时的运行结果如图 6-33 所示。可以看出，此时爬取到了整个元素的信息。

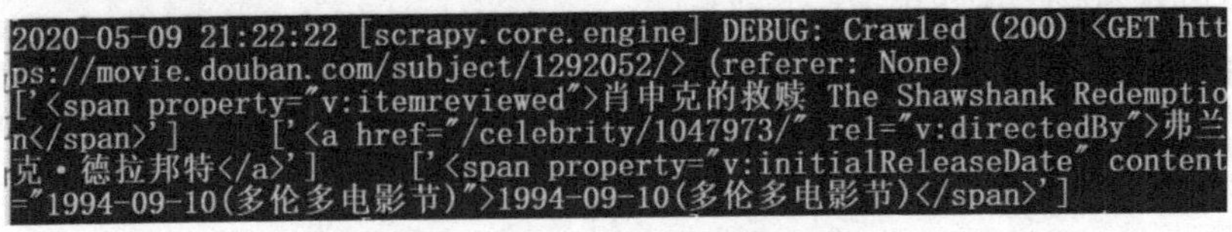

图 6-33 利用 CSS 爬取的指定信息

上述实例完成了某个网页指定数据的爬取，其实，在实际环境下，数据是源源不断地产生的，因此待爬取的对象一般为海量的网页地址的集合。例如，在 URL 列表 start_urls 中设置多个目标网址：

start_urls = ['https://movie.douban.com/subject/1291546/', 'https://movie.douban.com/subject/1292720/']

它们的网页结构是相似的，因此针对 title、director 和 time 信息，它们的 XPath 完全相同，此时 Spider 运行后，可以同时获取上述两个页面的对应元素信息，如图 6-34 所示。

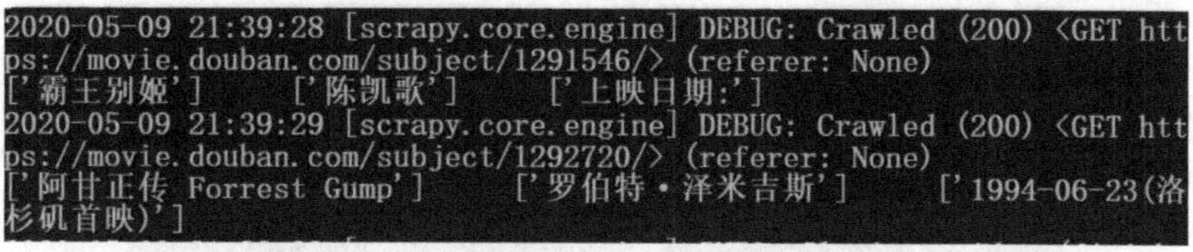

图 6-34 利用 XPath 爬取多组网址上的信息

由上可知，针对页面内部结构相似度极高的数据，可以将数据结构的特性提炼出来，让 Spyder 自动进行爬取，例如，爬取的目标数据是页面中的评论信息，如图 6-35 所示。

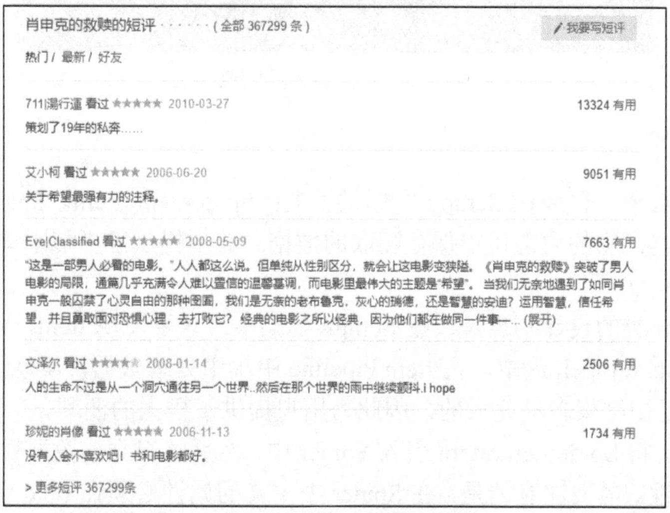

图 6-35 待爬取的相似结构数据

可以发现，第 1 条评论的 XPath 是：//*[@id="hot-comments"]/div[1]/div/p/span，第 2 条评论的 XPath 是：//*[@id="hot-comments"]/div[2]/div/p/span，以此类推，可以得出规律，在当前页面中，评论信息保存在 "//*[@id="hot-comments"]/div" 中，它的数据结构是：list（列表）。基于此，可以设计一个循环，遍历 list 中的全部元素，从而获得每一项，即每一条评论信息。修改后的 spiderfilm.py 文件内容如下所示：

```
# -*- coding: utf-8 -*-
import scrapy
class SpiderfilmSpider(scrapy.Spider):
    name = 'spiderfilm'
    allowed_domains = ['https://movie.douban.com/subject/1292052/']
    start_urls = ['https://movie.douban.com/subject/1292052/']
    def parse(self, response):
        for sel in response.xpath('//*[@id="hot-comments"]/div'):
            content = sel.xpath('div/p/span/text()').extract()
            print(content,'\n')
```

由上述程序可知，在 parse()方法中，利用 for 循环，遍历数组'//*[@id="hot-comments"]/div' 中的每一个元素，从而获得代表每一条评论的元素，然后再对每一条爬取：'div/p/span/text()'，进而获得具体的评论内容。

然后，可以重新启动 Spider：

```
> scrapy    crawl    spiderfilm
```

即可完成评论数据的爬取。此时,可以看到在众多的提示信息中,出现了评论具体内容,如图6-36所示。

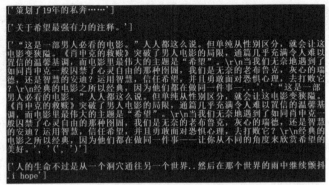

图6-36 评论内容爬取

6.4.5 使用 Items

为了定义输出数据,已经在 Scrapy 中提供了类:SpiderdemoItem。SpiderdemoItem 对象是一种非常简单的容器,它的内部可以保存爬取的数据。其中提供了类似于词典的 API 及用于声明可用字段的简单语法。

SpiderdemoItem 类的设计初衷是:在 Scrapy 框架中,只要发现 Items 的内容发生变化,就会把 Items 路由到 Item Pipeline 中,在 Item Pipeline 中集中处理数据,实现保存、去重等操作。由于 Items 的动作是由框架自动完成的,因此为用户提供了极大的便利。

基于这种模式,将 SpiderdemoItem 引入 Spider 中,然后将得到的数据封装到一个 Items 中,用于保存相关的属性。需要注意的是,在 Spider 中定义的属性必须在 field 中提前声明。修改后的 spiderfilm.py 文件内容如下所示:

```
# -*- coding: utf-8 -*-
from spiderdemo.items import SpiderdemoItem
import scrapy
class SpiderfilmSpider(scrapy.Spider):
    name = 'spiderfilm'
    allowed_domains = ['https://movie.douban.com/subject/1292052/']
    start_urls = ['https://movie.douban.com/subject/1292052/']
    def parse(self, response):
        items = SpiderdemoItem()
        context = response.xpath('//*[@id="content"]/h1/span[1]/text()')
        context_director = response.xpath('//*[@id="info"]/span[1]/span[2]/a/text()')
        context_time = response.xpath('//*[@id="info"]/span[10]/text()')
        items['title'] = context.extract()
        items['director'] = context_director.extract()
        items['time'] = context_time.extract()
        return items
```

在上述程序中,首先需要导入 SpiderdemoItem 类,然后在 parse()方法中,将获取到的 title、director 和 time 封装到 items 中,并返回最后获取到的数据。

在重新启动 Spider(输入命令 scrapy   crawl   spiderfilm)后,可以看到在众多的提示信息中,出现了 Items 的具体内容,如图6-37所示。

```
2020-05-10 15:11:45 [scrapy.core.scraper] DEBUG: Scraped from <200 htt
ps://movie.douban.com/subject/1292052/>
{'director': ['弗兰克·德拉邦特'],
 'time': ['1994-09-10(多伦多电影节)'],
 'title': ['肖申克的救赎 The Shawshank Redemption']}
```

图 6-37　爬取 Items 具体内容

在上述程序中，先获取全部的 items，然后 return items，这种方式是将所有的数据获取出来然后一次性进行处理，这种方式效率比较低，无法体现出 Scrapy 框架的优势，因此通常在这里使用 yield 返回一个生成器，每当构造一个 items 时，就执行一次 yield，从而提升效率。修改后的 parse()方法如下所示：

```
def parse(self, response):
    items = SpiderdemoItem()
    context = response.xpath('//*[@id="content"]/h1/span[1]/text()')
    context_director = response.xpath('//*[@id="info"]/span[1]/span[2]/a/text()')
    context_time = response.xpath('//*[@id="info"]/span[10]/text()')
    items['title'] = context.extract()
    items['director'] = context_director.extract()
    items['time'] = context_time.extract()
    yield items
```

在本例中，通过 yield 返回的不是 Request 对象，而是一个 SpiderdemoItem 对象。Scrapy 框架获得 SpiderdemoItem 之后，会将这个对象传递给 pipelines.py 做进一步处理，在 pipelines.py 里将传递过来的 scrapy.Item 对象保存到数据库或其他文件中。

重新启动 Spider（输入命令 scrapy　crawl　spiderfilm）后，程序的运行结果与图 6-36 相似。但是，使用 yield 返回的是一个生成器，也是可迭代对象。当程序运行到 yeild 时，会返回一个迭代值，下次迭代时，程序从 yield 的下一条语句继续执行，而函数的本地变量看起来和上次中断执行前是完全一样的，此时程序会继续执行，直到再次遇到 yield，继续重复上述过程。使用 yield 的优点是，有利于减小服务器资源占用，提升程序执行的效率。

6.5　Item Pipeline

6.5.1　Item Pipeline 简介

当 Items 在 Spider 中被收集之后，就会被传递到 Item Pipeline 组件中进行处理。每个 Item Pipeline 组件是实现简单方法的 Python 类，负责接收 Items，并通过它执行一些行为，决定此 Items 是否继续通过 Item Pipeline，或者被丢弃而不再进行处理。

Item Pipeline 的主要作用包括：

- 清理 HTML 数据；
- 验证爬取的数据（检查 Items 包含某些字段）；
- 查重（丢弃）；
- 保存爬取信息到数据库中。

每个 Item Pipeline 组件是一个独立的 Python 类，主要包含以下方法。

（1）process_item(self, item, spider)

每个 Item Pipeline 组件都需要调用该方法，此方法必须返回一个具有数据的字典、Items 对象，或是抛出 DropItem 异常，被丢弃的 Items 将不会被后续的 Item Pipeline 组件获取到。

参数说明：

● item：Items 对象或字典，表示被爬取的 Items。

● spider：爬取该 Items 的 Spider 对象。

（2）open_spider(self, spider)

当 Spider 被开启时，这个方法被调用。

参数说明：

● spider：被开启的 Spider 对象。

（3）close_spider(self, spider)

当 Spider 被关闭时，这个方法被调用。

参数说明：

● spider：被关闭的 Spider 对象。

（4）from_crawler(cls, crawler)

作为类方法，它用于获取配置文件中的信息。如果存在 Crawler，则调用此方法从 Item Pipeline 中创建实例。Crawler 对象提供对所有 Scrapy 核心组件的访问，它是 Item Pipeline 访问这些组件并将其接入 Scrapy 中的一种方式。

参数说明：

● crawler：使用 Item Pipeline 的 Crawler 对象。

6.5.2 Item Pipeline 应用

以下通过一个实例介绍 Item Pipeline 的具体应用。将若干个电影的评分信息爬取出来，然后通过设置 Item Pipeline，分类处理不同评分的电影信息。主要实现流程如下：

（1）爬取 Items

针对以下 URL 列表 start_urls：['https://movie.douban.com/subject/1291546/'、'https://movie.douban.com/subject/1849031/']，分别获取 title、director、time、star 信息。

spiderfilm.py 文件的内容如下所示：

```
# -*- coding: utf-8 -*-
from spiderdemo.items import SpiderdemoItem
import scrapy
class SpiderfilmSpider(scrapy.Spider):
    name = 'spiderfilm'
    allowed_domains = ['https://movie.douban.com/subject/1292052/']
    start_urls= ['https://movie.douban.com/subject/1291546/','https://movie.douban.com/subject/1849031/']
    def parse(self, response):
        items = SpiderdemoItem()
        context = response.xpath('//*[@id="content"]/h1/span[1]/text()')
        context_director = response.xpath('//*[@id="info"]/span[1]/span[2]/a/text()')
        context_time = response.xpath('//*[@id="info"]/span[10]/text()')
        context_star = response.xpath('//*[@id="interest_sectl"]/div[1]/div[2]/strong/text()')
        items['title'] = context.extract()
        items['director'] = context_director.extract()
        items['time'] = context_time.extract()
        items['star'] = context_star.extract()
        yield items
```

在上述程序中，start_urls 是待解析信息的网址列表，在 parse()方法中，构造了一个 XPath：context，其内容为：'//*[@id="content"]/h1/span[1]/text()'。此外，构造了 XPath：context_director、 context_time、context_star，分别对应每部电影的导演、上映时间和评分，其中每部电影的信息不完全相同。这些信息均存在 items 中，最后传递给 Item Pipeline 进行后续操作。

（2）修改 Item Pipeline

针对传入的 items 信息，Item Pipeline 可以利用 process_item()方法接收它们，并进行后续处理。pipelines.py 文件的内容如下：

```
# -*- coding: utf-8 -*-
# Define your item pipelines here
# Don't forget to add your pipeline to the ITEM_PIPELINES setting
# See: https://docs.scrapy.org/en/latest/topics/item-pipeline.html
class SpiderdemoPipeline:
    def process_item(self, item, spider):
        if item["star"][0] == '9.6':
            print("The Score is very good!")
        elif item["star"][0] == '9.1':
            print("The Score is good!")
        else:
            print(item["star"])
        return item
```

在上述程序中，主要设计 process_item()方法，利用获取的 item["star"][0]依次进行评分判断，针对不同的条件（评分），采取不同的处理方案。

（3）修改配置文件

修改 pipelines.py 后，需要修改 Scrapy 工程中的 settings.py 文件，将 Item Pipeline 的设置添加到其中。settings.py 文件的修改内容如下：

```
ITEM_PIPELINES = {
    'spiderdemo.pipelines.SpiderdemoPipeline': 300,
}
```

完成上述修改后，重新启动 Spider：

```
> scrapy crawl spiderfilm
```

即可完成指定数据的爬取和 Item Pipeline 的处理。此时，可以看到在众多的提示信息中，出现了待获取的内容及 Item Pipeline 的具体操作信息，如图 6-38 所示。

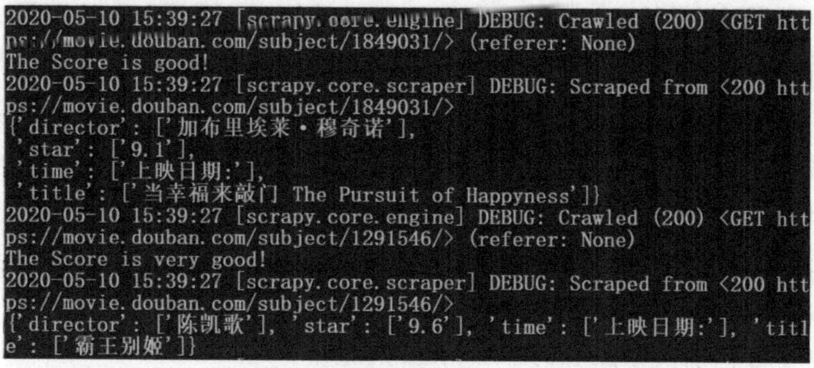

图 6-38 运行结果

从图 6-38 中可以看出，除获取到数据爬取的结果外，还得到了 Item Pipeline 中指定输出的内容。例如，第 1 部电影评分为 9.1，输出 The Score is good!；第 2 部电影评分为 9.6，则输出 The Score is very good!。

上述解决方案主要针对一种可行的 Item Pipeline 进行操作，当数据爬取量较大时，还可以采用多种 Item Pipeline 同时操作，此时，pipelines.py 文件的内容可以修改为：

```
# -*- coding: utf-8 -*-
# Define your item pipelines here
# Don't forget to add your pipeline to the ITEM_PIPELINES setting
# See: https://docs.scrapy.org/en/latest/topics/item-pipeline.html
class SpiderdemoPipeline1:
    def process_item(self, item, spider):
        if item["star"][0] == '9.6':
            print("The Score is very good!")
        return item
class SpiderdemoPipeline2:
    def process_item(self, item, spider):
        if item["star"][0] == '9.1':
            print("The Score is good!")
        return item
```

由本例可以看出，此时准备了多组 Item Pipeline 分别进行 Items 信息的处理，在数据量较大的场景中，使用这种方法效率较高。此外，还要同步修改 settings.py 文件的内容为：

```
ITEM_PIPELINES={
'spiderdemo.pipelines.SpiderdemoPipeline1':300, 'spiderdemo.pipelines.SpiderdemoPipeline2': 300,
}
```

重新运行爬虫（输入命令 scrapy crawl spiderfilm），可以获得与图 6-38 相同的结果。
通常情况下，使用多组 Item Pipeline 的场景有：
● 当工程中存在多个 Spider 时，不同的 Item Pipeline 可能需要处理不同 Items 的内容。
● 一个 Spider 的内容需要实现不同的操作，例如存入不同的数据库中。
● 系统效率的需求。
读者可以根据实际应用的需求灵活选择 Item Pipeline 的设计方式。

6.6 中 间 件

中间件是 Scrapy 框架的一个核心概念。使用中间件可以在爬虫的请求发起之前或者请求返回之后对数据进行定制化修改，从而开发出适应于多种方式的灵活的爬虫。在 Scrapy 中有两种中间件：下载器中间件和爬虫中间件。它们都可以在爬取的中途劫持数据，在修改后再将数据传递出去。

6.6.1 下载器中间件

下载器中间件是介于 Scrapy 的 Request/Response 之间的特定钩子框架，也是用于全局修改 Scrapy Request 和 Response 的一个轻量、底层的系统。简单来说，下载器中间件主要用于更换代理 IP、Cookies、User-Agent 和自动重试等操作。
如果没有使用中间件，则爬虫的流程如图 6-39 所示。

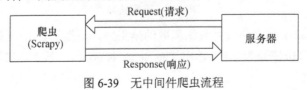

图 6-39　无中间件爬虫流程

在使用了中间件以后，爬虫的流程如图 6-40 所示。对比图 6-39 和图 6-40 可以看出，中间件的存在增加了中间处理的环节，便于实现更为复杂的数据分析。

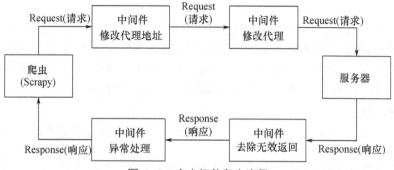

图 6-40　有中间件爬虫流程

1．开发代理中间件

在爬虫开发中，更换代理 IP 是非常常见的情况，有时每一次访问都需要随机选择一个代理 IP 来进行。

中间件本身是一个 Python 类，只要爬虫每次访问网站之前都先"经过"这个类，它就能为请求更换新的代理 IP，这样就能实现动态地改变代理 IP 信息。

在创建一个 Scrapy 工程以后，在工程文件夹下会生成一个 middlewares.py 文件，文件内容如图 6-41 所示。middlewares.py 文件是由 Scrapy 自动生成的，其中可以存放多个中间件。Scrapy 自动创建的这个中间件是一个爬虫中间件，在 6.6.2 节中将详细介绍。

```
from scrapy import signals


class SpiderdemoSpiderMiddleware:
    # Not all methods need to be defined. If a method is not defined,
    # scrapy acts as if the spider middleware does not modify the
    # passed objects.

    @classmethod
    def from_crawler(cls, crawler):
        # This method is used by Scrapy to create your spiders.
        s = cls()
        crawler.signals.connect(s.spider_opened, signal=signals.spider_opened)
        return s

    def process_spider_input(self, response, spider):
        # Called for each response that goes through the spider
        # middleware and into the spider.

        # Should return None or raise an exception.
        return None
```

图 6-41　middlewares.py 文件内容

现在先创建一个自动更换代理 IP 的中间件。在 middlewares.py 中添加下面一段代码：

```
import random
from scrapy.utils.project import get_project_settings
settings = get_project_settings()
class ProxyMiddleware(object):
    def process_request(self, request, spider):
        proxy = random.choice(settings['PROXIES'])
        request.meta['proxy'] = proxy
```

在上面的程序中，由于用到了 random 和 settings，因此需要在 middlewares.py 文件开头导入 random 库和 settings 包，然后按照如下方法修改请求的代理信息。

首先，需要在请求的 meta 里面添加一个 Key 作为代理，添加一个 Value 作为代理 IP 的项。在下载器中间件中有一个名为 process_request()的方法，这个方法中的代码会在每次爬虫访问网页之前执行。

接下来打开 settings.py 文件，在其中添加几个代理 IP，例如，添加如下内容：

PROXIES = ['http://223.82.106.253:3128','http://60.191.11.249:8388']

需要注意的是，代理 IP 是有类型的，首先需要确定代理的类型是 http 还是 https。除此之外，还需要确定代理 IP 的有效性，如果 IP 地址失效，运行爬虫将失败。

2. 激活中间件

中间件完成之后，需要在 settings.py 中启动它。在 settings.py 中找到下面这一段被注释的语句：

```
#DOWNLOADER_MIDDLEWARES = {
#    'spiderdemo.middlewares.SpiderdemoSpiderMiddleware': 543,
#}
```

解除上述注释内容，并继续修改文件内容，引用 ProxyMiddleware：

```
DOWNLOADER_MIDDLEWARES = {
    'spiderdemo.middlewares.ProxyMiddleware': 543,
}
```

实际上，DOWNLOADER_MIDDLEWARES 是一个字典，字典的 Key 是用"."分隔的中间件路径，后面的数字表示这种中间件的顺序。由于中间件是按照顺序运行的，因此如果遇到后一个中间件依赖前一个中间件的情况，中间件的顺序就至关重要。

以下列出 Scrapy 自带的中间件顺序，这些信息被定义在 DOWNLOADER_MIDDLEWARES_BASE 中：

```
DOWNLOADER_MIDDLEWARES_BASE
{
    'scrapy.contrib.downloadermiddleware.robotstxt.RobotsTxtMiddleware': 100,
    'scrapy.contrib.downloadermiddleware.httpauth.HttpAuthMiddleware': 300,
    'scrapy.contrib.downloadermiddleware.downloadtimeout.DownloadTimeoutMiddleware': 350,
    'scrapy.contrib.downloadermiddleware.useragent.UserAgentMiddleware': 400,
    'scrapy.contrib.downloadermiddleware.retry.RetryMiddleware': 500,
    'scrapy.contrib.downloadermiddleware.defaultheaders.DefaultHeadersMiddleware': 550,
    'scrapy.contrib.downloadermiddleware.redirect.MetaRefreshMiddleware': 580,
    'scrapy.contrib.downloadermiddleware.httpcompression.HttpCompressionMiddleware': 590,
    'scrapy.contrib.downloadermiddleware.redirect.RedirectMiddleware': 600,
    'scrapy.contrib.downloadermiddleware.cookies.CookiesMiddleware': 700,
    'scrapy.contrib.downloadermiddleware.httpproxy.HttpProxyMiddleware': 750,
    'scrapy.contrib.downloadermiddleware.chunked.ChunkedTransferMiddleware': 830,
    'scrapy.contrib.downloadermiddleware.stats.DownloaderStats': 850,
    'scrapy.contrib.downloadermiddleware.httpcache.HttpCacheMiddleware': 900,
}
```

在上述程序中，中间件的数字越小，执行优先级越高，例如 Scrapy 自带的第 1 个中间件 RobotsTxtMiddleware，其作用是首先查看 settings.py 文件中 ROBOTSTXT_OBEY 这一项的配置是 True 还是 False。如果是 True，表示要遵守 Robots 协议，它就会检查将要访问的网址能不能被运行访问，如果不被允许访问，那么直接取消这次的爬虫请求，后续和这次请求有关的各种操作全部都会被取消。

开发者自定义的中间件会被按顺序插入 Scrapy 自带的中间件中，爬虫会按照从 100～900

的顺序依次执行所有的中间件。直到所有中间件全部运行完成，或者遇到某个中间件而取消了这次请求。

Scrapy 自带了 UA 中间件（UserAgentMiddleware）、代理中间件（HttpProxyMiddleware）和重试中间件（RetryMiddleware）。从"原则上"说，如果需要自定义这 3 个中间件，则需要先禁用 Scrapy 自带的这 3 个中间件。如果需要禁用 Scrapy 的中间件，则需要在 settings.py 文件中将这个中间件的顺序设为 None：

```
DOWNLOADER_MIDDLEWARES = {
    'spiderdemo.middlewares.ProxyMiddleware': 543,
    'scrapy.contrib.downloadermiddleware.useragent.UserAgentMiddleware': None,
    'scrapy.contrib.downloadermiddleware.httpproxy.HttpProxyMiddleware': None
}
```

Scrapy 中间件的运行机制是：如果发现这个请求已经被设置了代理，那么 Scrapy 自带的中间件就会直接返回。因此，Scrapy 自带的代理中间件顺序为 750，比开发者自定义的代理中间件的数值 543 大，所以，它并不会覆盖开发者自定义的代理信息，即使不禁用系统自带的代理中间件，也不会产生负面影响。因此，可以直接将 settings.py 文件中的内容设置为：

```
DOWNLOADER_MIDDLEWARES = {
    'spiderdemo.middlewares.ProxyMiddleware': 543,
}
```

完成上述修改后，重新启动 Spider：

```
> scrapy crawl spiderfilm
```

即可完成指定数据的爬取。运行结果如图 6-42 所示。

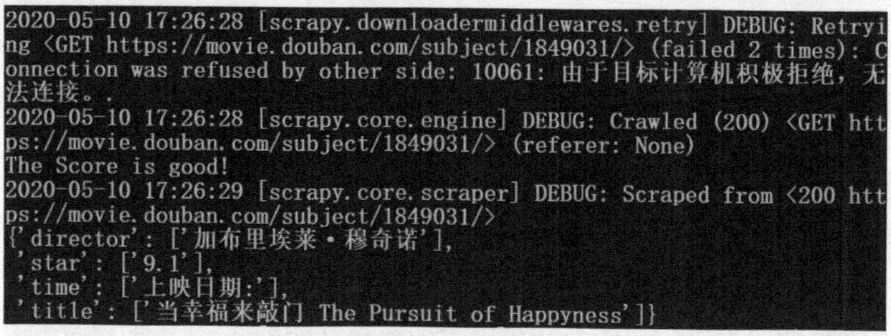

图 6-42　运行结果

此时，可以看到在众多的提示信息中，出现了待获取的内容。除此之外，还可以看到代理的信息，在设置的两个代理 IP 中，使用第 1 个代理时，服务器反馈："由于目标计算机积极拒绝，无法连接"。这种提示信息一般是由于代理 IP 信息失效导致的，当出现此类问题时，可以考虑更换有效的 IP 地址。相反，提供的第 2 个代理地址可以实现正常访问。

3．开发 UA 中间件

开发 UA 中间件和开发代理中间件的流程相似，同样是从 settings.py 文件配置好的 UA 列表中随机选择一项，加入请求头中。在 middlewares.py 文件中添加如下内容：

```python
class UAMiddleware(object):
    def process_request(self, request, spider):
        ua = random.choice(settings['USER_AGENT_LIST'])
        request.headers['User-Agent'] = ua
```

然后打开 settings.py 文件，在其中添加常用的 UA 信息。与代理 IP 不同，UA 不会存在失效的问题，所以只要收集几十个 UA，就可以一直使用。在 settings.py 文件中添加如下内容：

```
USER_AGENT_LIST = [
```

"Mozilla/5.0 (Windows NT 10.0; WOW64) AppleWebKit/537.36 (KHTML, like Gecko) Chrome/45.0.2454.101 Safari/537.36",
 "Dalvik/1.6.0 (Linux; U; Android 4.2.1; 2013022 MIUI/JHACNBL30.0)",
 "Mozilla/5.0 (Linux; U; Android 4.4.2; zh-cn; HUAWEI MT7-TL00 Build/HuaweiMT7-TL00) AppleWebKit/533.1 (KHTML, like Gecko) Version/4.0 Mobile Safari/533.1",
 "AndroidDownloadManager",
 "Apache-HttpClient/UNAVAILABLE (java 1.4)",
 "Dalvik/1.6.0 (Linux; U; Android 4.3; SM-N7508V Build/JLS36C)",
 "Android50-AndroidPhone-8000-76-0-Statistics-wifi",
 "Dalvik/1.6.0 (Linux; U; Android 4.4.4; MI 3 MIUI/V7.2.1.0.KXCCNDA)",
 "Dalvik/1.6.0 (Linux; U; Android 4.4.2; Lenovo A3800-d Build/LenovoA3800-d)",
 "Lite 1.0 (http://litesuits.com)",
 "Mozilla/4.0 (compatible; MSIE 8.0; Windows NT 5.1; Trident/4.0; .NET4.0C; .NET4.0E; .NET CLR 2.0.50727)",
 "Mozilla/5.0 (Windows NT 6.1) AppleWebKit/537.36 (KHTML, like Gecko) Chrome/38.0.2125.122 Safari/537.36 SE 2.X MetaSr 1.0",
 "Mozilla/5.0 (Linux; U; Android 4.1.1; zh-cn; HTC T528t Build/JRO03H) AppleWebKit/534.30 (KHTML, like Gecko) Version/4.0 Mobile Safari/534.30; 360browser(securitypay,securityinstalled); 360(android,uppayplugin); 360 Aphone Browser (2.0.4)",
]

UA 配置完成后，继续 settings.py 文件中的配置：

DOWNLOADER_MIDDLEWARES = {
    'spiderdemo.middlewares.UAMiddleware': 543,
}

此时，只使用了 UAMiddleware 中间件，取消了之前设置的代理 IP 中间件。完成上述修改后，重新启动 Spider，运行结果如图 6-43 所示。可以看出，此时实现了指定网址数据的获取。

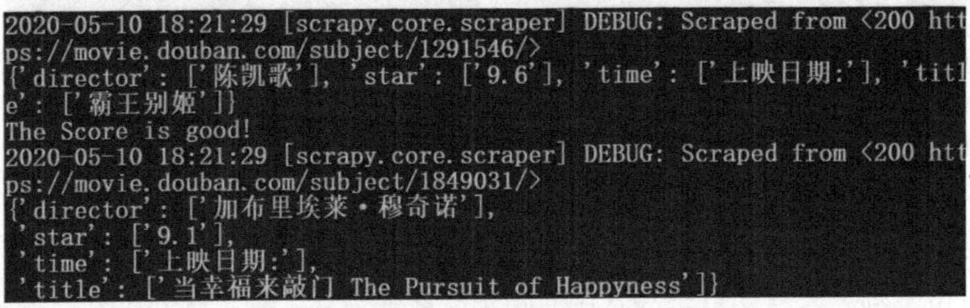

图 6-43　运行结果

6.6.2　爬虫中间件

爬虫中间件的用法与下载器中间件的开发流程相似，只是它们的作用对象不同。下载器中间件的作用对象是 Request 和 Response；爬虫中间件的作用对象是爬虫，具体来说，就是在 spiders 目录中的各个文件。

爬虫中间件会在以下几种情况被调用：

- 当运行到 yield items 时，爬虫中间件的 process_spider_output()方法被调用；
- 当爬虫代码出现异常时，爬虫中间件的 process_spider_exception()方法被调用；
- 在爬虫的回调函数 parse_xxx()被调用之前，爬虫中间件的 process_spider_input()方法被调用；
- 当运行 start_requests()时，爬虫中间件的 process_start_requests()方法被调用。

1. 在中间件处理爬虫本身的异常

在爬虫中间件中，可以处理爬虫本身的异常。编写一个爬虫，在爬虫中可能存在异常，例如，将 start_urls 中的第一个网址修改为错误的地址，如下所示：

start_urls = ['https://movie.douban.com/subject/129205/',
'https://movie.douban.com/subject/1849031/']

由于 start_urls 中的第一个网址不存在电影信息，因此 spiderfilm.py 文件中的 parse()方法解析无法正常实现。这种错误是由于代码本身的问题导致的。为了解决这个问题，除仔细检查代码、考虑各种情况外，还可以通过开发爬虫中间件来跳过或者处理这种报错。在 middlewares.py 文件中增加如下内容：

```
class ExceptionCheckSpider(object):
    def process_spider_exception(self, response, exception, spider):
        print(f'返回的内容是：{response.body.decode()}\n报错原因：{type(exception)}')
        return None
```

ExceptionCheckSpider 类仅仅起到记录日志的作用。在使用 parse()方法解析网站返回内容出错时，通过 process_spider_exception()将网站返回的内容打印出来。

process_spider_exception()方法可以返回 None，也可以运行 yield items 语句或者像爬虫的代码一样，使用 yield scrapy.Request()发起新的请求。如果运行了 yield items 或者 yield scrapy.Request()，程序就会绕过爬虫里面原有的代码。

接下来，继续 settings.py 文件中的配置：

```
DOWNLOADER_MIDDLEWARES = {
    'spiderdemo.middlewares.ExceptionCheckSpider': 543,
}
```

完成上述修改后，重新启动 Spider，运行结果如图 6-44 所示。可以从结果中发现如下内容：
[scrapy.spidermiddlewares.httperror] INFO: Ignoring response <404 https://movie.douban.com/subject/129205/>: HTTP status code is not handled or not allowed。

这是由于第一个网址错误而导致的无法解析提示；而第二个网址是正确的，因此完成了正常的解析工作。从图 6-44 中可以看到电影信息的输出。

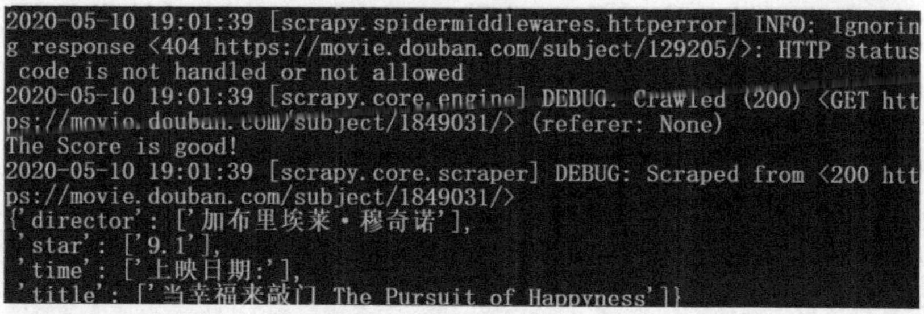

图 6-44 运行结果

爬虫中间件的激活方式与下载器中间件非常相似，在 settings.py 文件中，在下载器中间件配置项的上面就是爬虫中间件的配置项，它默认也是被注释。settings.py 文件的内容如下：

```
#SPIDER_MIDDLEWARES = {
#    'spiderdemo.middlewares.SpiderdemoSpiderMiddleware': 543,
#}
```

解除注释，并把自定义的爬虫中间件添加进去，修改后的 settings.py 文件的内容如下：

```
SPIDER_MIDDLEWARES = {
    'spiderdemo.middlewares.UAMiddleware': 544,
}
```

完成上述修改后，重新启动 Spider，可以发现，此时的运行结果与图 6-44 相同，此处不再赘述。

Scrapy 也有几个自带的爬虫中间件，它们的名称和顺序如下所示：

'scrapy.spidermiddlewares.httperror.HttpErrorMiddleware': 50,
'scrapy.spidermiddlewares.offsite.OffsiteMiddleware': 500,
'scrapy.spidermiddlewares.referer.RefererMiddleware': 700,
'scrapy.spidermiddlewares.urllength.UrlLengthMiddleware': 800,
'scrapy.spidermiddlewares.depth.DepthMiddleware': 900

其中，中间件的数字越小，它越接近 Scrapy 引擎，数字越大则越接近爬虫。例如，HttpErrorMiddleware 最接近 Scrapy 引擎，而 DepthMiddleware 最接近一个爬虫，如果不能确定自己的自定义中间件应该靠近哪个方向，则可以设置为区间[500,700]中。

2. 爬虫中间件输入/输出

在爬虫中间件中，还有两个方法可用于输入/输出操作。

（1）process_spider_input(response, spider)

当 response 通过爬虫中间件时，该方法被调用，用于处理该 response。

参数说明：

● response：被处理的 Response 对象。

● spider：该 response 对应的 Spider 对象。

process_spider_input()应该返回 None 或者抛出一个异常。如果返回 None，Scrapy 将会继续处理该 response，调用所有其他的中间件直到爬虫处理该 response。如果产生异常，Scrapy 将不会调用任何其他中间件的 process_spider_input()方法，而是调用 request 的 errback。

（2）process_spider_output(response, result, spider)

当 spider 处理 response 返回 result 时，该方法被调用。process_spider_output()必须返回包含 Request、字典或 Items 对象的可迭代对象（iterable）。

参数说明：

● response：生成该输出的 Response 对象。

● result：spider 返回的 result（包含 Request、字典或 Items 对象的可迭代对象（iterable））。

● spider：结果被处理的 Spider 对象。

在 process_spider_output()方法中可以进一步对 Items 或者请求进行修改。参数 result 是爬虫获取的 Items 或者 scrapy.Request()。由于 yield 得到的是一个生成器，生成器是可以迭代的，因此 result 也是可以迭代的，可以使用 for 循环将其展开。以下给出此方法的常见结构：

```
def process_spider_output(response, result, spider):
    for item in result:
        if isinstance(item, scrapy.Item):
            print('将item提交给pipeline')
            yield item
```

在上述代码中，当 isinstance(item, scrapy.Item)的条件满足时，将提交给 Item Pipeline 的 Items 进行各种操作，同时利用 print 语句输出提示。如果需要对请求进行监控和修改，则也可以利用下面的程序实现：

```
def process_spider_output(response, result, spider):
    for request in result:
        if not isinstance(request, scrapy.Item):
            print('现在可以修改请求对象了')
```

```
request.meta['request_start_time'] = time.time()
yield request
```

在上述代码中，当 not isinstance(request, scrapy.Item)的条件满足时，将按照要求对请求进行各种修改操作。

6.7 Scrapy 实例

6.7.1 具体功能分析

本实例的目标是获取豆瓣读书 Top100 书籍的信息，包含书名、作者、出版社、价格、星级和评价数量等。爬取的目标网址为 https://book.douban.com/top250，可以在浏览器中打开该网页，如图 6-45 所示。网页源代码如图 6-46 所示。

图 6-45　目标网站

图 6-46　网页源代码

由图 6-45 中可以看到每页显示 25 本书籍。如果需要获取前 100 本书籍，则需要访问前 4 页的网址，以下是每一页的网页链接：

https://book.douban.com/top250?start=0	#首页
https://book.douban.com/top250?start=25	#第 2 页
https://book.douban.com/top250?start=50	#第 3 页

```
https://book.douban.com/top250?start=75    #第 3 页
```

由图 6-46 可知，每一本书信息的源代码结构都是相似的，因此，可以使用 Scrapy 框架实现批量的重复爬取操作。

首先，可以定位所有的书籍，它们均属于：<div class="article">(图 6-46 中第 230 行)内部的 <div class="indent">(第 231 行)中的 1 个<div class="item">(第 241 行)，于是，全部书籍的集合可以表示为：

```
find_all = response.xpath('//div[@class="article"]/div[@class="indent"]/table/tr[@class="item"]')
```

然后针对每一本书，分别获取书名、作者、出版社、价格、星级和评价数量的 XPath 表达方法：

```
title = section.xpath("td[2]/div[@class='pl2']/a/text()").extract_first().strip()
author = section.xpath("td[2]/p[@class='pl']/text()").extract()[0].strip().split('/')[0]
publisher = section.xpath("td[2]/p[@class='pl']/text()").extract()[0].strip().split('/')[-3]
price = section.xpath("td[2]/p[@class='pl']/text()").extract()[0].strip().split('/')[-1]
rating = section.xpath("td[2]/div[@class='star clearfix']/span[@class='rating_nums']/text()").extract_first()
number_of_comments = section.xpath("td[2]/div[@class='star clearfix']/span[@class='pl']/text()").extract_first().strip('\n )(')
```

将上述内容添加到 Items 中，传递给 Item Pipeline 进行后续的处理。于是有：

```
item['title'] = title
item['author'] = author
item['publisher'] = publisher
item['price'] = price
item['rating'] = rating
item['number_of_comments'] = number_of_comments
```

6.7.2 具体代码实现

1. 新建项目

进入自定义的项目中，运行下列命令：

```
> scrapy startproject spiderbook100
```

此时会在当前目录中创建一个名为 spiderbook100 的文件夹，同时在文件夹内自动产生工程相关文件。

2. 定义 Items

打开 spiderbook100 目录下的 items.py 文件，根据从目标网站上获取到的数据，对 Items 进行建模。items.py 文件内容如下所示：

```
# -*- coding: utf-8 -*-
# Define here the models for your scraped items
# See documentation in:
# https://docs.scrapy.org/en/latest/topics/items.html
import scrapy
class spiderbook100Item(scrapy.Item):
    # define the fields for your item here like:
    title = scrapy.Field()
    author = scrapy.Field()
    publisher = scrapy.Field()
    price = scrapy.Field()
    rating = scrapy.Field()
```

```
        number_of_comments = scrapy.Field()
```

3. 制作爬虫

在 spiderbook100/spider 目录下创建一个名为 spiderbook100 的爬虫，并指定爬取域的范围：book.douban.com，执行以下命令：

```
> cd  spiderbook100
> scrapy  genspider  spiderbook100  book.douban.com
```

命令执行完毕后，打开 spiderdemo/spider 目录下的 spiderbook100.py 文件，继续修改其中的内容：

```python
# -*- coding: utf-8 -*-
import scrapy
from spiderbook100.items import Spiderbook100Item
class Spiderbook100Spider(scrapy.Spider):
    name = 'spiderbook100'
    allowed_domains = ['douban.com']
start_urls =
['https://book.douban.com/top250',
'https://book.douban.com/top250?start=25',
'https://book.douban.com/top250?start=50',
'https://book.douban.com/top250?start=75']
    def parse(self, response):
        item = Spidertop250Item()
        find_all = response.xpath('//div[@class="article"]/div[@class="indent"]/table/tr[@class="item"]')
        for section in find_all:
            try:
                title = section.xpath("td[2]/div[@class='pl2']/a/text()").extract_first().strip()
                author = section.xpath("td[2]/p[@class='pl']/text()").extract()[0].strip().split('/')[0]
                publisher = section.xpath("td[2]/p[@class='pl']/text()").extract()[0].strip().split('/')[-3]
                price = section.xpath("td[2]/p[@class='pl']/text()").extract()[0].strip().split('/')[-1]
                rating = section.xpath("td[2]/div[@class='star clearfix']/span[@class='rating_nums']/text()").extract_first()
                number_of_comments = section.xpath("td[2]/div[@class='star clearfix']/span[@class='pl']/text()").extract_first().strip('\n )(')
                item['title'] = title
                item['author'] = author
                item['publisher'] = publisher
                item['price'] = price
                item['rating'] = rating
                item['number_of_comments'] = number_of_comments
                print(item)
            except:
                print('error')
                pass
```

4. 配置爬虫

为了不被反爬机制拦截，需要设置代理信息。打开 settings.py 文件，在其中添加常用的 UA 信息：

```
DEFAULT_REQUEST_HEADERS = {
    'User-Agent':'Mozilla/5.0 (Windows NT 10.0; Win64; x64) AppleWebKit/537.36 (KHTML, like Gecko)
```

Chrome/70.0.3538.110 Safari/537.36'
}

在完成上述文件的修改后，启动 Spider：
> scrapy   crawl   spiderbook100

此时开始进行指定数据的爬取。此时获得的信息较多，如图 6-47 所示，图中仅列出了部分内容。

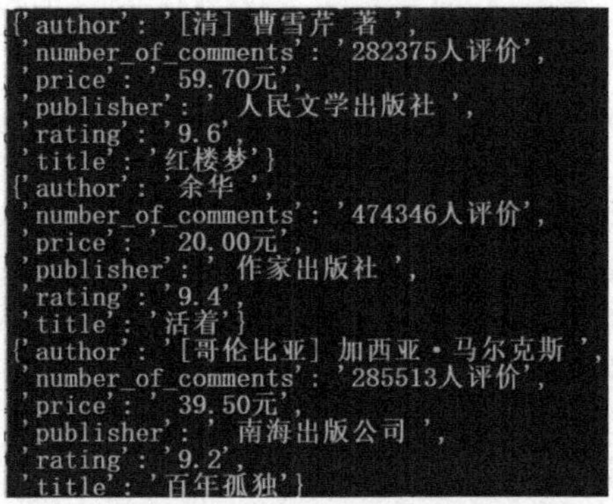

图 6-47 运行结果

本 章 小 结

本章介绍了 Scrapy 框架简介与安装、Scrapy 命令行工具、选择器、Scrapy 项目开发、Item Pipeline、中间件等内容。此外，本章还提供了 Scrapy 框架的应用实例，实现对于批量网页数据的爬取，在对实例进行深刻剖析的基础上，给出了代码的分析和实现过程。其中，Scrapy 命令行工具、选择器、Scrapy 项目开发、Item Pipeline 等是本章的重点。

在 Scrapy 框架简介与安装中，介绍了 Scrapy 框架简介、Scrapy 运行机制和 Scrapy 安装方法。其中，Scrapy 安装方法是本节的重点内容。

在 Scrapy 命令行工具中，介绍了全局命令和 Project-only 命令。通过本节内容掌握命令行工具的基本使用规则、语法及相关条件。

在选择器中，介绍了选择器简介、选择器基础、结合正则表达式、嵌套选择器等内容，其中涉及 XPath 和 CSS 两种方法的使用是本节的重点内容。

在 Scrapy 项目开发中，介绍了开发 Scrapy 项目的具体流程，包括新建项目、定义 Items、制作爬虫、爬取数据、使用 Items 等，本节的目标是针对具体的网站信息，有针对性地实现数据爬取。

在 Item Pipeline 中，主要介绍了 Item Pipeline 的基本结构和基础应用流程。

在中间件中，主要介绍了两种常用的中间件：下载器中间件和爬虫中间件，其中中间件的有效性和激活方式是本节的重点。

在 Scrapy 应用实例中，以一个实际案例作为引导，介绍 Scrapy 框架在生产环境下批量获取结构化信息的解决方案和实现思路。

习　题

1. 选择题

（1）在数据采集过程中，Scrapy 框架的组件不包括（　　）。

A．调度器（Scheduler）　　　　B．下载器（Downloader）　　　　C．BS4　　　　D．爬虫（Spider）

（2）在数据采集过程中，制作 Scrapy 爬虫的步骤，不包括（　　）。
A．新建爬虫标准　　　　　　B．新建项目　　　　　　C．明确目标　　　　　　D．获取内容
（3）关于 Scrapy 的说法，错误的是（　　）。
A．无法爬取结构化数据　　　B．通用的网络爬取框架　C．高层次　　　　　　　D．用途广泛
（4）在 Scrapy 中，startproject 命令用于（　　）。
A．新建爬虫　　　　　　　　B．创建项目　　　　　　C．定义 Items　　　　　D．使用 Items

2．填空题

（1）在 Scrapy 中，可以利用_____命令来显示某个命令的帮助。
（2）指令"scrapy shell https://movie.douban.com/subject/1292052/"实现的功能是_____。
（3）在 Scrapy 中，Spider 是用户编写用于从指定网站爬取数据的类，其内部包含的内容有_____、_____、_____。
（4）从网页中爬取数据有很多方法，Scrapy 使用_____和_____机制爬取数据。
（5）在 Scrapy 中有两种中间件：_____和_____，使用中间件可以开发出适应不同情况的爬虫。

3．简述 Scrapy 爬虫的主要架构。

4．简述 Scrapy 爬虫的工作流程。

5．新建一个爬虫项目 spiderdemo，该项目目录中各个文件的功能是什么？

6．针对一个完整的 Spider，需要为其定义哪些属性？

7．简述 Item Pipeline 的主要作用。

8．综合题。

使用 Scrapy 框架，爬取豆瓣电影票-天津城市网站中的全部电影列表，解析页面中关于电影的相关信息（电影名、电影 ID、电影演员、电影导演等）。目标网址为 https://movie.douban.com/cinema/nowplaying/tianjin/。

第7章 数据存储

本书前6章主要介绍了大数据的采集技术,从本章开始,介绍大数据的另一关键技术——大数据存储技术。在大数据时代的背景下,海量数据的整理成为各个行业急需解决的问题。随着云计算、物联网等的快速发展,多样化已经成为数据信息的一项显著特点。为了充分发挥数据的应用价值,有效存储已经成为人们关注的热点。

本章在大数据的采集技术上探讨海量数据的存储方案,基于数据的不同特点,从多个角度、多个层次对大数据的存储和管理进行介绍。

7.1 数据存储简介

7.1.1 现代数据存储的挑战

1. 大数据概况

相对传统数据,大数据在数据体量、增长速度、数据形式、价值上都有着显著的区别:

- 当传统数据还在考虑数据的吞吐量从以 GB 为单位到以 TB 为单位时,大数据早已跃升到了 PB 以上单位的时代;
- 相对增长稳定的传统数据,在万物互联时代,大数据正在以年增长率超过 60% 的速度快速膨胀;
- 区别于以结构化数据为主的传统数据,图像、声音、文本等各种非结构化数据正在填充着大数据的数据仓库;
- 随着各地大数据交易中心的建立,大数据时代的数据资产化正渐入佳境,数据价值快速提升。

目前,大数据行业面临着严峻的数据存储管理问题,主要体现为:

(1)存储规模大

大数据的一个显著特征就是数据量大,起始计算量单位至少是 PB,甚至会采用更大的单位(EB 或 ZB),导致存储规模相当大。

(2)种类和来源多样化,存储管理复杂

目前,大数据主要来源于搜索引擎服务、电子商务、社交网络、音/视频、在线服务、个人数据业务、地理信息数据、传统企业、公共机构等领域。因此数据呈现方法众多,可以是结构化、半结构化和非结构化的数据形态,不仅使原有的存储模式无法满足大数据时代的需求,而且使存储管理更加复杂。

(3)对数据服务的种类和水平要求高

大数据的价值密度相对较低,而数据增长速度快、处理速度快、时效性要求高,在这种情况下如何结合实际的业务,有效地组织管理、存储数据,如何从海量数据中挖掘其更深层次的数据价值等问题亟待解决。

大规模的数据资源蕴含着巨大的社会价值,对社会管理、企业决策和个人生活将带来巨大的作用与影响,因此如何提高对大数据资源的存储和整合能力,实现从大数据中发现、挖掘出有价值的信息和知识，是当前大数据存储和处理所面临的挑战。

2．NoSQL 数据库

NoSQL 数据库就是为了解决大规模数据集中多重数据种类所带来的挑战，它是基于大数据应用方向而产生的。NoSQL 仅仅是一个概念，泛指非关系型数据库。区别于关系数据库，NoSQL 数据库不保证关系数据的事务特性。

NoSQL 数据库有如下优点：
- 易扩展；
- 种类繁多，消除关系数据库的关系型特性；
- 数据之间无关系；
- 大数据量；
- 非常高的读写性能，尤其在大数据量下；
- 数据库的结构简单。

NoSQL 数据库主要分为以下 4 大类别。

（1）键值（Key-Value）数据库

键值数据库中使用哈希表作为操作对象，表中有一个特定的键和一个指针指向特定的数据。键值数据库的优势在于简单、易部署。常见的键值数据库有 Tokyo Cabinet/Tyrant、Redis、Voldemort、Oracle。

（2）列式存储数据库

列式存储数据库通常用来应对分布式存储的海量数据。键仍然存在，但是 1 个键指向了多个列。这些列是由列簇来安排的。常见的列式存储数据库有 Cassandra、HBase、Riak 等。

（3）文档型数据库

文档型数据库的数据模型是版本化的文档，半结构化的文档以特定的格式存储，比如 JSON 等格式。文档型数据库是键值数据库的升级版，在处理复杂网页数据时，文档型数据库比键值数据库的查询效率更高。常见的文档型数据库如 CouchDB、MongoDB 等。

（4）图形（Graph）数据库

图形数据库使用灵活的图形模型，并且能够扩展到多个服务器上。它没有标准的查询语言（SQL），因此进行数据库查询时，需要先制定数据模型。常见的图形数据库有 Neo4J、InfoGrid、Infinite Graph 等。

本章主要针对爬取获得的结构化数据进行不同形式的存储，保留传统的文件存储方式，例如 CSV 文件存储、Excel 文件存储、JSON 文件存储和普通文本存储等，同时新增 MongoDB 等 NoSQL 数据库，读者可以通过实践练习对比两种不同存储方式的异同之处。

7.1.2　常用工具

在对数据读写时，我们经常基于 Python 的第三方工具辅助完成，这些工具使用简单、效率很高。本节主要介绍常用的数据分析和存储工具——Pandas。

Pandas 是为了解决数据分析任务而创建的，它纳入了大量的计算库和一些标准的数据模型，提供了快速、便捷处理数据的函数和方法。

Pandas 中提供了以下几种常用的数据结构。
- Series：一维数组，与 Python 中的 List 相近。Series 能保存不同种类的数据类型，如字符串、bool 值、数字等。
- Time-Series：以时间为索引的 Series。

● DataFrame：二维表格型数据结构，可以将 DataFrame 视为 Series 的容器。
● Panel：三维数组，可以视为 DataFrame 的容器。
● Panel4D：类似 Panel 的四维数据容器。
● PanelND：拥有 factory 集合，可以创建类似 Panel4D 的 N 维容器。

在 Pandas 中，最常见的数据结构是 Series 和 DataFrame，它们在金融、统计、社会科学、工程等领域中应用广泛，而且具备以下特点。

● 处理浮点与非浮点数据中的缺失数据，表示为 NaN。
● 大小可变：插入或删除 DataFrame 等多维对象的列。
● 自动、显式数据对齐：显式地将对象与一组标签对齐，也可以忽略标签，在 Series、DataFrame 计算时自动与数据对齐。
● 强大、灵活的分组功能：拆分-应用-组合数据集，聚合、转换数据。
● 将不规则、不同索引的数据转换为 DataFrame 对象。
● 基于智能标签，对大型数据集进行切片、花式索引、子集分解等操作。
● 直观地合并、连接数据集。
● 灵活地重塑、透视数据集。
● 支持结构化标签数轴：一个刻度支持多个标签。
● 成熟的输入/输出工具：可以读取文本文件、Excel 文件、数据库等来源的数据，利用 HDF5 格式保存、加载数据。
● 时间序列：支持日期范围生成、频率转换、移动窗口统计、移动窗口线性回归、日期位移等时间序列功能。

由于 Pandas 是第三方工具，因此未包含在 Python 的标准库中，需要用户自行安装。下面主要介绍在 Windows 平台上安装 Pandas 的方法。可以直接通过 pip 工具进行在线安装，命令如下：

```
> pip install pandas
```

如图 7-1 所示，输入命令后，开始下载并安装 Pandas。由于 Pandas 在安装时有一些依赖库的关联，因此 pip 工具将联网自动下载安装相关的包。当安装完成后，自动退出安装环境，并提示【Successfully installed panda ***】，说明已经安装完成 Pandas 库。如果输入命令后，提示【Required already satisfied …】，说明此时已经安装过 Pandas 库，无须再次进行安装。

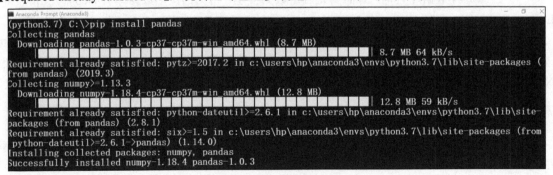

图 7-1 初次安装 Pandas

下面需要验证 Pandas 库的安装是否正确，在 Anaconda Prompt(Anaconda3)工具中输入命令 python，进入 Python 环境，然后在光标处输入命令 import pandas，按回车键。如果系统没有任何的提示，如图 7-2 所示，则说明此时的安装是正确的；如果出现错误提示，则代表安装存在问题，需要仔细检查安装的命令是否正确，或者卸载 Pandas（输入命令 pip uninstall pandas），进行第二次安装。

```
(python3.7) C:\>python
Python 3.7.0 (default, Jun 28 2018, 08:04:48) [MSC v.1912 64 bit (AMD64
)] :: Anaconda, Inc. on win32
Type "help", "copyright", "credits" or "license" for more information.
>>> import pandas
>>>
```

图 7-2　测试 Pandas 库

7.2　文本文件存储

文本文件的处理过程涉及文件的读、写、编码处理等操作，这是学习数据存储的必备知识。

7.2.1　文本数据的读写

使用 Python 读写文本数据，需要使用 open()方法。Python 中的 open()方法用于打开一个文件，并返回文件对象。在对文件进行处理过程都需要使用到这个方法，如果该文件无法被打开，则会抛出 OSError。需要注意的是，使用 open()方法打开文件后，一定不要忘记关闭文件对象，即结束文件的使用时调用 close()方法。

open()方法的语法格式为：

open(file, mode='r', buffering=-1, encoding=None, errors=None, newline=None, closefd=True, opener=None)

参数说明：
- file：必备，文件路径（相对或者绝对路径）。
- mode：可选，文件打开模式。
- buffering：设置缓冲区。
- encoding：编码方式，一般使用 UTF8。
- errors：报错级别。
- newline：区分换行符。
- closefd：传入的 file 参数类型。

其中，常见的 mode 模式如表 7-1 所示。在调用 open()方法时，默认为文本模式，如果需要以二进制模式打开文件，则需要加上"b"选项。

表 7-1　常见 mode 模式

模式	描述
t	文本模式（默认）
x	写模式，新建一个文件。如果该文件已存在，则会报错
b	二进制模式
+	打开一个文件进行更新（可读可写）
r	以只读方式打开文件（默认）。文件的指针将在文件的开头
r+	打开一个文件用于读写。文件的指针将在文件的开头
w	打开一个文件只用于写入。如果该文件已存在，则打开文件，并从开头开始编辑，即原有内容会被删除。如果该文件不存在，创建新文件
a	打开一个文件用于追加。如果该文件已存在，文件的指针将会在文件的结尾。如果该文件不存在，创建新文件进行写入

需要注意的是，如果在 Windows 中创建文件，并且使用 UTF8 打开文件时出现了乱码，则可以把编码格式调整为 GBK。使用 open()方法创建文件对象之后，就可以使用这个文件对象进行读写操作。以下是一些常见的方法。

（1）read([size])

read()方法用于从文件读取指定的字节数，如果未给定字节数，则读取所有内容。

参数说明：

● size：从文件读取的字节数。

返回值：从字符串中读取的字节。

（2）readline([size])

readline()方法用于从文件读取整行，包括"\n"字符。如果指定了一个非负的参数，则返回指定大小的字节数，包括"\n"字符。

其中的参数和返回值与read()方法相同，这里不再赘述。

（3）readlines()

readlines()方法用于读取所有行（直至遇到结束符EOF）并返回列表，该列表可以由Python的"for...in..."结构进行处理。如果遇到结束符EOF，则返回空字符串。此方法没有参数。

返回值：返回列表，其中包含所有的行。

（4）write(str)

write()方法用于向文件中写入指定字符串。在文件关闭前或缓冲区刷新前，字符串内容存储在缓冲区中，这时在文件中是看不到写入内容的。

参数说明：

● str：要写入文件的字符串。

返回值：实际写入的字符长度。

需要注意的是，如果文件以二进制的模式打开，那么在写入文件内容时，str要用encode()方法转为bytes类型，否则程序运行会报错。

（5）writelines(sequence)

writelines()方法用于向文件中写入字符串序列。这一字符串序列可以是由迭代对象产生的，例如一个字符串列表。

参数说明：

● sequence：要写入文件的字符串序列。

该方法没有返回值。

（6）close()

close()方法用于关闭一个已打开的文件。关闭后的文件不能再进行读写操作，否则会触发ValueError错误。close()方法允许调用多次。

使用close()方法关闭文件是一个很好的习惯。当文件对象被引用到操作另外一个文件时，Python会自动关闭之前的文件对象。

close()方法的使用非常简单，它既没有参数，也没有返回值。

下面给出一个实例，用于爬虫数据的简单文本读写。

【例7-1】存储豆瓣电影票-天津城市网站中的全部电影列表至本地文件file.txt中，目标数据源网址https://movie.douban.com/cinema/nowplaying/tianjin/。程序如下：

```
import requests
from bs4 import BeautifulSoup
f = open("file.txt","a+",encoding="GBK")
url ="https://movie.douban.com/cinema/nowplaying/tianjin/"
headers={'User-Agent': 'Mozilla/5.0 (Windows NT 6.1; Win64; x64) AppleWebKit/537.36 (KHTML, like Gecko) Chrome/79.0.3945.88 Safari/537.36'}
```

```
response = requests.get(url,headers=headers)
content = response.text
soup =BeautifulSoup(content,'html.parser')
nowplaying_movie_list = soup.find_all('li',class_='list-item')
movies_info=[]
for item in nowplaying_movie_list:
    nowplaying_movie_dict = {}
    nowplaying_movie_dict['title']=item['data-title']
    nowplaying_movie_dict['id']=item['id']
    nowplaying_movie_dict['actors']=item['data-actors']
    nowplaying_movie_dict['director']=item['data-director']
    movies_info.append(nowplaying_movie_dict)
for items in movies_info:
    text = items['title'] + '   '+items['id'] + '   '+items['actors'] + '   '+items['director'] + '\n'
    line = f.write(text)
f.close()
```

在本例中，数据的解析过程源自 4.4.1 节，此处不再赘述。在其中添加 f = open("file.txt", "a+",encoding="GBK")，打开了一个名为 file.txt 的文件，因为涉及中文，可能产生乱码，因此采用 GBK 编码格式。然后，开始利用 BeautifulSoup 进行数据的爬取和解析，将全部数据存储在 movies_info 中。在程序的最后，利用 for 循环语句将 movies_info 中的数据依次取出，再利用 write()写入文本文件中，最后利用 close()关闭文件。

程序运行结束后，会在当前目录下生成一个新文件：file.txt，文件内容如图 7-3 所示。可以看出，网络中获取的数据成功地保存到文本文件中。

```
82号古宅    30468745    葛天 / 扈天翼 / 黄心娣    袁杰
亲亲哒    34933879    马良博一 / 卢小路 / 尹恒    马雍
奇妙王国之魔法奇缘    34922185    卢瑶 / 张洋 / 陈新玥    陈设
六月的秘密    30216731    郭富城 / 苗苗 / 吴建飞    王旸
秘密访客    30378158    郭富城 / 段奕宏 / 张子枫    陈正道
我想静静    26667275    余少群 / 王心凌 / 谭佑铭    张坚庭
无名狂    27131969    张晓晨 / 隋咏良 / 上白    李云波
灭绝    26871938    迈克尔·佩纳 / 丽兹·卡潘 / 伊瑟尔·布罗萨德    本·扬
美丽人生    1292063    罗伯托·贝尼尼 / 尼可莱塔·布拉斯基 / 乔治·坎塔里尼    罗伯托·贝尼尼
理查德·朱维尔的哀歌    25842038    保罗·沃尔特·豪泽 / 山姆·洛克威尔 / 凯西·贝茨    克林特·伊斯特伍德
变身特工    27000084    威尔·史密斯 / 汤姆·赫兰德 / 拉什达·琼斯    尼克·布鲁诺 特洛伊·奎safn
紫罗兰永恒花园外传：永远与自动手记人偶    33424345    石川由依 / 茅原实里 / 远藤绫    藤田春香
坂本龙一：终曲    26984189    坂本龙一 史蒂芬·野村·斯奇博
鲨海逃生    27186353    尼娅·朗 / 约翰·考伯特 / 苏菲·奈丽丝    约翰内斯·罗伯茨
为家而战    26971054    道恩·强森 / 弗洛伦丝·皮尤 / 杰克·劳登    斯戴芬·莫昌特
```

图 7-3　例 7-1 文件内容

【例 7-2】从本地文件 file.txt 中加载数据。

在例 7-1 的基础上，将生成的本地文件 file.txt 读入，程序如下：

```
f = open("file.txt","r+",encoding="GBK")
line = f.read()
print(line)
f.close()
```

读取本地数据的程序比较简单，只需要用 open()方法打开文件，然后用 read()方法读取文件内容即可。将读取到的内容直接输出在屏幕上，如图 7-4 所示。

还可以将上述程序修改为：

```
f = open("file.txt","r+",encoding="GBK")
lines = f.readlines()
for line in lines:
```

```
    print(line)
f.close()
```

在上述程序中,以行为单位,一次性取出文件全部内容,然后,利用循环语句逐行输出,输出结果与图 7-4 相似,这里不再展示。

```
82号古宅      30468745    葛天   / 扈天翼 / 黄心娣   袁杰
亲亲哒       34933879    马良博一 / 卢小路 / 尹恒   马雍
奇妙王国之魔法奇缘  34922185    卢瑶   / 张洋   / 陈新玥  陈设
六月的秘密     30216731    郭富城  / 苗苗   / 吴建飞  王暘
秘密访客      30378158    郭富城  / 段奕宏  / 张子枫  陈正道
我想静静      26667275    余少群  / 王心凌  / 谭佑铭  张坚庭
无名狂       27131969    张晓晨  / 隋咏良  / 上白   李云波
```

图 7-4 例 7-2 文件内容

7.2.2 CSV 数据的读写

1. CSV 格式简介

CSV(Comma-Separated Values,逗号分隔值,也称为字符分隔值)文件以纯文本形式存储表格数据(数字和文本)。纯文本意味着该文件是一个字符序列,不包含二进制数字。CSV 文件由任意数量的记录组成,记录之间以某种换行符分隔;每条记录由字段组成,字段间的分隔符是其他字符或字符串,最常见的是逗号或制表符。通常,所有记录都有完全相同的字段序列。

很多程序在处理数据时都会碰到 CSV 文件,CSV 文件主要包含以下特点:
- 读出的数据一般为字符类型,如果是数字类型,则需要人工转换为数字;
- 以行为单位读取数据;
- 列之间以半角逗号或制表符为分隔,一般为半角逗号;
- 一般地,每行开头不空格,第一行是属性列,数据列之间以间隔符为间隔,无空格,行之间无空行。此外,也可以无属性列。

由于 CSV 文件的小巧和灵活,目前使用非常广泛,但没有通用的标准,因此在处理 CSV 文件时通常有多种解决方案,常见的方案有使用内置 CSV 模块或者 Pandas 等。

2. 利用内置 CSV 模块实现读写操作

首先介绍 Python 自带的 CSV 模块中最常用的一些方法。

(1) reader()

reader(csvfile, dialect='excel', **fmtparams)

reader()方法用于读取 CSV 文件的全部内容。

参数说明:
- csvfile:支持迭代(Iterator)的对象,可以是文件(file)对象或者列表(list)对象。如果是文件对象,打开时则需要加"b"标志参数。
- dialect:编码风格,默认为 Excel 的风格,也就是用逗号(,)分隔。dialect 方式支持自定义,通过调用 register_dialect()方法来注册。
- fmtparam:格式化参数,用来覆盖之前 dialect 对象指定的编码风格。

(2) writer()

writer(csvfile, dialect='excel', **fmtparams)

writer()方法用于向 CSV 文件中写入数据。

其参数与 reader()方法中含义相同,这里不再赘述。

（3）DictReader()

DictReader(f, fieldnames=None, restkey=None, restval=None, dialect='excel', *args, **kwds)

DictReader()方法的功能是：以字典的形式读取 CSV 文件的行。此时将产生一个文件对象，该对象的操作类似于常规的读写，但将读取的信息映射到字典中，字典中的键由可选的 fieldnames 参数给定。

参数说明：
- f：待读取的文件对象。
- fieldnames：指定键，默认为 None。
- restkey：指定默认 key，默认为 None。
- restval：指定默认 value，默认为 None。
- dialect：编码风格，默认为 Excel 的风格。

（4）DictWriter()

DictWriter(f, fieldnames, restval='', extrasaction='raise', dialect='excel', *args, **kwds)

DictWriter()方法的功能是：创建一个字典形式的 CSV 对象，该对象的操作类似于常规写入程序，但是需要将字典映射到输出行中。

参数说明：
- f：待写入的文件对象。
- fieldnames：指定键，默认为 None。
- restval：指定默认 value，默认为 None。
- dialect：编码风格，默认为 Excel 的风格。
- extrasaction：在写入数据的字典中，如果字段名找不到对应的键，则此参数将执行操作；如果设置为 raise，则会引发 valueError；如果设置为 ignore，则字典中的额外值将被忽略。

需要注意的是，writer()和 DictWriter()方法具有相似的属性，例如：
- writerow()：将行参数写入文件对象，根据当前的风格格式化。
- writerows(row)：将 row 中的所有元素、行对象的迭代写入文件对象。
- dialect：解析器使用的方言。

但是，这两个方法还有一些差异，例如 DictWriter()中还提供了一个方法：DictWriter.writeheader()：写入一行字段名，它只适用于 DictWriter 对象。

下面给出一个实例，用于爬取数据的文本文件读写。

【例 7-3】与 7.2.1 节实现的功能相同，本例的要求是存储豆瓣电影票-天津城市网站中的全部电影列表至本地文件 film.csv 中，目标数据源网址 https://movie.douban.com/cinema/nowplaying/tianjin/。使用 DictWriter()和 writer()方法分别完成这个工作，使用 DictWriter()方法实现的程序如下：

```
import requests
from bs4 import BeautifulSoup
import csv
f = open("film.csv","a+",encoding="GBK")
fieldnames=['title','id','actors','director']
writer=csv.DictWriter(f,fieldnames=fieldnames)
writer.writeheader()
url ="https://movie.douban.com/cinema/nowplaying/tianjin/"
headers={'User-Agent': 'Mozilla/5.0 (Windows NT 6.1; Win64; x64) AppleWebKit/537.36 (KHTML, like Gecko) Chrome/79.0.3945.88 Safari/537.36'}
```

```
response = requests.get(url,headers=headers)
content = response.text
soup =BeautifulSoup(content,'html.parser')
nowplaying_movie_list = soup.find_all('li',class_='list-item')
movies_info=[]
for item in nowplaying_movie_list:
    nowplaying_movie_dict = {}
    nowplaying_movie_dict['title']=item['data-title']
    nowplaying_movie_dict['id']=item['id']
    nowplaying_movie_dict['actors']=item['data-actors']
    nowplaying_movie_dict['director']=item['data-director']
    movies_info.append(nowplaying_movie_dict)
for items in movies_info:
    writer.writerow({'title':items['title'],'id':items['id'],'actors':items['actors'],'director':items['director']})
f.close()
```

在本例中，数据的解析过程源自 4.4.1 节，此处不再赘述。首先导入 CSV 文件，然后在其中添加 f = open("film.txt","a+",encoding="GBK")，打开了名为 film.txt 的文件，同样涉及中文，可能产生乱码，因此采用 GBK 编码格式。

fieldnames=['title','id','actors','director']用于设置表头信息，然后利用 DictWriter()方法产生一个文件对象 writer，同时将表头 fieldnames 传入其中，通过 writeheader()方法写入表头。

然后，利用 BeautifulSoup 进行数据的爬取和解析，将全部数据存储在 movies_info 中。在程序的最后，利用 for 循环语句将 movies_info 中的数据依次取出，构造字典的形式，利用 writer.writerow 将数据写入文本文件中，最后利用 close()方法关闭文件。

程序运行结束后，会在当前目录下生成一个新文件：film.txt，文件内容与图 7-3 相同，这里不再展示。

使用 writer()方法实现流程与 DictWriter()方法相似，这里省略了 for 循环解析代码的过程，具体程序如下：

```
import requests
from bs4 import BeautifulSoup
import csv
f = open("film2.csv ","a+",encoding="GBK")
fieldnames=['title','id','actors','director']
writer=csv.writer(f)
writer.writerow(fieldnames)
url ="https://movie.douban.com/cinema/nowplaying/tianjin/"
headers={'User-Agent': 'Mozilla/5.0 (Windows NT 6.1; Win64; x64) AppleWebKit/537.36 (KHTML, like Gecko) Chrome/79.0.3945.88 Safari/537.36'}
response = requests.get(url,headers=headers)
content = response.text
soup =BeautifulSoup(content,'html.parser')
nowplaying_movie_list = soup.find_all('li',class_='list-item')
movies_info=[]
for item in nowplaying_movie_list:
……
for items in movies_info:
    writer.writerow([items['title'],items['id'],items['actors'],items['director']])
f.close()
```

在本例中，利用writer()方法产生了一个文件对象writer，通过writerow()方法写入了表头。在程序的最后，将爬取的数据构造成list的形式，然后利用writerow()将数据写入文本文件中，最后利用close()方法关闭文件。输出结果与图7-3相同，这里不再展示。

与写操作相比较，读操作比较简单。使用DictReader()方法读取CSV文件内容的代码如下所示：

```
import csv
f = open("film.txt","r+",encoding="GBK")
fieldnames=['title','id','actors','director']
readers=csv.DictReader(f,fieldnames=fieldnames)
for reader in readers:
    print(reader['title'],'',reader['id'],'',reader['actors'],'',reader['director'])
f.close()
```

在本例中，首先导入CSV包，然后利用open()方法以只读的形式打开film.txt文件。利用DictReader()方法读取当前文件的内容，并返回含有文件内容的对象readers。针对readers，需要对其进行for循环遍历操作，进而以字典的形式取出其中的每一个对象。结束操作后，利用close()方法关闭文件。输出结果与图7-4相似，这里不再展示。

3．利用Pandas实现读写操作

在Pandas中，针对CSV文件也提供了对应的读写方法。由于方法中的参数较多，这里仅列举一些常用的参数，详细的Pandas说明文档请参考Pandas的官网 https://pandas.pydata.org/pandas-docs/stable/user_guide/io.html。

（1）read_csv()

read_csv()方法用于将CSV文件的内容取出，生成对应的DataFrame。其语法格式为：

```
read_csv(filepath_or_buffer, header, parse_dates, index_col)
```

参数说明：

- filepath_or_buffer：字符串，或者任何对象的read()方法，也可以是有效的URL或者直接写入"文件名.csv"。
- header：将行号用作列名，而且是数据的开头。
- parse_dates：可以是bool类型、int类型值的列表、列表的列表、字典，默认为False。
- index_col：int类型值。index_col为指定数据中特定列作为DataFrame的行索引，也可以指定多列，形成层次索引。默认为None，即不指定行索引，系统会自动加上行索引。

（2）to_csv()

to_csv()方法是基于DataFrame的写操作，其语法格式为：

```
to_csv(path_or_buf=None,sep=',', na_rep='', float_format=None, columns=None, header=True, index=True, index_label=None, mode='w', encoding=None)
```

参数说明：

- path_or_buf=None：字符串或文件句柄类型，表示路径或对象。如果没有提供此参数，结果将返回为字符串。
- sep：文件分割符号，默认字符为半角逗号（,），可指定任意字符作为分隔符。
- na_rep：将NaN转换为特定值。写入时，NaN会被视为空字符串，可用其他值代替，如 -、/、NULL等。
- columns：选择一部分列的数据写入。保留部分列的数据，而且按照列进行排序。
- header：忽略列名，如果设置为None，则表示不写入列名。

● index：如果设置为 False，则表示不写入索引。

下面继续改写 4.4.1 节的数据爬取程序，这次改写的目标是：使用 Pandas 中的方法实现与 7.2.1 节相同的功能，使用 to_csv()方法实现的程序如下：

```python
import requests
from bs4 import BeautifulSoup
import pandas as pd
import numpy as np
import csv
fieldnames={'title':'title','id':'id','actors':'actors','director':'director'}
df2=pd.DataFrame(fieldnames,index=[0])
df2.to_csv('film_df.csv',header=False,index=None,mode='a')
url ="https://movie.douban.com/cinema/nowplaying/tianjin/"
headers={'User-Agent': 'Mozilla/5.0 (Windows NT 6.1; Win64; x64) AppleWebKit/537.36 (KHTML, like Gecko) Chrome/79.0.3945.88 Safari/537.36'}
response = requests.get(url,headers=headers)
content = response.text
soup =BeautifulSoup(content,'html.parser')
nowplaying_movie_list = soup.find_all('li',class_='list-item')
movies_info=[]
for item in nowplaying_movie_list:
    …
for items in movies_info:
    data1 = {}
    data1 = {'title':items['title'],'id':items['id'],'actors':items['actors'],'director':items['director']}
    df1=pd.DataFrame(data1,index=[0])
    print(df1)
    df1.to_csv('film_df.csv',header=False,index=None,mode='a')
```

在上述实例中，首先导入 Pandas 和 NumPy 包：import pandas as pd，import numpy as np，然后利用 DataFrame(fieldnames,index=[0])方法产生一个表头 DataFrame，通过 to_csv()方法写入表头。这里省略了 for 循环解析代码的过程。此处，利用 BeautifulSoup 进行数据的爬取和解析，将全部数据存储在 movies_info 中。

在程序的最后，利用 for 循环语句将 movies_info 中的数据依次取出，将爬取的数据构造成字典的形式，保存在 data1 中，然后利用 pd.DataFrame(data1,index=[0])，将数据转换为 DataFrame，最后利用 to_csv('film_df.csv',header=False,index=None,mode='a')将数据写入 film_df.csv 中，其中设置 header=False（不写入表头），index=None（不写入索引），mode='a'（追加文件内容）。输出结果与图 7-3 相似，这里不再展示。

与写操作相比较，使用 read_csv()方法读取 CSV 文件比较简单，具体程序如下：

```python
import numpy as np
import pandas as pd
df = pd.read_csv("film_df.csv")
print(df)
```

在上述程序中，直接使用 read_csv()方法将文件读入即可，输出的结果被保存为 DataFrame 类型的对象，输出结果如图 7-5 所示。

图 7-5 输出结果

7.2.3 Excel 数据的读写

Excel 是 Windows 环境下流行的、强大的电子表格应用。直观的界面、出色的计算功能和图表工具，再加上成功的市场营销，使 Excel 成为最流行的个人计算机数据处理软件之一。在 Excel 中，数据的存储分为以下几种形式。

- 工作簿（workbook）：一个 Excel 电子表格文档。
- 工作表（sheet）：每个工作簿可以包含多个表，如 sheet1、sheet2 等。
- 活动表（active sheet）：用户当前查看的表。
- 列（column）：列地址是从 A 开始的。
- 行（row）：行地址是从 1 开始的。
- 单元格（cell）：特定行和列的方格。

值得注意的是，Excel 2003（xls 格式）文件是有大小限制的，即 65536 行、256 列，因此不支持大文件的操作，而 Excel 2007 以上的版本（xlsx 格式）文件的上限为 1048576 行、16384 列，可以支持大文件的操作。

在 Python 中，存在很多模块可以读取和修改 Excel 文件，例如 xlrd、xlwt、openpyxl、XlsxWriter、Pandas 等模块。它们的适用范围不尽相同，如表 7-2 所示。

表 7-2 Excel 模块比较

	XlsxWriter	xlrd	xlwt	openpyxl	Pandas
介绍	创建 xlsx 文件	读取 xls 文件	写入 xls 文件	读写 xlsx、xlsm 文件	读写 xls、xlsx 文件
支持读	×	√	×	√	√
支持写	√	×	√	√	√
支持.xls	×	√	√	×	√
支持.xlsx	√	×	×	√	√
支持大文件	√	×	×	√	√

本节主要介绍 xlrd、xlwt 和 Pandas 模块读写 Excel 文件的方法。

1. 使用 xlrd/xlwt 模块

（1）xlrd 模块

在 Python 中，xlrd 模块是读取 Excel 文件的扩展工具，它可以实现指定表单、指定单元格的读取。在 Python 2.x 版本下，使用 xlrd 扩展包。在 Python 3.x 版本下，需要更新到 xlrd3 扩展包。由于 xlrd 模块是第三方包，并未包含在 Python 的标准库中，需要用户自行安装。在 Windows

平台上安装xlrd模块非常简单，可以直接通过pip工具进行在线安装，命令如下：

> pip install xlrd

如图7-6所示，输入命令后，pip工具将联网自动下载并安装xlrd。当安装完成后，自动退出安装环境，并提示【Successfully installed xlrd***】，说明已经安装完成xlrd文件。如果输入命令后，提示【Required already satisfied…】，说明此时已经安装过xlrd文件，无须再次进行安装。

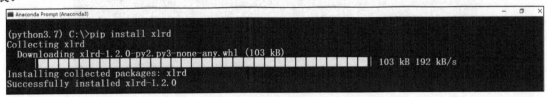

图7-6 安装xlrd模块

在使用xlrd模块时，需要先导入模块（import xlrd）。如果系统没有提示错误，说明此时的安装是正确的。如果出现错误提示，则代表安装存在问题，需要仔细检查安装的命令是否正确，或者卸载后进行第二次安装。

在xlrd模块中，针对xls格式的文件，提供了大量的操作方法，这里仅列举一些常用的方法，详细的说明文档请参考xlrd模块的官网 https://pypi.org/project/xlrd/。

① 打开Excel文件

data = xlrd.open_workbook(filename)

其中，filename为文件名及路径，如果路径或者文件名含有中文字符，则需要添加原生字符"r"。

② 获取workbook中的工作表

table = data.sheets()[0]：通过索引顺序获取，返回一个xlrd.sheet.Sheet()对象。

table = data.sheet_by_index(sheet_indx))：通过索引顺序获取，返回一个xlrd.sheet.Sheet()对象。

table = data.sheet_by_name(sheet_name)：通过名称获取，返回一个xlrd.sheet.Sheet()对象。

names = data.sheet_names()：返回workbook中所有工作表的名字。

data.sheet_loaded(sheet_name or indx)：检查某个sheet是否导入完毕。

③ workbook中行的相关操作

nrows = table.nrows：获取该sheet中的有效行数。

table.row(rowx)：返回由该行中所有的单元格对象组成的列表。

table.row_slice(rowx)：返回由该行中所有的单元格对象组成的列表。

table.row_types(rowx, start_colx=0, end_colx=None)：返回由该行中所有单元格的数据类型组成的列表。

table.row_values(rowx, start_colx=0, end_colx=None)：返回由该行中所有单元格的数据组成的列表。

table.row_len(rowx)：返回该列的有效单元格长度。

④ workbook中列的相关操作

ncols = table.ncols：获取列表的有效列数。

table.col(colx, start_rowx=0, end_rowx=None)：返回由该列所有的单元格对象组成的列表。

table.col_slice(colx, start_rowx=0, end_rowx=None)：返回由该列所有的单元格对象组成的列表。

table.col_types(colx, start_rowx=0, end_rowx=None)：返回由该列所有单元格的数据类型组成的列表。

table.col_values(colx, start_rowx=0, end_rowx=None)：返回由该列所有单元格的数据组成的列表。

⑤ workbook 中单元格的相关操作

单元格是表格中行与列的交叉部分，它是组成表格的最小单位，可拆分或者合并。单个数据的输入和修改都是在单元格中进行的。

table.cell(rowx,colx)：返回单元格对象。

table.cell_type(rowx,colx)：返回单元格中的数据类型。

table.cell_value(rowx,colx)：返回单元格中的数据。

（2）xlwt 模块

在 Python 中，xlwt 是读取 Excel 文件的另一个常用扩展模块，可以实现创建表单、写入指定单元格、指定单元格样式等常见功能，人为使用 Excel 实现的绝大部分写入功能，都可以使用这个扩展包实现。同样地，在 Python 3.x 版本下，需要更新到 xlwt3 扩展包。xlwt 模块同样需要用户单独安装，还是通过 pip 工具进行在线安装，命令如下：

> pip   install   xlwt

如图 7-7 所示，输入命令后，pip 工具将联网自动下载并安装 xlwt 模块。当安装完成后，自动退出安装环境，并提示【Successfully installed xlwt ***】，说明已经安装完成。如果出现错误提示，则说明可以采用与 xlrd 模块相似的处理方法，这里不再赘述。

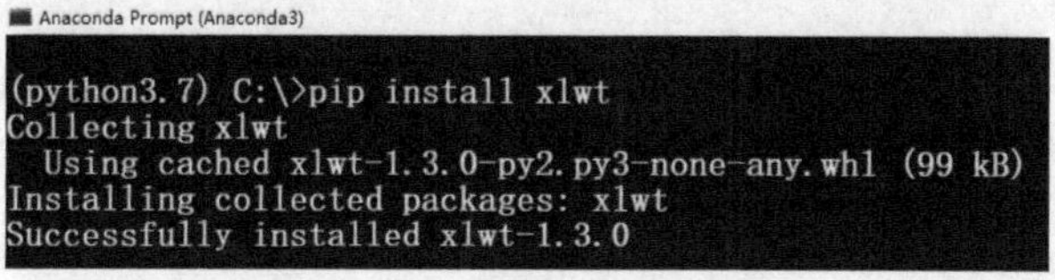

图 7-7 安装 xlwt 模块

在 xlwt 模块中，针对 xls 格式的文件，提供了大量的操作方法，这里仅列举一些常用的方法。

① 工作簿的操作

class xlwt.Workbook.Workbook(encoding='ascii', style_compression=0)：这是一个代表工作簿及其所有内容的类。使用 xlwt 模块创建 Excel 文件时，通常会从实例化此类的对象开始。

add_sheet(sheetname, cell_overwrite_ok=False)：用于在工作簿中创建工作表。

参数说明：

- sheetname：工作表的名称，因为它将显示在 Excel 应用程序底部的选项卡中。
- cell_overwrite_ok：其值为 True 时，如果多次写入，则添加的工作表中的单元格不会引发异常。

save(filename_or_stream)：用于将工作簿保存为本地 Excel 格式的文件。

参数说明：

- filename_or_stream ：包含文件名的字符串，将使用提供的名称将 excel 文件保存到磁盘。它也可以是具有写入方法的流对象，Excel 文件的数据将被写入流中。

② 工作表的操作

Class xlwt.Worksheet.Worksheet(sheetname, parent_book, cell_overwrite_ok=False)：表示工作簿中工作表内容的类。通常，无须创建此类的实例，可以从 add_sheet() 的返回中获得。

write(r, c, label='', style=<xlwt.Style.XFStyle object>): 用于将单元格写入工作簿。

参数说明：

- r：工作表中应将单元格写入行的相对编号。
- c：工作表中应将单元格写入列的相对编号。
- label：要写入的数据内容。

下面给出一个实例，用于爬虫数据的 Excel 数据读写。

【例 7-4】存储豆瓣电影票-天津城市网站中的全部电影列表至本地文件 film_excel.xls 中，目标数据源网址 https://movie.douban.com/cinema/nowplaying/tianjin/。程序如下：

```
# -*- coding:utf-8 -*-
import requests
from bs4 import BeautifulSoup
import chardet
import re
import xlwt
url ="https://movie.douban.com/cinema/nowplaying/tianjin/"
headers={'User-Agent': 'Mozilla/5.0 (Windows NT 6.1; Win64; x64) AppleWebKit/537.36 (KHTML, like Gecko) Chrome/79.0.3945.88 Safari/537.36'}
response = requests.get(url,headers=headers)
content = response.text
soup =BeautifulSoup(content,'html.parser')
nowplaying_movie_list = soup.find_all('li',class_='list-item')
movies_info=[]
for item in nowplaying_movie_list:
……
    movies_info.append(nowplaying_movie_dict)
wbk = xlwt.Workbook()
sheet = wbk.add_sheet('豆瓣电影信息')
title_list = ["电影名称", "上映时间", "豆瓣评分"]
for i in range(len(title_list)):
    sheet.write(0, i, title_list[i])
for j,each in enumerate(movies_info):
    for k,value in enumerate(each):
        print(k,' ',each[value])
        sheet.write(j+1,k,each[value])
wbk.save('film_excel.xls')
```

在上述程序中，首先通过 import xlwt 导入工具包，然后开始数据的爬取工作，这里还是省略了 for 循环解析网页数据的过程。最后，通过 xlwt.Workbook()方法产生一个工作簿，通过 add_sheet 产生一个名为"豆瓣电影信息"的工作表。

接下来，向表中添加表头和相关数据，在循环写入表头的基础上，将数据封装成字典的形式，然后遍历字典中的每一个元素，将对应的值写入 Excel 文件中。程序运行结束后，将在当前目录下新增"film_excel.xls"文件，此文件的内容如图 7-8 所示。

【例 7-5】读取"film_excel.xls"文件的内容。

本例实现的功能与 7.2.2 节中的读取功能相同，程序如下：

```
import xlrd
data = xlrd.open_workbook('film_excel.xls')
print(data.sheet_names()) # 输出所有页的名称
```

```
table = data.sheets()[0] # 获取第一页
table = data.sheet_by_index(0) # 通过索引获得第一页
nrows = table.nrows # 为行数，整型
ncolumns = table.ncols # 为列数，整型
print(type(nrows))
print(table.row_values(0))# 输出第一行值为一个列表
for row in range(nrows):
    print(table.row_values(row))
```

图 7-8 利用 xlwt 模块保存 Excel 文件

在上述程序中，通过 open_workbook('film_excel.xls')打开当前的 Excel 文件，然后利用 data.sheets()[0]获取第 1 个 Sheet。接下来，可以直接通过 table.nrows、table.ncols 获得行数和列数。通过一个 for 循环，遍历第 i 行第 j 列的数据，然后直接输出结果，输出的内容如图 7-9 所示。

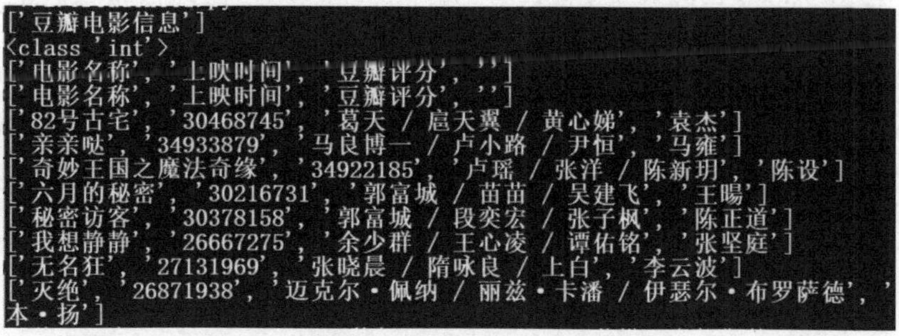

图 7-9 读取 Excel 文件

2. 利用 Pandas 模块实现 Excel 操作

在 Pandas 模块中，read_excel()方法用于读取 xls 文件，而 xlsx 文件是用 xlrd 或者 openpyxl 模块来读取的。to_excel()方法则用于把 DataFrame 数据存储为 Excel 格式。

一般来说，Pandas 模块的语法与使用 CSV 格式数据是类似的。由于方法中的参数较多，这里仅列举一些常用的参数，其他可参考 Pandas 的官网 https://pandas.pydata.org/pandas-docs/stable/user_guide/io.html。

（1）read_excel()

read_excel()的语法格式为：

read_excel(io, sheetname=0,header=0,skiprows=None,index_col=None,names=None,...,**kwds)

参数说明：
- io：待读取的 Excel 文件路径。
- sheetname：默认 sheetname 为 0。返回多表时，使用 sheetname=[0,1]；若 sheetname=None，则返回全表。
- header：指定作为列名的行，默认值为 0，即取第一行，此时的数据是除去列名所在行的数据；若数据不含列名，则设定 header = None。
- skiprows：省略指定行数的数据。
- index_col：指定列为索引列，也可以使用 u'string'。
- names：指定列名。

Pandas 模块的 read_excel()方法和 read_csv()方法的参数比较类似，相较之前的 xlrd 模块，它的读表操作更加简单。针对海量数据的处理需求，选择 Pandas 模块操作的效率更高。

（2）to_excel()

to_excel()作为写入 Excel 文档的方法，它操作的对象必须是 DataFrame，具体的语法格式如下：

to_excel(excel_writer, sheet_name='Sheet1', na_rep='', float_format=None,columns=None, header=True, index=True, ...)

to_excel()的部分参数与 read_excel()相似，以下仅列出特殊的参数说明：
- excel_writer：待写入的 Excel 文件路径。
- sheet_name：DataFrame 表的名称，默认为"Sheet1"。
- na_rep：缺失值填充方式，默认为空。
- float_format：浮点数，默认为无格式字符串。
- columns：选择输出的列。
- index：写入的行名（索引），默认为 True。

本例中，使用 Pandas 中的方法实现与上文相同的功能，即保存数据至 Excel 文档中。使用 to_excel()方法实现的程序如下：

```python
import requests
from bs4 import BeautifulSoup
import pandas as pd
import numpy as np
import csv
url ="https://movie.douban.com/cinema/nowplaying/tianjin/"
headers={'User-Agent': 'Mozilla/5.0 (Windows NT 6.1; Win64; x64) AppleWebKit/537.36 (KHTML, like Gecko) Chrome/79.0.3945.88 Safari/537.36'}
response = requests.get(url,headers=headers)
content = response.text
soup =BeautifulSoup(content,'html.parser')
nowplaying_movie_list = soup.find_all('li',class_='list-item')
movies_info=[]
nowplaying_movie_title = {}
nowplaying_movie_title['title']='title'
nowplaying_movie_title['id']='id'
```

```
nowplaying_movie_title['actors']='actors'
nowplaying_movie_title['director']='director'
movies_info.append(nowplaying_movie_title)
for item in nowplaying_movie_list:
    nowplaying_movie_dict = {}
……
    movies_info.append(nowplaying_movie_dict)
df1 = pd.DataFrame(movies_info)
print(df1)
df1.to_excel('film_exceldf.xls',sheet_name="sheet",header=False,index=None)
```

上述程序的运行结果与图 7-8 相似，这里不再给出。类似地，在程序中省略了 for 循环中的具体解析过程，与上文不同的是，这里将表头和详细信息存储在 movies_info 中，通过 pd.DataFrame(movies_info)，将其一并转换为 DataFrame，然后利用 to_excel('film_exceldf.xls',sheet_name="sheet",header=False,index=None)方法生成一个名为 film_exceldf.xls 的 Excel 文件，其中指定 sheet 的名称为 sheet，不包含表头信息，没有写入列信息 index。在程序运行结束后，可以在当前目录下查看文件的内容。

这里需要说明的是，to_excel()支持一次性写入文档内容，如果读者需要追加内容至 Excel 文件中，则需要提前将数据合并生成 DataFrame 后再进行操作，此时可以避免出现数据被覆盖的情况。

与写操作相比较，使用 read_excel()方法读取 Excel 文件比较简单，具体的代码如下：

```
import numpy as np
import pandas as pd
df = pd.read_excel("film_exceldf.xls")
data=df[['title','actors']]
print(data)
```

运行结果如图 7-10 所示。在上述程序中，直接利用 read_excel("film_exceldf.xls")读取文件中的全部内容，然后利用 df[['title','actors']]筛选出标题和演员列，并将其输出。

图 7-10 读取 Excel 文件的运行结果

7.2.4 JSON 对象的读写

JSON（JavaScript Object Notation）作为一种轻量级的数据交换格式，可作为读写数据的对象使用。1.4.4 节中详细介绍了 JSON 的语法，本节将介绍如何使用 Python 语言来编码和解码 JSON 对象，并实现对 JSON 对象的读写操作。

在数据爬取后，生成 JSON 对象存在多种方案，例如使用 JSON 模块、利用 Scrapy 框架和第三方库 Demjson 等。下面主要介绍前两种方法。

1. 使用 JSON 模块

在使用此模块之前，首先需要导入 JSON 库（import json）。在 JSON 模块中，主要涉及 json.dumps()、json.load()和 json.loads()方法。

（1）json.dumps()

json.dumps()用于将 Python 对象编码成 JSON 字符串，其语法格式为：

> json.dumps(obj, skipkeys=False, ensure_ascii=True, check_circular=True, allow_nan=True, cls=None, indent=None, separators=None, encoding="utf-8", default=None, sort_keys=False, **kw)

参数说明：

- obj：待转换的对象。
- skipkeys：默认为 False，当 Key 的数据类型错误时，会报 TypeError 的错误。如果设置成 True，则会跳过数据类型错误的 Key。
- ensure_ascii：其值为 True 时，所有非 ASCII 码字符显示为\uXXXX 序列；其值为 False 时，存入的中文可以正常显示。
- check_circular：设置为 False 时，将跳过容器类型的循环引用检查。
- allow_nan：设置为 False 时，浮点值是一个 value error，而不是 JavaScript 等效值。
- indent：根据数据格式缩进显示，indent 的数值代表缩进的位数。
- separators：更改默认分隔符，美化输出结果。
- sort_keys：数据根据 keys 的值进行排序。

（2）json.loads()

json.loads()用于解码 JSON 数据。它操作的对象是字符流，该方法返回 Python 字段的数据类型。它的语法格式为：

> json.loads(s[, encoding[, cls[, object_hook[, parse_float[, parse_int[, parse_constant[, object_pairs_hook[, **kw]]]]]]]])

参数说明：

- object_hook：可选，它将被任何对象字面值解码的结果调用。
- object_pairs_hook：可选，它将使用任何对象字面值的结果进行调用，并使用有序列表进行解码。如果还定义了 object_hook，则 object_pairs_hook 优先。
- parse_float：使用要解码的每个 JSON 浮点的字符串。默认情况下，相当于 float(num_str)。
- parse_int：使用要解码的 JSON int 的字符串。
- parse_constant：当出现字符串'-Infinity'、'Infinity'、'NaN'时，调用此方法。
- encoding：字符编码。默认为 ASCII 码。

（3）json.load()

json.load()同样用于解码 JSON 数据。但是它操作的对象是文件流，除了缺少 encoding 编码参数，其余的参数与 json.loads()相同。这里不再赘述。

表 7-3 列出了常见的 JSON 类型转换到 Python 类型的对照关系。

表 7-3　JSON 类型转换到 Python 类型的对照表

JSON	Python	JSON	Python
object	dict	number (real)	float
array	list	true	True
string	unicode	false	False
number (int)	int, long	null	None

在编写程序的过程中，需要对照表 7-3 中的转换关系，确定新生成的数据类型，然后再选择对应的方法进行数据解析。

【例 7-6】与 7.2.1 节实现的功能相同，存储豆瓣电影票-天津城市网站中的全部电影列表至本地文件 file.json 中。目标数据源网址 https://movie.douban.com/cinema/nowplaying/tianjin/。存储格式为 JSON，程序如下：

```
import requests
from bs4 import BeautifulSoup
import json
f = open("file.json","a+",encoding="GBK")
url ="https://movie.douban.com/cinema/nowplaying/tianjin/"
headers={'User-Agent': 'Mozilla/5.0 (Windows NT 6.1; Win64; x64) AppleWebKit/537.36 (KHTML, like Gecko) Chrome/79.0.3945.88 Safari/537.36'}
response = requests.get(url,headers=headers)
content = response.text
soup =BeautifulSoup(content,'html.parser')
nowplaying_movie_list = soup.find_all('li',class_='list-item')
movies_info=[]
for item in nowplaying_movie_list:
    nowplaying_movie_dict = {}
    ……
    movies_info.append(nowplaying_movie_dict)
movies_info_json = json.dumps(movies_info,ensure_ascii=False)
line = f.write(movies_info_json)
print(movies_info_json)
f.close()
```

上述程序运行结束后，会在本地产生 file.json 文件，文件内容如图 7-11 所示。类似地，在程序中省略了 for 循环中的具体解析过程，与之前程序不同的是，因为有了键值的存在，这里省略了表头信息。

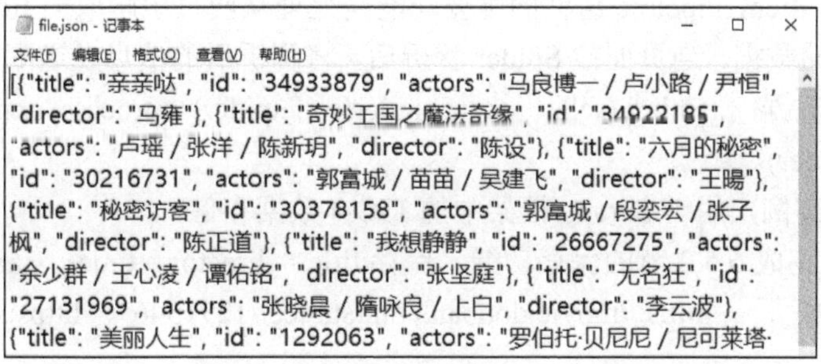
file.json - 记事本
文件(F) 编辑(E) 格式(O) 查看(V) 帮助(H)
[{"title": "亲亲哒", "id": "34933879", "actors": "马良博一 / 卢小路 / 尹恒", "director": "马雍"}, {"title": "奇妙王国之魔法奇缘", "id": "34922185", "actors": "卢瑶 / 张洋 / 陈新玥", "director": "陈设"}, {"title": "六月的秘密", "id": "30216731", "actors": "郭富城 / 苗苗 / 吴建飞", "director": "王暘"}, {"title": "秘密访客", "id": "30378158", "actors": "郭富城 / 段奕宏 / 张子枫", "director": "陈正道"}, {"title": "我想静静", "id": "26667275", "actors": "佘少群 / 王心凌 / 谭佑铭", "director": "张坚庭"}, {"title": "无名狂", "id": "27131969", "actors": "张晓晨 / 隋咏良 / 上白", "director": "李云波"}, {"title": "美丽人生", "id": "1292063", "actors": "罗伯托·贝尼尼 / 尼可莱塔·

图 7-11　JSON 文件内容

这里利用 BeautifulSoup 进行数据的爬取和解析，将全部数据存储在 movies_info 中。它的类型是字典（dict），通过 json.dumps(movies_info,ensure_ascii=False)将其转换为 JSON 中的 object，为了保证中文能够正常显示，设置 ensure_ascii=False，然后利用 write()方法将 JSON 数据写入文件中。

此时，便实现了从文本数据转换为 JSON 文件的功能，其基本思路是：先将文本数据转换为 JSON 格式的数据，然后利用普通文件存储的 write()方法，直接将数据写入 JSON 文件中。

类似地，读取 JSON 文件的方法也可以延续这种思路，即先从 JSON 文件中读出 JSON 格式的数据，然后将其解析为相应的对象并输出。参考程序如下：

```
import json
f = open("file.json","r+",encoding="GBK")
json_text = f.read()
text = json.loads(json_text)
text1 = json.load(open('file.json','r'))
print('text: ',text,'',type(text))
print('text1: ',text1,'',type(text1))
f.close()
```

在上述程序中，利用 read() 方法将文件内容以字符流的形式读出，然后利用 json.loads(json_text) 将 JSON 格式的数据解析为文本内容 text。类似地，可以直接利用 open('file.json','r') 打开当前的 JSON 文件，以文件流的形式，将 JSON 格式的数据解析为文本内容 text1，然后分别输出 text 和 text1 的内容和类型，输出结果如图 7-12 所示。由于输出内容较多，这里只展示部分信息。通过仔细观察可以得知，两组输出结果的内容是完全一致的，而且 text 和 text1 的类型都是 list。

图 7-12 输出内容

上述几种方法均需要和文本文件的方法配合使用，才能实现 JSON 与文本数据之间的转换。实际上，在爬虫领域，还有很多框架可以帮助我们直接生成 JSON 文件，而无须经过文本文件的中转。

2. 在 Scrapy 框架中存储 JSON 数据

Scrapy 框架除了可以爬取数据，还可以实现对数据的存储。这里需要使用 6.5 节中介绍的 Item Pipeline 组件。Item Pipeline 组件的主要功能是处理从网页中爬取的 Items，它的主要任务是清洗、验证和存储数据。当页面被 Spider 解析后，将解析后的信息发送到 Item Pipeline 组件，并按照此流程处理数据：__init__(self)、open_spider(self,spider)、process_item(self, item, spider)、close_spider(self,spider)。

下面给出一个实例，用于 Scrapy 框架中的 JSON 数据存储。

【例 7-7】继续完成 6.5.2 节的保存功能，保存 title、director、time、star 等信息到 JSON 文件中，目标地址如下：https://movie.douban.com/subject/1291546/、https://movie.douban.com/subject/1849031/。

（1）准备爬虫

爬虫主要用于获取数据，此部分程序与 6.5.2 节相同，此处不再赘述。需要注意的是，爬取的数据需要使用 yield 返回，此时当前函数变成了一个生成器，yield 把数据返回给 Scrapy 爬虫引擎，然后爬虫引擎把数据再传递给 Item Pipeline 组件。

（2）撰写 Item Pipeline 组件

打开 pipelines.py 文件，在其中需要调用 4 个函数：__init__(self)、open_spider(self,spider)、process_item(self, item, spider)、close_spider(self,spider)。具体程序如下：

```
import json
class SpiderdemoPipeline:
```

```
    def __init__(self):
        self.fb = open('content.json','a+',encoding = 'utf-8')
    def open_spider(self,spider):
        print('open')
    def process_item(self, item, spider):
        item_json = json.dumps(dict(item), ensure_ascii=False) + "\n"
        self.fb.write(item_json)
        return item
    def close_spider(self,spider):
        self.fb.close()
        print('close')
```

在上述程序中,通过__init__(self)实现对目标 JSON 文件的打开操作,利用 open_spider()准备好 Spider,在 process_item(self, item, spider)中直接将 item 转换成字典,然后利用 json.dumps()生成 JSON 格式的数据,由于爬取数据中存在中文字符,因此添加了 ensure_ascii=False。然后,利用 write()将生成的 JSON 数据写入文件中,最后通过 close_spider()关闭文件。

(3) 修改配置文件

打开 settings 文件,找到 ITEM_PIPELINES,完成以下调整:

```
ITEM_PIPELINES = {
    'spiderdemo.pipelines.SpiderdemoPipeline': 300,
}
```

以上程序通过在 settings 文件中注册当前的 Pipeline,实现了对该 Pipeline 的激活。

(4) 运行爬虫

此时,重新启动 Spider:

```
> scrapy    crawl    spiderfilm
```

即可完成指定数据的爬取。此时,可以看到在完成爬虫的同时,在当前目录下生成了 content.json 文件,文件内容如图 7-13 所示。可以看出,文件的内容符合 JSON 格式的要求。

```
{"title": ["当幸福来敲门 The Pursuit of Happyness"], "director": ["加布里埃
莱·穆奇诺"], "time": ["上映日期:"], "star": ["9.1"]}
{"title": ["肖申克的救赎 The Shawshank Redemption"], "director": ["弗兰
克·德拉邦特"], "time": ["1994-09-10(多伦多电影节)"], "star": ["9.7"]}
```

图 7-13 文件内容

7.3 MongoDB 数据库

MongoDB 是一个基于分布式文件存储的数据库。MongoDB 是由 C++语言编写的,它可以为 Web 应用提供可扩展的高性能数据存储解决方案。MongoDB 是一个介于关系数据库和非关系数据库之间的产品,是非关系数据库中功能最丰富、与关系数据库最相近的 NoSQL 数据库。

7.3.1 MongoDB 简介

MongoDB 是一个非结构化的数据库产品,属于典型的空间换时间类型的数据库。在高负载的情况下,添加更多的节点,可以保证服务器的性能。

MongoDB 数据库的特点有:

- MongoDB 是一个面向文档存储的数据库,操作较简单;
- 可以在 MongoDB 记录中设置任何属性的索引来实现更快的排序;

- 可以通过本地或者网络创建数据镜像，具有更强的扩展性；
- 可以分布在计算机网络中的其他节点上；
- 支持丰富的查询表达式，可轻易查询文档中内嵌的对象及数组；
- 使用 update 可以替换已完成的文档或者一些指定的数据字段；
- 支持多种编程语言，如 RUBY、Python、Java、C++、PHP、C#等。

除此之外，传统的关系数据库一般由数据库、表、记录 3 个层次组成，而 MongoDB 是由数据库、集合、文档对象 3 个层次组成的。表 7-4 列出了 MongoDB 和 MySQL 中的概念对比。

表 7-4 MongoDB 与 MySQL 中的概念对比

SQL 概念	MongoDB 概念	说明
database	database	数据库
table	collection	数据库表/集合
row	document	数据记录行/文档
column	field	数据字段/域
index	index	索引
table joins		表连接，MongoDB 不支持
primary key	primary key	主键，默认设置_id 字段为主键

MongoDB 具有独特的操作语句，与 MySQL 使用传统的 SQL 语句不同，MongoDB 与 MySQL 的基本操作命令的对比如表 7-5 所示。

表 7-5 MongoDB 与 MySQL 的基本操作命令对比

MySQL	MongoDB	说明
mysqld	mongod	服务器守护进程
mysql	mongo	客户端工具
show databases	show dbs	显示库列表
show tables	Show collections	显示表列表
create table users(a int, b int)	db.createCollection("mycoll", {capped:true, size:100000})	创建表
Insert into users values(1, 1)	db.users.insert({a:1, b:1})	插入记录
select * from users	db.users.find()	查询表
update users set a=1 where b='q'	db.users.update({b:'q'}, {$set:{a:1}}, false, true)	更新记录
delete from users where z="abc"	delete from users where z="abc"	删除记录
drop database IF EXISTS test;	use test db.dropDatabase()	删除数据库
drop table IF EXISTS test;	db.mytable.drop()	删除集合

7.3.2 MongoDB 安装

1．MongoDB 服务器端安装

首先，从 MongoDB 官网（https://www.mongodb.com/download-center/community）下载 Windows 版本的 MongoDB，如图 7-14 所示。这里提供多种操作系统的下载版本，选择 Windows x64 的版本下载，Package 可以选择默认的 MSI 格式，然后单击【Download】按钮开始下载文件。

接下来双击下载后的安装文件，选择【I accept the terms in the License Agreement】，然后单击【Next】按钮。弹出如图 7-15 所示页面，单击【Complete】按钮，将跳转到如图 7-16 所示页面。

在 Service Configuration 页面中，选择默认的【Run service as Network Service user】，在下方指定 Service Name、Data Directory、Log Directory。

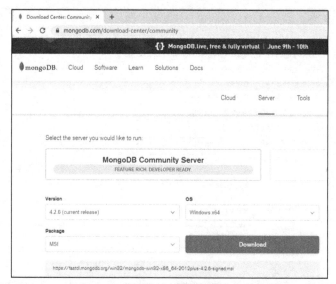

图 7-14　下载页面

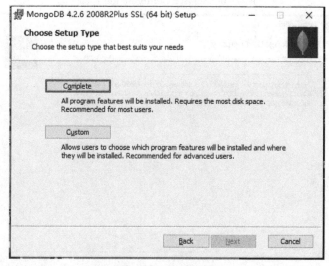

图 7-15　安装页面

其中，Data Directory 是数据存储目录，数据库中的数据就存储在这个目录中。Log Directory 是日志文件的输出目录。启动 MongoDB 服务时，会先检查数据存储目录下是否有所需的文件或者文件夹，如果没有，就自动创建；如果文件或者文件夹已存在，就从中读取数据，初始化服务器。

这里一般选择安装目录所在盘符的根目录进行设置，便于进行后期的数据库存储。基于上述考虑，将存储路径更改为如图 7-16 所示（C:\data\）。读者可以根据自己的实际情况自由选择路径，需要注意的是，路径中不要出现中文的字符。

设置完成后，单击【Next】按钮，进入 Install MongoDB Compass 页面，如图 7-17 所示。此处可以取消【Install MongoDB Compass】前面的单选框，如图 7-17 所示。如果无其他特殊事项，则一直单击【Next】按钮，即可开始正式安装，直到安装全部完成。

安装完成后，可以打开【服务】，在其中可以看到，MongoDB 已安装并成为 Windows 服务，如图 7-18 所示。需要注意的是，如果此时 MongoDB 服务尚未开启，或者未找到此服务，则需要添加 MongoDB 的路径到环境变量中，同时手动创建新的 MongoDB 服务。

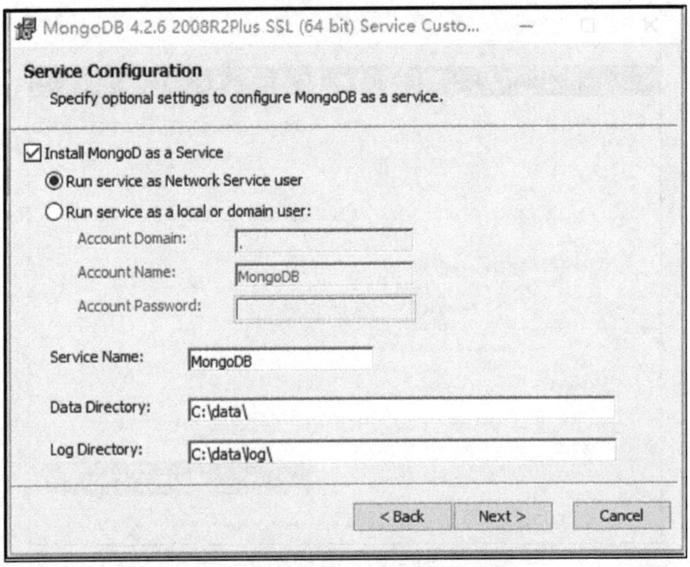

图 7-16 Service Configuration 页面

图 7-17 Install MongoDB Compass 页面

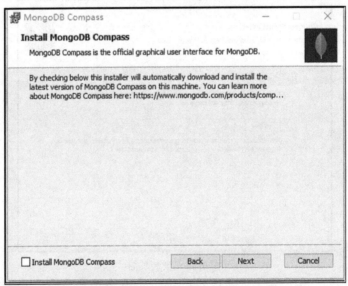

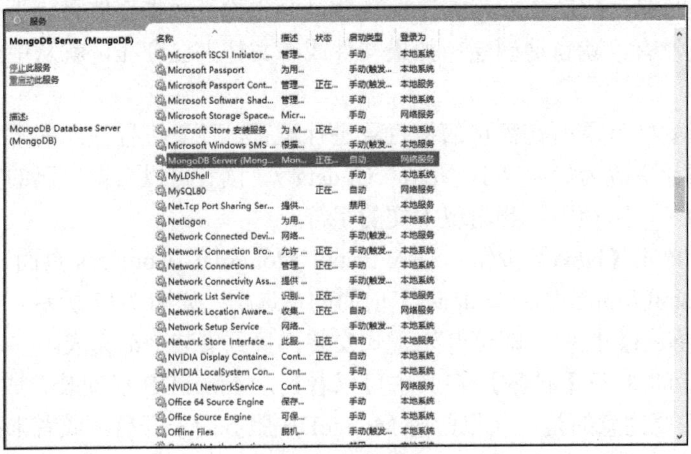

图 7-18 服务列表

接下来可以测试 MongoDB 服务器端的安装是否成功，双击 MongoDB 安装目录下的文件：mongo.exe，以打开 MongoDB 的客户端，本书中的安装路径如图 7-19 所示。

图 7-19　客户端路径

MongoDB 客户端打开后，出现如图 7-20 所示界面。此时说明 MongoDB 的服务器端与客户端之间的连接是正常的。

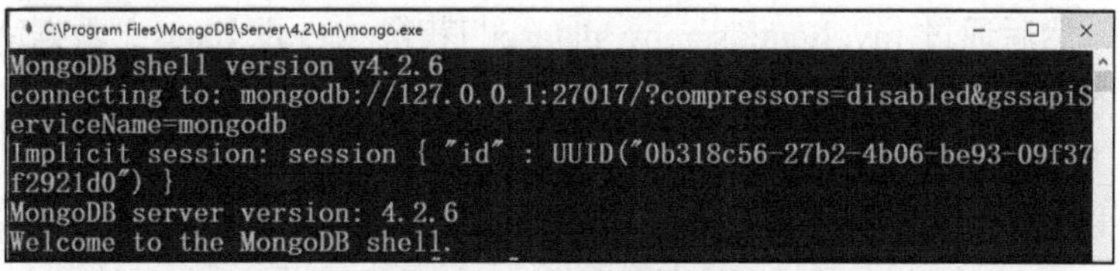

图 7-20　客户端界面

2．基于 Python 的 MongoDB 客户器端安装

PyMongo 模块是 Python 对 MongoDB 操作的接口包，它能够实现对 MongoDB 的增、删、改、查及排序等操作。由于 PyMongo 模块来源于第三方，因此未包含在 Python 的标准库中，需要用户自行安装。本节主要介绍在 Windows 平台上安装 PyMongo 模块的方法。可以直接通过 pip 工具进行在线安装，命令如下：

```
> pip install pymongo
```

如图 7-21 所示，输入命令后，开始下载并安装 PyMongo 模块。当安装完成后，自动退出安装环境，并提示【Successfully installed pymongo ***】，说明已经安装完成 PyMongo 模块。如果输入命令后，提示【Required already satisfied …】，说明此时已经安装过 PyMongo 模块，无须再次进行安装。

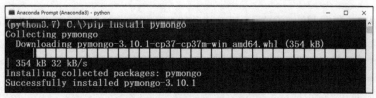

图 7-21　安装 PyMongo 模块

下面需要验证 PyMongo 模块的安装是否正确，在 Anaconda Prompt(Anaconda3)工具中输入命令 python，进入 Python 环境，然后在光标处输入命令 import pymongo，按回车键。如果系统没有任何的提示，如图 7-22 所示，则说明此时的安装是正确的；如果出现错误提示，则代表安装存在问题，需要仔细检查安装的命令是否正确，或者卸载后进行第二次安装。

图 7-22　测试 PyMongo 模块

7.3.3　MongoDB 数据库操作

1．创建数据库

创建数据库需要使用 MongoClient 对象，并且指定连接的 URL 地址和要创建的数据库名。以下给出一个创建数据库 scrapy_dataset 的实例：

```
#!/usr/bin/python3
import pymongo
myclient = pymongo.MongoClient("mongodb://localhost:27017/")
mydb = myclient["scrapy_dataset"]
```

在上述程序中，默认连接的 URL 地址为 localhost:27017/，这些信息已经写在 MongoDB 的配置文件中。可以通过 pymongo.MongoClient("mongodb://localhost:27017/")获得一个 MongoDB 的连接 myclient，然后通过 myclient["scrapy_dataset"]获得 scrapy_dataset 数据库的实例 mydb。需要说明的是，在 MongoDB 中，数据库只有在内容插入后才会创建。也就是说，数据库创建后要创建集合，并插入一个文档，数据库才会真正创建。

此外，还可以读取 MongoDB 中的所有数据库，并判断指定的数据库是否存在。以下给出一个判断数据库 scrapy_dataset 是否存在的实例：

```
#!/usr/bin/python3
import pymongo
myclient = pymongo.MongoClient("mongodb://localhost:27017/")
dblist = myclient.list_database_names()
if "scrapy_dataset" in dblist:
    print("数据库已存在！")
```

在上述程序中，通过 myclient.list_database_names()获得数据库中全部的集合，然后通过 if 语句判断 scrapy_dataset 是否在集合列表中。需要注意的是，由于数据库中没有信息，因此，此时运行上述实例将无法查看到数据库的信息。

2．创建集合

MongoDB 中的集合类似 SQL 中的表。MongoDB 使用数据库对象来创建集合，下面给出一个实例：

```
#!/usr/bin/python3
import pymongo
myclient = pymongo.MongoClient("mongodb://localhost:27017/")
mydb = myclient["scrapy_dataset"]
mycol = mydb["scrapy_film"]
```

在上述程序中，通过 myclient["scrapy_dataset"]获得了数据库的实例 mydb，然后通过 mydb["scrapy_film"]创建了对应的集合 mycol。需要说明的是，在 MongoDB 中，集合只有在内容插入后才会创建。也就是说，创建集合后要再插入一个文档，集合才会真正创建。

此外，还可以读取 MongoDB 数据库中的所有集合，并判断指定的集合是否存在。下面给出一个实例：

```
#!/usr/bin/python3
import pymongo
myclient = pymongo.MongoClient('mongodb://localhost:27017/')
mydb = myclient['scrapy_dataset']
collist = mydb.list_collection_names()
if "scrapy_film" in collist:
```

```
print("集合已存在！")
```

在上述程序中，通过 list_collection_names()列出了全部的集合，然后利用 if 语句判断 scrapy_film 集合是否存在。由于 scrapy_film 集合中没有任何信息，因此，此时运行上述实例将无法查看到结果。

3．插入文档

MongoDB 中的文档类似 SQL 表中的记录。集合中插入文档使用 insert_one()方法，该方法的第 1 个参数的类型是字典。以下实例用于向 scrapy_film 集合中插入一个文档：

```
#!/usr/bin/python3
import pymongo
myclient = pymongo.MongoClient("mongodb://localhost:27017/")
mydb = myclient["scrapy_dataset"]
mycol = mydb["scrapy_film"]
mydict = {'title': 'demo', 'id': '1', 'actors': 'demo', 'director': 'demo'}
x = mycol.insert_one(mydict)
print(x)
```

上述程序中，提前准备了一个字典 mydict，然后利用 mycol.insert_one(mydict)将文档 mydict 插入集合中，返回信息是插入数据的对象，运行结果如下所示：

```
<pymongo.results.InsertOneResult object at 0x00000208EA0E8F88>
```

同时，还可以在 MongoDB 客户端中查询集合中的信息，具体命令如下：

```
> use scrapy_dataset
switched to db scrapy_dataset
> db.scrapy_film.find()
{ "_id" : ObjectId("5ebfdcc808a4a8d68bc67bbf"), "title" : "demo", "id" : "1", "actors" : "demo", "director" : "demo" }
```

在 MongoDB 客户端中的运行结果如图 7-23 所示。

图 7-23　MongoDB 客户端中的运行结果

此外，集合中还可以插入多个文档，这里使用的是 insert_many()方法，该方法的第 1 个参数是字典的列表。此时，选择插入"豆瓣电影票-大津城市网站中的全部电影列表"，即将 4.4.1 节的爬取数据保存至 scrapy_film 集合中，具体的程序如下：

```
import requests
from bs4 import BeautifulSoup
import pymongo
url ="https://movie.douban.com/cinema/nowplaying/tianjin/"
headers={'User-Agent': 'Mozilla/5.0 (Windows NT 6.1; Win64; x64) AppleWebKit/537.36 (KHTML, like Gecko) Chrome/79.0.3945.88 Safari/537.36'}
response = requests.get(url,headers=headers)
content = response.text
soup =BeautifulSoup(content,'html.parser')
nowplaying_movie_list = soup.find_all('li',class_='list-item')
movies_info=[]
for item in nowplaying_movie_list:
    nowplaying_movie_dict = {}
    nowplaying_movie_dict['title']=item['data-title']
    nowplaying_movie_dict['id']=item['id']
```

```
            nowplaying_movie_dict['actors']=item['data-actors']
            nowplaying_movie_dict['director']=item['data-director']
            movies_info.append(nowplaying_movie_dict)
myclient = pymongo.MongoClient("mongodb://localhost:27017/")
mydb = myclient["scrapy_dataset"]
mycol = mydb["scrapy_film"]
x = mycol.insert_many(movies_info)
print(x.inserted_ids)
```

在上述程序中，数据爬取部分已在 4.4.1 节中详细介绍，爬取的数据被保存在 movies_info 字典中。唯一的区别之处在于，利用 mycol.insert_many(movies_info)将 movies_info 中的内容全部写入 scrapy_film 中。最后一行中的 x.inserted_ids 表示被保存文档的_id 信息。

程序运行结果如图 7-24 所示，此时输出了全部数据的_id 信息。读者仍然可以通过 MongoDB 的客户端查询集合中的全部数据，此处不再赘述。

```
[ObjectId('5ebfdcf98993701a6caf54c4'), ObjectId('5ebfdcf98993701a6caf5
4c5'), ObjectId('5ebfdcf98993701a6caf54c6'), ObjectId('5ebfdcf98993701
a6caf54c7'), ObjectId('5ebfdcf98993701a6caf54c8'), ObjectId('5ebfdcf98
993701a6caf54c9'), ObjectId('5ebfdcf98993701a6caf54ca'), ObjectId('5eb
fdcf98993701a6caf54cb'), ObjectId('5ebfdcf98993701a6caf54cc'), ObjectI
d('5ebfdcf98993701a6caf54cd'), ObjectId('5ebfdcf98993701a6caf54ce'), O
bjectId('5ebfdcf98993701a6caf54cf'), ObjectId('5ebfdcf98993701a6caf54d
0'), ObjectId('5ebfdcf98993701a6caf54d1')]
```

图 7-24　程序运行结果

4．查询文档

MongoDB 使用 find()和 find_one()方法来查询集合中的数据，类似于 SQL 中的 SELECT 语句。

（1）查询一条数据

在 MongoDB 中，find_one()方法用于查询集合中的一条数据。下面给出一个实例，用于查询 scrapy_film 文档中的第一条数据：

```
#!/usr/bin/python3
import pymongo
myclient = pymongo.MongoClient("mongodb://localhost:27017/")
mydb = myclient["scrapy_dataset"]
mycol = mydb["scrapy_film"]
x = mycol.find_one()
print(x)
```

在上述程序中，通过 find_one()直接返回存入的第一条文档，返回的数据 x 是一个字典。程序运行结果如下：

```
{'_id': ObjectId('5ebfdcc808a4a8d68bc67bbf'), 'title': 'demo', 'id': '1', 'actors': 'demo', 'director': 'demo'}
```

（2）查询集合中的所有数据

在 MongoDB 中，find()方法可以查询集合中的所有数据，类似于 SQL 中的 SELECT * 操作；也可以查询指定字段的数据，将要返回的字段对应值设置为 1。

以下实例用于查找 scrapy_film 集合中的所有数据：

```
#!/usr/bin/python3
import pymongo
myclient = pymongo.MongoClient("mongodb://localhost:27017/")
mydb = myclient["scrapy_dataset"]
mycol = mydb["scrapy_film"]
```

```
for x in mycol.find({},{ "_id": 0,"id": 1, "title": '1' }):
    print(x)
```

在上述程序中，通过 find({},{ "_id": 0,"id": 1, "title": '1' })获得集合中的全部文档，同时筛选显示"id"和"title"字段的内容，设置"_id"字段不可见。利用 for 循环遍历输出每一个文档的对应信息。程序运行结果如图 7-25 所示，此时输出了全部数据的"id"和"title"信息，而"_id"信息不需要显示。

图 7-25 程序运行结果

在 MongoDB 中，除了"_id"，不能在一个对象中同时指定 0 和 1。如果设置了一个字段为 0，那么其他的字段都为 1；如果同时指定了 0 和 1，系统的显示会出现错误。以下给出一个反例：

```
for x in mycol.find({},{ "_id": 0,"id": 1, "title": '0' }):
    print(x)
```

此时的输出结果与图 7-25 相同，但是与我们的要求不同，此时我们要求显示的字段只有"id"，因此它的显示是错误的，这种设置是不可取的。

find()方法的使用非常灵活，如果需要查询全部信息，则可以直接使用以下语句：

```
for x in mycol.find():
    print(x)
```

程序运行结果如图 7-26 所示，可以看到，包含"_id"字段在内的全部信息得以输出。由于输出内容较多，图 7-26 中仅列出了部分信息。

图 7-26 输出全部字段

除此之外，还可以在 find()方法中使用正则表达式等修饰符、针对返回的数据指定条目数量等，其中涉及的方法与 MongoDB Shell 命令相似。

5．删除数据库

（1）删除文档

在 MongoDB 中，使用 delete_one()方法来删除一个文档，该方法第一个参数为查询对象，指定要删除哪些数据。

以下实例用于删除 title 字段值为"demo"的文档：

```
#!/usr/bin/python3
import pymongo
myclient = pymongo.MongoClient("mongodb://localhost:27017/")
mydb = myclient["scrapy_dataset"]
mycol = mydb["scrapy_film"]
myquery = { "title": "demo" }
mycol.delete_one(myquery)
for x in mycol.find():
    print(x)
```

程序运行结果如图 7-27 所示，可以看到第一条文档已经被删除。由于输出内容较多，图 7-27 中仅列出了部分信息。

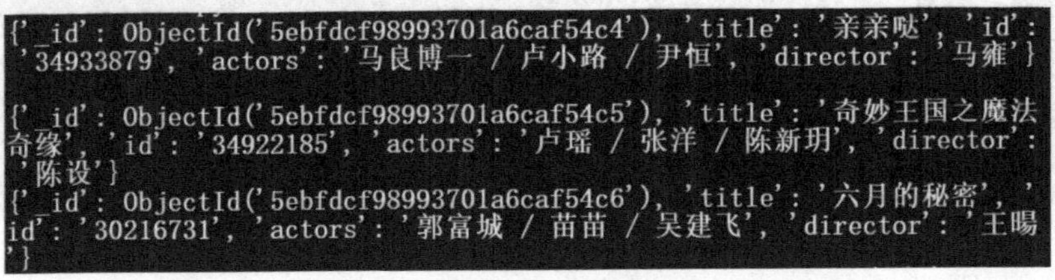

图 7-27　删除文档的结果

（2）删除集合中的所有文档

delete_many()方法可以删除多个文档。如果传入的是一个空的查询对象，delete_many()方法则会删除集合中的所有文档。下面给出一个实例。

```
#!/usr/bin/python3
import pymongo
myclient = pymongo.MongoClient("mongodb://localhost:27017/")
mydb = myclient["scrapy_dataset"]
mycol = mydb["scrapy_film"]
x = mycol.delete_many({})
print(x.deleted_count, "个文档已删除")
```

在上述程序中，利用 delete_many({})删除其中全部的文档，输出结果如下：

14 个文档已删除。

（3）删除集合

可以使用 drop()方法来删除集合。以下实例实现了删除 scrapy_film 集合：

```
#!/usr/bin/python3
import pymongo
myclient = pymongo.MongoClient("mongodb://localhost:27017/")
mydb = myclient["scrapy_dataset"]
mycol = mydb["scrapy_film"]
mycol.drop()
```

使用以下命令，可在 MongoDB 客户端查看集合是否已删除：

```
> use scrapy_dataset
switched to db scrapy_dataset
> show tables;
```

此时输出的结果为空，说明当前集合已经删除成功。

7.4 数据存储实例

7.4.1 具体功能分析

本实例实现的功能是爬取豆瓣电影网站（https://movie.douban.com）中 Top250 排行榜的前 100 部电影的名字、主演、评分、图片等信息，将获取的文字信息保存在 CSV、Excel、JSON 文件和 MongoDB 数据库中。

目标网址为 https://movie.douban.com/top250，可以在浏览器中打开该网页，如图 3-18 所示。爬取数据的过程可参考 3.7 节，此处不再赘述爬取过程。

1. 存储结果至 CSV 文件中

假设 parse_html(url)方法用于解析网页信息，并返回每一条数据的字典形式数据 item。可利用 DictWriter()方法实现 CSV 文件的存储。核心程序如下：

```
f = open("film_orgin.csv","w+",encoding="utf-8")
fieldnames=['name','actors','rate','rank']
writer=csv.DictWriter(f,fieldnames=fieldnames)
writer.writeheader()
for item in parse_html(url):
    print(item)
    movies_info.append(item)
    writer.writerow(item)
```

2. 存储结果至 Excel 文件中

这里使用 Pandas 中的 to_excel()方法实现 Excel 文件的存储，将表头和详细信息存储在 movies_info 中，通过 DataFrame(movies_info)，将其一并转换为 DataFrame，然后利用 to_excel()方法将数据转存至 Excel 文件中。核心程序如下：

```
nowplaying_movie_title = {}
nowplaying_movie_title['name']='name'
nowplaying_movie_title['actors']='actors'
nowplaying_movie_title['rate']='rate'
nowplaying_movie_title['rank']='rank'
movies_info.append(nowplaying_movie_title)
for offset in range(0, 250, 25):
        url = 'https://movie.douban.com/top250?start=' + str(offset) +'&filter='
        for item in parse_html(url):
            movies_info.append(item)
            movies_json_info.append(item)
df1 = pd.DataFrame(movies_info)
df1.to_excel('film_orgin_excel.xls',sheet_name="sheet",header=False,index=None)
```

3. 存储结果至 JSON 文件中

将不含表头的详细信息存储在 movies_info_json 中，它的类型是字典，通过 json.dumps()方法将其转换为 JSON 中的 object 对象。为了保证中文能够正常显示，设置 ensure_ascii=False，然后利用 write()方法将 JSON 数据写入文件中。核心程序如下：

```
f_json = open("film_orgin_json.json","w+",encoding="utf-8")
movies_json_info=[]
for offset in range(0, 250, 25):
        url = 'https://movie.douban.com/top250?start=' + str(offset) +'&filter='
```

```
            for item in parse_html(url):
                movies_json_info.append(item)
    movies_info_json = json.dumps(movies_json_info,ensure_ascii=False)
    line = f_json.write(movies_info_json)
    print(movies_info_json)
    f_json.close()
```

4．存储结果至 MongoDB 数据库中

可以通过 pymongo.MongoClient("mongodb://localhost:27017/")获得一个 MongoDB 的连接 myclient，然后通过 myclient["film_dataset"]获得 film_dataset 数据库的实例 mydb，通过 mydb["film_mongodb"]创建对应的集合 mycol。接下来，使用 insert_many()方法向集合中插入多个文档。核心程序如下：

```
myclient = pymongo.MongoClient("mongodb://localhost:27017/")
mydb = myclient["film_dataset"]
mycol = mydb["film_mongodb"]
x = mycol.insert_many(movies_info)
```

以上便实现了几种不同类型数据存储的分解操作。

7.4.2　具体代码实现

本实例实现了从数据爬取到 CSV、Excel、JSON 文件和 MongoDB 数据库信息存储的过程，完整代码如下：

```
import requests
import re
import json
import csv
import xlwt
import pandas as pd
import numpy as np
import pymongo
from pandas import DataFrame,Series
def parse_html(url):
    headers = {
        "User-Agent": "Mozilla/5.0 (Windows NT 10.0; WOW64) AppleWebKit/537.36 (KHTML, like Gecko) Chrome/58.0.3029.110 Safari/537.36 SE 2.X MetaSr 1.0"}
    response = requests.get(url, headers=headers)
    text = response.text
    regix = '<div class="pic">.*?<em class="">(.*?)</em>.*?<img.*?src="(.*?)" class="">.*?div class="info.*?class="hd".*?class="title">(.*?)</span>.*?class="other">' \
            '(.*?)</span>.*?<div class="bd">.*?<p class="">(.*?)<br>(.*?)</p>.*?class="star.*?<span class="(.*?)"></span>.*?' \
            'span class="rating_num".*?average">(.*?)</span>'
    results = re.findall(regix, text, re.S)
    for item in results:
        yield {
            'name' : item[2] + ' ' + re.sub(' ',',',item[3]),
            'actors' : re.sub(' ',',',item[4].strip()),
            'rate': item[6].strip() + '/' + item[7] + '分',
            'rank' : item[0]
```

```python
        }
def main():
    f = open("film_orgin.csv","w+",encoding="utf-8")
    f_json = open("film_orgin_json.json","w+",encoding="utf-8")
    fieldnames=['name','actors','rate','rank']
    writer=csv.DictWriter(f,fieldnames=fieldnames)
    writer.writeheader()
    movies_info=[]
    nowplaying_movie_title = {}
    nowplaying_movie_title['name']='name'
    nowplaying_movie_title['actors']='actors'
    nowplaying_movie_title['rate']='rate'
    nowplaying_movie_title['rank']='rank'
    movies_info.append(nowplaying_movie_title)
    movies_json_info=[]
    for offset in range(0, 250, 25):
        url = 'https://movie.douban.com/top250?start=' + str(offset) +'&filter='
        for item in parse_html(url):
            print(item)
            movies_info.append(item)
            movies_json_info.append(item)
            writer.writerow(item)
    ####excel
    df1 = pd.DataFrame(movies_info)
    df1.to_excel('film_orgin_excel.xls',sheet_name="sheet",header=False,index=None)
    f.close()
    #####JSON
    movies_info_json = json.dumps(movies_json_info,ensure_ascii=False)
    line = f_json.write(movies_info_json)
    print(movies_info_json)
    f_json.close()
    #####MongoDB
    myclient = pymongo.MongoClient("mongodb://localhost:27017/")
    mydb = myclient["film_dataset"]
    mycol = mydb["film_mongodb"]
    x = mycol.insert_many(movies_info)
if __name__ == '__main__':
    main()
```

程序运行结束后，在当前目录下生成了3个文件，如图7-28（a）所示。在图7-28（b）中显示了film_orgin.csv文件中的部分内容，列表中共有250部电影信息，图中仅列出了其中的部分内容。可以发现图7-28（b）中存在大量的空行信息，下一章将具体介绍数据清洗和处理的过程。

图7-28 生成文件内容

除生成本地文件外，本实例还将数据写入了 MongoDB 数据库。可以通过 MongoDB 客户端验证数据的写入是否成功，如图 7-29 所示。通过搜索数据和其中的集合，可以发现数据库和集合已经创建成功，最后还可以遍历集合中的每一个文档，由于数据内容较多，图中仅列出了一部分文档。

```
> show databases
admin          0.000GB
config         0.000GB
film_dataset   0.000GB
local          0.000GB
student        0.000GB
> use film_dataset
switched to db film_dataset
> show collections
film_mongodb
> db.film_mongodb.find()
{ "_id" : ObjectId("5ec3faa50b70b36c7c3829ae"), "name" : "name", "acto
rs" : "actors", "rate" : "rate", "rank" : "rank" }
{ "_id" : ObjectId("5ec3faa50b70b36c7c3829af"), "name" : "肖申克的救赎
 /月黑高飞(港)  /  刺激1995(台)", "actors" : "导演: 弗兰克·德拉邦特 F
rank Darabont主演: 蒂姆·罗宾斯 Tim Robbins /...", "rate" : "rating5-t
/9.7分", "rank" : "1" }
```

图 7-29　数据库结果

本 章 小 结

本章介绍了数据存储常见方案、文本文件存储方案和 MongoDB 数据库等内容。此外，针对每一种存储方案，本章还提供了对应的实例，实现对于批量爬取数据的存储，并给出了代码的分析和实现过程。其中，文本文件存储方案和 MongoDB 数据库等内容是本章的重点。

在数据存储简介中，介绍了现代数据存储的挑战和常用工具 Pandas 的基本用法。其中，Pandas 的基本用法是本节的重点内容。

在文本文件存储中，介绍了文本数据、CSV 数据、Excel 数据及 JSON 数据的读写方案。其中，每一种形式的数据均提供了两种以上的方法分别实现读和写的操作。本书使用通用的解析数据实现不同的读写方案，读者在实际应用时，可以根据需求自由选择实现方案。

在海量的非关系型数据库中，选择 MongoDB 数据库进行详细介绍，包括 MongoDB 的简介、安装和数据库的操作，其中主要介绍在 Windows 下的安装方法。同时介绍了数据库和集合的增加、删除和查询方法。本节仍然利用 4.4.1 节中采集的数据作为数据源。

在数据存储实例中，以 3.7 节爬取数据的案例作为引导，介绍将文字信息保存在 CSV、Excel、JSON 文件和 MongoDB 数据库中的方法及实现思路。

习　题

1．选择题

（1）使用 Pandas 处理数据的过程中，操作的数据对象可以为以下哪种？（　）

A．DataFrame　　B．List　　C．Array　　D．np

（2）使用 Pandas 统计数据的过程中，（　）不是常用的方法。

A．array()　　B．count()　　C．max()　　D．min()

（3）open()方法用于打开文件，并返回该文件的对象，其中的参数“mode='r'”的含义是（　）。

A．文本模式（默认）　　B．写模式，新建一个文件，如果该文件已存在，则会报错

C．二进制模式　　D．打开一个文件用于读数据

（4）DictReader()方法以（　　）形式读取 CSV 文件的行，返回的内容是一个文件对象。

A．列表　　　　　　B．字典　　　　　　C．元组　　　　D．数组

（5）CSV 格式文件的说法，错误的是（　　）。

A．数据一般为字符类型　　　　　　B．以行为单位读取数据

C．列之间以半角逗号为分隔符　　　D．必须包含属性数据

2．填空题

（1）解释 read_csv("film_df.csv")语句的功能：_____。

（2）xlrd 模块属于第三方库，在首次使用时，需要先执行_____语句。

（3）JSON 类型的"object"转换到 Python 后，变为_____类型。

（4）在 MongoDB 数据库中，collection 表示_____。

（5）在 MongoDB 数据库中，基本的操作对象单元是_____。

3．Pandas 在金融、统计、社会科学、工程等领域中应用广泛，简述 Pandas 在相关领域中的优势。

4．列举 CSV 模块中常用的读写文件方法，并说明这些方法的特点。

5．简述 json.loads()和 json.load()方法之间的区别。

6．MongoDB 数据库是一个流行的非结构化数据库产品，简述 MongoDB 数据库的特点。

7．综合题。

在爬取"豆瓣电影票-天津城市网站中的全部电影列表"数据的基础上，将页面中关于电影的相关信息（电影名、电影 ID、电影演员、电影导演等）存储在 MongoDB 数据库中。目标网址为 https://movie.douban.com/cinema/nowplaying/tianjin/。

第8章 数据清洗

在数据开发过程中，我们采集到的海量数据一般是不完整的、有噪声的且是不一致的。如果直接将这些杂乱的数据应用到数据挖掘和可视化之中，可能会导致大量的误差出现，甚至是决策的干扰或者错误，因此必须要先经过数据清洗过程，过滤一些错误信息。

所谓数据清洗，就是试图检测和去除数据集合中的噪声数据和无关数据，处理重复数据、弥补缺失数据和知识背景中的白噪声的过程，从而达到提升数据质量的目的。数据清洗在整个数据分析过程中是不可或缺的一个环节，在实际环境下，数据清洗的时间和复杂度甚至高于数据爬取的过程。

8.1 数据清洗概述

数据清洗（Data Cleaning）是对数据进行重新审查和校验的过程，其目的在于删除重复信息、纠正存在的错误，并提供数据一致性。

数据清洗工作是数据分析过程中的关键步骤，其结果关系到模型的最终运行效果和最终结论。而这一切操作都源自数据清洗的对象——数据的质量。部分学者认为数据质量问题应该在数据产生的源头解决，也就是说，在爬取时应尽量避免错误数据的产生。然而在实际环境下，由于各种不可避免的因素，这一目标很难达成。

基于此，数据清洗这一步骤是必然存在的，它可能会出现在数据加载到数据仓库之前的环节，也有可能在数据分析之后再进行，这完全取决于应用环节的需求，但是无论如何，这一步骤是不可能跳过的。在特定的场景下，数据清洗过程的操作具备一定的重复性，因此开发人员一般会采用可复用的方式循环执行此过程。

8.1.1 数据清洗原理

因为数据仓库中的数据是面向某个主题的数据的集合，这些数据从多个业务系统中爬取而来且包含历史数据，这样就避免不了有的数据是错误数据、有的数据相互之间有冲突，这些错误的或有冲突的数据显然不是我们分析的对象，它们被称为"脏数据"。

数据清洗是利用有关技术，如数理统计、数据挖掘或预定义的清理规则，将脏数据转化为满足数据质量要求的数据。本质上，数据清洗就是把"脏"的数据"洗掉"，它是发现并纠正数据文件中可识别的错误的最后一道程序，包括检查数据一致性、处理无效值和缺失值等。

8.1.2 主要数据类型

不符合要求的数据主要有不完整的数据（缺失数据）、异常数据和重复数据三大类。

1. 缺失数据

这一类数据主要是一些必备信息的缺失，如供应商的名称、公司的名称、客户的区域信息缺失，业务系统中主表与明细表不匹配等。这一类数据过滤来后，按缺失的内容分别写入不同 Excel 文件向客户提交，并要求在规定的时间内补全，补全后才写入数据仓库。

2. 异常数据

异常数据产生的原因是业务系统不够健全，在接收输入后没有进行判断就直接写入后台数据库造成的，比如数值型数据输入成全角数字字符、字符串数据后面有一个回车操作、日期格式不正确、日期越界等。这一类数据也要进行分类，对于类似于全角字符、数据前后有不可见字符等问题，只能通过编码方式找出来，然后要求客户在业务系统修正之后爬取数据。日期格式不正确或者日期越界将导致系统运行失败，这一类错误同样需要修正之后再进行爬取。

3. 重复数据

对于这一类数据，特别是多个维度的表中会出现这种情况，将重复数据记录的所有字段导出来，让客户确认并整理。

数据清洗是一个反复的过程，不可能在几天内完成。对于是否过滤、是否修正，一般要求客户确认；对于过滤掉的数据，要写入文本文件或者将过滤数据写入数据表。在开发初期，要频繁地进行团队沟通，不断修正错误和验证数据，以提高数据清洗的效率。需要注意的是，在数据清洗时，不要将有用的数据过滤掉，对于每个过滤规则要认真进行验证，并与客户确认。

数据清洗的流程如图 8-1 所示。第一步就是获取各种形式的数据，包含脏数据；第二步是确定数据清洗的策略和方法，这部分由实际环境的需求所决定，同时会结合数理统计和数据挖掘等相关技术，实现缺失值的清洗，去除不需要的字段，填充缺失内容，修正错误的内容；第三步即重新爬取数据，此时的数据即可满足实际环境下的基本需求。

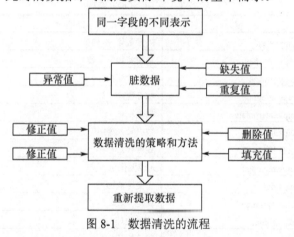

图 8-1 数据清洗的流程

8.1.3 常用工具

在数据清洗和分析过程中，经常使用基于 Python 的第三方工具辅助完成，这些工具使用简单，效率较高。常用的数据清洗和分析工具有 NumPy、Pandas 和 Scipy 等，本节主要针对 NumPy 和 Scipy 进行简单介绍。

1. NumPy

NumPy（Numerical Python）是 Python 的一种开源的数值计算扩展工具。它可用来存储和处理大型矩阵，比 Python 自身的嵌套列表结构高效得多，支持大量的维度数组与矩阵运算。此外，针对数组运算提供大量的数学函数库。

NumPy 提供了许多高级的数值编程工具，常用于科学计算中，主要包括：

- 一个强大的 N 维数组对象（Array）；
- 成熟的函数库；
- 用于整合 C/C++和 FORTRAN 代码的工具包；

- 实用的线性代数、傅里叶变换和随机数生成函数。

NumPy 通常与 Scipy（Scientific Python）和 Matplotlib（绘图库）一起使用，这种组合广泛用于替代 MATLAB。NumPy 现已被视为一种更加现代和完整的编程工具。

由于 NumPy 是第三方工具，因此未包含在 Python 的标准库中，但是 NumPy 是 Pandas 的依赖包，由于在 7.1.2 节已经安装了 Pandas，同步完成了 NumPy 的安装，因此通过 pip 工具在线安装 NumPy 时，将显示已经安装过此工具，如图 8-2 所示。

图 8-2　安装 NumPy

2. Scipy

Scipy 是 Python 中科学计算程序的核心包，包含致力于科学计算中常见问题的各个工具。Scipy 包含的功能有最优化、线性代数、积分、插值、拟合、特殊函数、快速傅里叶变换、信号处理、图像处理、常微分方程求解器等。

Scipy 是一个高端科学计算工具包，可有效计算 NumPy 矩阵，常应用于数学、科学、工程学等领域。Scipy 由一些特定功能的子模块组成，不同子模块对应于不同的应用。常用 Scipy 模块见表 8-1。

表 8-1　常用 Scipy 模块

模块	功能
scipy.cluster	矢量量化/ K-均值
scipy.constants	物理和数学常数
scipy.fftpack	傅里叶变换
scipy.integrate	积分程序
scipy.interpolate	插值
scipy.io	数据输入/输出
scipy.linalg	线性代数程序
scipy.ndimage	n 维图像包
scipy.odr	正交距离回归
scipy.optimize	优化
scipy.signal	信号处理
scipy.sparse	稀疏矩阵
scipy.spatial	空间数据结构和算法
scipy.special	任何特殊数学函数
scipy.stats	统计

Scipy 并未包含在 Python 的标准库中，需要用户自行安装。本节主要介绍在 Windows 平台上安装 Scipy 的方法。可以直接通过 pip 工具进行在线安装，命令如下：

```
> pip install scipy
```

如图 8-3 所示，输入命令后，开始下载并安装 Scipy。由于 Scipy 在安装时有一些依赖库的关联，因此 pip 工具将联网自动下载安装相关的包。当安装完成后，自动退出安装环境，并提示【Successfully installed scipy***】，说明已经安装完成 Scipy。

需要说明的是，Scipy 依赖于 NumPy，但是两者之间是基本独立的。导入 NumPy 和 Scipy 模块的标准方式是：import numpy 和 import scipy。在很多应用场景下，还需要结合 Pandas 共同使用。

图 8-3 安装 Scipy

8.2 数据清洗方法

本节主要针对数据源中的重复数据、缺失数据和异常数据进行清洗，同时涉及部分字段拆分问题。需要说明的是，在爬取的数据中，一般不会同时存在以上 3 种类型的数据，常见的是两种甚至一种类型的数据。读者在实际操作过程中，应根据开发需求，有针对性地选择恰当的实现方案。

基于此，我们提供了以下数据源：film_chapter8.csv，该文件用于本节的数据清洗。如图 8-4 所示，其中每列的内容分别为 name（名称）、actors（导演/演员）、rate（星级/打分）和 rank（排名）。

图 8-4 待清洗数据

从图 8-4 中可以很明显地发现，这 18 条记录中存在重复数据、缺失数据和异常数据。以下分别介绍针对每种类型数据的处理方法。

8.2.1 重复数据处理

在数据库或者数据仓库中，理论上一个实体应该只有一条与之对应的记录。但很多原因可能导致集成后的数据出现同一实体对应多条记录的情况，例如数据录入出错、数据不完整、数据缩写等。在数据清洗过程中，重复记录的检测与清除是一项非常重要的操作。

1. 重复数据的分类

重复数据主要分为两类。

（1）完全重复数据

完全重复数据即两个数据行的内容完全一致，这类数据很容易辨别。例如在图 8-4 中，第 5 行和第 6 行这两条记录是完全相同的。

针对完全重复数据的检测，一个最简单的方式就是对数据集进行排序，然后通过比较相邻的记录并进行合并操作，或者直接采用第三方包中提供的方法去除重复项。

（2）不完全重复数据

不完全重复数据是指客观上表示现实世界中的同一实体，但是由于表达方式不同，或者拼写错误等原因，导致数据存在多条重复信息。例如在图 8-4 中，第 7 行和第 8 行这两条记录虽然有 1 个字段不同，但是很容易发现这两条记录针对的是同一部电影。

对不完全重复数据，检查可能出现的重复记录需要有充足的计算能力，因为检查一条记录就需要遍历整个数据集。也就是说，对这个数据集的检查需要所有的记录之间实现两两匹配，其计算的复杂度为 $O(n^2)$。对于可能重复的记录检查需要使用模糊匹配的逻辑，也可以通过计算字符串的相似度，模糊匹配出疑似的重复数据，然后结合其他的参考字段进行查重操作。

需要说明的是，在数据清洗过程中，重复值处理操作并非只执行一次。一般在数据清洗的第一步执行第一次的重复值去除操作，此时可以简化后续的操作，减少数据量，但是在后续清洗过程中，可能会产生新的重复值，因此在后续的数据清洗环节，仍需要重复执行此操作。具体执行阶段的设计和执行周期由目标任务决定。

2．去除完全重复数据

在 Pandas 中提供了重复数据的判断和删除方法：duplicated()和 drop_duplicates()。

（1）duplicated()

duplicated()用于指定列数据重复项的判断，返回的内容是：指定列重复行。其基本语法如下：

```
duplicated(subset=None, keep='first')
```

参数说明：

● subset：列标签或标签序列，可选项，默认为 None：使用所有列。

● keep：可选项有 first、last、False。

—first：将第一次出现重复值标记为 True。

—last：将最后一次出现重复值标记为 True。

—False：将所有重复项标记为 True。

（2）drop_duplicates()

drop_duplicates()用于删除指定列重复项的数据，返回的内容是：新产生的 DataFrame。其基本语法如下：

```
drop_duplicates(subset=None, keep='first', inplace=False) #返回:副本或替代
```

参数说明：

● subset 和 keep 参数与 duplicated()中的用法相同。

● inplace：是否替代数据，默认为 False，即不替代数据，直接删除。

下面给出一个实例，用于去除图 8-4 中的完全重复数据。

【例 8-1】 去除图 8-4 中的完全重复数据。

```python
import pandas as pd
import numpy as np
from pandas import DataFrame,Series
data = pd.read_csv('film_chapter8.csv',encoding='ANSI') #读取文件
examDf = DataFrame(data)
print(examDf.duplicated())
examDf_dup = examDf.drop_duplicates()#去掉重复行
examDf_dup.to_csv('film_chapter8_dup.csv',header=True,index=None)
```

在上述程序中，通过 read_csv('film_chapter8.csv',encoding='ANSI')读入图 8-4 中的内容，然

后利用 DataFrame(data)将其转换为 DataFrame 的形式，将其存储在变量 examDf 中；接着，利用 duplicated()判断是否有重复行，重复的显示为 True，并将所有结果输出；最后利用 drop_duplicates()去掉全部的重复行，将其存储在变量 examDf_dup 中，通过 to_csv('film_chapter8_dup.csv',header=True,index=None)将其转存到一个新的 CSV 文件中，其中设置新的文件名为 film_chapter8_dup.csv，包含标题信息，不含有 index 信息。

上述程序的运行结果如图 8-5 所示。图（a）列出了是否为重复行的判断结果，发现第 4 行被认定为重复行；图（b）中新生成的 film_chapter8_dup.csv 文件也删除了原有的重复行（第 4 行）。

图 8-5 例 8-1 程序运行结果

3. 去除不完全重复数据

去除不完全数据是一项相对较困难的工作，前面已经介绍了去除完全重复数据的方法，本节仍旧结合图 8-4 进行介绍。从图中可以看出，name 字段完全相同的记录，可以初步认为是同一条记录，还可以结合 actors、rate 和 rank 等字段一并判断，图中第 7 行和第 8 行这两条记录只有 actors 字段不一样，如果仔细观察，就会发现两条记录只是在中英文名称中出现差别。

基于这种设计思路，可以以 name 字段为基础，结合其他字段分别进行判断，即设计 3 组判断依据（name, actors, rate）、（name, actors, rank）、（name, rate, rank），只要上述 3 列相同，即认为是相同数据。

具体实现过程如下：

```
import pandas as pd
import numpy as np
from pandas import DataFrame,Series
data = pd.read_csv('film_chapter8.csv',encoding='ANSI')#读取文件
examDf = DataFrame(data)
print(examDf.duplicated(['name','rate','rank']))#判断这3列是否有重复行
examDf_dup
=examDf.drop_duplicates(['name','actors','rate']).drop_duplicates(['name','actors','rank']).drop_duplicates(['name','rate','rank'])#去掉重复行
examDf_dup.to_csv('film_chapter8_dup.csv',header=True,index=None)
```

上述程序和例 8-1 相似，不同之处在于，我们仅是部分重复判断,通过 duplicated (['name','rate','rank'])判断是否有这 3 列 name、rate、rank 完全相同的行，重复的显示为 True，并将所有结果输出，最后利用 drop_duplicates()去掉全部的重复行，这里的重复行判断条件为：['name','actors','rate']、['name','actors','rank']、['name','rate','rank']，只要满足其中一组相同的条件，就会被判断为重复行，删除后的数据存储在变量 examDf_dup 中，通过 to_csv()将其转存到

·217·

film_chapter8_dup.csv 文件中。

上述程序的运行结果如图 8-6 所示。图（a）列出了是否为重复行的判断结果，发现第 4 行和第 6 行被认定为重复行；图（b）中新生成的 film_chapter8_dup.csv 文件也删除了这两行。

图 8-6　去重后结果

在实际操作过程中，重复数据的判断标准是不尽相同的，读者需要参考实际的应用场景，综合后再给出判断重复的依据。此外，在后续的数据处理中，建议重复几次去重的过程，从而去除因中间操作新生成的重复数据。

8.2.2　缺失数据处理

记录中的某个或者某些属性的值是不完整的，这些值被称为缺失值。缺失值的产生原因多种多样，主要分为机械原因和人为原因。

● 机械原因

由于机械原因导致的数据收集或保存的失败而造成的数据缺失，比如数据存储的失败、存储器损坏、机械故障导致某段时间数据未能收集等。

● 人为原因

人为原因是由于人的主观失误、历史局限或有意隐瞒造成的数据缺失，比如被访人拒绝透露相关问题的答案或者回答的问题是无效的、数据录入人员漏录入数据等。

对于缺失值的处理，主要分为删除法和插补法。

1．删除法

（1）识别缺失值

在 Pandas 中提供了识别缺失值的方法：isnull()，以及识别非缺失值的方法：notnull()。

基本语法如下：

isnull()：识别缺失值

notnull()：识别非缺失值

这两个方法是元素级别的判断，即将对应的所有元素的位置都列出来，元素为空或者 NA 就显示 True，否则就是 False。直接返回 bool 值类型的数据矩阵。

此外，还可以结合其他的函数，辅助缺失值的判断。

isnull().any()：列级别的判断，只要该列有为空或者 NA 的元素，就为 True，否则为 False。

df[df.isnull().values==True]：只显示存在缺失值的行、列，确定缺失值的位置。

isnull().sum()：统计每列中为空的个数。

isnull()和 notnull()方法的结果正好相反，因此使用其中任意一个都可以判断出数据中缺失值的位置。

下面给出一个实例，用于判断图 8-4 中缺失值的存在。

【例 8-2】 判断图 8-4 中的缺失值。

```
import pandas as pd
import numpy as np
from pandas import DataFrame,Series
data = pd.read_csv('film_chapter8.csv',encoding='ANSI')#读取文件
print("显示缺失值，缺失则显示为TRUE：\n", data.isnull())
print("\n显示每一列中有多少个缺失值：\n", data.isnull().sum())
```

在上述程序中，通过 isnull()直接输出数据是否缺失的矩阵显示，如果是缺失值，返回 True，否则返回 False。然后利用 isnull().sum()，返回每列包含的缺失值的个数。程序运行结果如图 8-7 所示。

```
显示缺失值，缺失则显示为TRUE：
     name  actors   rate   rank
0   False   False  False  False
1   False   False  False  False
2   False   False  False  False
3   False   False  False  False
4   False   False  False  False
5   False   False  False  False
6   False   False  False  False
7   False   False  False  False
8   False   False  False  False
9   False   False  False  False
10  False   False  False  False
11  False   False  False  False
12  False   False  False  False
13  False   False  False  False
14  False   False  False  False
15  False   False  False  False
16  False   False  False  False
17  False    True  False  False

显示每一列中有多少个缺失值：
 name      0
actors    1
rate      0
rank      0
dtype: int64
```

图 8-7　例 8-2 程序运行结果

由图 8-7 可以看出，图 8-7 与图 8-4 中的显示一致，由于最后一行数据中的 actors 为空，这里显示为 True，同时，在统计数据中，显示 actors 的值是 1，即此列有一个缺失值。

（2）删除缺失值

删除法是指将缺失值的特征或者记录删除。删除法分为删除观测记录和删除特征两种，它属于通过减少样本量来换取信息完整度的一种方法，是最简单的缺失值处理方法。Pandas 中提供了简单的删除缺失值的方法：dropna()，通过参数控制，此方法既可以删除观测记录，也可以删除特征。dropna()方法的基本语法如下：

```
dropna(axis=0, how='any', thresh=None, subset=None, inplace=False)
```

参数说明：

- axis：表示删除的对象是行还是列。如果删除的是行，其值是 0 或 index；如果删除的是列，其值是 1 或 column，默认为行。
- subst：删除某几列的缺失值，可选，默认为所有列。
- how：其值可以是 any 或者 all，any 表示只要出现一个就删除，all 表示所有列均为 NA 时才删除。
- thresh：缺失值的数量标准，达到阈值 thresh 才会删除。
- inplace：是否替换。默认为 False，即不替换。

由于此方法的参数较多，使用时较为灵活，常见的使用方法如下。

dropna()：直接删除含有缺失值的行。

dropna(axis = 1)：直接删除含有缺失值的列。

dropna(how = 'all')：只删除全是缺失值的行。

dropna(thresh = 3)：保留至少有 3 个非空值的行。

dropna(subset = [u'actors'])：判断特定的列，若该列含有缺失值，则删除缺失值所在的行。

下面给出一个实例，针对图 8-4 中出现的缺失值，给出 3 种不同的删除方案。

【例 8-3】删除缺失值的方法。

```
import pandas as pd
import numpy as np
from pandas import DataFrame,Series
data = pd.read_csv('film_chapter8.csv',encoding='ANSI')
#第一种删除方案
data1 = data.dropna()
data1.to_csv('film_chapter8_nul.csv',header=True,index=None)
#第二种删除方案
data2 = data.dropna(axis = 1)
data2.to_csv('film_chapter8_nul2.csv',header=True,index=None)
#第三种删除方案
data3 = data.dropna(subset = [u'name'])
data3.to_csv('film_chapter8_nul3.csv',header=True,index=None)
```

上述程序提供了 3 种不同的删除方案。第一种方案使用 dropna()直接删除缺失值所在的行，即删除最后一行；第二种方案使用 dropna(axis=1)直接删除含有缺失值的列，即删除了 actors 列；第三种方案使用 dropna(subset=[u'name'])，判断 name 列中是否存在缺失值，如果有，则删除此列，由于缺失值并非出现在 name 列，因此并未删除任何数据。

上述 3 种方案分别生成了 3 个文件，其中 film_chapter8_nul.csv 和 film_chapter8_nul2.csv 文件内容分别如图 8-8 和图 8-9 所示；film_chapter8_nul3.csv 文件内容与原始数据相同，没有发生改变，不再给出图示。

图 8-8　film_chapter8_nul.csv 文件内容

需要注意的是，在实际研究中发现，有一些数据是由于无法获得而缺失的。当缺失比例很小时，可直接舍弃缺失的记录。

但是在某些生产数据的领域中，往往缺失数据占有相当大的比重，尤其是针对多元数据。这时如果大量删除数据，不仅会降低数据的使用效率，而且由于丢失了大量信息，数据的分析结果会产生偏差，使不完全观测数据与完全观测数据之间产生样本之间的倾斜问题。此时，不建议删除原有缺失数据。

	name	rate	rank
1			
2	泰坦尼克号 /铁达尼号(港 / 台)	rating45-t/9.4分	6
3	千与千寻 /神隐少女(台) / 千与千寻的神隐	rating45-t/9.4分	7
4	本杰明巴顿奇事 /奇幻逆缘(港) / 班杰明的奇幻旅程(台)	rating45-t/8.9分	65
5	让子弹飞 /让子弹飞一会儿 / 火烧云	rating45-t/8.8分	67
6	让子弹飞 /让子弹飞一会儿 / 火烧云	rating45-t/8.8分	67
7	喜剧之王 /King of Comedy	rating45-t/8.7分	93
8	喜剧之王 /King of Comedy	rating45-t/8.7分	93
9	幽灵公主(台) / 魔法公主(台) / 幽灵少女	rating45-t/8.9分	100
10	阳光灿烂的日子 /In the Heat of the Sun	rating45-t/8.8分	102
11	消失的爱人 /失踪的女孩 / 失踪女孩	rating45-t/8.7分	108
12	功夫 /功夫3D / Kung Fu Hustle	rating45-t/8.6分	138
13	风之谷 /风谷少女 / Kaze no tani no Naushika	rating45-t/8.9分	139
14	喜宴 /The Wedding Banquet	rating45-t/8.9分	147
15	英雄本色 /A Better Tomorrow / Gangland Boss	rating45-t/8.7分	148
16	东邪西毒 /Ashes of Time	rating45-t/8.6分	166
17	花样年华 /In the Mood for Love	rating45-t/8.6分	171
18	阿飞正传 /Days of Being Wild	rating45-t/8.5分	215
19	数据爬取与清洗 /Crawl and Clean	rating1-t/0分	-100

图 8-9 film_chapter8_nul2.csv 文件内容

2. 插补法

插补法与删除法不同，它使用建议的数据替换缺失值，从而保留当前记录中的其他维度数据。表 8-2 列出了常见的插补方法。

表 8-2 常见的插补方法

插补方法	具体操作
均值/中位数/众数插补	根据属性值的类型，用该属性取值的平均数/中位数/众数进行插补
替换法	将缺失的属性值用一个特定的值替换
最近邻插补	在记录中找到与缺失样本最接近的样本的该属性值插补
回归方法	对带有缺失值的变量，根据已有数据和与其有关的其他变量（因变量）的数据建立拟合模型来预测缺失的属性值
插值法	利用已知点拟合的插值函数 $f(x)$，未知值由对应点 x_i 求出的函数值 $f(x_i)$ 近似代替

下面重点介绍替换法和插值法。

（1）替换法

替换法是指用一个特定的值替换缺失值。由于数据类型不同，处理方法也不尽相同。当缺失值为数值型时，可以利用固定的数据或者统计量来替代缺失值；当缺失值的类型为字符型时，则可以选择使用特定的字符替代缺失值。

Pandas 中提供了缺失值替换的方法 fillna()，其基本语法如下：

fillna(value=None,method=None,{},limit=None,inplace=False,axis=None)

参数说明：

- value：传入一个字符串或数字替代 NA，其值可以是指定的数值或者数据集合的平均值、众数或中位数等统计量。
- method：可选择 ffill（用前一个填充）或者 bfill（用后一个填充）。
- limit：用于限定填充的数量。默认条件是不限制。
- inplace：是否允许直接在原文件修改。默认条件是不允许。
- axis：确定填充的方向，默认方向是 0，即按行填充。

使用 fillna()方法可以实现简单的缺失值插补，表 8-3 列出一些常见的 fillna()方法。

表 8-3 常见的 fillna()方法

fillna()方法	功能
fillna(data.mean())	均值插补
fillna(data.median())	中位数插补
fillna(data.mode())	众数插补
fillna(data.max())	最大值插补

续表

fillna()方法	功能
fillna(data.min())	最小值插补
fillna(method='ffill')	最近邻插补——用缺失值的前一个值填充
fillna(method='bfill')	最近邻插补——用缺失值的后一个值填充

下面给出一个实例,针对图 8-4 中出现的缺失值,给出不同字段的填充方案。

【例 8-4】 缺失值填充方案。

```
import pandas as pd
import numpy as np
from pandas import DataFrame,Series
data = pd.read_csv('film_chapter8.csv',encoding='ANSI')#读取文件
data1 = data
col = data.isnull().any()
if col['actors']== True:
    data1 = data.fillna('导演:未知  主演:未知')
if col['rate']== True:
    data2 = data1.fillna('rating0/0分')
else:
    data2 = data1
    data3 = data2
if col['rank']== True:
    data3 = data2.fillna('0')
data3.to_csv('film_chapter8_filnul.csv',header=True,index=None)
```

在上述程序中,首先通过 isnull().any()获得每一列数据的缺失情况,并将其存储在 col 变量中,这个变量是一个 Series。接下来,依次判断 col['actors']、col['rate']、col['rank']是否为 True,如果满足条件(例如,col['actors']== True 等),则说明此列中有缺失项,此时利用 fillna()方法分别进行处理,依次填补为:'导演:未知 主演:未知'、'rating0/0 分'和'0'。如果不满足条件,则维持原有数据不变或者转存数据。最终利用 to_csv()方法将结果保存到 film_chapter8_filnul.csv 文件中。生成文件的内容如图 8-10 所示。从图中可以看出,最后一行的 actors 字段已经实现了默认值('导演:未知 主演:未知')的填充。

	name	actors	rate	rank
2	泰坦尼克号/铁达尼号(港/台)	导演:詹姆斯·卡梅隆 James Cameron主演:莱昂纳多·迪卡普里奥 Leonardo...	rating45-t/9.4分	6
3	千与千寻/神隐少女(台)/千与千寻的神隐	导演:宫崎骏 Hayao Miyazaki主演:柊瑠美/入野自由 Miy...	rating45-t/9.4分	7
4	本杰明·巴顿奇事/奇幻逆缘(港)/班杰明的奇幻旅程(台)	导演:大卫·芬奇 David Fincher主演:凯特·布兰切特 Cate Blanchett /...	rating45-t/8.9分	65
5	让子弹飞/让子弹飞一会儿/火烧云	导演:姜文 Wen Jiang主演:姜文 Wen Jiang/葛优 You Ge/周润发 Yun-F...	rating45-t/8.8分	67
6	让子弹飞/让子弹飞一会儿/火烧云	导演:姜文 Wen Jiang主演:姜文 Wen Jiang/葛优 You Ge/周润发 Yun-F...	rating45-t/8.8分	67
7	喜剧之王/King of Comedy	导演:周星驰 Stephen Chow主演:李力持 Lik-Chi Lee主演:周星驰 Stephen Ch...	rating45-t/8.7分	93
8	喜剧之王/King of Comedy	导演:周星驰 Stephen Chow主演:李力持 Lik-Chi Lee主演:周星驰	rating45-t/8.7分	93
9	幽灵公主/魔法公主(台)/幽灵少女	导演:宫崎骏 Hayao Miyazaki主演:松田洋治 Matsuda/石田百合...	rating45-t/8.9分	100
10	阳光灿烂的日子/In the Heat of the Sun	导演:姜文 Wen Jiang主演:夏雨 Yu Xia/宁静 Jing Ning/陶虹 Hong Tao	rating45-t/8.8分	102
11	消失的爱人/失踪的女孩/失踪女孩	导演:大卫·芬奇 David Fincher主演:本·阿弗莱克 Ben Affleck/罗莎蒙...	rating45-t/8.7分	108
12	功夫/功夫3D/Kung Fu Hustle	导演:周星驰 Stephen Chow主演:周星驰 Stephen Chow/元秋 Qiu Yuen/...	rating45-t/8.6分	138
13	风之谷/风之谷少女/Kaze no tani no Naushika	导演:宫崎骏 Hayao Miyazaki主演:岛本须美 Sumi Shimamoto/松田洋治 Y...	rating45-t/8.9分	139
14	喜宴/The Wedding Banquet	导演:李安 Ang Lee主演:赵文瑄 Winston Chao/郎雄 Sihung Lung/归亚...	rating45-t/8.9分	147
15	英雄本色/A Better Tomorrow/Gangland Boss	导演:吴宇森 John Woo主演:周润发 Yun-Fat Chow/狄龙 Lung Ti/张国...	rating45-t/8.7分	148
16	东邪西毒/Ashes of Time	导演:王家卫 Kar Wai Wong主演:张国荣 Leslie Cheung/林青霞 Brigitte...	rating45-t/8.6分	166
17	花样年华/In the Mood for Love	导演:王家卫 Kar Wai Wong主演:梁朝伟 Tony Leung Chiu Wai/张曼玉 Ma...	rating45-t/8.6分	171
18	阿飞正传/Days of Being Wild	导演:王家卫 Kar Wai Wong主演:张国荣 Leslie Cheung/张曼玉 Maggie C...	rating45-t/8.5分	215
19	数据爬取与清洗/Crawl and Clean	导演:未知 主演:未知	rating1-t/0分	-100

图 8-10 film_chapter8_filnul.csv 文件内容

(2)插值法

替换法使用的难度较低,但是统一替换相同的数据,会影响数据的标准差,导致信息量的变动。在面对数值类型的缺失问题时,还可以使用插值法。

常用的插值法有线性插值、多项式插值和样条插值等。

线性插值是一种较为简单的插值方法，它针对已知的值求出线性方程，通过求解线性方程式得到缺失值。

多项式插值利用已知的值拟合一个多项式，使得现有的数据满足这个多项式，再利用这个多项式求解缺失值。常见的多项式插值有拉格朗日插值和牛顿插值等。

样条插值是以可变样条来拟合一条经过一系列点的光滑曲线的插值方法。插值的样条由一些多项式组成，每个多项式都由相邻两个数据点决定，这样可以保证两个相邻多项式及其导数在衔接处是连续的。

Pandas 中提供了插值方法 interpolate()，其基本语法如下：

interpolate(method='linear', axis=0, limit=None, inplace=False, limit_direction='forward', limit_area=None, downcast=None, **kwargs)

参数说明：
- method：str 类型，默认为 linear，可使用的插值技术有 linear、time、index、values、pad、nearest、zero、slinear、quadratic、cubic 等。
- axis：沿轴进行插值计算。可以为 0 或 index、1 或 columns、None，默认为 None。
- limit：要填充的连续 NaN 的最大数量。其值是大于 0 的整数，可选。
- inplace：更新数据。bool 类型，默认为 False。
- limit_direction：表示限定方向。其值可以为 forward、backward、both，默认为 forward，如果指定了限制方向，则将沿该方向填充连续的 NaN。
- limit_area：表示限定区域。其值可以为 None、inside、outside，默认为 None。
  —None：无填充限制。
  —inside：仅填充有效值（interpolate）包围的 NaN。
  —outside：仅在有效值之外（extrapolate）填充 NaN。
- downcast：可选，其值可以为 infer 或 None，默认为 None。
- **kwargs：关键字参数传递给插值函数。

由于插值法适用于数值类型的数据，因此，人为构造数据进行多种插值计算。下面给出一个实例。

【例 8-5】插值法实例。

```
import numpy as np
import pandas as pd
import scipy
s = pd.Series([1, 4, np.nan, 13])
print('线性内插:\n',s.interpolate())
print('填充内插:\n',s.interpolate(method='pad', limit=2))
print('多项式插值:\n',s.interpolate(method='polynomial', order=2))
print('向前填充:\n',s.interpolate(method='linear', limit_direction='forward', axis=0))
```

在上述实例中，同时引入了 NumPy、Pandas 和 Scipy 包，然后定义了一个 Series，内含[1, 4, np.nan, 13]，对其进行插值填充，这里分别采用了以下 4 种方式。

线性插值：interpolate()。

填充插值：interpolate(method='pad', limit=2)，限制最大数量为 2。

多项式插值：interpolate(method='polynomial', order=2)，指定 order=2。

图 8-11 例 8-5 程序运行结果

使用线性插值沿每列向前（向下）填充 DataFrame：interpolate(method='linear',limit_ direction='forward', axis=0)，指定 axis=0。

上述程序的运行结果如图 8-11 所示。

需要注意的是，插补处理只是将未知值填充为主观估计值，不一定完全符合客观事实，以上的分析仅是基于数值的理论分析。然而缺失值本身是无法观测的，如果缺失值所属的具体类型也未知，此时将无法估计一个插补方法的插补效果。

这些插补方法通用于各个领域，由于其具有普遍性，因此针对某个领域的专业插补效果不会很理想。正是由于这个原因，很多专业数据挖掘人员通过他们对行业的理解，手动对缺失值进行插补，效果可能会更好。

缺失值的插补是为了在数据挖掘过程中不放弃大量的有效信息而采用的人为干涉缺失值的情况，无论使用何种处理方法，都会影响变量之间原始的相互关系，尤其是在对不完备的信息进行补齐处理时，人为插补甚至会改变原始的数据信息系统，对以后的数据分析产生潜在的负面影响，因此选择一个合理的插补方案是非常重要的。

8.2.3 异常数据处理

异常值是指数据中个别数值明显偏离其余的数值，有时也称为离群点。检测异常值就是检验数据中是否有输入错误及是否含有不合理的数据。异常值的存在对数据分析有负面的影响，如果计算分析过程中有大量异常值的存在，而且算法对异常值敏感，那么数据分析的结果将产生偏差，甚至出现错误。

另一方面，异常值在某些场景下反而是非常重要的，例如疾病预测。通常健康人的身体指标在某些维度上是相似的，如果一个人的身体指标出现了异常，那么他的身体在某些方面肯定发生了改变，当然这种改变并不一定是由疾病引起（通常被称为噪声点）的，但异常的发生和检测是疾病预测一个重要起始点。相似的操作也可以应用到信用欺诈、网络攻击等场景中。

针对数值类型，一般异常值的检测方法有基于统计的方法、基于聚类的方法及专门检测异常值的方法等。

基于统计的方法一般用于连续型的数据，可以通过简单的统计量或者使用散点图观察异常值的存在。针对简单的数据计算，可以使用 describe() 方法对统计字段进行描述性分析。而对更专业的数据计算，可以使用 3σ 原则实现数据分析。

3σ 原则：首先假设检测数据只含有随机误差，对原始数据进行计算处理得到其标准差，然后按一定的概率确定一个区间，认为误差超过这个区间就属于异常。数值的分布几乎全部集中在区间 $(\mu-3\sigma, \mu+3\sigma)$，其中，$\sigma$ 表示标准差，μ 表示均值。超出这个范围的数据仅占总量的约 0.3%，因此根据小概率原理，可以认为超出 3σ 范围的数据为异常值。该方法适用于正态分布或者近似正态分布的样本数据的处理过程。

在基于聚类的方法中，如果一个对象是基于聚类的离群点，那么该对象是不强属于任何簇的。如果通过聚类检测离群点，则可以使用如下方法：对象聚类、删除离群点、对象再次聚类等。该方法产生的簇的质量对该方法产生的离群点的质量影响非常大。

此外，通过一些专门检测方法也可以找到异常值，但所得结果并不是绝对正确的，具体情况还需自己根据业务的理解加以判断。

常见的异常值处理方法如表 8-4 所示。

表 8-4 常见的异常值处理方法

异常值处理方法	具体描述
删除含有异常值的记录	直接将含有异常值的记录删除
按照缺失值处理	将异常值视为缺失值,利用缺失值处理的方法进行处理
平均值修正	用前后两个观测值的平均值修正该异常值
不处理	直接在具有异常值的数据集上进行数据挖掘

对异常值如何处理,没有固定的操作方法,需要读者结合实际情况综合考虑。
下面给出一个实例,使用 describe()方法对统计字段进行描述性分析,其实现非常简单。

【例 8-6】异常值处理实例。

```
import    pandas as pd
data = pd.read_csv('film_chapter8.csv',encoding='ANSI')#
print(data['rank'].describe())
```

在上述程序中,直接使用 data['rank'].describe()
输出相关的统计信息,程序运行结果如图 8-12 所示。
可以发现,其中最小值的范围与 25%、50%和 75%的
数据差异均较大,因此可以得出初步的结论:最小值
的数据是异常的。

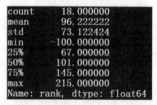

图 8-12 例 8-6 程序运行结果

为了验证结果,再给出一个实例,使用 3σ 原则,
在数值中检测异常值的存在。具体程序如下:

```
import    pandas as pd
def three_sigma(ser):
    bool_id = ((ser.mean() −3 * ser.std()) <= ser)    &      (ser <= (ser.mean() + 3 * ser.std()))
    print((ser.mean() −3 * ser.std()))
    print((ser.mean() + 3 * ser.std()))
    print(bool_id)
    return ser.index[bool_id]
data = pd.read_csv('film_chapter8.csv',encoding='ANSI')#
index_name_list = three_sigma(data['rank'])
```

在上述程序中,设计了一个方法:three_sigma,这个
方法接受 ser 变量。此处的数据源选择 data['rank'],即
film_chapter8.csv 文件中的最后一列,计算 mean() −3* std()
作为下限、mean() + 3* std()作为上限,判断 data['rank']中
是否有超出范围的异常值存在。最后输出上限和下限的数
值,以及每个数据是否在范围内的结果。程序运行结果如
图 8-13 所示。

从图 8-13 中可以看出,上限约为 315.58,下限约为
−123.14,而所有的数据都属于这个范围区间。需要注意
的是,此方法对正态分布或近似正态分布的数据有效。因
此,当数据源不满足条件时,其结果是不精确的。

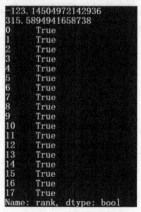

图 8-13 使用 3σ 原则程序运行结果

下面介绍第 3 种方法,即通过散点图的形式,将现有
的数据分布绘制出来。具体程序如下:

```
import numpy as np
import pandas as pd
import matplotlib.pyplot as plt
data = pd.read_csv('film_chapter8.csv',encoding='ANSI')
df = data['rank'].to_frame()
column = df.columns[0]
df['index'] = df.index.tolist()
print(df)
df.plot.scatter(x=1, y=column)
plt.show()
```

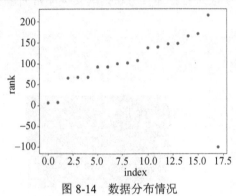

图 8-14　数据分布情况

在上述程序中，涉及 Matplotlib 的散点图绘制过程将在第 9 章详细介绍。程序运行结果如图 8-14 所示。

从图 8-14 可以很明显地发现，右下角出现了异常值，此点与其他值并不在一个范围内。此时，可以认为右下角的数值即[17,-100]为异常点，它对应的是数据源中的最后一条记录。

8.2.4　格式内容清洗

如果数据由系统日志而来，那么通常在格式内容方面会与元数据的描述一致。而如果数据由人工收集或用户填写而来，则有可能在格式内容上存在一些问题。简单来说，格式内容问题有以下几类。

1．时间、日期、数值、全半角等显示格式不一致

这种问题通常与输入有关，在整合多来源的数据时也有可能遇到此类问题，将其处理成某种一致的格式即可。

2．内容中有不该存在的字符

某些内容可能只包括一部分字符，比如身份证号是数字或数字+字母，中国人姓名是汉字，而可能出现姓名中存在数字、身份证号中出现汉字等问题。这种情况下，需要以半自动校验半人工方式来找出可能存在的问题，并去除不需要的字符。

3．内容与该字段应有内容不符

这种问题很常见，比如姓名错写为性别、身份证号错写为手机号等。但该问题的特殊性在于：并不能以简单的删除来处理。因为这有可能是人工填写错误，也有可能是前端没有校验，还有可能是导入数据时部分或全部存在列没有对齐等，因此要详细识别问题产生的原因。

格式内容问题一般是细节的问题，但很多分析失误都在此处出现，比如统计值不全（数字中添加字母等）、模型输出失败或效果不好（数据列混淆等）。

下面给出一个实例，用于检查图 8-4 中数据格式内容是否正确。

【例 8-7】数据格式内容校验。

```
data = pd.read_csv('film_chapter8.csv',encoding='ANSI')#读取文件
data1 = data['rank']
for i, v in data1.items():
```

```
        if isinstance(v,int) == True:
            print("ok")
        else:
            print("error")
```

在上述程序中，设计了一个简单的类型检查方法，针对 data['rank']，遍历其中的每一个元素，利用 isinstance(v,int)判断 data['rank']的类型是否为 int，如果返回是 True，则输出"ok"，否则输出"error"。程序的运行结果如图 8-15 所示。

由图 8-15 可知，在 data['rank']中全部数据均是 int 类型，符合我们设定的数据类型。需要注意的是，数据格式内容的检查非常灵活，这里仅提供了一种设计思路，读者在执行此种检查时，需要提前设计好所有可能出现错误的位置，然后逐项进行过滤检查。

格式内容错误数据的处理方法可以参考表 8-4，读者需要根据实际需求选择处理方法。

图 8-15　例 8-7 程序运行结果

8.2.5　逻辑错误清洗

逻辑错误清洗工作是去掉一些使用简单逻辑推理就可以直接发现问题的数据，防止数据分析结果走偏。逻辑错误清洗主要包含以下内容。

1．去除不合理值

不合理的数值类似于异常值，可以通过简单的统计量或者使用散点图观察到它们的存在。

除了算术统计，还可以通过人工的方式筛选出这些不合理值。当然，这种筛选是基于人类的常识知识库完成的。

2．修正矛盾内容

有些字段是可以互相验证的，例如，我们知道身份证号的中间几位是个人的出生年月，在填写年龄时，如果两者严重不符，则被认为是矛盾的数据。在这种情况下，需要根据字段的数据来源，来判定哪个字段提供的信息更为可靠，去除或重构不可靠的字段。

除了以上列举的情况，还有很多未列举的逻辑错误，在实际操作中要酌情处理。

下面给出一个实例，用于检查图 8-4 中数据是否存在逻辑错误。

【例 8-8】逻辑错误判断。

```
import pandas as pd
data = pd.read_csv('film_chapter8.csv',encoding='ANSI')#读取文件
data1 = data['rank']
for i, v in data1.items():
    if v< 0:
        print('line',i," input error")
```

在上述程序中，设计了一个简单的逻辑检查，即 data['rank']代表排名，其数值应大于 0，于是遍历每一个 data['rank']，判断 data['rank']的数值是否大于 0，如果小于 0，则输出"input error"。输出结果如下：

```
line 17    input error
```

可以看出，已经完成了逻辑错误的检查。此种错误数据的处理方法可以参考表 8-4，读者需要根据实际需求选择处理方法。

8.3 数据规整

现有数据往往是不同时期采集的，人工操作多，数据输入操作不严谨，有时会存在以下质量问题：数据编码问题、数据分层问题、数据特征及描述问题。

数据规整是指，根据标准规范，对采集的原始数据进行层次划分、编码赋值、格式转换等处理，以达到入库或更新的要求。

针对不同的数据来源和种类，数据规整的方法与思路不同。以图 8-16 中的数据为例，本节主要从字段拆分、数据分组、数据聚合等角度介绍数据规整方案。需要说明的是，一般在完成数据清洗的基础上，再进行数据规整的操作。

	A	B	C	D
1	name	actors	rate	rank
2	泰坦尼克号/铁达尼号(港/台)	导演:詹姆斯·卡梅隆 James Cameron主演: 莱昂纳多·迪卡普里奥 Leonardo...	rating45-t/9.4分	6
3	千与千寻/神隐少女(台)/千与千寻的神隐	导演:宫崎骏 Hayao Miyazaki主演: 柊瑠美/入野自由 Miy...	rating45-t/9.4分	7
4	本杰明·巴顿奇事/奇幻逆缘(港)/班杰明的奇幻旅程(台)	导演:大卫·芬奇 David Fincher主演: 凯特·布兰切特 Cate Blanchett/...	rating45-t/8.9分	65
5	让子弹飞/让子弹飞一会儿/火烧云	导演:姜文 Wen Jiang主演: 姜文 Wen Jiang/葛优 You Ge/周润发 Yun-F...	rating45-t/8.8分	67
6	让子弹飞/让子弹飞一会儿/火烧云	导演:姜文 Wen Jiang主演: 姜文 Wen Jiang/葛优 You Ge/周润发 Yun-F...	rating45-t/8.8分	67
7	喜剧之王/King of Comedy	导演:周星驰 Stephen Chow/李力持 Lik-Chi Lee主演: 周星驰 Stephen Ch...	rating45-t/8.7分	93
8	喜剧之王/King of Comedy	导演:周星驰 Stephen Chow/李力持 Lik-Chi Lee主演: 周星驰	rating45-t/8.7分	93
9	幽灵公主/魔法公主(台)/幽灵少女	导演:宫崎骏 Hayao Miyazaki主演: 松田洋治 Matsuda/石田百合...	rating45-t/8.9分	100
10	阳光灿烂的日子/In the Heat of the Sun	导演:姜文 Wen Jiang主演: 夏雨 Yu Xia/宁静 Jing Ning/陶虹 Hong Tao	rating45-t/8.9分	102
11	消失的爱人/失踪的女孩/失踪女孩	导演:大卫·芬奇 David Fincher主演: 本·阿弗莱克 Ben Affleck/罗莎蒙...	rating45-t/8.7分	108
12	功夫/功夫3D/Kung Fu Hustle	导演:周星驰 Stephen Chow主演: 周星驰 Stephen Chow/元秋 Qiu Yuen/...	rating45-t/8.6分	138
13	风之谷/风谷少女/Kaze no tani no Naushika	导演:宫崎骏 Hayao Miyazaki主演: 岛本须美 Sumi Shimamoto/松田洋Y...	rating45-t/8.9分	139
14	喜宴/The Wedding Banquet	导演:李安 Ang Lee主演: 赵文瑄 Winston Chao/郎雄 Sihung Lung/归亚...	rating45-t/8.9分	147
15	英雄本色/A Better Tomorrow/Gangland Boss	导演:吴宇森 John Woo主演: 周润发 Yun-Fat Chow/狄龙 Lung Ti/张国...	rating45-t/8.7分	148
16	东邪西毒/Ashes of Time	导演:王家卫 Kar Wai Wong主演: 张国荣 Leslie Cheung/林青霞 Brigitte...	rating45-t/8.6分	166
17	花样年华/In the Mood for Love	导演:王家卫 Kar Wai Wong主演: 梁朝伟 Tony Leung Chiu Wai/张曼玉 Ma...	rating45-t/8.7分	171
18	阿飞正传/Days of Being Wild	导演:王家卫 Kar Wai Wong主演: 张国荣 Leslie Cheung/张曼玉 Maggie C...	rating45-t/8.5分	215
19	数据爬取与清洗/Crawl and Clean		rating1-t/0分	-100

图 8-16 待规整的数据

8.3.1 字段拆分

如果数据中有包含多个信息单元的字符串字段，在将该字段中的值拆分为多个单独的字段的情况下，数据分析将更为轻松。在 Python 中，可以自定义拆分选项，基于指定的分隔符来分隔值。

图 8-16 中存在多组包含多个信息单元的字段，如 name、actors 和 rate 等。name 中包含原名、重名、英文名称等信息，actors 中包含导演和演员信息，rate 中包含星级和打分数据，上述几组字段中的信息分割方式是不尽相同的。例如，name 和 rate 中使用 "/" 分割，actors 中使用 "主演:" 分割。这里需要说明的是，特殊字符的中英文使用是不同的，如果混淆使用，会导致拆分错误。

可以使用 Pandas 完成字段拆分的操作。如果 Series 中的元素均为字符串，那么通过 Series.str.split()方法可将字符串按指定的分隔符拆分成若干列的形式。其基本语法如下：

```
Series.str.split([pat, n, expand])
```

该方法会将每一行中的内容当成字符串处理，运行后返回拆分后的 Series 或 DataFrame。
参数说明：
- pat：string 类型，表示分隔符。
- n：int 类型，表示拆分的块数。默认值为-1，表示全部拆分。
- expand：bool 类型，默认为 False。如果为 True，则返回拆分为多列的 DataFrame；如果为 False，则返回 Series，每一项均为数组的形式。

下面给出一个实例，用于将图 8-16 中的 actors 和 rate 列进行拆分。

【例 8-9】拆分图 8-16 中的 actors 和 rate 列。

```
import pandas as pd
import numpy as np
from pandas import DataFrame,Series
data = pd.read_csv('film_chapter8.csv',encoding='ANSI')#读取文件
col_actors = data['actors']
col_actors_new = col_actors.str.split('主演:',expand=True)
col_rate = data['rate']
col_rate_new = col_rate.str.split('/',expand=True)
data_new = data
data_new['director'] = col_actors_new[0]
data_new['actor'] = col_actors_new[1]
data_new['rating'] = col_rate_new[0]
data_new['score'] = col_rate_new[1]
print(data_new)
data_new.to_csv('film_chapter8_split.csv',header=True,index=None)
```

由上述程序可知，获取了 2 个 Series：data['actors']和 data['rate']，然后分别对其进行拆分，在 col_actors.str.split('主演:',expand=True)中，使用'主演:'进行分割，在 col_rate.str.split('/',expand=True)中，使用'/'进行分割，这两次分割均生成了新的 DataFrame。接着将生成的 DataFrame 分别添加到原有 DataFrame 中的 director、actor、rating 和 score 列中，最后将新生成的 DataFrame 保存到 film_chapter8_split.csv 文件中。该文件内容如图 8-17 所示。

图 8-17 数据拆分后的文件内容

由图 8-17 可以看出，新生成的文件保留了原有的全部内容，只是在后面追加了几列拆分后的数据。

8.3.2 数据分组

对于通过爬虫获得的数据，虽然经过数据清洗、字段拆分等手段进行了初步处理，但由于数据庞杂，还不能直接进入对数据的分析阶段。在此之前，有必要对数据进行分组处理，以反映数据分布的特征及规律。

数据分组是根据统计研究的需要，将原始数据按照某种标准划分成不同的组别，分组后的数据称为分组数据。数据分组的主要目的是观察数据的分布特征。数据分组后，再计算出各组中数据出现的频数，就形成了一张频数分布表。

对于非数值型数据，依据属性的不同将其划分为若干组；对于数值型数据，依据数值的不同将数据划分为若干组。分组后，要使组内的差距尽可能小，而组与组之间则有明显的差异，从而使大量无序、混沌的数据变为有序、层次分明、显示总体数量特征的信息。

数据分组应遵循两个基本原则。

（1）穷尽性原则

穷尽性原则要求每一项数据都能划归到某个组中，不会产生"遗漏"现象。

（2）互斥性原则

互斥性原则要求将数据分组后，各个组的范围应互不相容、互为排斥。即每个数据在特定的分组标志下只能归属到某个组，而不能同时或可能同时归属到某几个组。

例如，图 8-16 中存在多组包含多个信息单元的字段，这些字段内部的数据均为互斥的，因此可以作为数据分组的指标。依靠此指标产生的数据只属于唯一组别，而不会产生歧义。

可以使用 Pandas 中的 groupby()方法完成数据分组的操作。groupby()方法通常是指以下操作：

Splitting——按照规则将数据分为不同的组；

Applying——对每组数据分别执行一个函数；

Combining——将结果组合到一个数据结构中。

groupby()方法的基本语法如下：

groupby(by=None, axis=0, level=None, as_index=True, sort=True, group_keys=True, squeeze=False, **kwargs)

该方法返回 DataFrameGroupBy 对象。

参数说明：

- by：list、string、mapping 或者 generator 类型，用于设计分组的依据。如果传入的是一个函数，则对索引进行计算和分组；如果传入的是字典或者 Series，则将传入数据作为分组的依据；如果传入的是 NumPy 数组，则将数组的元素作为分组的依据；如果传入的是字符串，则直接将字符串作为分组的依据。
- axis：int 类型。表示操作的轴向，默认值为 0，即对列进行操作。
- level：int 类型或者索引名称。表示标签所在级别，默认值为 0。
- ax_indx：bool 类型。表示聚合后的标签是否以 DataFrame 索引的形式输出，默认为 True。
- sort：bool 类型。表示是否对分组依据进行排序，默认为 True。
- group_keys：bool 类型。表示是否显示分组标签的名称，默认为 True。
- squeeze：bool 类型。表示是否允许对返回数据进行降维，默认为 False。

需要注意的是，groupby()方法返回的 DataFrameGroupBy 对象实际并不包含数据内容，它只是记录有关分组键——df['key1']的中间数据。当对分组数据应用函数或其他聚合运算时，Pandas 再依据 DataFrameGroupby 对象内记录的信息对 DataFrame 进行快速的分块运算，并返回结果。

下面给出一个实例，用于将图 8-16 中的数据进行分组，并进行简单的均值运算。

【例 8-10】数据分组规则如下：

（1）按照 data['score']分组；

（2）按照 data['score']和 data['director']分组。

```
import pandas as pd
import numpy as np
from pandas import DataFrame,Series
data = pd.read_csv('film_chapter8_split.csv',encoding='ANSI')#读取文件
data_1 = data.groupby(data['score'])
print(data_1.mean())
data_2 = data.groupby([data['score'],data['director']])
print(data_2.mean())
```

由上述程序可知，将例 8-9 生成的 film_chapter8_split.csv 文件爬取成 DataFrame，对其进行了两次分组操作，groupby(data['score']) 表示使用 score 列的数据进行分组，groupby([data['score'],data['director']]) 表示使用 score 列和 director 列的数据进行分组。这里的 data_1 和 data_2 都是 <class 'pandas.core.groupby.DataFrameGroupBy'> 类型，最后将分组后的数据执行 mean() 并输出。输出结果如图 8-18 所示。

```
            rank
score
0分      -100.000000
8.5分     215.000000
8.6分     158.333333
8.7分     110.500000
8.8分      78.666667
8.9分     112.750000
9.4分       6.500000

                                                    rank
score director
8.5分  导演: 王家卫 Kar Wai Wong                      215.000000
8.6分  导演: 周星驰 Stephen Chow                      138.000000
      导演: 王家卫 Kar Wai Wong                      168.500000
8.7分  导演: 吴宇森 John Woo                          148.000000
      导演: 周星驰 Stephen Chow / 李力持 Lik-Chi Lee    93.000000
      导演: 大卫·芬奇 David Fincher                  108.000000
8.8分  导演: 姜文 Wen Jiang                           78.666667
8.9分  导演: 大卫·芬奇 David Fincher                   65.000000
      导演: 宫崎骏 Hayao Miyazaki                   119.500000
      导演: 李安 Ang Lee                            147.000000
9.4分  导演: 宫崎骏 Hayao Miyazaki                     7.000000
      导演: 詹姆斯·卡梅隆 James Cameron                 6.000000
```

图 8-18　例 8-10 输出结果

由图 8-18 可以看出，第一部分是按照 score 列分组后的 rank 平均值，第二部分是按照 score 列分组后，再按照 director 列二次分组后得到的 rank 平均值。由于当前的数据量较少，很容易验证结果的正确性。

在上述程序中，还可以直接使用列名作为索引，程序可以修改为：

```
data_1 = data.groupby('score')
print(data_1.mean())
data_2 = data.groupby(['score','director'])
print(data_2.mean())
```

此时，直接使用列名 'score' 和 ['score','director'] 作为索引，得到的结果与图 8-18 完全一致。需要注意的是，提供的列名必须是 DataFrame 中存在的列，如果程序中的列名不存在，运行时则会提示错误。

还可以将 DataFrameGroupby 对象直接转换为列表或者字典，下面给出一个实例，用于将上文中的 data_1 转换为列表和字典。

【例 8-11】将 DataFrameGroupby 对象直接转换为列表和字典。

```
import pandas as pd
import numpy as np
from pandas import DataFrame,Series
data = pd.read_csv('film_chapter8_split.csv',encoding='ANSI')#读取文件
data_1 = data.groupby(data['score'])
print(list(data_1))
print(dict(list(data_1)))
```

在上述程序中，首先获得了 DataFrameGroupby 对象 data_1，然后通过 list(data_1)，将它直接转换成 list（列表）输出。接下来，利用 dict(list(data_1)) 将其转换成 dict（字典）输出。上述程序的运行结果如下，由于显示的内容较多，这里仅列出部分内容：

```
[('0分',   name actors rate rank director actor rating score 17  数据爬取与清洗/Crawl and Clean NaN    rating1-t/0分   -100 NaN    NaN    rating1-t 0分), ('8.5分',...),…,(…)]
```

{'0分': name actors rate   rank director actor rating score 17   数据爬取与清洗/Crawl and Clean NaN rating1-t/0分   -100 NaN NaN   rating1-t 0分, '8.5分': name...,…}

其中，第一组数据为输出的列表，第二组数据为输出的字典。

还可以按照列进行分组，甚至按照数据类型进行分组。

【例 8-12】按照数据类型分组。

```
import pandas as pd
import numpy as np
from pandas import DataFrame,Series
data = pd.read_csv('film_chapter8_split.csv',encoding='ANSI')#读取文件
print(data.dtypes,'\n')
# 按数据类型分组
print(data.groupby(data.dtypes, axis=1).size())
```

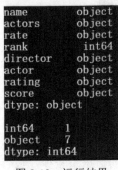

图 8-19　运行结果

在上述程序中，首先通过 data.dtypes 实现按照列的类型进行分组，然后利用 data.groupby (data.dtypes, axis=1).size()实现按照列的类型纵向分组，并统计数量。运行结果如图 8-19 所示。从运行结果可以看出，前 8 行按照字段的类型输出结果，最后 3 行则统计不同类型的列数量。

由以上实例可以看出，groupby()方法非常灵活，甚至还可以通过字典、函数、索引、自定义方式等多种形式进行多层分组。但是分组操作并不是进行数据清洗的最终目标，我们希望在分组后的每个子集上应用一些特殊功能，例如在实际应用中，经常执行以下操作：

aggregation：计算统计操作。

transformation：执行特定的操作。

filtration：根据给定条件丢弃数据。

需要说明的是，以上操作是常见的组合动作，而并不是必备的操作，在操作过程中，读者可以根据实际目标灵活地选择和应用。

8.3.3　数据聚合

数据聚合是指任何能够从数组产生标量值的数据转换过程，可以简单地将其理解为统计计算，如 mean()、sum()、max()等。数据聚合本身与分组并没有直接关系，在任何一列（行）或全部列（行）上都可以进行。当这种运算被应用在分组数据上时，结果可能会变得更有意义。基于此，经常把分组和聚合操作组合在一起，执行一个完整的功能。

针对 DataFrameGroupby 对象，可以应用的聚合运算方法有以下几种。

1．使用内置的方法

常见的内置聚合运算方法如表 8-5 所示。这些方法为查看每一组数据的整体情况和分布状态提供了良好的支持。

表 8-5　常见的内置聚合运算方法

聚合方法	具体描述
count	分组数目，非 NA 值
head	前 n 个值
sum	求和
mean	非 NA 值平均数

续表

聚合方法	具体描述
median	非 NA 值的算术中位数
std、var	分母为 $n-1$ 的标准差和方差
min、max	非 NA 值的最小值、最大值
prod	非 NA 值的积
first、last	第一个和最后一个非 NA 值

以下给出一些应用内置聚合运算的实例。此处采用的数据原型为例 8-9 的输出结果：film_chapter8_split.csv 文件。

【例 8-13】使用内置的聚合运算方法。

```
import pandas as pd
import numpy as np
from pandas import DataFrame,Series
data = pd.read_csv('film_chapter8_split.csv',encoding='ANSI')#读取文件
data_1 = data.groupby('score')
print('data mean:\n',data_1.mean())
print('\ndata sum:\n',data_1.sum())
print('\ndata max:\n',data_1.max())
print('\ndata min:\n',data_1.min())
print('\ndata size:\n',data_1.size())
print('\ndata count:\n',data_1.count())
```

在上述程序中，按照 score 进行分组，然后分别求出分组数据的 mean()、sum()、max()、min()、size()、count()。由于这些方法都内置在 Pandas 中，因此可以直接使用它们，运行结果如图 8-20 所示。

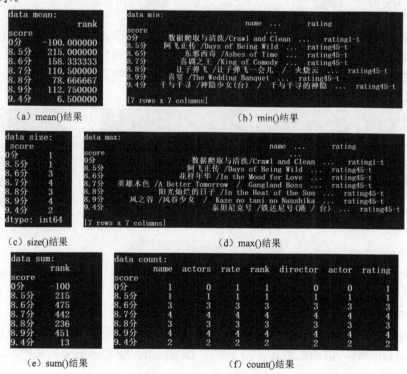

图 8-20 例 8-13 运行结果

2. 使用自定义的聚合函数

利用 aggregate()或 agg()方法可以实现对每个分组应用某函数的操作。这里的函数可以使用内置函数,也可以使用自定义函数。同时,这两个方法也能够直接对 DataFrame 对象进行函数应用操作。需要注意的是,agg()方法能够对 DataFrame 对象进行操作是从 Pandas 0.20 版本开始的,在此前的版本中,agg()方法并没有该功能。

aggregate()和 agg()方法的基本语法如下:

```
agg(func, axis=0, *args, **kwargs)
aggregate (func, axis=0, *args, **kwargs)
```

参数说明:
- func:list、dict、function 类型。表示应用于每组数据的函数,无默认值。
- axis:0 或 1。表示操作的轴向,默认值为 0。

在实际使用过程中,aggregate()和 agg()方法对 DataFrame 对象操作的功能几乎一致,因此,读者可以自由选择其中之一应用。

以下给出一些应用自定义的聚合函数进行运算的实例。此处采用的数据原型仍为例 8-9 的输出结果:film_chapter8_split.csv 文件。

【例 8-14】使用自定义的聚合函数计算。

```
import pandas as pd
import numpy as np
from pandas import DataFrame,Series
data = pd.read_csv('film_chapter8_split.csv',encoding='ANSI')#读取文件
data_1 = data.groupby('score')
def peak_range(df):
    return df.max() -df.min()
print('data describe:\n',data_1.describe())
print(data.groupby('score').agg(peak_range))
```

在上述程序中,首先利用 describe()输出 data_1 的分布,然后自定义了聚合函数:peak_range,该函数的功能很简单:max()- min(),即当前列的最大值与最小值之差,最后利用 agg(peak_range)引入了自定义的函数进行计算。程序运行结果如图 8-21 所示。

```
data describe:
           rank
          count        mean        std    min     25%      50%      75%     max
score
0分         1.0  -100.000000        NaN  -100.0  -100.00  -100.00  -100.00  -100.0
8.5分       1.0   215.000000        NaN   215.0   215.00   215.00   215.00   215.0
8.6分       3.0   158.333333  17.785762   138.0   152.00   166.0    168.50   171.0
8.7分       4.0   110.500000  25.980762    93.0    93.00   100.5    118.00   148.0
8.8分       3.0    78.666667  20.207259    67.0    67.00    67.0     84.50   102.0
8.9分       4.0   112.750000  37.880294    65.0    91.25   119.5    141.00   147.0
9.4分       2.0     6.500000   0.707107     6.0     6.25     6.5      6.75     7.0
```

```
           rank
score
0分          0
8.5分        0
8.6分       33
8.7分       55
8.8分       35
8.9分       82
9.4分        1
```

(a)describe 结果　　　　　　　　　　(b)agg(peak_range)结果

图 8-21　例 8-14 程序运行结果

通过图 8-21(a)中的 min 和 max 列进行计算,可以很容易计算出两者的差值,从而可以验证图 8-24(b)中结果的正确性。

3. 使用 apply()方法聚合数据

apply()方法与 agg()方法类似,能够将内置函数或者自定义函数应用于每组数据中。不同之处在于,apply()方法传入的函数直接作用于整个 DataFrame 或者 Series 对象中。apply()方法的基本语法如下:

```
apply(func, axis=0, broadcast=False, raw=False, reduce=None, args={}, **kwds)
```

参数说明：
- func：list、dict、function 类型。表示应用于每组数据的函数，无默认值。
- axis：0 或 1。表示操作的轴向，默认值为 0。
- broadcast：bool 类型。表示是否进行广播，默认为 False。
- raw：bool 类型。表示是否直接将 N 维数组对象传递给函数，默认为 False。
- reduce：bool 类型。表示返回值的格式，默认为 None。

下面给出一个实例，利用数据统计 describe()方法的输出结果进行 apply 操作。

【例 8-15】输出结果进行 apply 操作。

```
import pandas as pd
import numpy as np
from pandas import DataFrame,Series
data = pd.read_csv('film_chapter8_split.csv',encoding='ANSI')#读取文件
data_1 = data.groupby('score')
data_describe = data_1.describe()
print(data_describe.apply(np.mean))
```

在上述程序中，将数据按照 score 进行分组，然后对得到的结果进行初步的分析 describe()，从而得到 data_describe 统计信息。接下来，可以利用 apply(np.mean)方法，针对 data_describe 中的每一项求均值。程序运行结果如图 8-22 所示。

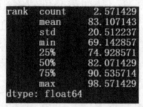

图 8-22 例 8-15 程序运行结果

需要注意的是，apply()方法的作用范围是整个 DataFrame 或者 Series 对象。如果原有数据中存在非数值类型的内容，将无法直接应用 apply()方法。

4．使用 transform()方法聚合数据

transform()方法能够对整个 DataFrame 对象的所有元素进行操作。transform()方法只有一个参数：func，它表示应用于每个元素的函数。

下面给出一个实例，将 np.sum()方法应用于 film_chapter8_split.csv 文件的每个元素中。

【例 8-16】transform()方法的应用。

```
import pandas as pd
import numpy as np
from pandas import DataFrame,Series
data = pd.read_csv('film_chapter8_split.csv',encoding='ANSI')#读取文件
data_1 = data.groupby('score')
k1_sum_tf = data_1.transform(np.sum).add_prefix('sum_')
data[k1_sum_tf.columns] = k1_sum_tf
print(data[k1_sum_tf.columns]['sum_rank'])
print(data[k1_sum_tf.columns]['sum_rating'])
```

在上述程序中，通过 transform(np.sum).add_prefix('sum_')将分组后的数据求和，并且为每列新增数据添加前缀：sum_，数据存储在 k1_sum_tf 中，然后添加到原有 DataFrame 的最后几列中。由于生成数据较多，此处只输出了 sum_rank 列和 sum_rating 列的内容，如图 8-23 所示。

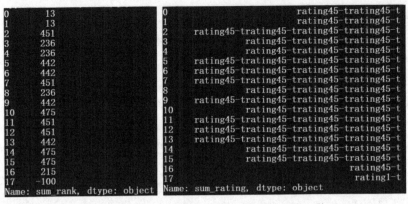

(a) sum_rank 列　　　　　　　　(b) sum_rating 列

图 8-23　例 8-16 程序运行结果

从图 8-23 可以看出，通过 transform() 方法，可以实现正常的数据聚合。

8.3.4　数据分割

1. 数据分割简介

数据分割是指把逻辑上为统一整体的数据分割成较小的、可以独立管理的物理单元进行存储，以便进行数据的重构、重组和恢复，从而提高创建索引和顺序扫描效率。

数据分割的目的是把数据划分成小的物理单元，这样在管理数据时就会有更大的灵活性。小批量的存储单元具有容易重构、自由索引、顺序扫描、容易重组、容易恢复和监控等优点，而爬虫往往能获取到海量数据，如果期望达到大批量存储的优势，数据分割则是数据获取后经常采用的操作。

数据分割的标准可以根据实际情况来确定，通常可选择按日期、地域、业务领域或组织单位等来进行分割，也可以按多个分割标准的组合进行具体实施，但一般情况下，分割标准应包括日期信息。数据分割主要采用以下两种方式。

（1）水平分割

水平分割（Horizontal Splitting）是把全局关系的元组分割成一些子集，这些子集被称为数据分片或段。分片中的数据可能是由于某种共同的性质而聚集在一起的。通常，一个关系中的数据分片是互不相交的，这些分片可以有选择地放在相同的节点或者不同的节点上。

（2）垂直分割

垂直分割（Vertical Splitting）是把全局关系按着属性组（纵向）分割成一些数据分片或段。数据分片中的数据可能是由于使用方便或访问共同性而聚集在一起的。通常，垂直数据分片只在某些键值上重叠，其他属性是互不相交的。这些垂直分片也可以放在相同的节点或者不同的节点上。

在实际应用中，还可以将水平分割与垂直分割融合在一起，具体的设计方式与应用需求有关。

例如，图 8-17 中存在多组包含重复信息的单元，例如，actors 与 director、actor 内容相似，rate 与 rating、score 内容相似。可以对上述几组字段中的信息进行分割，去除重复的内容，也可以将原表按照垂直分割的方式分裂为多个表格。此外，当数据量较大时，还可以采用水平分割的方式对数据进行分割。

2. Pandas 提供的索引方法

在 Pandas 中，可以利用数据索引实现目标数据的爬取，进而实现目标数据的转存，完成数据分割的功能。

Pandas 提供了 3 种索引方法：loc、iloc 和切片操作[]。

（1）loc

loc 主要是基于标签（label）的索引，包括行标签（index）和列标签（columns），即行名称和列名称，可以使用 df.loc[index_name,col_name]选择指定位置的数据。这里的标签可以采用如下的形式。

- 使用单个标签：如果 loc[]中只有单个标签，此时选择的是某行数据。
- 使用标签的 list：如果 loc[]中采用 list 的形式，此时选择的是 list 中全部行的数据。
- 使用标签的切片对象：在最终选择的数据中包含切片的起始 start 和结束 stop 数据。
- 使用 bool 类型数组：用于筛选符合某些条件的行。

（2）iloc

iloc 是基于位置的索引，利用元素在各个轴上的索引序号进行选择，如果序号超出范围，则会产生 IndexError，这里的序号可以使用如下内容。

- 使用整数：与 loc 相同。
- 使用列表或数组的序号：选择对应列表或数组中的全部行。
- 使用元素为整数的切片对象：与 loc 不同，这里为"左闭右开"的区间。
- 使用 bool 类型数组：与 loc 相同。

（3）切片操作[]

当在 loc 和 iloc 中只输入一维数据时，选取的是行数据，而使用切片操作[]选取的是列，并且必须使用"列名"的切片进行操作。当切片操作的对象是 list 时，选择是 list 中的多组列数据。

【例 8-17】按照['name','rank','director','actor']和['name','rank','rating','score']分别进行垂直分割。

```
import pandas as pd
import numpy as np
from pandas import DataFrame,Series
data = pd.read_csv('film_chapter8_split.csv',encoding='ANSI')#读取文件
data_vertical1 = data[['name','rank','director','actor']]
data_vertical2 = data[['name','rank','rating','score']]
data_vertical1.to_csv('film_vertical1.csv',header=True,index=None)
data_vertical2.to_csv('film_vertical2.csv',header=True,index=None)
```

在上述程序中，直接使用切片操作，给定两个目标 list：['name','rank','director','actor']和['name','rank','rating','score']，分别取出其中全部的列数据，然后将其存储到新的 CSV 文件中。程序运行结果如图 8-24 所示。这是一种垂直分割方式，此时按照列方向取出全部数据。

上述程序还可以修改为：

```
data_vertical1 = data.loc[:,['name','rank','director','actor']]
data_vertical2 = data.iloc[:,[0,3,6,7]]
```

程序运行结果与图 8-24 相同。需要说明的是，loc 中给定索引的名称，而 iloc 需要给定索引的序号。

1	name	rank	director	actor
2	泰坦尼克号 /铁达尼号(港 / 台)	6	导演: 詹姆斯·卡梅隆 James Cam	莱昂纳多·迪卡普里奥 Leonardo...
3	千与千寻 /神隐少女(台) / 千与千寻的神隐	7	导演: 宫崎骏 Hayao Miyazaki	柊瑠美 / 入野自由 Miy...
4	本杰明·巴顿奇事 /奇幻逆缘(港) / 班杰明的奇	65	导演: 大卫·芬奇 David Fincher	凯特·布兰切特 Cate Blanchett / ...
5	让子弹飞 /让子弹飞一会儿 / 火烧云	67	导演: 姜文 Wen Jiang	姜文 Wen Jiang / 葛优 You Ge / 周润发 Y
6	让子弹飞 /让子弹飞一会儿 / 火烧云	67	导演: 姜文 Wen Jiang	姜文 Wen Jiang / 葛优 You Ge / 周润发 Y
7	喜剧之王 /King of Comedy	93	导演: 周星驰 Stephen Chow / 李	周星驰 Stephen Ch...
8	喜剧之王 /King of Comedy	93	导演: 周星驰 Stephen Chow / 李	周星驰
9	幽灵公主 /魔法公主(台) / 幽灵少女	100	导演: 宫崎骏 Hayao Miyazaki	松田洋治 Matsuda / 石田百合...
10	阳光灿烂的日子 /In the Heat of the Sun	102	导演: 姜文 Wen Jiang	夏雨 Yu Xia / 宁静 Jing Ning / 陶虹 Hong
11	消失的爱人 /失踪的女孩 / 失踪女孩	108	导演: 大卫·芬奇 David Fincher	本·阿弗莱克 Ben Affleck / 罗莎蒙...
12	功夫 /功夫3D / Kung Fu Hustle	138	导演: 周星驰 Stephen Chow	周星驰 Stephen Chow / 元秋 Qiu Yuen /
13	风之谷 /风谷少女 / Kaze no tani no Naushik	139	导演: 宫崎骏 Hayao Miyazaki	岛本须美 Sumi Shimamoto / 松田洋治 Y.
14	喜宴 /The Wedding Banquet	147	导演: 李安 Ang Lee	赵文瑄 Winston Chao / 郎雄 Sihung Lung
15	英雄本色 /A Better Tomorrow / Gangland E	148	导演: 吴宇森 John Woo	周润发 Yun-Fat Chow / 狄龙 Lung Ti / 张
16	东邪西毒 /Ashes of Time	166	导演: 王家卫 Kar Wai Wong	张国荣 Leslie Cheung / 林青霞 Brigitte...
17	花样年华 /In the Mood for Love	171	导演: 王家卫 Kar Wai Wong	梁朝伟 Tony Leung Chiu Wai / 张曼玉 Ma
18	阿飞正传 /Days of Being Wild	215	导演: 王家卫 Kar Wai Wong	张国荣 Leslie Cheung / 张曼玉 Maggie C
19	数据爬取与清洗/Crawl and Clean	-100		

（a）按照['name','rank','director','actor']分割的数据

1	name	rank	rating	score
2	泰坦尼克号 /铁达尼号(港 / 台)	6	rating45-t	9.4分
3	千与千寻 /神隐少女(台) / 千与千寻的神隐	7	rating45-t	9.4分
4	本杰明·巴顿奇事 /奇幻逆缘(港) / 班杰明的奇幻旅	65	rating45-t	8.9分
5	让子弹飞 /让子弹飞一会儿 / 火烧云	67	rating45-t	8.8分
6	让子弹飞 /让子弹飞一会儿 / 火烧云	67	rating45-t	8.8分
7	喜剧之王 /King of Comedy	93	rating45-t	8.7分
8	喜剧之王 /King of Comedy	93	rating45-t	8.7分
9	幽灵公主 /魔法公主(台) / 幽灵少女	100	rating45-t	8.9分
10	阳光灿烂的日子 /In the Heat of the Sun	102	rating45-t	8.8分
11	消失的爱人 /失踪的女孩 / 失踪女孩	108	rating45-t	8.7分
12	功夫 /功夫3D / Kung Fu Hustle	138	rating45-t	8.6分
13	风之谷 /风谷少女 / Kaze no tani no Naushika	139	rating45-t	8.9分
14	喜宴 /The Wedding Banquet	147	rating45-t	8.9分
15	英雄本色 /A Better Tomorrow / Gangland Boss	148	rating45-t	8.7分
16	东邪西毒 /Ashes of Time	166	rating45-t	8.6分
17	花样年华 /In the Mood for Love	171	rating45-t	8.6分
18	阿飞正传 /Days of Being Wild	215	rating45-t	8.5分
19	数据爬取与清洗/Crawl and Clean	-100	rating1-t	0分

（b）按照['name','rank','rating','score']分割的数据

图 8-24　例 8-17 程序运行结果

【例 8-18】按照水平方式进行分割。

```
import pandas as pd
import numpy as np
from pandas import DataFrame,Series
data = pd.read_csv('film_chapter8_split.csv',encoding='ANSI')#读取文件
data_horizontal1 = data[:][0:5]
data_horizontal2 = data.head()
data_horizontal3 = data.loc[0:5,['name','rank','director','actor']]
data_horizontal1.to_csv('film_horizontal1.csv',header=True,index=None)
data_horizontal2.to_csv('film_horizontal2.csv',header=True,index=None)
data_horizontal3.to_csv('film_horizontal3.csv',header=True,index=None)
```

在上述程序中，利用 data[:][0:5]实现水平分割，只取第 0～4 行中的全部列数据。同样地，还可以使用 head()取出开始的连续多行数据，默认取出前 5 行数据。类似地，还有 tail()方法，默认参数是 5，即取出最后 5 行数据。如果读者需要指定访问的行数，则只需要在方法后的括号中输入行数即可。最后，利用 loc[0:5,['name','rank','director','actor']]取出第 0～4 行中的['name','rank','director','actor']列数据。程序运行结果如图 8-25 所示。

1	name	actors	rate	rank	director	actor	rating	score
2	泰坦尼克号 /铁达尼号(港 / 台)	导演: 詹姆斯·卡梅隆 James Cameron主演	rating45-t/9.4分	6	导演: 詹姆斯·卡梅隆 James Ca	莱昂纳多·迪卡普里奥 Leo	rating45-t	9.4分
3	千与千寻 /神隐少女(台) / 千与千寻的神隐	导演: 宫崎骏 Hayao Miyazaki主演: 柊瑠	rating45-t/9.4分	7	导演: 宫崎骏 Hayao Miyazaki	柊瑠美 / 入野自由 Miy...	rating45-t	9.4分
4	本杰明·巴顿奇事 /奇幻逆缘(港) / 班杰明的奇幻旅程(台	导演: 大卫·芬奇 David Fincher主演: 凯特	rating45-t/8.9分	65	导演: 大卫·芬奇 David Fincher	凯特·布兰切特 Cate Blancl	rating45-t	8.9分
5	让子弹飞 /让子弹飞一会儿 / 火烧云	导演: 姜文 Wen Jiang主演: 姜文 Wen Jia	rating45-t/8.8分	67	导演: 姜文 Wen Jiang	姜文 Wen Jiang / 葛优 Yo	rating45-t	8.8分
6	让子弹飞 /让子弹飞一会儿 / 火烧云	导演: 姜文 Wen Jiang主演: 姜文 Wen Jia	rating45-t/8.8分	67	导演: 姜文 Wen Jiang	姜文 Wen Jiang / 葛优 Yo	rating45-t	8.8分

（a）film_horizontal1.csv(film_horizontal2.csv)内容

1	name	rank	director	actor
2	泰坦尼克号 /铁达尼号(港 / 台)	6	导演: 詹姆斯·卡梅隆 James Cameron	莱昂纳多·迪卡普里奥 Leonardo...
3	千与千寻 /神隐少女(台) / 千与千寻的神隐	7	导演: 宫崎骏 Hayao Miyazaki	柊瑠美 / 入野自由 Miy...
4	本杰明·巴顿奇事 /奇幻逆缘(港) / 班杰明的奇幻旅程(台)	65	导演: 大卫·芬奇 David Fincher	凯特·布兰切特 Cate Blanchett / ...
5	让子弹飞 /让子弹飞一会儿 / 火烧云	67	导演: 姜文 Wen Jiang	姜文 Wen Jiang / 葛优 You Ge / 周润发 Yun-F...
6	让子弹飞 /让子弹飞一会儿 / 火烧云	67	导演: 姜文 Wen Jiang	姜文 Wen Jiang / 葛优 You Ge / 周润发 Yun-F...
7	喜剧之王 /King of Comedy	93	导演: 周星驰 Stephen Chow / 李力持 Lik-Chi Lee	周星驰 Stephen Ch...

（b）film_horizontal3.csv 内容

图 8-25　例 8-18 程序运行结果

从图 8-25 可以看出，通过切片操作，可以实现正常的水平分割。

8.3.5　数据合并

数据合并是数据规整的重要环节之一。当确定了解决的业务问题时，也就同时确定了需要整合的各方数据，此时需要进行数据的合并处理。数据合并可以纵向合并，也可以横向合并。前者按列拓展，产生长数据；后者按行延伸，生成宽数据，也就是宽表。按照设计的合并规则，数据合并还可以分为堆叠合并、主键合并和重叠合并。

1. 堆叠合并

堆叠合并也称为轴向合并，这种合并方式简单地将两个表拼接在一起。按照连接轴的方向，堆叠合并分为横向堆叠和纵向堆叠。

在 Pandas 中，可以使用 concat()方法完成简单的堆叠操作。concat()方法的基本语法如下：

concat(objs, axis=0, join='outer', join_axes=None, ignore_index=False, keys=None, levels=None, names=None, verify_integrity=False, copy=True)

concat()方法相当于数据库中的全连接，它不仅可以指定连接的方式（outer join 或 inner join），还可以指定按照某个轴进行连接。

参数说明：
- objs：列表或字典类型，表示需要连接的对象集合。
- axis：取值 0 或 1，表示连接的轴向，默认值为 0。
- join：取值 outer 或 inner，表示其他轴向上的索引是按照交集 inner 还是并集 outer 进行合并的。默认为 outer。
- join_axes：index 对象，表示用于其他轴的索引。
- ignore_index：bool 类型。表示是否保留连接轴上的索引，以产生一组新的索引。默认为 False。
- keys：序列，表示与连接对象有关的值，用于形成连接轴上的层次化索引。默认为 None。
- levels：包含多个序列的列表。表示在指定的 keys 参数后，指定用于层次化索引各个级别上的索引。默认为 None。
- names：list 类型。表示创建分层级别的名称。默认为 None。
- verify_integrity：bool 类型。检查新连接的轴是否包含重复项。如果发现重复项，则引发异常。默认为 False。

（1）横向堆叠

当 axis=1 时，concat()方法用于行对齐，它可以将不同列的名称的两张或多张表合并。当两个表的索引不完全一样时，可以使用 join 参数选择是内连接还是外连接。在内连接的情况下，仅仅返回索引重叠的部分；在外连接的情况下，显示索引的并集数据，缺失的部分使用空值进行填补。

横向内连接的示例如图 8-26 所示。其中 df1 和 df2 是待堆叠的 DataFrame，Result 是横向堆叠后的结果。

	df1					df2				Result				
	A	B	C	D		B	D	F		A	B	C	D	B	D	F
0	A0	B0	C0	D0	2	B2	D2	F2	2	A2	B2	C2	D2	B2	D2	F2
1	A1	B1	C1	D1	3	B3	D3	F3	3	A3	B3	C3	D3	B3	D3	F3
2	A2	B2	C2	D2	6	B6	D6	F6								
3	A3	B3	C3	D3	7	B7	D7	F7								

图 8-26 横向内连接的示例

当两张表完全一致时，不论选择 outer 或 inner，其结果都是将两张表按照 x 轴拼接起来。下面给出一个实例，用于将两张表横向堆叠合并在一起。

【例 8-19】表横向堆叠。

```
import pandas as pd
import numpy as np
from pandas import DataFrame,Series
```

```
data = pd.read_csv('film_chapter8_split.csv',encoding='ANSI')
data_1 = data.loc[0:5,['name','rank','director','actor']]
data_2 = data.loc[2:7,['name','rank','rating','score']]
result_inner = pd.concat([data_1, data_2], axis=1, join='inner')
result_inner.to_csv('film_innerconcat.csv',header=True,index=None)
result_outer = pd.concat([data_1, data_2], axis=1, join='outer')
result_outer.to_csv('film_outerconcat.csv',header=True,index=None)
```

在上述程序中，给定了两个 DataFrame 对象，分别为：

data_1，data 中包含 name、rank、director、actor 列的第 0~5 行数据；

data_2，data 中包含 name、rank、rating、score 列的第 2~7 行数据。

分别对这两个 DataFrame 对象进行内连接和外连接操作，均为行对齐的方式，生成的 DataFrame 对象分别保存在 film_innerconcat.csv 和 film_outerconcat.csv 文件中。文件内容如图 8-27 所示。

（a）film_innerconcat.csv 文件内容

（b）film_outerconcat.csv 文件内容

图 8-27　例 8-19 文件内容

图 8-27（a）为内连接的结果，可以看出只有第 2~5 行的数据得以保留；图 8-27（b）为外连接的结果，可以看出第 0~7 行的数据均被保存，而且原表未包含的区域已经由空值填补。

（2）纵向堆叠

与横向堆叠不同，纵向堆叠是将两个表在纵向上进行拼接。默认情况下，concat()方法中的 axis 参数为 1，即列对齐，此时可以将不同行索引的两张或多张表合并。当两个表的列名不完全相同时，可以使用 join 参数：当 join 取值为 inner 时，返回的内容是列名有交集的列；当 join 取值为 outer 时，返回的内容是列名并集的那些列。

纵向外连接的示例如图 8-28 所示。其中 df1 和 df2 是待堆叠的 DataFrame，Result 是纵向堆叠后的结果。

下面给出一个实例，用于将两张表纵向堆叠合并在一起。

【例 8-20】两张表纵向堆叠。

```
import pandas as pd
import numpy as np
from pandas import DataFrame,Series
data = pd.read_csv('film_chapter8_split.csv',encoding='ANSI')#读取文件
data_1 = data.loc[0:5,['name','rank','director','actor']]
data_2 = data.loc[2:7,['name','rank','rating','score']]
result_inner = pd.concat([data_1, data_2], join='inner')
result_inner.to_csv('film_innerconcat2.csv',header=True,index=None)
result_outer = pd.concat([data_1, data_2], join='outer')
result_outer.to_csv('film_outerconcat2.csv',header=True,index=None)
```

df1	A	B	C	D
0	A0	B0	C0	D0
1	A1	B1	C1	D1
2	A2	B2	C2	D2
3	A3	B3	C3	D3

df2	A	B	C	D
4	A4	B4	C4	D4
5	A5	B5	C5	D5
6	A6	B6	C6	D6
7	A7	B7	C7	D7

df3	A	B	C	D
8	A8	B8	C8	D8
9	A9	B9	C9	D9
10	A10	B10	C10	D10
11	A11	B11	C11	D11

Result	A	B	C	D
0	A0	B0	C0	D0
1	A1	B1	C1	D1
2	A2	B2	C2	D2
3	A3	B3	C3	D3
4	A4	B4	C4	D4
5	A5	B5	C5	D5
6	A6	B6	C6	D6
7	A7	B7	C7	D7
8	A8	B8	C8	D8
9	A9	B9	C9	D9
10	A10	B10	C10	D10
11	A11	B11	C11	D11

图 8-28 纵向外连接的示例

在上述程序中，给定了两个 DataFrame 对象，与例 8-19 的对象一致，分别对这两个对象进行列对齐的内连接和外连接操作，生成的 DataFrame 对象分别保存在 film_innerconcat2.csv 和 film_outerconcat2.csv 中。文件内容如图 8-29 所示。

	name	rank
1	name	rank
2	泰坦尼克号 /铁达尼号(港 / 台)	6
3	千与千寻 /神隐少女(台) / 千与千寻的神隐	7
4	本杰明·巴顿奇事 /奇幻逆缘(港) / 班杰明的奇幻	65
5	让子弹飞 /让子弹飞一会儿 / 火烧云	67
6	让子弹飞 /让子弹飞一会儿 / 火烧云	67
7	喜剧之王 /King of Comedy	93
8	本杰明·巴顿奇事 /奇幻逆缘(港) / 班杰明的奇幻	65
9	让子弹飞 /让子弹飞一会儿 / 火烧云	67
10	让子弹飞 /让子弹飞一会儿 / 火烧云	67
11	喜剧之王 /King of Comedy	93
12	喜剧之王 /King of Comedy	93
13	幽灵公主 /魔法公主(台) / 幽灵少女	100

(a) film_innerconcat2.csv 内容

	name	rank	director	actor	rating	score
1	name	rank	director	actor	rating	score
2	泰坦尼克号 /铁达尼号(港 / 台)	6	导演:詹姆斯·卡梅隆 James Ca	莱昂纳多·迪卡普里奥 Leonardo…		
3	千与千寻 /神隐少女(台) / 千与千寻的神隐	7	导演:宫崎骏 Hayao Miyazaki	柊瑠美 / 入野自由 Miy…		
4	本杰明·巴顿奇事 /奇幻逆缘(港) / 班杰明的	65	导演:大卫·芬奇 David Fincher	凯特·布兰切特 Cate Blanchett /…		
5	让子弹飞 /让子弹飞一会儿 / 火烧云	67	导演:姜文 Wen Jiang	姜文 Wen Jiang / 葛优 You Ge / 周润发 Yun-F…		
6	让子弹飞 /让子弹飞一会儿 / 火烧云	67	导演:姜文 Wen Jiang	姜文 Wen Jiang / 葛优 You Ge / 周润发 Yun-F…		
7	喜剧之王 /King of Comedy	93	导演:周星驰 Stephen Chow /	周星驰 Stephen Ch…		
8	本杰明·巴顿奇事 /奇幻逆缘(港) / 班杰明的	65			rating45-t	8.9分
9	让子弹飞 /让子弹飞一会儿 / 火烧云	67			rating45-t	8.8分
10	让子弹飞 /让子弹飞一会儿 / 火烧云	67			rating45-t	8.8分
11	喜剧之王 /King of Comedy	93			rating45-t	8.7分
12	喜剧之王 /King of Comedy	93			rating45-t	8.7分
13	幽灵公主 /魔法公主(台) / 幽灵少女	100			rating45-t	8.9分

(b) film_outerconcat2.csv 内容

图 8-29 例 8-20 文件内容

图8-29(a)为内连接的结果,可以看出只有 name 和 rank 列的数据得以保留;图8-29(b)为外连接的结果,可以看出两个 DataFrame 中所有的列均被保存。

2. 主键合并

主键合并即通过一个或者多个键值将两个数据集的行连接起来,类似于 SQL 中的 join 操作。Pandas 中提供了 merge() 方法,它可以根据一个或多个键将不同的 DataFrame 连接起来。merge() 方法的典型应用场景是,针对同一个主键存在两张不同字段的表,根据主键整合到一张表中。

merge() 方法的基本语法如下:

```
merge(left,right,how='inner',on=None,left_on=None,right_on=None,left_index=False, right_index=False,
sort=True, suffixes=('_x', '_y'), copy=True, indicator=False)
```

merge() 方法用于主键合并操作,它包含左连接、右连接、内连接、外连接等方式。

参数说明:

- left 和 right:两个不同的 DataFrame。
- how:数据的连接方式,有 inner、left、right、outer,默认为 inner。
- on:指的是用于连接的列索引名称,必须存在于左、右两个 DataFrame 中。如果没有指定且其他参数也没有指定,则以两个 DataFrame 列名交集作为连接键。默认为 None。
- left_on:左侧 DataFrame 中用于连接键的列名。默认为 None。
- right_on:右侧 DataFrame 中用于连接键的列名。默认为 None。
- left_index:使用左侧 DataFrame 中的行索引作为连接键。默认为 False。
- right_index:使用右侧 DataFrame 中的行索引作为连接键。默认为 False。
- sort:默认为 True,将合并的数据进行排序。设置为 False,可以提高性能。
- suffixes:字符串值组成的元组,用于指定当左、右侧 DataFrame 存在相同列名时在列名后面附加的后缀名称,默认为('_x', '_y')。
- copy:默认为 True,总是将数据复制到数据结构中。设置为 False,可以提高性能。
- indicator:显示合并数据中数据的来源情况。

相较于 join 操作,merge() 方法还有很多独特之处,例如,它可以在合并过程中对数据集中的数据进行排序等。可以针对其中的参数进行设置,实现多种不同的主键合并方法。

下面给出一个实例,用于将两张表以主键合并的形式整合在一起。

【例 8-21】两张表主键合并。

```
import pandas as pd
import numpy as np
from pandas import DataFrame,Series
data = pd.read_csv('film_chapter8_split.csv',encoding='ANSI')#读取文件
data_1 = data.loc[0:5,['name','rank','director','actor']]
data_2 = data.loc[2:7,['name','rank','rating','score']]
result_merge = pd.merge(data_1,data_2,left_on='name',right_on='name')
result_merge.to_csv('film_merge.csv',header=True,index=None)
result_mergeleft = pd.merge(data_1,data_2,how='left')
result_mergeleft.to_csv('film_mergeleft.csv',header=True,index=None)
```

在上述程序中,给定了两个 DataFrame 对象,与例 8-20 的对象一致,分别对这两个对象进行如下操作:

pd.merge(data_1,data_2,left_on='name',right_on='name'):设置左侧 data_1 和右侧 data_2 中连接键的名称为 name。

pd.merge(data_1,data_2,how='left'):设置左侧 data_1 和右侧 data_2 的连接方式为 left。

上述程序生成的 DataFrame 对象分别保存在 film_merge.csv 和 film_mergeleft.csv 中。文件内容如图 8-30 所示。由图可以看出，通过 merge()方法可以实现不同形式的数据合并。

1	name	rank_x	director	actor	rank_y	rating	score
2	本杰明·巴顿奇事 /奇幻逆缘(港) / 班杰明的奇幻旅程(台)	65	导演: 大卫·芬奇 David Fincher	凯特·布兰切特 Cate Blanchett / ...	65	rating45-t	8.9分
3	让子弹飞 /让子弹飞一会儿 / 火烧云	67	导演: 姜文 Wen Jiang	姜文 Wen Jiang / 葛优 You Ge / 周润发 Yun-F...	67	rating45-t	8.8分
4	让子弹飞 /让子弹飞一会儿 / 火烧云	67	导演: 姜文 Wen Jiang	姜文 Wen Jiang / 葛优 You Ge / 周润发 Yun-F...	67	rating45-t	8.8分
5	让子弹飞 /让子弹飞一会儿 / 火烧云	67	导演: 姜文 Wen Jiang	姜文 Wen Jiang / 葛优 You Ge / 周润发 Yun-F...	67	rating45-t	8.8分
6	让子弹飞 /让子弹飞一会儿 / 火烧云	67	导演: 姜文 Wen Jiang	姜文 Wen Jiang / 葛优 You Ge / 周润发 Yun-F...	67	rating45-t	8.8分
7	喜剧之王 /King of Comedy	93	导演: 周星驰 Stephen Chow / 李力扌	周星驰 Stephen Ch...	93	rating45-t	8.7分
8	喜剧之王 /King of Comedy	93	导演: 周星驰 Stephen Chow / 李力扌	周星驰 Stephen Ch...	93	rating45-t	8.7分

（a）film_ merge.csv 内容

1	name	rank	director	actor	rating	score
2	泰坦尼克号 /铁达尼号(港 / 台)	6	导演: 詹姆斯·卡梅隆 James Cameron	莱昂纳多·迪卡普里奥 Leonardo...		
3	千与千寻 /神隐少女(台) / 千与千寻的神隐	7	导演: 宫崎骏 Hayao Miyazaki	柊瑠美 / 入野自由 Miy...		
4	本杰明·巴顿奇事 /奇幻逆缘(港) / 班杰明的奇幻旅程(台)	65	导演: 大卫·芬奇 David Fincher	凯特·布兰切特 Cate Blanchett / ...	rating45-t	8.9分
5	让子弹飞 /让子弹飞一会儿 / 火烧云	67	导演: 姜文 Wen Jiang	姜文 Wen Jiang / 葛优 You Ge / 周润发 Yun-F...	rating45-t	8.8分
6	让子弹飞 /让子弹飞一会儿 / 火烧云	67	导演: 姜文 Wen Jiang	姜文 Wen Jiang / 葛优 You Ge / 周润发 Yun-F...	rating45-t	8.8分
7	让子弹飞 /让子弹飞一会儿 / 火烧云	67	导演: 姜文 Wen Jiang	姜文 Wen Jiang / 葛优 You Ge / 周润发 Yun-F...	rating45-t	8.8分
8	让子弹飞 /让子弹飞一会儿 / 火烧云	67	导演: 姜文 Wen Jiang	姜文 Wen Jiang / 葛优 You Ge / 周润发 Yun-F...	rating45-t	8.8分
9	喜剧之王 /King of Comedy	93	导演: 周星驰 Stephen Chow / 李力持 Lik-C	周星驰 Stephen Ch...	rating45-t	8.7分
10	喜剧之王 /King of Comedy	93	导演: 周星驰 Stephen Chow / 李力持 Lik-C	周星驰 Stephen Ch...	rating45-t	8.7分

（b）film_ mergeleft.csv 内容

图 8-30　例 8-21 文件内容

3. 重叠合并

数据分析和处理过程中经常会遇到两份相似内容的数据，只是其中一份是完整版本，另一份是残缺版本，那么如何将残缺版本中的信息补全呢？传统的方法是将两份数据一一对比，找到不一致的地方进行修改，这种方法的效率并不高。在 Pandas 中，提供了一个方法：combine_first()，其主要作用是重叠合并操作，为上述问题的解决提供了一种方案。

combine_first()方法的基本语法如下：

```
combine_first(other)
```

参数说明：

- other：DataFrame，表示参与重叠合并的另外一个 DataFrame。无默认信息。

下面给出一个实例，用于将两张表进行重叠合并。

【例 8-22】两张表重叠合并。

```
import pandas as pd
import numpy as np
from pandas import DataFrame,Series
data = pd.read_csv('film_chapter8_split.csv',encoding='ANSI')#读取文件
data_1 = data.loc[0:5,['name','rank','director','actor']]
data_2 = data.loc[1:3,['name','rank','director','actor']]
result = data_1.combine_first(data_2)
result.to_csv('film_combine_first.csv',header=True,index=None)
```

在上述程序中，给定了两个 DataFrame 对象，data_1 和 data_2 均包含 name、rank、director、actor 列数据，但是 data_1 包含第 0～5 行，表示完整数据，而 data_2 仅包含第 1～3 行，表示不完整的数据。基于此，对这两个对象进行重叠合并。

生成的 DataFrame 对象 result 被保存在 film_combine_first.csv 文件中，文件内容如图 8-31 所示。从图中可以看出，获得了完整数据 data_1 的全部内容，即实现了缺失信息的填充。

1	name	rank	director	actor
2	泰坦尼克号 /铁达尼号(港 / 台)	6	导演: 詹姆斯·卡梅隆 James Cameron	莱昂纳多·迪卡普里奥 Leonardo...
3	千与千寻 /神隐少女(台) / 千与千寻的神隐	7	导演: 宫崎骏 Hayao Miyazaki	柊瑠美 / 入野自由 Miy...
4	本杰明·巴顿奇事 /奇幻逆缘(港) / 班杰明的奇幻	65	导演: 大卫·芬奇 David Fincher	凯特·布兰切特 Cate Blanchett / ...
5	让子弹飞 /让子弹飞一会儿 / 火烧云	67	导演: 姜文 Wen Jiang	姜文 Wen Jiang / 葛优 You Ge / 周润发 Yun-F...
6	让子弹飞 /让子弹飞一会儿 / 火烧云	67	导演: 姜文 Wen Jiang	姜文 Wen Jiang / 葛优 You Ge / 周润发 Yun-F...
7	喜剧之王 /King of Comedy	93	导演: 周星驰 Stephen Chow / 李力持 Lik-Chi Lee	周星驰 Stephen Ch...

图 8-31　例 8-22 文件内容

8.4 数据清洗实例

8.4.1 具体功能分析

本实例拟实现的功能是，针对 7.4 节中生成的 film_orgin.csv 文件，进行数据清洗、数据规整等处理。文件内容如图 8-32 所示。

	name	actors	rate	rank
1				
2				
3	肖申克的救赎 /月黑高飞(港) / 刺激1995(台)	导演: 弗兰克·德拉邦特 Frank Darabont主演: 蒂姆·罗宾斯 Tim Robbins /...	rating5-t/9.7分	1
4				
5	霸王别姬 /再见，我的妾 / Farewell My Concu	导演: 陈凯歌 Kaige Chen主演: 张国荣 Leslie Cheung / 张丰毅 Fengyi Zh...	rating5-t/9.6分	2
6				
7	阿甘正传 /福雷斯特·冈普	导演: 罗伯特·泽米吉斯 Robert Zemeckis主演: 汤姆·汉克斯 Tom Hanks /...	rating5-t/9.5分	3
8				
9	这个杀手不太冷 /杀手莱昂 / 终极追杀令(台)	导演: 吕克·贝松 Luc Besson主演: 让·雷诺 Jean Reno / 娜塔莉·波特曼 ...	rating45-t/9.4分	4
10				
11	美丽人生 /一个快乐的传说(港) / Life Is Beautif	导演: 罗伯托·贝尼尼 Roberto Benigni主演: 罗伯托·贝尼尼 Roberto Beni...	rating5-t/9.5分	5

图 8-32 待清洗的文件

发现此文件中存在很多格式方面的问题，为此按照以下的顺序对文件进行处理。

（1）读入文件，去除缺失值

```
data = pd.read_csv('film_orgin.csv',encoding='ANSI')#读取文件
data_drop = data.dropna()
```

（2）取出 name 字段，将其按照"/"进行拆分

```
col_name = data_drop['name']
col_name_new = col_name.str.split('/',expand=True)
data_split['title'] = col_name_new[0]
data_split['title_2'] = col_name_new[1]
data_split['title_3'] = col_name_new[2]
```

（3）取出 rate 字段，将其按照"/"进行拆分

```
col_rate = data_drop['rate']
col_rate_new = col_rate.str.split('/',expand=True)
data_split['rating'] = col_rate_new[0]
data_split['score'] = col_rate_new[1]
```

（4）取出 director 字段，将其按照"导演:"进行拆分

```
col_director = data_split['director']
col_director_new = col_director.str.split('导演:',expand=True)
data_split['directors'] = col_director_new[1]
```

（5）将 rating 和 score 字段进行二次拆分

```
col_rating = data_split['rating']
col_rating_new = col_rating.str.split('rating',expand=True)
data_split['ratings'] = col_rating_new[1]
col_score = data_split['score']
col_score_new = col_score.str.split('分',expand=True)
data_split['scores'] = col_score_new[0]
```

（6）数据分割，只取出 title、title_2、title_3、rank、actor、directors、ratings、scores 列

```
data_clean1 = data_split[['title','title_2','title_3','rank','actor','directors','ratings','scores']]
```

（7）缺失值二次处理

```
data_clean2 = data_clean1.fillna('无')
```

(8)以 title 为基准,将重复值删除

```
data_clean = data_clean2.drop_duplicates(['title'])
```

(9)分别按照 ratings、scores 分组,并统计数据

```
data_1 = data_clean.groupby('ratings')
data_2 = data_clean.groupby('scores')
print('data mean:\n',data_*.mean())
print('\ndata sum:\n',data_*.sum())
print('\ndata size:\n',data_*.size())
print('\ndata describe:\n',data_*.describe())
```

(10)转存统计结果到 JSON 文件中

```
data_2_mean = data_2.mean()
data_json = data_2_mean.to_json(orient='split')
```

需要说明的是,以上的数据清洗和规整方案只是一种处理方式,读者在实际操作过程中可以根据需求灵活调整其中的操作顺序,或者针对某种操作重复多次。

8.4.2 具体代码实现

本实例针对 7.4 节中生成的 film_orgin.csv 文件进行数据清洗、数据规整等处理。完整代码如下:

```
import pandas as pd
import numpy as np
from pandas import DataFrame,Series
data = pd.read_csv('film_orgin.csv',encoding='ANSI')#读取文件
#去除空值
data_drop = data.dropna()
#取出'actors',拆分字段为'director'、'actor'
col_actors = data_drop['actors']
col_actors_new = col_actors.str.split('主演:',expand=True)
data_split = data_drop
data_split['director'] = col_actors_new[0]
data_split['actor'] = col_actors_new[1]
#取出'rate',拆分字段为'rating'、'score'
col_rate = data_drop['rate']
col_rate_new = col_rate.str.split('/',expand=True)
data_split['rating'] = col_rate_new[0]
data_split['score'] = col_rate_new[1]
#取出'name',拆分字段为'title'、'title_2'、'title_3'
col_name = data_drop['name']
col_name_new = col_name.str.split('/',expand=True)
data_split['title'] = col_name_new[0]
data_split['title_2'] = col_name_new[1]
data_split['title_3'] = col_name_new[2]
#取出'director',拆分字段为'导演:'、'directors'
col_director = data_split['director']
col_director_new = col_director.str.split('导演:',expand=True)
data_split['directors'] = col_director_new[1]
#取出'rating',拆分字段为'rating:'、'ratings'
col_rating = data_split['rating']
```

```
col_rating_new = col_rating.str.split('rating',expand=True)
data_split['ratings'] = col_rating_new[1]
#取出'score'，拆分字段为'scores'、'分'
col_score = data_split['score']
col_score_new = col_score.str.split('分',expand=True)
data_split['scores'] = col_score_new[0]
#数据分割，只取出'title','title_2','title_3','rank','actor','directors','ratings','scores'列
data_clean1 = data_split[['title','title_2','title_3','rank','actor','directors','ratings','scores']]
#空值填充为'无'
data_clean2 = data_clean1.fillna('无')
#标题重复的删除
data_clean = data_clean2.drop_duplicates(['title'])
#转存文件
data_clean.to_csv('film_orgin1.csv',header=True,index=None)
#按照'ratings'分组，并统计
data_1 = data_clean.groupby('ratings')
print('data mean:\n',data_1.mean())
print('\ndata sum:\n',data_1.sum())
print('\ndata size:\n',data_1.size())
print('\ndata describe:\n',data_1.describe())
#按照'scores'分组，并统计
data_2 = data_clean.groupby('scores')
print('data mean:\n',data_2.mean())
print('\ndata sum:\n',data_2.sum())
print('\ndata size:\n',data_2.size())
print('\ndata describe:\n',data_2.describe())
#转存统计结果到JSON文件中
data_2_mean = data_2.mean()
data_json = data_2_mean.to_json(orient='split')
f = open("film.json","a+",encoding="GBK")
line = f.write(data_json)
f.close()
print('JSON:\n',data_json)
```

程序运行结束后，在当前目录下生成了 film_orgin1.csv 文件（见图 8-33）和 film.json 文件。

	title	title_2	title_3	rank	actor	directors	ratings	scores
1								
2	肖申克的救赎	月黑高飞(港)	刺激1995(台)	1	蒂姆·罗宾斯 Tim Robbins /...	弗兰克·德拉邦特 Frank Darabont	5-t	9.7
3	霸王别姬	再见, 我的妾	Farewell My Concu	2	张国荣 Leslie Cheung / 张丰毅 Fengyi Zh	陈凯歌 Kaige Chen	5-t	9.6
4	阿甘正传	福雷斯特·冈普	无	3	汤姆·汉克斯 Tom Hanks /...	罗伯特·泽米吉斯 Robert Zemeckis	5-t	9.5
5	这个杀手不太冷	杀手莱昂	终极追杀令(台)	4	让·雷诺 Jean Reno / 娜塔莉·波特曼...	吕克·贝松 Luc Besson	45-t	9.4
6	美丽人生	一个快乐的传说(港)	Life Is Beautiful	5	罗伯托·贝尼尼 Roberto Beni...	罗伯托·贝尼尼 Roberto Benigni	5-t	9.5
7	泰坦尼克号	铁达尼号(港)	台	6	莱昂纳多·迪卡普里奥 Leonardo...	詹姆斯·卡梅隆 James Cameron	45-t	9.4
8	千与千寻	神隐少女(台)	千与千寻的神隐	7	柊瑠美 Rumi H?ragi / 入野自由 Miy...	宫崎骏 Hayao Miyazaki	45-t	9.4
9	辛德勒的名单	舒特拉的名单(港)	辛德勒名单	8	连姆·尼森 Liam Neeson...	史蒂文·斯皮尔伯格 Steven Spielberg	5-t	9.5
10	盗梦空间	潜行凶间(港)	全面启动(台)	9	莱昂纳多·迪卡普里奥 Le...	克里斯托弗·诺兰 Christopher Nolan	45-t	9.3

图 8-33 清洗后的'film_orgin1.csv'文件

film.json 文件作为统计值 data_2 的均值信息，文件内容如下：

{"columns":["rank"],"index":["8.3","8.4","8.5","8.6","8.7","8.8","8.9","9.0","9.1","9.2","9.3","9.4","9.5","9.6","9.7"],"data":[[236.0],[206.25],[216.1333333333],[189.8461538462],[159.5609756098],[143.7727272727],[126.9333333333],[85.619047619],[69.5],[62.9130434783],[44.1538461538],[12.8],[39.25],[14.5],[1.0]]}

此处生成的 JSON 文件也可以应用于后期的数据可视化环节中。

图 8-34 中列出了按照 ratings 分组统计的结果。

```
data mean:              data sum:              data size:
            rank                    rank       ratings
ratings                 ratings                4-t         5
4-t      212.200000     4-t         1061       45-t      238
45-t     126.584034     45-t       30127       5-t         7
5-t       26.714286     5-t          187       dtype: int64
```

　　(a) mean()结果　　　(b) sum()结果　　(c) size()结果

```
data describe:
          rank
          count      mean         std         min    25%     50%      75%     max
ratings
4-t         5.0   212.200000    26.985181    170.0  204.00  217.0   234.00  236.0
45-t      238.0   126.584034    70.479306      4.0   66.25  125.5   186.75  250.0
5-t         7.0    26.714286    51.181749      1.0    2.50    5.0    17.50  141.0
```

(d) describe()结果

图 8-34　按照 ratings 分组统计的结果

按照 scores 分组统计的输出内容较多，此处不再提供结果截图。

本 章 小 结

本章介绍了数据清洗概念、数据清洗方法和数据规整方案等内容。此外，针对具体的清洗过程，本章还提供了对应的实例，对数据清洗的思路进行剖析，并给出了代码的分析和实现过程。其中，数据清洗方法和数据规整方案是本章的重点。

在数据清洗概念中，介绍了数据清洗原理、主要数据类型和常用的工具（NumPy 和 Scipy 等）。其中，主要数据类型和常用的工具是本节的重点内容。

在数据清洗方法中，详细介绍了重复数据处理、缺失数据处理、异常数据处理、格式内容清洗、逻辑错误清洗的方案，并通过实例介绍每种处理方案的具体实现思路。

在数据规整方案中，详细介绍了字段拆分、数据分组、数据聚合、数据分割、数据合并的概念和相关方法，通过实例分别介绍了每种数据规整方案的具体实现方法。

此外，在数据清洗实例中，针对第 7 章数据存储实例中的衍生文件，对其进行重复值、缺失值、异常值处理和格式内容的清洗。此外，还对数据中的字段进行拆分和分割，通过对数据的分组和聚合实现特定信息的统计。

习 题

1. 选择题

（1）在数据分析过程中，数据清洗的对象不包含以下哪类？（　　）

A. 离群点　　　　　B. 异常数据　　　　　C. 正常数据　　　　　D. 重复值

（2）以下关于 NumPy 的说法，错误的是（　　）。

A. 一种开源的数值计算扩展　　　　　　B. 可用来存储和处理大型矩阵

C. 支持大量的维度数组与矩阵运算　　　D. 不支持精密运算

（3）在数据预处理过程中，可以使用哪种方式处理重复值？（　　）

A. 向数据源中增加重复数据

B. 当出现大量重复值时，直接删除重复值

C. 当出现个别重复值时，直接删除重复值

D. 当重复值属于生成环境的真实数据时，直接删除重复值

（4）以下不属于 Scipy 功能的是（　　）。

A．最优化　　　B．线性代数　　　C．插值　　　D．PID

2．填空题

（1）在 Dataframe 中，drop_duplicates()方法用于_____，它返回的内容是_____。

（2）如果 isnull().any()返回信息是 True，则说明_____。

（3）方法 dropna(thresh = 3)的含义是_____。

（4）在对数据进行分组时，应遵循两个基本原则：_____和_____。

（5）groupby()方法返回的对象类型是_____。

（6）concat()方法相当于数据库中的全连接，它可以指定连接的方式和连接轴，当 axis=0 时，表示连接的轴向是_____。

3．什么是缺失数据？什么是异常数据？

4．简述数据清洗的流程。

5．简述完全重复数据和不完全重复数据的区别。

6．简述常见的异常值的处理方法。

7．数据分割主要有哪些不同的方式？它们之间的区别在哪里？

8．综合题。

取出第 7 章习题中综合题的 MongoDB 数据库的电影信息，对其进行重复值、缺失值、异常值处理。此外，将字段拆分为合理的内容，然后按照电影的评分对电影信息进行分组。

第 9 章 Matplotlib 可视化

Matplotlib 的功能和 MATLAB 中画图的功能十分类似。MATLAB 画图的流程相对复杂，而使用 Python 中的 Matplotlib 画图则非常方便。

Matplotlib 是 Python 中的一个包，主要用于绘制 2D 图形（也可以绘制 3D 图形），在数据分析领域占据很重要的地位。另外，它还具备丰富的扩展性能，能实现更强大的功能。

本章将延续使用 8.4 节中清洗后的数据，使用这些有效的数据继续完成可视化的工作。

9.1 Matplotlib 简介与安装

9.1.1 Matplotlib 简介

Matplotlib 是 Python 中一个优秀的数据可视化第三方库，有超过 100 种数据可视化显示效果，它以各种硬拷贝格式和跨平台的交互式环境生成出版质量级别的图形。通过 Matplotlib，开发者可以仅需要几行代码，便可以生成直方图、饼状图、条形图、散点图等多种不同形式的绘图。作为入门级别的一款可视化工具，Matplotlib 具有如下特性：

- 支持交互式和非交互式绘图；
- 可将图像保存成 PNG、PS 等多种图像格式；
- 支持曲线（折线）图、条形图、柱状图、饼状图；
- 图形可配置；
- 跨平台，支持 Linux、Windows、MacOS X 与 Solaris；
- Matplotlib 的绘图函数与 MATLAB 的绘图函数名字相似，迁移学习的成本比较低；
- 支持 LaTeX 的公式插入。

在 Matplotlib 中，有两种不同的绘图方法。

1. 函数式绘图

在 matplotlib.pyplot 中已经封装好大量的常用函数，用户可以直接调用函数进行绘图。我们经常将 matplotlib.pyplot 取别名为 plt。plt 中主要定义以下两类函数。

① 操作函数：对画布、图、子图、坐标轴、图例、背景、网格等操作。
② 绘图函数：折线图、散点图、条形图、直方图、饼状图等特定图的绘制函数。

函数式绘图适合于新手，无须了解内部的对象问题。它对操作性的要求不是很高，主要针对定制性不强的绘图。常用函数如表 9-1 所示。

表 9-1 常用函数

绘图函数	操作函数
bar()：制作条形图	axes()：设置坐标轴的范围
boxplot()：制作一个箱形图	grid()：配置网格线
fill()：绘制填充多边形图	legend()：在坐标轴上放置图例
hist()：绘制直方图	margins()：设置绘图到框的边距
magnitude_spectrum()：绘制幅度谱图	subplot()：在当前图中添加子图
phase_spectrum()：绘制相位谱图	text()：向坐标轴添加文本

续表

绘图函数	操作函数
pie()：绘制饼状图	title()：设置坐标轴的标题
plot()：绘制折线图	xlabel()或 ylabel()：设置坐标轴标签
plot_date()：绘制包含日期的数据图	xscale()或 yscale()：设置坐标轴刻度
scatter()：绘制散点图	xticks()或 yticks()：获取或设置当前刻度线位置和坐标轴标签

2．面向对象式绘图

在 Matplotlib 中还可以使用面向对象的方法，因为它可以更好地控制和自定义绘图。图 9-1 中显示了常用的绘图元素。从图 9-1 可以看出，Matplotlib 中高层对象主要分为以下 3 个。

（1）FigureCanvas：画布、画布层

涉及底层的复杂操作，这里不再赘述。

（2）Figure：图、图像层

整个图形是一个 Figure 对象，一个绘图窗口便是一个 Figure。Figure 对象至少包含一个子图，也就是 Axes 对象。Figure 对象包含一些特殊的对象，例如 title（标题）、legend（图例）等。

（3）Axes：坐标轴、绘制的区域——轴域、坐标层

Axes 是子图对象。每个子图都有 x 和 y 轴，Axes 用于代表这两个数据轴所对应的一个子图对象。

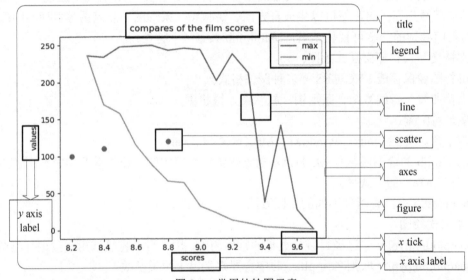

图 9-1 常用的绘图元素

面向对象式绘图的定制性很强，使用非常灵活和自然。但是这种方式对新手不太友好，上手速度较慢。本章主要以函数式绘图为基础进行介绍，读者可以仿照函数式绘图的方式，将程序迁移至面向对象式绘图中。

9.1.2 Matplotlib 安装

Matplotlib 的安装非常简单，本节主要介绍在 Windows 平台上安装 Matplotlib 的方法。可以直接通过 pip 工具来进行在线安装，命令如下：

```
> pip install matplotlib
```

如图 9-2 所示，输入命令后，开始下载并安装 Matplotlib。由于 Matplotlib 在安装时有一些依赖库的关联，因此 pip 工具将联网自动下载安装相关的包。当安装完成后，自动退出安装环

境，并提示【Successfully installed matplotlib ***】。如果输入命令后，提示【Required already satisfied ...】，说明此时已经安装过 Matplotlib，无须再次进行安装。

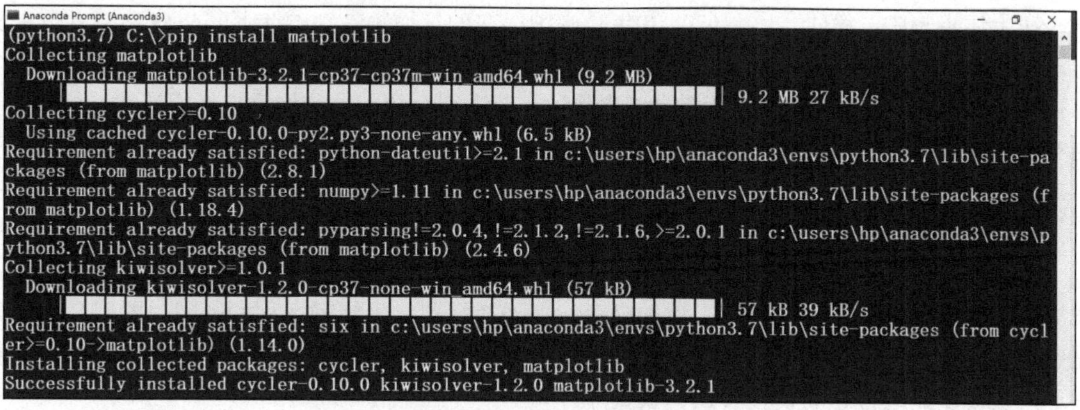

图 9-2 初次安装 Matplotlib

下面需要验证 Matplotlib 的安装是否正确，在 Anaconda Prompt(Anaconda3)工具中输入命令 python，进入 Python 环境，然后在光标处输入命令 import matplotlib，按回车键。如果系统没有任何的提示，如图 9-3 所示，则说明此时的安装是正确的。如果出现错误提示，则代表安装存在问题，需要仔细检查安装的命令是否正确，或者卸载当前的工具（输入命令 pip uninstall matplotlib），并进行第二次安装。

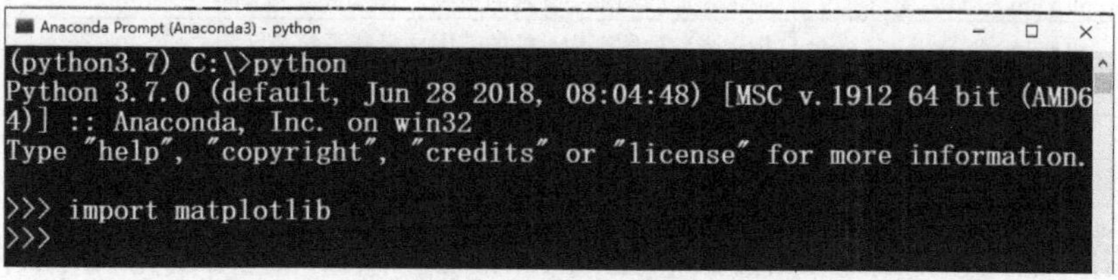

图 9-3 测试 Matplotlib

9.2 基础语法和常用设置

9.2.1 绘图流程

在 Matplotlib 中，大部分的图形绘制都遵循以下流程，使用这个流程可以完成大部分图形的绘制。

① 导入 Matplotlib 库。导入 Matplotlib 库是使用 Matplotlib 的第一步，即 import matplotlib.pyplot as plt。

② 创建 Figure 画布对象。如果绘制一个简单的小图形，可以不设置 Figure 对象，使用默认创建的 Figure 对象，也可以显式地创建 Figure 对象。

如果一张 Figure 画布上，需要绘制多个图形，那么就必须显式地创建 Figure 对象。然后得到每个位置上的 Axes 对象，进行对应位置上的图形绘制。

③ 根据 Figure 对象进行布局设置。此处的布局设置与用户的需求有关，可以适当省略此步。

④ 调用 Figure 对象进行对应位置的图形绘制。此时传入数据，进行绘图。对于图形的一些细节设置，都在此步中进行。

⑤ 设置其他参数。
⑥ 显示图形。使用show()完成图形的显示。

在上述步骤中，第①、③、④、⑥步是必须存在的，而第②、⑤步是可以省略或者自定义的。其中，第①、⑥步都仅包含1条语句，本节不再赘述；第④步是具体的绘制过程，即整个可视化流程的核心，这部分内容将在9.2节和9.3节详细介绍；本节将重点介绍第②、③、⑤步的实现方法。

9.2.2 布局设置

在使用 Matplotlib 绘制图形时，布局设置是不可或缺的重要环节，也是绘图的主体部分。布局设置可以简单理解为向画布中添加内容，如添加标题、坐标轴名称和范围、图例名称等。需要说明的是，布局设置和图形的绘制过程是并列的步骤，二者并没有先后顺序，可以先绘制图形，也可以先进行布局设置（图例设置除外）。

Matplotlib 中添加各类标签和图例的函数如表9-2所示。

表9-2　添加各类标签和图例的函数

函数名称	函数作用
plt.title	在当前的图形中添加标题
plt.xlabel	在当前的图形中添加 x 轴名称
plt.ylabel	在当前的图形中添加 y 轴名称
plt.xlim	指定当前的图形中 x 轴的范围，只能是数值区间
plt.ylim	指定当前的图形中 y 轴的范围，只能是数值区间
plt.xticks	指定当前的图形中 x 轴刻度的数目与取值
plt.yticks	指定当前的图形中 y 轴刻度的数目与取值
plt.legend	在当前的图形中添加图例，可以指定图例的大小、位置和标签

需要说明的是，如果需要对当前图形设置图例信息，则必须在绘制完成之后再添加图例信息，反之则无法观察到正常的运行结果。

下面给出一个实例，用于绘制简单的折线图及坐标轴、标题等信息。此处使用的数据源来自8.4.2节中清洗后生成的文件 film_orgin1.csv，在对其中的 scores 列分析的基础上再进行绘制。

【例9-1】第一个简单的图形绘制。

```
import matplotlib.pyplot as plt
import pandas as pd
import numpy as np
from pandas import DataFrame,Series
data = pd.read_csv('film_orgin1.csv',encoding='ANSI')#读取文件
data_2 = data.groupby('scores')
data_size = data_2.size()
plt.plot(data_size)
plt.title("numbers of the film scores")   # 为图表添加标题
plt.xlabel("scores")   # 为x轴添加标签
plt.ylabel("numbers")   # 为y轴添加标签
plt.show()
```

在上述程序中，首先使用 import matplotlib.pyplot as plt 完成绘图的第①步导入库操作。然后，针对 film_orgin1.csv 文件中的 scores 列进行分组，选择分组结果中的 size()信息进行显示。此处略过第②步，直接使用 plot(data_size)完成图形内容的设置（第④步）。接下来，利用 title("numbers of the film scores")为图表添加标题；利用 xlabel("scores")为 x 轴添加标签"scores"；

利用 ylabel("numbers")为 y 轴添加标签"numbers"，此时完成了布局设置（第③步），此处第③步和第④步是可以互换位置的。此例非常简单，没有其他的特殊设置，因此省略了第⑤步。第⑥步完成了图形的最终绘制：show()。程序运行结果如图 9-4 所示。

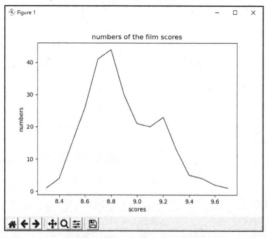

图 9-4 例 9-1 程序运行结果

由图 9-4 中可以看出，其中的坐标轴、标题等信息均得以显示，折线图的绘制也是正确的。

当需要绘制多张图形时，可以使用 plot()方法直接将要绘制的内容展示出来。下面给出一个实例。

【例 9-2】同时绘制两张图形。

```
data = pd.read_csv('film_orgin1.csv',encoding='ANSI')#读取文件
data_2 = data.groupby('scores')
data_describe = data_2.describe()
data_max = data_describe.iloc[:,[7]]
data_min = data_describe.iloc[:,[3]]
data_max.plot(color='b', style='.-', legend=True)
data_min.plot(color='r', style='.-', legend=True)
plt.title("compares of the film scores")
plt.xlabel("scores")
plt.ylabel("values")
plt.show()
```

在上述程序中，仍旧针对 film_orgin1.csv 文件中的 scores 列进行分组，此时选择分组结果中的第 7 列和第 3 列信息，分别存储在 data_max 和 data_min 中，然后直接使用 data_max.plot()和 data_min.plot()完成图形的绘制，最后通过 show()显示图形。由于此处没有自定义 Figure 画布对象，因此绘制操作进行了两次，分别生成了两张图形。程序运行结果如图 9-5 所示。从图中可以看出，图形的内容和原始数据是吻合的。

需要说明的是，由于后续的程序与例 9-1 的 import 操作相同，因此从例 9-2 起，省略 import 的相关语句。

此外，还可以将不同的数据绘制在同一张图中，即在一张图中包含多个图形。为了避免数据可视化的误读，此时一般会为图形增加图例信息。下面给出一个实例。

【例 9-3】在同一画布上绘制多个图形。

```
data = pd.read_csv('film_orgin1.csv',encoding='ANSI')#读取文件
data_2 = data.groupby('scores')
data_describe = data_2.describe()
```

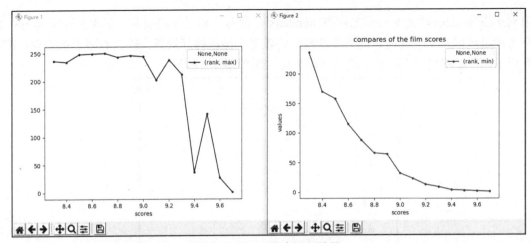

图 9-5　例 9-2 程序运行结果

```
data_max = data_describe.iloc[:,[7]]
data_min = data_describe.iloc[:,[3]]
plt.plot(data_max.index,data_max.values)
plt.plot(data_min.index,data_min.values)
plt.title("compares of the film scores")
plt.xlabel("scores")
plt.ylabel("values")
plt.legend(['max','min'])
plt.show()
```

在上述程序中，仍旧采用例 9-2 中的 data_max 和 data_min，此时并非直接使用 data_max.plot() 和 data_min.plot() 绘制，而是将 data_max 和 data_min 装入 plt 中，利用 plot() 分别绘制 data_max 和 data_min，最后通过 show() 显示图形。由于此处只有一个默认的 Figure 画布对象，因此在同一张画布上绘制了两次。此外，还利用 legend(['max','min']) 设置了图例信息，从而避免用户在解读图形时出现歧义。

程序运行结果如图 9-6 所示。从图中可以看出，此图形的内容和图 9-5 是吻合的。需要说明的是，图例的设置需要在图形绘制之后完成，否则有可能会出现异常的数据显示。

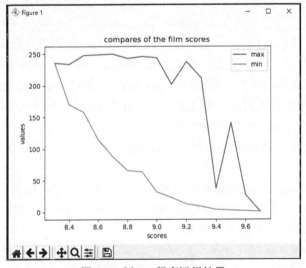

图 9-6　例 9-3 程序运行结果

9.2.3 画布创建

Matplotlib 可以把很多张图画在一个显示界面中,这就涉及需要将面板切分成一个一个子图,这在进行对比分析时非常有用。

绘制画布对象的方法如下:

figure(num=None, figsize=None, dpi=None, facecolor=None, edgecolor=None, frameon=True)

此方法将返回一个画布对象,用于后续子图的创建。

参数说明:

- Num:图像编号或名称,数字为编号,字符串为名称。
- Figsize:指定 Figure 的宽和高,单位为英寸。
- dpi:指定绘图对象的分辨率,即每英寸多少个像素,默认值为 80。
- facecolor:背景颜色。
- edgecolor:边框颜色。
- frameon:是否显示边框。

绘制子图常用的方法有以下两种:

subplot(nrows,ncols,index)
add_subplot(nrows,ncols,index)

上述方法均可以将 Figure 划分为多个子图,但每条命令只会创建一个子图。使用上述方法,可以将图表的整个绘图区域分成 nrows 行和 ncols 列,然后按照从左到右、从上到下的顺序对每个子区域进行编号,这里采用行优先规则,如图 9-7 所示,左上的子区域的编号为 1。

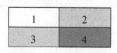

图 9-7 子区域编号

以上两个方法的功能一致,参数也完全相同,读者可以根据实际情况灵活选择。参数说明:

- nrows:子图总行数。
- ncols:子图总列数。
- index:子图所在的位置。

以上参数一般是一个 3 位数字(如 111),当然也可以是一个数组(如[1,1,1]),这两者的写法是等价的。需要说明的是,subplot()和 add_subplot()方法分属于不同的绘图方法,前者属于函数式绘图,后者属于面向对象式绘图。

下面给出一个实例,用于将图 9-5 中的两张图绘制成不同的子图。

【例 9-4】绘制子图。

```
data = pd.read_csv('film_orgin1.csv',encoding='ANSI')#读取文件
data_2 = data.groupby('scores')
data_describe = data_2.describe()
data_max = data_describe.iloc[:,[7]]
data_min = data_describe.iloc[:,[3]]
fig = plt.figure(num=2, figsize=(15, 8),dpi=80)
ax1 = fig.add_subplot(2,1,1)
ax2 = fig.add_subplot(2,1,2)
plt.title("compares of the film scores")
plt.xlabel("scores")
plt.ylabel("values")
ax1.plot(data_max.index,data_max.values,color='b')
ax2.plot(data_min.index,data_min.values,color='r')
plt.show()
```

在上述程序中，仍旧采用例 9-2 中的 data_max 和 data_min 数据，当前程序并非绘制两张图，而是使用一个 Figure 对象创建了两个子图。具体操作的流程是：首先，利用 figure(num=2, figsize=(15, 8),dpi=80)获取一个 Figure 对象 fig，设置图像编号为 2，宽和高分别为 15 和 8，像素为 80；然后，通过 fig.add_subplot(2,1,1)和 fig.add_subplot(2,1,2)创建了 2 个子图，(2,1,1)表示第一个子图的行数、列数和编号，生成的子图为 ax1 和 ax2；接下来使用 ax1.plot()和 ax2.plot()即可完成子图的绘制。

程序运行结果如图 9-8 所示。从图中可以看出，此图像的内容和图 9-5 是吻合的，但是变成了子图的形式，均属于一个图像中的组成部分。

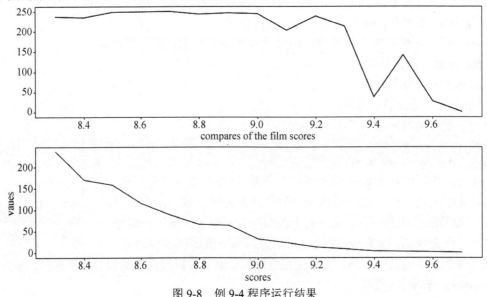

图 9-8　例 9-4 程序运行结果

9.2.4　参数设置

Matplotlib 使用 rc 配置文件来自定义图像的各种默认属性，称之为 rc 配置或 rc 参数。在 Matplotlib 中，几乎所有的属性都可以为空值，如视图窗口的大小、分辨率、线宽、颜色、样式、坐标轴和网格属性等。

rc 配置文件存储在 Matplotlib 的安装文件夹中，以当前环境为例，rc 配置文件 matplotlibrc 在 C:\Users\hp\Anaconda3\envs\python3.7\Lib\site-packages\matplotlib\mpl-data 中，可以通过记事本等工具打开这个文件进行查看。可以发现里面的内容都是"键-值"的形式，而且大部分的内容均为注释信息。文件内容如图 9-9 所示。

```
## ******************************************************************
## * INTERACTIVE KEYMAPS                                            *
## ******************************************************************
## Event keys to interact with figures/plots via keyboard.
## See https://matplotlib.org/users/navigation_toolbar.html for more details on
## interactive navigation.  Customize these settings according to your needs.
## Leave the field(s) empty if you don't need a key-map. (i.e., fullscreen : '')
#keymap.fullscreen : f, ctrl+f     ## toggling
#keymap.home : h, r, home          ## home or reset mnemonic
#keymap.back : left, c, backspace, MouseButton.BACK    ## forward / backward keys
#keymap.forward : right, v, MouseButton.FORWARD        ## for quick navigation
```

图 9-9　rc 配置文件 matplotlibrc 内容

基于上述文件内容，为了便于配置操作，选择与文件内容类似的操作形式，即字典。在 Matplotlib 载入时会调用 rc_params，并把得到的配置字典保存到 rcParams 变量中。如果 rc 参数被修改，绘图时则默认使用的参数就会发生改变。

常用线条 rc 参数有：

lines.linewidth：线条宽度，取值范围为 0～10，默认值为 1.5。

lines.linestyle：线条样式，包含-、--、-.、:4 种，默认为-。每种线条样式的含义如表 9-3 所示。

lines.marker：线条上的点的形状，包含 o、D、h、S 等 20 种，默认为 None。常见标记的含义如表 9-4 所示。

表 9-3　线条样式的含义

linestyle	含义
-	实线
--	长虚线
-.	点线
:	短虚线

表 9-4　常见标记的含义

标记	含义
.	点标记
v	倒三角标记
^	上三角标记
>	右三角标记
+	十字标记
*	星形标记
s	实心方形标记
x	x 标记

lines.markersize：点的大小，取值范围为 0～10，默认值为 1。

下面给出一个实例，用于设置 rc 参数。

【例 9-5】rc 参数设置。

```
import matplotlib.pyplot as plt
import pandas as pd
import numpy as np
from pandas import DataFrame,Series
data = pd.read_csv('film_orgin1.csv',encoding='ANSI')#读取文件
data_2 = data.groupby('scores')
data_size = data_2.size()
plt.rcParams['lines.linestyle'] = ':'
plt.rcParams['lines.linewidth'] = 7
plt.plot(data_size)
plt.title("numbers of the film scores")
plt.xlabel("scores")
plt.ylabel("numbers")
plt.show()
```

在上述程序中，仍旧针对 film_orgin1.csv 文件中的 scores 列进行分组，选择 size()数据进行展示，通过 rcParams['lines.linestyle'] = ':'设置线条为短虚线，通过 rcParams['lines.linewidth']= 7 设置线宽为 7，程序运行结果如图 9-10 所示。从图中可以看出，此图像中的线条样式和宽度均发生了改变。

除了有设置线条和字体的 rc 参数，还有设置文本、坐标轴、刻度、图例、标记、图片保存等内容的参数。具体参数和取值范围可以参考 Matplotlib 的官方文档。

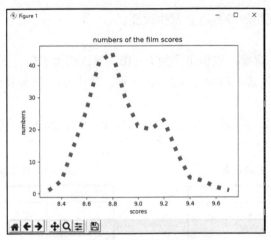

图 9-10　例 9-5 程序运行结果

9.3　基础图形绘制

Matplotlib 库提供了许多不同种类图形的函数式绘图方法。由于每类图形的特点和适用范围不同，本节将重点介绍适用于数据分析与计算的图形绘制方案。

本节中使用的数据源仍然来自 8.4.2 节中清洗后生成的文件 film_orgin1.csv。

9.3.1　折线图

折线图（Line Chart）是一种将数据点按照顺序连接起来的图形。它可以看作是散点图按照 x 轴坐标顺序连接起来的图形。

折线图的适用场景是：由于可以显示随时间（根据常用比例设置）而变化的连续数据，因此适用于显示在相等时间间隔下数据变化的趋势。由于折线图很容易反映数据变化的趋势，因此折线图还适合二维的大数据集和多个二维数据集的比较。

在折线图中，类别数据沿水平轴均匀分布，所有值数据沿垂直轴均匀分布。

在 Matplotlib 中，使用 plot()函数绘制折线图，基本语法如下：

plot(x,y,format_string,**kwargs)

参数说明：

- x：x 轴数据，列表或数组，可选。
- y：y 轴数据，列表或数组，可选。
- format_string：控制曲线的格式字符串，由颜色字符、风格字符和标记字符组成。可选项。

常见的格式字符串如表 9-5 所示，常见的颜色字符含义如表 9-6 所示。

表 9-5　常见的格式字符串

参数名称	含义	举例
color	控制颜色	color='blue'
linestyle	线条风格	linestyle='dashed'
marker	标记风格	marker='o'
markerfacecolor	标记颜色	markerfacecolor='green'
markersize	标记尺寸	markersize='10'

表 9-6　常见的颜色字符

颜色字符	含义	颜色字符	含义
b	蓝色	m	洋红色
g	绿色	y	黄色
r	红色	k	黑色
c	青绿色	w	白色
#008000	RGB 颜色	0.8	灰度值字符串

- **kwargs**：第二组或更多数据，格式为 x,y,format_string。

下面给出一个实例，用于同时绘制多组折线图。

【例 9-6】利用折线图展示极值的变化趋势。

```
data = pd.read_csv('film_orgin1.csv',encoding='ANSI')#读取文件
data_2 = data.groupby('scores')
data_describe = data_2.describe()
data_max = data_describe.iloc[:,[7]]
data_min = data_describe.iloc[:,[3]]
plt.plot(data_max.index,data_max.values,'bs-',data_min.index,data_min.values,'ro-.')
plt.title("compares of the film scores")
plt.xlabel("scores")
plt.ylabel("values")
plt.legend(['max','min'])
plt.show()
```

在上述程序中，仍旧采用例 9-2 的 data_max 和 data_min 数据，然后利用 plot(data_max.index, data_max.values,'bs-',data_min.index,data_min.values,'ro-.')绘制两条折线，其中第一条折线的参数为：data_max.index,data_max.values,'bs-'，第二条折线的参数为：data_min.index,data_min.values,'ro-.'，同时还设置了图例：plt.legend(['max','min'])。程序运行结果如图 9-11 所示。从图中可以看出，此图像中的两条折线的数据和线条样式均符合程序设计的要求。

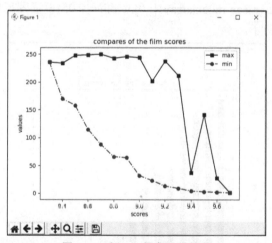

图 9-11 例 9-6 程序运行结果

9.3.2 直方图

直方图（Histogram）又称质量分布图，是一种统计报告图，由一系列高度不等的纵向条纹或线段来表示数据分布的情况。一般用横轴表示数据类型，纵轴表示分布情况。直方图是数值型数据分布的精确图形表示。

直方图的适用场合是二维数据集（每个数据点包括 x 和 y 两个值），但只有一个维度需要比较，用于显示一段时间内的数据变化或显示各项之间的比较情况。另外，也适用于枚举型数据，比如地域之间的关系，数据之间没有必然的连续性。

直方图的优势：直方图利用柱的高度反映数据的差异，肉眼对高度差异很敏感。

直方图的劣势：只适用中小规模的数据集。

在 Matplotlib 中，使用 bar()函数绘制直方图，基本语法如下：

bar(left, height, width=0.8, bottom=None, hold=None, data=None, **kwargs)

主要参数说明：
- left：x 轴；接受值为 array，无默认值。
- height：柱的高度，也就是 y 轴的数值；接受值为 array，无默认值。
- alpha：柱的颜色透明度；接受值为数值，默认值为 1。
- width：柱的宽度；接受值为数值，默认值为 0.8。

下面给出一个实例，用于绘制直方图。

【例 9-7】利用直方图展示不同类别的统计数据。

```
data = pd.read_csv('film_orgin1.csv',encoding='ANSI')#读取文件
data_2 = data.groupby('scores')
data_mean = data_2.mean()
plt.figure(figsize = (6,6))
array1 = data_mean.values
plt.bar(data_mean.index,array1[:,0],width = 0.05)
plt.title("compares of the film scores")
plt.xlabel("scores")
plt.ylabel("values")
plt.show()
```

在上述程序中，仍旧针对 film_orgin1.csv 文件中的 scores 列进行分组，选择 mean()数据进行展示，这里利用 bar(data_mean.index,array1[:,0],width = 0.05)设置图形的 x 轴、y 轴和柱的宽度。程序运行结果如图 9-12 所示。

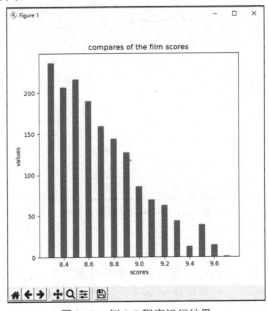

图 9-12 例 9-7 程序运行结果

从图 9-12 可以看出，直方图中的每个柱形数据是不同 scores 的 values 均值，随着 scores 的增加，电影的数量在不断减少。

9.3.3 饼状图

饼状图是将各项数据点显示在一张图中，以饼的大小确定每一项的占比。饼状图可以轻松显示一个数据系列中各项的大小与各项总和的比例。

饼状图的适用场景：常用于统计学模型，可以显示各项的大小与各项总和的比例；也适用于简单的占比比例图，在不要求数据精细的情况使用。

饼状图的优势：明确显示数据的比例情况。

饼状图的劣势：不显示具体的数值，只显示占比情况。

设计饼状图的数据源，需要满足以下要求：

- 仅有一个要绘制的数据系列；
- 要绘制的数值没有负值；
- 要绘制的数值几乎没有零值；
- 类别数目无限制；
- 各类别分别代表整个饼状图的一部分；
- 各个部分需要标注百分比。

在 Matplotlib 中，使用 pie()函数绘制饼状图，基本语法如下：

pie(x, explode=None, labels=None, colors=None, autopct=None, pctdistance=0.6, shadow=False, labeldistance=1.1, startangle=None, radius=None, counterclock=True, wedgeprops =None, textprops=None, center=(0, 0), frame=False, rotatelabels=False, hold=None, data=None)

参数说明：

- x：每一块的比例，如果 sum(x) > 1，则使用 sum(x)归一化。
- explode：每一块距离中心的距离。
- labels：每一块饼状图外侧显示的说明文字。
- autopct：控制饼状图内百分比设置，可以使用格式化字符串或者格式化函数。
- pctdistance：指定 autopct 的位置刻度，默认值为 0.6。
- shadow：在饼状图下面画阴影。默认为 False，即不画阴影。
- labeldistance：label 标记的绘制位置相对于半径的比例，默认值为 1.1。
- startangle：起始绘制角度，默认图是从 x 轴正方向逆时针画起。
- radius：控制饼状图的半径，默认值为 1。
- counterclock：指定指针方向；bool 值，可选参数，默认为 True，即逆时针。
- wedgeprops：字典类型，可选参数，默认为 None。参数传递给 wedge 对象用来画一个饼状图。
- textprops：设置标签和比例文字的格式；字典类型，可选参数，默认为 None。传递给 text 对象的字典参数。
- center：浮点类型的列表，可选参数，默认值为(0,0)。
- frame：bool 类型，可选参数，默认为 False。如果为 True，绘制带有表的轴框架。
- rotatelabels：bool 类型，可选参数，默认为 False。如果为 True，旋转每个 labels 到指定的角度。

下面给出一个实例，用于绘制饼状图。

【例 9-8】利用饼状图展示不同电影打分的统计数据。

data = pd.read_csv('film_orgin1.csv',encoding='ANSI')#读取文件
data_2 = data.groupby('scores')
data_describe = data_2.describe()
data_mean = data_2.mean()
plt.figure(figsize = (6,6))
array1 = data_mean.values

```
explode = (0.2,0.19,0.18,0.17,0.16,0.15,0.14,0.13,0.12,0.11,0.1,0.09,0.08,0.07,0.06)
labels = data_mean.index
plt.pie(array1[:,0],explode=explode,labels=labels,autopct='%1.1f%%',shadow=False,startangle=150)
plt.title("compares of the film scores")
plt.show()
```

在上述程序中，仍旧针对 film_orgin1.csv 文件中的 scores 列进行分组，选择 mean()数据进行展示。在绘制前，首先设置 explode，用于表示每一块距离中心的距离，然后利用 pie(array1[:,0],explode=explode,labels=labels,autopct='%1.1f%%',shadow=False,startangle =150)，设置每一块的比例是 array1[:,0]，explode 表示每一块距离中心的距离，labels 为饼状图外侧显示的说明文字，autopct 设置了饼状图内百分比，不画阴影，起始绘制角度 startangle 为 150 度。程序运行结果如图 9-13 所示。

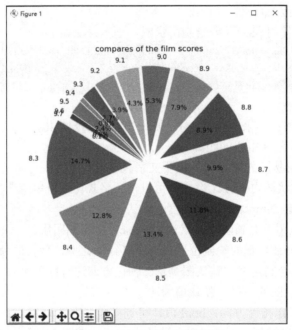

图 9-13　例 9-8 程序运行结果

从图 9-13 可以看出，每一块距离中心的距离不尽相同，而且随着 scores 的增加，饼状图中的每一块面积在不断减少。

9.3.4　箱形图

箱形图（Box plot）又称为盒须图、盒式图、盒状图或箱线图，是一种用作显示一组数据分散情况的统计图。绘制时，使用常用的统计量，能提供有关数据位置和分散情况的关键信息，尤其在比较不同的母体数据时更可表现其差异。

箱形图的组成如图 9-14 所示，主要包含 6 个数据节点，图中标识了每条线表示的含义，其中应用到了分位数的概念。将一组数据从大到小排列，分别计算出其上边缘、上四分位数、中位数、下四分位数、下边缘及异常值。

箱形图的适用场景：观察数据的总体状态，识别数据中的异常值。

箱形图的优势：相关统计点都可以通过百分位计算方法实现，直观明了地识别数据中的异常值、判断数据的偏态和尾重。

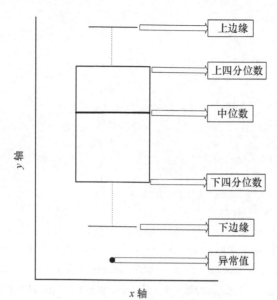

图 9-14 箱形图的组成

箱形图的劣势：不能提供关于数据分布偏态和尾重程度的精确度量；对于批量较大的数据，箱形图反映的形状信息更加模糊；用中位数代表总体平均水平有一定的局限性。

在 Matplotlib 中，使用 boxplot()函数绘制箱形图，基本语法如下：

boxplot(x, notch=None, sym=None, vert=None, whis=None, positions=None, widths=None, patch_artist=None, bootstrap=None, usermedians=None, conf_intervals=None, meanline=None, showmeans=None, showcaps=None, showbox=None, showfliers=None, boxprops=None, labels=None, flierprops=None, medianprops=None, meanprops=None, capprops=None, whiskerprops=None, manage_xticks=True, autorange=False, zorder=None, hold=None, data=None)

boxplot()函数中的参数较多，部分参数说明如表 9-7 所示。

表 9-7 部分参数说明

参数	含义	参数	含义
x	指定要绘制箱形图的数据	showcaps	是否显示箱形图顶端和末端的网条线
notch	是否以凹口的形式展现箱形图	showbox	是否显示箱形图的箱体
sym	指定异常值的形状	showfliers	是否显示异常值
vert	是否需要将箱形图垂直摆放	boxprops	设置箱体的属性、填充色等
whis	指定上下须与上下四分位的距离	labels	为箱形图添加标签
positions	指定箱形图的位置	filerprops	设置异常值的属性
widths	指定箱形图的宽度	medianprops	设置中位数的属性
patch_artist	是否填充箱体的颜色	meanprops	设置均值的属性
meanline	是否用线的形式表示均值	capprops	设置箱形图顶端和末端线条的属性
showmeans	是否显示均值	whiskerprops	设置须的属性

下面给出一个实例，用于绘制箱形图。

【例 9-9】利用箱形图展示不同电影打分的统计数据。

data = pd.read_csv('film_orgin1.csv',encoding='ANSI')#读取文件
data_2 = data.groupby('scores')
data_describe = data_2.describe()

```
data_mean = data_2.mean()
data_max = data_describe.iloc[:,[7]]
data_min = data_describe.iloc[:,[3]]
data_count = data_describe.iloc[:,[0]]
plt.figure(figsize = (6,4))
array1 = data_mean.values
array2 = data_max.values
array3 = data_min.values
array4 = data_count.values
values = (array1[:,0],array2[:,0],array3[:,0],array4[:,0])
labels = ['mean','max','min','count']
plt.boxplot(values,notch = True,labels = labels ,meanline = True)
plt.title("compares of the film scores")
plt.show()
```

在上述程序中，针对 film_orgin1.csv 文件中的 scores 列进行分组后，获取其 describe() 的统计信息，然后对统计信息求取 mean、max、min、count 数据，这些数据作为数据源 values，然后利用 boxplot(values,notch = True,labels = labels ,meanline = True) 设置箱形图的数据源 values，以凹口的形式展现箱形图，确定标签 labels 的内容，同时用线的形式表示均值。程序运行结果如图 9-15 所示。从图中可以看出，mean 列的数据分布比较均匀，其他列的数据分布存在一定程度的异常。

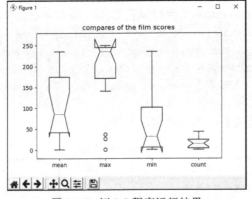

图 9-15　例 9-9 程序运行结果

9.3.5　散点图

散点图是指在数理统计回归分析中，数据点在直角坐标系平面上的分布图。散点图表示因变量随自变量变化的大致趋势，由此趋势可以选择合适的函数进行经验分布的拟合，进而找到变量之间的函数关系。

常见的散点图主要包括二维散点图、三维散点图和 ArcGIS 散点图，主要用于提供以下关键信息：

- 变量之间是否存在数量关联趋势；
- 如果存在关联趋势，是线性还是曲线的；
- 如果有某一个点或者某几个点偏离大多数点，也就是离群值，通过散点图可以一目了然，从而可以进一步分析这些离群值是否可能在建模分析中对总体产生很大影响。

散点图的适用场景：显示若干数据系列中各数值之间的关系。此外，散点图还适用于三维数据集，但其中只有两维数据是需要比较的。另外，散点图还可以看出极值的分布情况。

散点图的优势：对于处理值的分布和数据点的分簇区域，散点图很理想。如果数据集中包含非常多的点，那么绘制散点图是最佳选择方案。

散点图的劣势：在散点图中显示多个序列容易混淆数据。

在 Matplotlib 中，使用 scatter()函数绘制二维散点图，基本语法如下：

scatter(x, y, s=None, c=None, marker=None, cmap=None, norm=None, vmin=None, vmax=None, alpha=None, linewidths=None, verts=None, edgecolors=None, hold=None, data=None, **kwargs)

参数说明：
- x,y：数据。
- s：标记大小，指定为下列形式之一：数值标量、行或列向量、空列表。
- c：标记颜色，指定为下列形式之一：RGB 三元数组或颜色名称、由 RGB 三元数组成的矩阵、向量。
- marker：标记样式。
- edgecolors：轮廓颜色，与参数 c 的设置方法相同。
- alpha：透明度，数值范围为[0,1]。
- cmap：色彩盘，三列的矩阵，矩阵取值范围为[0., 1.]。
- linewidths：标记边缘的宽度，默认为'face'。

下面给出一个实例，用于绘制二维散点图。

【例 9-10】绘制电影评分与电影数量之间的二维散点图。

```
data = pd.read_csv('film_orgin1.csv',encoding='ANSI')#读取文件
data_rank = data.loc[:,['rank']]
data_scores = data.loc[:,['scores']]
array_x = data_rank.values
array_y = data_scores.values
plt.scatter(array_x[:,0],array_y[:,0],marker = 'o')
plt.title("compares of the film scores")
plt.xlabel("scores")
plt.ylabel("values")
plt.show()
```

在上述程序中，直接获取 film_orgin1.csv 中的 rank 列和 scores 列的数据，然后利用 scatter(array_x[:,0],array_y[:,0],marker = 'o')绘制二维散点图，其中，以 rank 列作为横轴，以 scores 列作为纵轴。程序运行结果如图 9-16 所示。

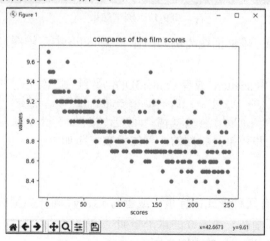

图 9-16 例 9-10 程序运行结果

从图 9-16 可以看出，大多数信息集中在 values 的中部，这说明源数据 film 数据的评分和排名的分布程度。

9.3.6 三维图

三维图（3D）也称为立体图。三维图与二维图的区别是：二维图只展示平面效果，没有立体感，而三维图则体现立体形状，赋予了物体灵动的感觉。

三维图的适用场景：应用在以数字化、可视化、智能化、网络化、集成化理念为目标的场景中，例如，楼宇、粮仓、港口、城市、消防预案、安防管理等场地。

三维图的优势：利用三维可视化技术可实现全面的数据集成、信息直观可视化，提升集成运作效率和扁平化管理。

三维图的劣势：涉及技术较复杂，不适用于初学者。

在 Matplotlib 中，绘制三维图主要通过 mplot3d 工具包实现。mplot3d 工具包提供了点、线、等值线、曲面等基本组件及旋转、缩放等功能。但由于三维图实际上在二维画布上展示，因此同样需要载入 plt。

mplot3d 模块下主要包含 4 类函数，分别是：

- mpl_toolkits.mplot3d.axes3d()，包含各种实现绘图的类和方法；
- mpl_toolkits.mplot3d.axis3d()，包含坐标轴相关的类和方法；
- mpl_toolkits.mplot3d.art3d()，包含 2D 转换并用于 3D 绘制的类和方法；
- mpl_toolkits.mplot3d.proj3d()，其他的一些方法，如计算三维向量长度等。

一般情况下，最常用的是 axes3d()中的 axes3d.Axes3D()类。axes3d.Axes3D()类下面存在散点图、线形图、柱状图、曲线图等各种制图方式。

需要注意的是，有的 Matplotlib 版本中不具备 mplot3d 模块，读者可以进入 Python 环境，输入 from mpl_toolkits.mplot3d import Axes3D 进行测试。如果导入成功，则没有错误提示，否则需要安装 Matplotlib 的其他版本，具体操作如图 9-17 所示。

图 9-17 测试结果

本节以三维散点图和三维曲面图为例介绍在 Matplotlib 中三维图形的绘制方法。

1. 三维散点图

在 Matplotlib 中，使用 scatter()或者 scatter3D()函数绘制三维散点图，基本语法如下：

scatter(xs,ys, zs=0, zdir='z', s=20, c=None, depthshade=True, *args, **kwargs)
scatter3D(xs,ys,zs=0,zdir='z',s=20, c=None, depthshade=True, *args,**kwargs)

以上两个函数的功能和效果是相同的，具体参数说明如下：

- xs：x 轴坐标。
- ys：y 轴坐标。
- zs：z 轴坐标，但有两种形式：标量，或者与 xs、ys 同样类型的数组。默认值为标量 0，即默认所有的点都画在一个 $z=0$ 的水平平面上。
- c：颜色，具体颜色设置与散点图相同。

- depthshase：透明化，True 为透明，默认为 True，False 为不透明。
- *args：扩展变量，可做扩展设置。

下面给出一个实例，用于绘制三维散点图。

【例 9-11】利用三维散点图展示不同电影的排名、星级和打分之间的联系。

```python
import matplotlib.pyplot as plt
import pandas as pd
import numpy as np
from pandas import DataFrame,Series
from mpl_toolkits.mplot3d import Axes3D
data = pd.read_csv('film_orgin1.csv',encoding='ANSI')#读取文件
data_ratings = data.loc[:,['ratings']]
data_rank = data.loc[:,['rank']]
data_scores = data.loc[:,['scores']]
fig = plt.figure()
ax = Axes3D(fig)
array_z_new = []
array_x = data_rank.values
array_y = data_scores.values
array_z = data_ratings.values
for i in array_z[:,0]:
    if i == '5-t':
        array_z_new.append(5)
    if i == '45-t':
        array_z_new.append(4.5)
    if i == '4-t':
        array_z_new.append(4)
ax.scatter(array_x[:,0],array_y[:,0],array_z_new,c = 'b',s = 10,alpha = 0.5)
ax.set_zlabel("ratings")
plt.title("compares of the film scores")
plt.xlabel("rank")
plt.ylabel("values")
plt.show()
```

在上述程序中，首先通过 from mpl_toolkits.mplot3d import Axes3D，从 mplot3d 中导入 Axes3D，然后直接获取 film_orgin1.csv 文件中 rank 列、scores 列和 ratings 列的数据，分别作为三维图形的 x、y 和 z 轴数据。接下来，通过 figure() 获得了 Figure 对象，通过 Axes3D(fig) 获得了三维图形的 Axes 对象。

需要注意的是，由于 ratings 列的数据格式是字符串，需要将其转换为数值形式。因此，利用 for 循环遍历全部的 ratings 信息，将字符串转换为数值。由于字符串只有 3 种形式，因此此处设置的取值范围是 4、4.5 和 5。

利用 ax.scatter(array_x[:,0],array_y[:,0],array_z_new,c = 'b',s = 10,alpha = 0.5) 绘制三维散点图，其中设置 x、y 和 z 轴数据，颜色是'b'，标记大小为 10，透明度为 0.5。

接下来设置图像的相关属性，其中，title、xlabel 和 ylabel 的设置方法与之前相同，这里不再赘述。可以通过 set_zlabel("ratings") 设置 z 轴的 label，最后通过 show() 显示图像。

程序运行结果如图 9-18 所示。从图中能够明显看出，不同的电影在排名、星级和打分 3 个维度下的分布情况，大部分数据集中在中部，顶点处出现了一些稀疏点。由于数据源来自真实

的网络爬取数据，因此分析人员需要着重于这些稀疏点，以进一步确定这些点的可靠性。

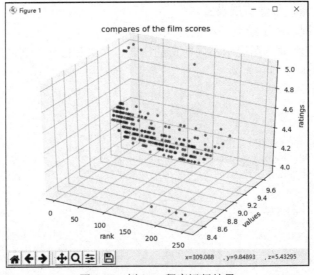

图 9-18　例 9-11 程序运行结果

2. 三维曲面图

在 Matplotlib 中，使用 plot_surface()函数绘制三维曲面图。该函数的基本语法如下：

plot_surface(X, Y, Z, *args, **kwargs)

主要参数说明：
- X：x 轴坐标，数组类型。
- Y：y 轴坐标，数组类型。
- Z：z 轴坐标。

除了上述函数，在 Matplotlib 中还提供了绘制等高线的函数 contourf()。该函数的基本语法如下：

coutourf([X, Y,] Z,[levels], **kwargs)

参数说明：
- X：坐标值，数组类型，可选。
- Y：坐标值，数组类型，可选。
- Z：绘制轮廓的高度值，矩阵类型。
- levels：int 或类似数组，可选，用于确定轮廓线/区域的数量和位置。
- **kwargs：其他可选参数，如 zdir、offset、alpha、Colormap 等。

——zdir：'z'、'x'、'y'表示把等高线图投射到哪个面。
——offset：等高线图投射到指定页面的某个刻度。
——alpha：介于 0（透明）和 1（不透明）之间。
——Colormap：将数据值转换为相应 Colormap 表示的颜色。

下面给出一个实例，用于绘制三维曲面图。由于曲面图绘制一般用于具有特殊规律的数据，因此这里按照自定义的函数绘制图形。

【例 9-12】利用三维曲面图绘制特定图形。

```
import numpy as np
import matplotlib.pyplot as plt
from mpl_toolkits.mplot3d import Axes3D
```

```
fig = plt.figure()
ax = fig.add_subplot(111, projection='3d')
X = np.arange(-4, 4, 0.25)
Y = np.arange(-4, 4, 0.25)
X, Y = np.meshgrid(X, Y)
R = np.sqrt(X ** 2 + Y ** 2)
Z = np.sin(R)
ax.plot_surface(X, Y, Z, rstride=1, cstride=1, cmap=plt.get_cmap('rainbow'))
ax.contourf(X,Y,Z,zdir='z',offset=-2)
ax.set_zlim(-2,2)
plt.show()
```

在上述程序中，利用 add_subplot(111, projection='3d')创建一个 3D 形式的子图，设置 x 轴和 y 轴的取值范围为 np.arange(-4, 4, 0.25)，同时设置 z 轴数据为 sin(sqrt(X ** 2+Y ** 2))。

接下来，使用 plot_surface(X,Y,Z,rstride=1,cstride=1,cmap=plt.get_cmap('rainbow'))绘制曲面图，设置 X,Y,Z 为对应 3 个维度的坐标，行之间的跨度（rstride）为 1，列之间的跨度（cstride）为 1，颜色映射（cmap）为 rainbow。然后利用 contourf(X,Y,Z,zdir='z',offset=-2)添加 XY 平面的等高线，这里 zdir 选择了 z，此时的效果将是对 XZ 平面的投影。最后通过 ax.set_zlim(-2,2)设置图像 z 轴的显示范围，并绘制整个曲面。

程序运行结果如图 9-19 所示，图中绘制的曲面完美展示了设置的三维数据点。

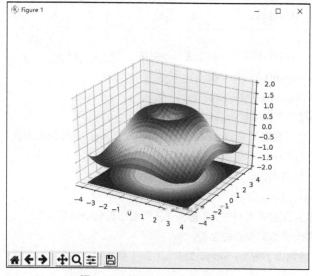

图 9-19　例 9-12 程序运行结果

本 章 小 结

本章介绍了 Matplotlib 简介与安装、基础语法和常用设置、基础图形绘制等内容。此外，针对具体的可视化过程，本章还提供了对应的实例，对数据可视化的需求和思路进行剖析，并给出了代码的分析和实现过程。其中，基础语法和常用设置、基础图形绘制等内容是本章的重点。

在 Matplotlib 简介与安装中，介绍了 Matplotlib 可视化的原理和常用方法、Matplotlib 的安装方法。其中，Matplotlib 的常用方法是本节的重点内容。

在基础语法和常用设置中，详细介绍了绘图流程、布局设置、画布创建、参数设置的方案，并通过实例介绍每种设置的具体配置方法。

在基础图形绘制中，详细介绍了折线图、直方图、饼状图、箱形图、散点图、三维图的概念和相关的实现方法，通过实例分别介绍了每种图形的具体实现方法。

习　题

1. 选择题

(1) 在 Matplotlib 中，以下哪项功能无法通过 plot() 方法实现？（　）
　A. 创建多个子图　　　B. 创建多个图像　　　C. 创建一个图像　　　D. 创建系列

(2) 在 rc 参数中，lines.marker 用于设置（　）。
　A. 线条上点的形状　　B. 线条宽度　　　　　C. 线条样式　　　　　D. 点的大小

(3) 以下哪个方法用于绘制三维曲面图？（　）
　A. scatter3D()　　　　　　　　　　　　　　B. scatter()
　C. plot_surface()　　　　　　　　　　　　　D. line()

(4) 在数据可视化的表现形式中，饼状图经常用于表示以下哪种形式？（　）
　A. 分类　　　　　　　B. 发展　　　　　　　C. 对比　　　　　　　D. 关系

(5) 在数据可视化的表现形式中，折线图经常用于表示以下哪种形式？（　）
　A. 分类　　　　　　　B. 发展　　　　　　　C. 对比　　　　　　　D. 关系

(6) 在数据可视化的表现形式中，散点图经常用于表示以下哪种形式？（　）
　A. 分类　　　　　　　B. 发展　　　　　　　C. 对比　　　　　　　D. 关系

2. 填空题

(1) 在 Matplotlib 中，有两种不同的绘制方法，分别是_____和_____。

(2) 在 Matplotlib 中，xlabel() 方法的功能是_____。

(3) 在 Matplotlib 中，legend() 方法的功能是_____。

(4) 在饼状图的绘制过程中，参数 explode 表示_____。

3. 简述在 Matplotlib 中的高层对象 FigureCanvas、Figure 和 Axes 的作用和地位。

4. 简述 Matplotlib 的图形绘制流程。

5. 简述直方图的适用场景和优缺点。

6. 简述饼状图的适用场景和优缺点。

7. 什么是散点图？散点图包括哪些种类？散点图主要用于提供哪些信息？

8. 请解释箱形图中每一个数据节点的含义。

9. 利用 Matplotlib，绘制以下图形：$\sin^2(x-2)e^{-x^2}$。

10. 综合题。

取出第 8 章习题中综合题分组后的数据，分别使用折线图、直方图、饼状图、散点图绘制电影评分的分布情况。

第 10 章　Pyecharts 可视化

Echarts 是一个使用 JavaScript 实现的开源可视化库，涵盖各个行业的常用图表。使用 Echarts 生成的图像，可视化效果非常好，可以满足各种用户的需求。为了便于和 Python 进行对接，方便用户直接在 Python 中使用数据生成图像，于是产生了 Python 和 Echarts 的结合体，即 Pyecharts。

10.1　Pyecharts 简介与安装

10.1.1　Pyecharts 简介

Pyecharts 具有如下特性：
- 简洁的 API 设计，支持链式调用；
- 涵盖 30 余种常见图表，覆盖面广；
- 支持主流 Notebook 环境——Jupyter Notebook 和 JupyterLab；
- 可轻松集成至 Flask、Django 等主流 Web 框架；
- 高度灵活的配置项，可轻松搭配出精美的图表；
- 详细的文档和示例，帮助开发者更快上手；
- 多达 400 余种地图文件及原生的百度地图，为地理数据可视化提供强有力的支持。

目前，Pyecharts 主要分为 v0.5.x 和 v1 两个版本。需要注意的是，v0.5.x 和 v1 版本之间是不兼容的，v1 是一个全新的版本，其中涉及的方法和对象均发生了较大的变化，本章以 v1 版本为例介绍 Pyecharts 的基本使用方法。

使用 Pyecharts 绘制图像的步骤如下：
① 实例一个具体类型图表的对象；
② 为图表添加通用的配置；
③ 为图表添加特定的配置；
④ 添加具体数据及配置信息；
⑤ 生成本地文件，如 html、svg、jpeg、png、pdf、gid 等格式的文件。

目前，流行的可视化工具种类繁多，表 10-1 通过适用性、动态性等方面对 Matplotlib 与 Pyecharts 进行对比。

表 10-1　Matplotlib 与 Pyecharts 对比

特性	Matplotlib	Pyecharts
动态性	交互式	静态图
复杂度	复杂度不高的图表	结构复杂的图表
绘制结果	手动导出	直接生成多种格式图像
风格	学术理论	数据工程展示
适用性	入门容易，高级图形处理较复杂	容易上手
先修语言基础	Python	Python、JavaScript

由表 10-1 可知，Matplotlib 与 Pyecharts 在多个方面各有千秋，读者可以根据环境条件和任务的需求自由选择图形化的工具。

10.1.2 Pyecharts 安装

Pyecharts 有多种安装方法，也支持多种平台，本节主要介绍在 Windows 平台上的安装方法。推荐通过 pip 工具来进行在线安装，命令如下：

```
>pip install pyecharts
```

如图 10-1 所示，输入命令后，开始下载并安装 Pyecharts。由于 Pyecharts 在安装时有一些依赖库的关联，因此 pip 工具将联网自动下载安装相关的包。当安装完成后，自动退出安装环境，并提示【Successfully installed pyecharts ***】。

```
Anaconda Prompt (Anaconda3) - python
(python3.7) C:\>pip install pyecharts
Collecting pyecharts
  Downloading pyecharts-1.7.1-py3-none-any.whl (128 kB)
     |████████████████████████████████| 128 kB 142 kB/s
Requirement already satisfied: jinja2 in c:\users\hp\anaconda3\envs\python3.7\lib\site-packages (from p
yecharts) (2.11.1)
Collecting simplejson
  Downloading simplejson-3.17.0-cp37-cp37m-win_amd64.whl (73 kB)
     |████████████████████████████████| 73 kB 195 kB/s
Collecting prettytable
  Downloading prettytable-0.7.2.tar.bz2 (21 kB)
Requirement already satisfied: MarkupSafe>=0.23 in c:\users\hp\anaconda3\envs\python3.7\lib\site-packag
es (from jinja2->pyecharts) (1.1.1)
Building wheels for collected packages: prettytable
  Building wheel for prettytable (setup.py) ... done
  Created wheel for prettytable: filename=prettytable-0.7.2-py3-none-any.whl size=13704 sha256=6a2194db
0e4c1eb047f142d9f6edd3637197e23a588c032a87423f3acb2b8301
  Stored in directory: c:\users\hp\appdata\local\pip\cache\wheels\8c\76\0b\eb9eb3da7e2335e3577e3f96a0ae
9f74f206e26457bd1a2bc8
Successfully built prettytable
Installing collected packages: simplejson, prettytable, pyecharts
Successfully installed prettytable-0.7.2 pyecharts-1.7.1 simplejson-3.17.0
```

图 10-1　初次安装 Pyecharts

除了上述方法，还可以使用源码的安装方式。首先，在 Pyecharts 的官网（https://github.com/pyecharts/pyecharts）中下载源码包。解压后，切换到 Pyecharts 目录下，执行以下指令，即可完成安装。

```
>pip install -r requirements.txt
>python setup.py install
```

下面需要验证 Pyecharts 的安装是否正确，在 Anaconda Prompt(Anaconda3)工具中输入命令 python，进入 Python 环境，然后在光标处输入命令 import pyecharts，按回车键。如果系统没有任何的提示，如图 10-2 所示，则说明此时的安装是正确的；如果出现错误提示，则代表安装存在问题，需要仔细检查安装的命令是否正确，或者卸载后进行第二次安装。

```
(python3.7) C:\>python
Python 3.7.0 (default, Jun 28 2018, 08:04:48) [MSC v.1912 64 bit (AMD64)] :: Anaconda, Inc. on win32
Type "help", "copyright", "credits" or "license" for more information.
>>> import pyecharts
>>>
```

图 10-2　测试 Pyecharts

10.2 公共属性设置

10.2.1 全局配置项

在 Pyecharts 中，全局配置项主要由标题配置项、图例配置项、提示框配置项、视觉映射配置项等构成，具体位置如图 10-3 所示。除此之外，全局配置项还包括初始化配置项、坐标轴配置项、画图动画配置项、原生图像元素等。全局配置项可通过 set_global_options 方法设置。

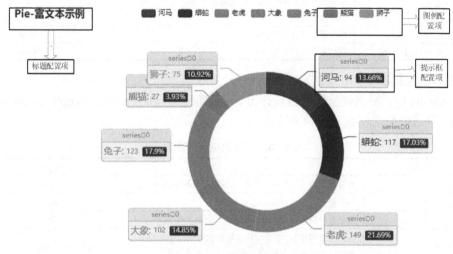

图 10-3　全局配置项

由于涉及的配置信息较多，本节仅列举常用的全局配置信息，读者可以在 http://pyecharts.org/#/zh-cn/global_options 中查询完整版本的配置信息。

1. 初始化配置项

在 Pyecharts 中，初始化配置项被设计为 class InitOpts，保存在 class pyecharts.options.InitOpts 包中。常用的初始化配置项如表 10-2 所示。

表 10-2　常用的初始化配置项

名称	含义	默认值
width	图表画布宽度，长度单位	900px
height	图表画布高度，长度单位	500px
chart_id	图表 ID，图表唯一标识，用于在多图表时区分	None
renderer	渲染风格，可选 canvas、svg	RenderType.CANVAS
page_title	网页标题	"Awesome-pyecharts"
theme	图表主题	"white"
bg_color	图表背景颜色	None
js_host	远程 js host	https://assets.pyecharts.org/assets
animation_opts	画图动画初始化配置	AnimationOpts()

2. 标题配置项

在 Pyecharts 中，标题配置项被设计为 class TitleOpts，保存在 class pyecharts.options.TitleOpts 包中。常用的标题配置项如表 10-3 所示。

表 10-3　常用的标题配置项

名称	含义	默认值
title	主标题文本，支持使用\n 换行	None
subtitle	副标题文本，支持使用\n 换行	None
pos_left pos_right pos_top pos_bottom	title 组件离容器一侧（左、右、上、下）的距离；可以是具体像素值、相对于容器高宽的百分比，也可以是 top、middle、bottom 等自动对齐的内容	None

续表

名称	含义	默认值
padding	标题内边距，单位 px，接受数组分别设定上、右、下、左边距	5
item_gap	主副标题之间的间距	10
title_textstyle_opts	主标题字体样式配置项	None
subtitle_textstyle_opts	副标题字体样式配置项	None

3．提示框配置项

在 Pyecharts 中，提示框配置项被设计为 class，保存在 class pyecharts.options.TooltipOpts 包中。常用的提示框配置项如表 10-4 所示。

表 10-4 常用的提示框配置项

名称	含义	默认值
is_show	是否显示提示框组件，包括提示框浮层和 axisPointer	True
trigger	触发类型，可选 item、axis、none	item
axis_pointer_type	指示器类型，可选 line、shadow、none、cross	line
formatter	标签内容格式器，支持字符串模板和回调函数两种形式，返回的字符串均支持用\n换行	None
background_color	提示框浮层的背景颜色	None
textstyle_opts	文字样式配置项	TextStyleOpts(font_size=14)

4．坐标轴配置项

在 Pyecharts 中，坐标轴配置项的应用非常广泛，它被设计为 class，保存在 class pyecharts.options.AxisOpts 包中。常用的坐标轴配置项如表 10-5 所示。

表 10-5 常用的坐标轴配置项

名称	含义	默认值
type_	坐标轴类型，可选 value、category、time、log	None
name	坐标轴名称	None
is_show	是否显示 x 轴	True
is_scale	是否脱离 0 值比例。只在数值轴中（type: 'value'）有效	False
name_rotate	坐标轴名字旋转，角度值	None
axistick_opts	坐标轴刻度线配置项	None
axislabel_opts	坐标轴标签配置项	None
splitline_opts	分割线配置项	SplitLineOpts()

5．视觉映射配置项

在 Pyecharts 中，视觉映射配置项被设计为 class，保存在 class pyecharts.options.VisualMapOpts 包中。常用的视觉映射配置项如表 10-6 所示。

表 10-6 常用的视觉映射配置项

名称	含义	默认值
min_	指定 visualMapPiecewise 组件的最小值	0
max_	指定 visualMapPiecewise 组件的最大值	100
range_color	visualMap 组件过渡颜色	None
pos_left pos_right pos_top pos_bottom	visualMap 组件离容器一侧（左、右、上、下）的距离。可以是具体像素值、相对于容器高宽的百分比，也可以是 top、middle、bottom 等自动对齐的内容	None
orient	如何放置 visualMap 组件，可选 horizontal、vertical	"vertical"
background_color	visualMap 组件的背景色	None

以上仅列出常见的全局配置项，具体的每项含义及取值范围可以参考官网中的详细说明。

10.2.2 系列配置项

在 Pyecharts 中，系列配置项主要由图元样式配置项、文字样式配置项、标签配置项、分割线配置项、标记点配置项、标记区域配置项等构成。与全局配置项不同，系列配置项需要配合指定类型的图表使用。系列配置项可通过 set_series_options 方法设置。

由于涉及的配置信息较多，本节仅列举常用的系列配置信息，读者可以在 http://pyecharts.org/#/zh-cn/series_options 中查询完整版本的配置信息。

1. 标签配置项

在 Pyecharts 中，标签配置项被设计为 class，保存在 class pyecharts.options.LabelOpts 包中。常用的标签配置项如表 10-7 所示。

表 10-7 常用的标签配置项

名称	含义	默认值
is_show	是否显示标签	True
position	标签的位置。可选 top、left、right、bottom、inside、insideLeft、insideRight、insideTop、insideBottom、insideTopLeft、insideBottomLeft、insideTopRight、insideBottomRight	top
color	文字的颜色	None
font_size	文字的字体大小	12
font_style	文字字体的风格，可选 normal、italic、oblique	None
horizontal_align	文字水平对齐方式，可选 left、center、right	None
vertical_align	文字垂直对齐方式，可选 top、middle、bottom	None
formatter	标签内容格式器，支持字符串模板和回调函数两种形式，返回的字符串均支持用\n换行	None

2. 分割线配置项

在 Pyecharts 中，分割线配置项被设计为 class，保存在 class pyecharts.options.SplitLineOpts 包中。常用的分割线配置项如表 10-8 所示。

表 10-8 常用的分割线配置项

名称	含义	默认值
is_show	是否显示分割线	False
linestyle_opts	线风格配置项	LineStyleOpts()

3. 文字样式配置项

在 Pyecharts 中，文字样式配置项被设计为 class，保存在 class pyecharts.options.TextStyleOpts 包中。常用的文字样式配置项如表 10-9 所示。

表 10-9 常用的文字样式配置项

名称	含义	默认值
color	文字颜色	None
font_style	文字字体的风格，可选 normal、italic、oblique	None
font_weight	主标题文字字体的粗细，可选 normal、bold、bolder、lighter	None
font_family	文字的字体系列，可选 serif、monospace、Arial、Courier New、Microsoft YaHei	None
font_size	文字的字体大小	None
align	文字水平对齐方式	None
padding	文字块的内边距	None
rich	自定义富文本样式。利用富文本样式，可以在标签中作出非常丰富的效果	None

以上仅列出常见的系列配置项，具体的每项含义及取值范围可以参考官网中的详细说明。需要注意的是，部分系列配置项具有适用范围，不可以在其他的图表类别中混用。

10.3 二维图形绘制

在 Pyecharts 中，具有丰富的二维图形，如折线图、面积图、柱状图（条状图）、散点图（气泡图）、饼状图（环形图）、漏斗图及力导向布局图，同时支持任意维度的堆积和多图表混合展现。

基本的图表绘制过程如下：
① 导入相关的包，并准备数据源；
② 初始化具体类型图表；
③ 使用 add**()方法加载数据及相关配置项；
④ 使用 set_global_opts()完成全局配置，set_series_opts()完成系列配置；
⑤ 使用 render()生成 HTML 文件。

按照上述的绘制流程，本节将对常用的柱状图、折线图、面积图、涟漪散点图、饼状图及漏斗图进行详细介绍。此处使用的数据源来自 8.4.2 节中清洗后生成的文件 film_orgin1.csv，在对其中的 scores 列分析的基础上再进行绘制。

10.3.1 柱状图

在 Pyecharts 中绘制柱状图，涉及以下几个常用的方法。
（1）bar = Bar(init_opts=opt.InitOpts())
此方法用于初始化一个 Bar 对象，实现初始化设置，具体的设置方案参考表 10-2。
（2）bar.add_xaxis()
此方法用于添加 x 轴数据 attr。这是一个通用方法，在其他的图表中也经常使用。
（3）bar.add_yaxis()
此方法用于添加 y 轴数据，同时实现相关设置。这是一个通用方法，在其他的图表中也经常使用。

参数说明：
● series_name：系列名称，用于 Tooltip 浮动提示框的显示，legend 图例筛选。
● y_axis：系列数据，可以为 Sequence[Numeric, opts.BarItem, dict]
● is_selected：是否选中图例，默认为 True。
● xaxis_index：使用的 x 轴的 index，在单个图表实例中存在多个 x 轴时有用。默认为 None。
● yaxis_index：使用的 y 轴的 index，在单个图表实例中存在多个 y 轴时有用。默认为 None。
● color：系列标签颜色。
● stack：数据堆叠，同个类目轴上系列配置相同的数据类目可以堆叠放置。默认为 None。
● category_gap：同一系列的柱间距离，默认为类目间距的 20%，可设固定值。
● gap：不同系列的柱间距离，百分比数据。默认为 None。
（4）bar.render()
此方法用于生成本地 HTML 文件，默认会在当前目录生成 render.html 文件，也可以传入路径参数和文件名，生成一个指定名称的 HTML 文件。

下面给出一个实例，用于绘制一个基础柱状图。

【例10-1】利用柱状图展示不同打分类别的统计数据。

```
from pyecharts import options as opts
from pyecharts.charts import Bar
from pyecharts.commons.utils import JsCode
from pyecharts.globals import ThemeType
import pandas as pd
import numpy as np
from pandas import DataFrame,Series
data = pd.read_csv('film_orgin1.csv',encoding='ANSI')#读取文件
data_2 = data.groupby('scores')
data_describe = data_2.describe()
data_mean = data_describe.iloc[:,[1]]
mean_values = data_mean.values[:,0]
mean_index = data_mean.index
mean_index_new = []
mean_values_new = []
for i in range(len(mean_values)):
    mean_index_new.append(mean_index[i])
    mean_values_new.append(mean_values[i])
bar = Bar()
bar.add_xaxis(mean_index_new)
bar.add_yaxis("mean_rank", mean_values_new)
bar.render("mean_rank.html")
```

在上述程序中，首先引入Pyecharts的相关包：options、Bar、JsCode、ThemeType，同时引入数据分析中使用的Pandas和NumPy。然后，基于film_orgin1.csv文件的scores列进行分组和describe()操作，然后利用iloc[:,[1]]，只取其中的第1列，即mean数据，这就是我们的数据源。

在Pyecharts中，无法直接导入数据源，而要分别准备x轴和y轴数据。此处，利用for循环，遍历数据源中的每一项，分别将x轴和y轴数据拆分出来，存储在mean_index_new和mean_values_new中。

接下来进行初始化具体类型图表，此处的初始化非常简单：bar = Bar()，直接生成了柱状图的对象。

接着使用bar.add_xaxis()方法和bar.add_yaxis()方法加载数据及设置y轴的标题。

本例中没有进行全局配置和系列配置，直接进入最后一步，即使用bar.render()生成本地HTML文件mean_rank.html。此文件在当前目录中产生，可以使用浏览器打开这个文件。图像效果如图10-4所示。从图中可以看出，scores列以柱状图的默认形式展示，同时显示了系列名称"mean_rank"。

在Pyecharts中，除了可以生成本地HTML文件，还可以对运行的结果进行图片渲染。Pyecharts提供了selenium和phantomjs两种模式渲染图片，分别需要安装snapshot-selenium和snapshot_phantomjs。本节以snapshot_selenium为例，介绍图片渲染的基础方案：图片保存。需要注意的是，在进行图片渲染之前，需要先安装snapshot_selenium。推荐通过pip工具来进行在线安装，命令如下：

```
> pip install snapshot_selenium
```

安装过程如图10-5所示，输入命令后，开始下载并安装snapshot_selenium。由于Pyecharts在安装时有一些依赖库的关联，因此pip工具将联网自动下载安装相关的包。当安装完成后，自动退出安装环境，并提示【Successfully installed snapshot_selenium***】。

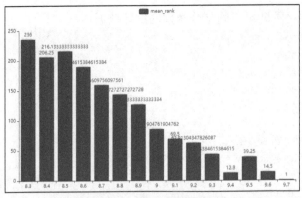

图 10-4 例 10-1 图像效果

图 10-5 安装 snapshot_selenium

下面给出一个实例,将刚才生成的柱状图保存成图片的形式。

【例 10-2】 将不同打分类别的统计数据保存为图片。

```
from pyecharts import options as opts
from pyecharts.charts import Bar
from pyecharts.commons.utils import JsCode
from pyecharts.globals import ThemeType
from pyecharts.render import make_snapshot
from snapshot_selenium import snapshot
import pandas as pd
import numpy as np
from pandas import DataFrame,Series
data = pd.read_csv('film_orgin1.csv',encoding='ANSI')#读取文件
data_2 = data.groupby('scores')
data_describe = data_2.describe()
data_mean = data_describe.iloc[:,[1]]
mean_values = data_mean.values[:,0]
mean_index = data_mean.index
mean_index_new = []
mean_values_new = []
for i in range(len(mean_values)):
    mean_index_new.append(mean_index[i])
    mean_values_new.append(mean_values[i])
bar = Bar()
bar.add_xaxis(mean_index_new)
bar.add_yaxis("mean_rank", mean_values_new)
bar.set_global_opts(title_opts=opts.TitleOpts(title="rank", subtitle="mean"))
make_snapshot(snapshot, bar.render(), "mean_rank2.png")
```

由上述程序可知,程序主要进行以下 3 处修改。

① 导入 snapshot 和 make_snapshot 包，这是在上文中刚安装的包。

② 增加全局配置，利用 set_global_opts(title_opts=opts.TitleOpts(title="rank", subtitle="mean")) 设置标题配置项，其中设置主标题为 rank，子标题为 mean。

③ 使用 make_snapshot(snapshot, bar.render(), "mean_rank2.png")渲染图片，具体来讲，以 snapshot 的形式，将 bar.render()的运行结果转换成文件 mean_rank2.png，图像效果如图 10-6 所示。从图中可以看出，此图中的内容与图 10-4 一致，而且标题信息的默认位置是在图片的左上角。

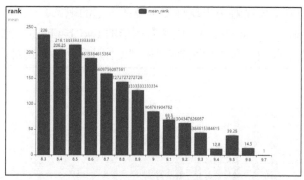

图 10-6 例 10-2 图像效果

为了提高图像的展示形式，增强对比度，经常在一张图上绘制多个图像，在 Pyecharts 中，可以通过多次执行 bar.add_yaxis()方法，实现多个图像的绘制。下面给出一个实例，用于绘制多个图像。

【例 10-3】利用两组柱状图展示不同 scores 类别的统计数据。

```
data = pd.read_csv('film_orgin1.csv',encoding='ANSI')#读取文件
data_2 = data.groupby('scores')
data_describe = data_2.describe()
data_mean = data_describe.iloc[:,[1]]
data_max = data_describe.iloc[:,[7]]
mean_values = data_mean.values[:,0]
max_values = data_max.values[:,0]
mean_index = data_mean.index
mean_index_new = []
mean_values_new = []
max_values_new = []
for i in range(len(mean_values)):
    mean_index_new.append(mean_index[i])
    mean_values_new.append(mean_values[i])
    max_values_new.append(max_values[i])
bar = (
    Bar(init_opts=opts.InitOpts(theme=ThemeType.LIGHT))
    .add_xaxis(mean_index_new)
    .add_yaxis("mean_rank", mean_values_new)
    .add_yaxis("max_rank", max_values_new)
    .set_global_opts(xaxis_opts=opts.AxisOpts(axislabel_opts=opts.LabelOpts(rotate=-15)),
        title_opts=opts.TitleOpts(title="Bar", subtitle="解决标签名字过长的问题"),)
)
bar.render("two_bar.html")
```

在上述程序中，略去了导入包的过程，增加了一组数据源，还是基于 film_orgin1.csv 文件的 scores 列进行分组和 describe()操作，然后利用 iloc[:,[1]]和 iloc[:,[7]]获取第 1 列和第 7 列数据，即 mean 和 max 数据，这两部分数据用于两组柱状图的绘制。利用 for 循环拆分 x 轴和 y 轴数据的过程，与例 10-1 类似，此处不再赘述。

接下来，生成一个 Bar 对象 bar，然后连续使用两次 bar.add_yaxis()，分别绘制 mean_values_new 和 max_values_new 数据。

在全局配置过程中增加 AxisOpts 的设置，利用 LabelOpts(rotate=-15)设置标签显示的角度当类别过多时，采取这种方案可以避免出现标签重叠在一起的现象。

最后通过 bar.render("two_bar.html")生成含有图形的 two_bar.html 文件，图像效果如图 10-7 所示。从图中可以看出，此图中包含两组柱状图，以不同颜色的形式对比显示出来。

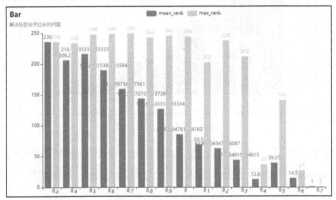

图 10-7　例 10-3 图像效果

为了进一步增强多组图形之间的对比度，还可以将这些图形排列为堆叠的形式。需要注意的是，堆叠形式只适用于 x 轴数据完全一致的多组图形，因为数据的堆叠是以 x 轴为基准完成的。

下面给出一个实例，用于绘制堆叠柱状图。

【例 10-4】利用堆叠柱状图展示不同 scores 类别的统计数据。

```
bar = (
    Bar(init_opts=opts.InitOpts(theme=ThemeType.LIGHT))
    .add_xaxis(mean_index_new)
    .add_yaxis("mean_rank", mean_values_new, stack="stack1")
    .add_yaxis("max_rank", max_values_new, stack="stack1")
    .set_series_opts(label_opts=opts.LabelOpts(is_show=False))
    .set_global_opts(title_opts=opts.TitleOpts(title="Bar-堆叠数据(全部)"))
)
bar.render("stack.html")
```

在上述程序中，省略了与例 10-3 中相同的程序，只显示了对象 bar 的内容。其中，首先进行了初始化配置：theme=ThemeType.LIGHT，然后利用 add_xaxis 和两个 add_yaxis 分别添加 x 轴和 y 轴的数据。需要注意的是，两个 add_yaxis 中均新增了配置信息：stack="stack1"，它的含义是以堆叠的形式显示数据。

此外，这里还设置了系列配置项：LabelOpts(is_show=False)，即标签可见，设置了全局配置项：title="Bar-堆叠数据(全部)"。最后利用 bar.render("stack.html")生成 HTML 文件，图像效果如图 10-8 所示。

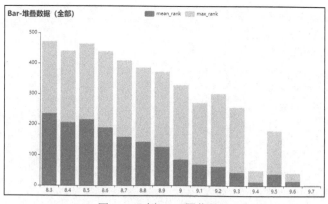

图 10-8　例 10-4 图像效果

从图 10-8 中可以看出，图中的两组柱状图被合并在一起，形成了堆叠的形式。当需要明确对比多组数据，并且数据源的形式完全一致时，可以考虑使用堆叠柱状图。

10.3.2　折线图

在 Pyecharts 中，可以新建 Line 对象绘制折线图。Line 对象中同样存在 add_yaxis()方法，用于添加 y 轴数据，同时实现相关设置。Line 对象与 Bar 对象中的大部分参数相似，但是也存在一些特殊参数：

add_yaxis()

特殊参数说明：

- is_connect_nones：是否连接空数据，空数据使用 None 填充。
- symbol：标记的图形。标记类型包括 circle、rect、roundRect、triangle、diamond、pin、arrow、none。
- symbol_size：标记的大小，可以是数字或者数组，默认值为 4。
- is_smooth：是否平滑曲线，默认为 False。
- is_step：是否显示成阶梯图，默认为 False。
- is_hover_animation：是否开启 hover 在拐点标志上的提示动画效果，默认为 True。
- z_level：折线图所有图形的 zlevel 值。默认值为 0。
- z：折线图所有图形的 z 值，控制图形的前后顺序。z 值小的图形会被 z 值大的图形覆盖。z 相比 zlevel 优先级更低，而且不会创建新的画布。默认值为 0。

下面给出一个实例，用于同时绘制多条折线图。

【例 10-5】利用折线图展示不同 scores 类别的统计数据。

```
from pyecharts import options as opts
from pyecharts.commons.utils import JsCode
from pyecharts.globals import ThemeType
from pyecharts.globals import SymbolType
import pyecharts.options as opts
from pyecharts.charts import Line
import pandas as pd
import numpy as np
from pandas import DataFrame,Series
data = pd.read_csv('film_orgin1.csv',encoding='ANSI')#读取文件
data_2 = data.groupby('scores')
```

```
data_describe = data_2.describe()
data_mean = data_describe.iloc[:,[1]]
data_max = data_describe.iloc[:,[7]]
mean_values = data_mean.values[:,0]
max_values = data_max.values[:,0]
mean_index = data_mean.index
mean_index_new = []
mean_values_new = []
max_values_new = []
for i in range(len(mean_values)):
    mean_index_new.append(str(mean_index[i]))
    mean_values_new.append(int(mean_values[i]))
    max_values_new.append(max_values[i])
c = (
    Line()
    .set_global_opts(
        tooltip_opts=opts.TooltipOpts(is_show=False),
        xaxis_opts=opts.AxisOpts(type_="category"),
        yaxis_opts=opts.AxisOpts(
            type_="value",
            axistick_opts=opts.AxisTickOpts(is_show=True),
            splitline_opts=opts.SplitLineOpts(is_show=True),
        ),
    )
    .add_xaxis(xaxis_data=mean_index_new)
    .add_yaxis(
        series_name="mean_rank",
        y_axis=mean_values_new,
        symbol="emptyCircle",
        is_symbol_show=True,
        label_opts=opts.LabelOpts(is_show=False),
    )
    .add_yaxis(
        series_name="max_rank",
        y_axis=max_values_new,
        symbol="emptyCircle",
        is_symbol_show=True,
        label_opts=opts.LabelOpts(is_show=False),
    )
    .render("zhexian_line.html")
)
```

在上述程序中，仍旧使用与例 10-1 相似的数据源，只是在导入包时使用 from pyecharts.charts import Line，导入折线图的包。然后利用 Line()生成一个折线图的 Line 对象，设置全局配置项为：TooltipOpts(is_show=False)，即工具箱隐藏；x 轴的 AxisOpts(type_="category")，即 x 轴为类别；y 轴的 AxisOpts(type_="value")，即 y 轴为数值；AxisTickOpts(is_show=True)，即坐标轴刻度可见；SplitLineOpts(is_show=True)，即分割线可见。

接下来，利用 add_xaxis()方法添加 x 轴数据，利用两个 add_yaxis()方法添加 y 轴数据，分别设置以下内容：

- 系列名称 series_name；
- y 轴数据 y_axis；
- 样式 symbol；
- 样式是否可见 is_symbol_show；
- 标签选项是否可见 LabelOpts(is_show=False)。

最后通过 render("zhexian_line.html") 生成 HTML 文件，图像效果如图 10-9 所示。从图中可以看出，两组不同的数据以折线图的形式展示了数据的发展趋势。

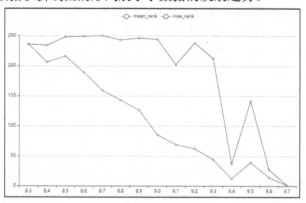

图 10-9　例 10-5 图像效果

但是，这组图像的显示棱角比较分明，不够柔滑。在折线图的绘制中，还可以让折线之间的连接变得光滑一些，这样给人的感觉更加柔和，而不会过于生硬。下面给出一个实例，用于绘制光滑的折线图。

【例 10-6】设置折线以光滑衔接的形式展示数据。

```
c = (
    Line()
    .set_global_opts(
        tooltip_opts=opts.TooltipOpts(is_show=False),
        xaxis_opts=opts.AxisOpts(type_="category"),
        yaxis_opts=opts.AxisOpts(
            type_="value",
            axistick_opts=opts.AxisTickOpts(is_show=True),
            splitline_opts=opts.SplitLineOpts(is_show=True),
        ),
    )
    .add_xaxis(xaxis_data=mean_index_new)
    .add_yaxis(
        series_name="mean_rank",
        y_axis=mean_values_new,
        symbol="emptyCircle",
        is_symbol_show=True,
        is_smooth=True,
        label_opts=opts.LabelOpts(is_show=False),
    )
    .add_yaxis(
        series_name="max_rank",
        y_axis=max_values_new,
```

```
            symbol="emptyCircle",
            is_symbol_show=True,
            is_smooth=True,
            label_opts=opts.LabelOpts(is_show=False),
        )
        .render("zhexian_line_smooth.html")
)
```

在上述程序中，只给出了与例 10-5 的不同之处。其中，在两个 add_yaxis()方法中，新增了配置信息：is_smooth=True，表示设置为光滑的曲线展示形式。

最后生成 HTML 文件，图像效果如图 10-10 所示。从图中可以看出，折线已经显示为光滑曲线的样式。在实际应用过程中，读者可以根据需求选择适合的样式进行图像绘制。

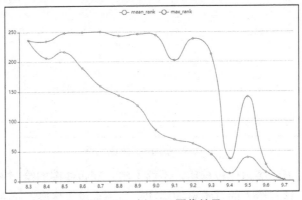

图 10-10　例 10-6 图像效果

10.3.3　面积图

面积图又称区域图，数据通过两个数轴表示，在图中用线把一个个数据点连接起来，数轴和这条线之间的区域通常用颜色或阴影进行覆盖，从而增加易读性。这种图形强调数量随时间而变化的程度，也可用于引起人们对总值趋势的注意，因此面积图多用来比较两个或以上多个类别。常见的面积图有以下 3 种形式。

① 普通面积图：显示各种数值随时间或类别变化的趋势线。
② 堆积面积图：显示每个数值所占大小随时间或类别变化的趋势线。
③ 百分比堆积面积图：显示每个数值所占百分比随时间或类别变化的趋势线。

面积图的适用场景：适用于展示或者比较随时间连续变化的程度、强调总量数据的场景、显示部分与整体关系的场景等。

面积图的优势：具有折线图和柱状图的优点，比折线图更能反映数据信息。

面积图的劣势：不适用于多个数据系列的可视化。

在 Pyecharts 中，折线图和面积图使用相同的 Line 对象创建方法，当设置 opts.AreaStyleOpts()时，可将折线内部以指定的颜色填充起来，即显示为面积图。

下面给出一个实例，用于绘制面积图。

【例 10-7】利用面积图展示不同 scores 类别的统计数据。

```
c = (
    Line()
    .add_xaxis(mean_index_new)
    .add_yaxis("mean_rank",mean_values_new,is_smooth=True)
    .add_yaxis("max_rank",max_values_new,is_smooth=True)
```

```
            .set_series_opts(
                areastyle_opts=opts.AreaStyleOpts(opacity=0.5),
                label_opts=opts.LabelOpts(is_show=False),
            )
            .set_global_opts(
                title_opts=opts.TitleOpts(title="Line-面积图(紧贴 Y 轴)"),
                xaxis_opts=opts.AxisOpts(
                    axistick_opts=opts.AxisTickOpts(is_align_with_label=True),
                    is_scale=False,
                    boundary_gap=False,
                ),
            )
            .render("boundary_gap.html")
    )
```

本例与折线图的实现流程相似，上述程序只给出了与折线图的不同之处，即设置了系列配置项，利用 AreaStyleOpts(opacity=0.5)设置面积的颜色填充，其中 opacity 为透明度。由于面积图在绘制过程中，往往存在数据交叉的现象，因此一般会设置透明度信息，将底部被遮挡的面积以半透明的形式显示出来。最后生成 boundary_gap.html 文件，图像效果如图 10-11 所示。从图中可以看出，两条折线的数据内部使用默认的颜色填充，即显示出面积图的效果。

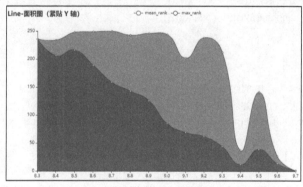

图 10-11　例 10-7 图像效果

10.3.4　涟漪散点图

在 Pyecharts 中，可以新建 EffectScatter 对象绘制涟漪散点图。EffectScatter 对象中同样存在 add_yaxis()方法，用于添加 y 轴数据，同时实现相关设置，与之前的 Bar 对象、Line 对象中的大部分参数相似，这里不再赘述。

与众不同的是，EffectScatter 对象可以使用涟漪特效配置项实现涟漪的特殊效果：

effect_opts: Union[opts.EffectOpts, dict] = opts.EffectOpts()

涟漪特效配置项 EffectOpts 主要包含以下内容，其中 is_show、color、symbol_size 属性与上文类似，此处不再赘述。

- brush_type：波纹的绘制方式，可选 stroke 和 fill，针对 Scatter 类型有效。
- scale：动画中波纹的最大缩放比例，默认值为 2.5。
- period：动画的周期，单位为秒，默认值为 4。
- symbol：特效图形的标记。标记类型包括 circle、rect、roundRect、triangle、diamond、pin、arrow、none。
- trail_length：特效尾迹的长度。取 0～1 之间的值，数值越大，尾迹越长。默认为 None。

下面给出一个实例，用于绘制涟漪散点图。

【例 10-8】 利用涟漪散点图展示不同 scores 类别的统计数据。

```python
from pyecharts import options as opts
from pyecharts.commons.utils import JsCode
from pyecharts.globals import ThemeType
from pyecharts.charts import EffectScatter
from pyecharts.globals import SymbolType
import pandas as pd
import numpy as np
from pandas import DataFrame,Series
data = pd.read_csv('film_orgin1.csv',encoding='ANSI')#读取文件
data_2 = data.groupby('scores')
data_describe = data_2.describe()
data_mean = data_describe.iloc[:,[1]]
mean_values = data_mean.values[:,0]
mean_index = data_mean.index
mean_index_new = []
mean_values_new = []
for i in range(len(mean_values)):
    mean_index_new.append(str(mean_index[i]))
    mean_values_new.append(int(mean_values[i]))
c = (
    EffectScatter()
    .add_xaxis(mean_index_new)
    .add_yaxis("mean_rank",mean_values_new, symbol=SymbolType.ARROW)
    .set_global_opts(title_opts=opts.TitleOpts(title="EffectScatter-不同Symbol"),xaxis_opts=opts.AxisOpts(splitline_opts=opts.SplitLineOpts(is_show=True)),yaxis_opts=opts.AxisOpts(splitline_opts=opts.SplitLineOpts(is_show=True)))
    .render("effectscatter_symbol.html")
)
```

在上述程序中，仍旧使用与例 10-1 相似的数据源 mean_values，只是在导入包时使用 from pyecharts.charts import EffectScatter，导入涟漪散点图的包。然后利用 EffectScatter()生成一个涟漪散点图的对象 c，利用 add_xaxis()方法添加 x 轴数据，利用两个 add_yaxis()方法添加 y 轴数据，分别设置以下内容：系列标题 mean_rank、数据 mean_values_new、标记类型 ARROW。

接下来，设置全局配置项为：标题 title 为 EffectScatter-不同 Symbol，x 轴的 AxisOpts(splitline_opts=opts.SplitLineOpts(is_show=True))，即 x 轴显示分割线，y 轴同样显示分割线。

最后生成 effectscatter_symbol.html 文件，图像效果如图 10-12 所示。这是一张显示涟漪效果的动态图，从图中可以看出，此图中的每个点都对应一个 scores 的电影排名平均值。可以看出大致的趋势为：随着评分的增加，电影的排名逐渐升高。

10.3.5 饼状图

在 Pyecharts 中，可以新建 Pie 对象绘制饼状图。Pie 对象中存在一个方法：add()，用于添加图形中的数据，同时实现相关设置。

add()中的参数与 add.yaxis()相似，这里仅提供特殊的参数说明，相同之处不再赘述。

● data_pair：系列数据项，格式为[(key1, value1), (key2, value2)]。

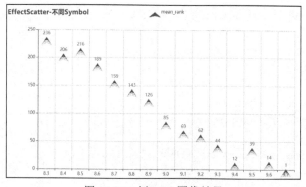

图 10-12　例 10-8 图像效果

- radius：饼状图的半径，数组的第一项是内半径，第二项是外半径，默认设置成百分比。
- center：饼状图的中心（圆心）坐标，数组的第一项是横坐标，第二项是纵坐标。默认设置成百分比。
- rosetype：是否展示成南丁格尔玫瑰图，通过半径区分数据大小，有 radius 和 area 两种模式。

下面给出一个实例，用于绘制普通的饼状图。

【例 10-9】利用饼状图展示不同 scores 类别统计数据的占比。

```
import pyecharts.options as opts
from pyecharts.charts import Pie
import pandas as pd
import numpy as np
from pandas import DataFrame,Series
data = pd.read_csv('film_orgin1.csv',encoding='ANSI')#读取文件
data_2 = data.groupby('scores')
data_describe = data_2.describe()
data_mean = data_describe.iloc[:,[1]]
mean_values = data_mean.values[:,0]
mean_index = data_mean.index
mean_index_new = []
mean_values_new = []
for i in range(len(mean_values)):
    mean_index_new.append(str(mean_index[i]))
    mean_values_new.append(int(mean_values[i]))
data_pair = [list(z) for z in zip(mean_index_new, mean_values_new)]
data_pair.sort(key=lambda x: x[1])
c = (
    Pie(init_opts=opts.InitOpts(width="1600px", height="800px", bg_color="#2c343c"))
    .add(
        series_name="number",
        data_pair=data_pair,
        label_opts=opts.LabelOpts(is_show=False, position="center"),
    )
    .set_global_opts(
        title_opts=opts.TitleOpts(
            title="Pie Pic",
            pos_left="center",
            pos_top="20",
```

```
                title_textstyle_opts=opts.TextStyleOpts(color="#fff"),
            ),
            legend_opts=opts.LegendOpts(is_show=False),
        )
        .set_series_opts(
            tooltip_opts=opts.TooltipOpts(
                trigger="item", formatter="{a} <br/>{b}: {c} ({d}%)"
            ),
            label_opts=opts.LabelOpts(color="rgba(255, 255, 255, 0.3)"),
        )
        .render("pie.html")
)
```

在上述程序中，仍旧使用与例 10-1 相似的数据源 mean_values，并将数据源整理为[(key1, value1), (key2, value2)]的形式，将其存储在 data_pair 中，同时利用 sort(key=lambda x: x[1])对 data_pair 进行排序。

在导入包时，使用 from pyecharts.charts import Pie 导入饼状图的包。然后利用 Pie()生成一个饼状图的对象，同时设置初始化配置项：InitOpts(width="1600px", height="800px", bg_color="#2c343c")，即宽度为 1600px，高度为 800px，背景颜色 bg_color 为#2c343c。

接下来，利用 add()方法添加系列名称 number，饼状图的数据 data_pair，标签可见(is_show=False)，而且居中(position="center")。

然后设置全局配置项为：标题 title 为 Pie Pic，其距离左侧的位置为居中(pos_left="center")，距离顶部的距离为 20（pos_top="20"），标题颜色为#fff（opts.TextStyleOpts(color=#fff)）。设置图例不可见（LegendOpts(is_show=False)）。

此处还设置了系列配置项，包括 TooltipOpts 中的 trigger 和 formatter，LabelOpts 中的 color 等内容。

最后生成 pie.html 文件，图像效果如图 10-13 所示。这是一张具有多组数据的饼状图，从图中可以看出，此图中的每一块区域都对应一个 scores 的电影排名平均值。由于对数据源的值进行了从小到大的排序，因此图中显示的区域面积也是从小到大的。

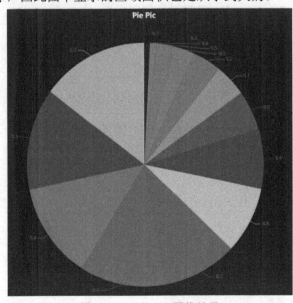

图 10-13　例 10-9 图像效果

在饼状图的绘制方案中,有一个绘制特例,即南丁格尔玫瑰图。南丁格尔玫瑰图又称极区图、鸡冠花图,是一种圆形的直方图,一般用于表现不同项目之间的区别,并增强区别的表现力。由于该图形通过面积代表不同的项目,而较小的差别体现在面积上,将呈现放大后的视觉差别。这种图形在视觉上具备一定的创新性和美观度。

在使用饼状图绘制南丁格尔玫瑰图时,需要增加属性:rosetype,它分为 radius 和 area 两种模式。

● radius:扇区圆心角展现数据的百分比,半径展现数据的大小。
● area:所有扇区圆心角相同,仅通过半径展现数据大小。

下面给出一个实例,用于绘制不同形式的南丁格尔玫瑰图。

【例 10-10】利用南丁格尔玫瑰图放大不同 scores 类别的统计数据的差异。

```
v= mean_index_new
c = (
    Pie()
    .add(
        "",
        [list(z) for z in zip(v, mean_values_new)],
        radius=["30%", "75%"],
        center=["25%", "50%"],
        rosetype="radius",
        label_opts=opts.LabelOpts(is_show=False),
    )
    .add(
        "",
        [list(z) for z in zip(v, mean_values_new)],
        radius=["30%", "75%"],
        center=["75%", "50%"],
        rosetype="area",
    )
    .render("pie_rosetype.html")
)
```

在上述程序中,仍旧使用与例 10-9 相同的数据源 mean_values,导入包和数据准备过程与例 10-9 相同,这里不再赘述。利用 Pie() 生成一个饼状图的对象,然后连续使用两次 add() 方法,生成两个饼状图,并分别配置信息:

① 第 1 个南丁格尔玫瑰图:设置半径 radius 为 ["30%", "75%"],内半径为 30%,外半径为 75%,半径指的是相对于容器高、宽中较小的一项的一半;设置饼状图的中心(圆心)坐标 center 为 ["25%", "50%"],横坐标是容器宽度的 25%,纵坐标是容器高度的 50%。设置 rosetype 为 radius,LabelOpts 为标签不可见。

② 第 2 个南丁格尔玫瑰图:设置半径 radius 为 ["30%", "75%"],内半径为 30%,外半径为 75%;设置饼状图的中心(圆心)坐标 center 为 ["75%", "50%"],横坐标是容器宽度的 75%,纵坐标是容器高度的 50%。设置 rosetype 是 area。

最后生成 pie_rosetype.html 文件,图像效果如图 10-14 所示。可以看出,图 10-14(a)是第 1 个南丁格尔玫瑰图,图 10-14(b)是第 2 个南丁格尔玫瑰图,两者的展现形式和标签显示均不相同。

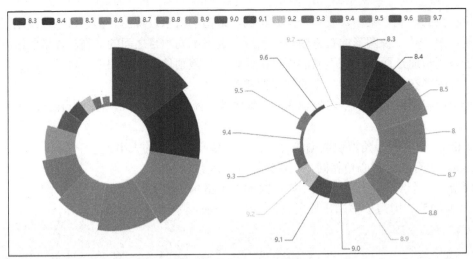

图 10-14 例 10-10 图像效果

10.3.6 漏斗图

漏斗图适用于业务流程比较规范、周期长、环节多的单流程单向分析。通过漏斗各环节业务数据的比较，能够直观地发现和说明问题所在的环节，进而作出决策。漏斗图用梯形面积表示某个环节与上一个环节数值之间的差异。漏斗图从上到下有逻辑上的顺序关系，表现了随着业务流程的推进业务目标完成的情况。

漏斗图总是开始于一个 100%的数量，结束于一个较小的数量。在开始和结束之间由 N 个流程环节组成。每个环节用一个梯形来表示，梯形的上底宽度表示当前环节的输入情况，梯形的下底宽度表示当前环节的输出情况，上底与下底之间的差值形象地表现了在当前环节业务量的减小量，当前梯形边的斜率表现了当前环节的减小率。通过给不同的环节标以不同的颜色，可以帮助用户更好地区分各个环节之间的差异。需要注意的是，漏斗图中所有环节的流量都应该使用同一个度量。

漏斗图的适用场景是：含有分类数据或者连续数据的场景，如流量分析等。

漏斗图的优势：可以体现明显的缩减趋势，清晰地展示业务流程中的薄弱环节，并从中发现链条的瓶颈。

漏斗图的劣势：不适合表示无逻辑顺序的分类对比。

在 Pyecharts 中，可以新建 Funnel 对象绘制漏斗图。Funnel 对象中也有 add()方法，用于添加图形中的数据，同时实现相关设置，与 Pie 对象中的大部分参数相似，但是也存在一些特殊参数：

- sort_：数据排序，取值范围为 ascending（升序）、descending（降序）、none，默认为 descending。
- gap：数据图形间距，默认值为 0。

下面给出一个实例，用于绘制普通的漏斗图。

【例 10-11】利用漏斗图展示不同 scores 类别的统计数据。

```
import pyecharts.options as opts
from pyecharts.charts import Funnel
import pandas as pd
import numpy as np
from pandas import DataFrame,Series
```

```
data = pd.read_csv('film_orgin1.csv',encoding='ANSI')#读取文件
data_2 = data.groupby('scores')
data_describe = data_2.describe()
data_mean = data_describe.iloc[:,[1]]
mean_values = data_mean.values[:,0]
mean_index = data_mean.index
mean_index_new = []
mean_values_new = []
for i in range(len(mean_values)):
    mean_index_new.append(str(mean_index[i]))
    mean_values_new.append(int(mean_values[i]))
c = (
    Funnel()
    .add(
        "商品",
        [list(z) for z in zip(mean_index_new, mean_values_new)],
        label_opts=opts.LabelOpts(position="inside"),
    )
    .set_global_opts(title_opts=opts.TitleOpts(title="Funnel"))
    .render("funnel.html")
)
```

在上述程序中，仍旧使用与例 10-9 相同的数据源 mean_values。在导入包时，使用 from pyecharts.charts import Funnel 导入漏斗图的包。然后利用 Funnel()生成一个漏斗图的对象 c。接下来，利用 add()方法添加系列名称"商品"，图像的数据 zip(mean_index_new, mean_values_new)，标签设置为内部可见（position="inside"）。然后设置全局配置项为：标题 title 为 Funnel。最后生成 funnel.html 文件，图像效果如图 10-15 所示。从这张漏斗图可以看出，此图中的每一块区域都对应一个 scores 的电影排名平均值。由于针对数据源的值进行了从大到小的排序，因此图中显示的区域面积也是从大到小逐渐紧缩的。需要注意的是，当分类标签过多时，会导致标题栏与标签栏重叠，如图中左上角所示，此时可以自定义标题的位置来规避这种信息遮挡的问题。

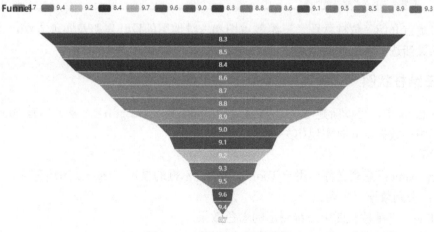

图 10-15 例 10-11 图像效果

在上述二维图形绘制过程中，主要包括导入包、准备数据源、初始化图表、加载数据及相关配置项、全局配置、系列配置、生成 HTML 文件等流程。其中，全局配置可以适当提前完成，此处的设置非常灵活，涉及的选项较多，读者可以根据实际需求选择最佳的设计方案。

10.4 三维图形绘制

作为一款强大的可视化工具，Pyecharts 在 v1 版本中，增加了 Bar3D、Line3D、Scatter3D 三种 3D 图表。Pyecharts 发挥了 Python 语言的特性，可以很好地实现丰富特效的数据可视化。

使用 Pyecharts 进行三维图形设置时，Grid3Dopts、Axis3Dopts 是常见的 3D 图形配置项。需要注意的是，它们并不属于全局配置项或者系列配置项，它们仅适用于三维图形绘制中。

在 Pyecharts 中，三维笛卡儿坐标系配置项保存在 class pyecharts.options.Grid3DOpts 包中，如表 10-10 所示。

表 10-10 三维笛卡儿坐标系配置项

名称	含义	默认值
width	三维笛卡儿坐标系在三维场景中的宽度	200
height	三维笛卡儿坐标系在三维场景中的高度	100
depth	三维笛卡儿坐标系在三维场景中的深度	80
is_rotate	是否开启视角绕物体的自动旋转查看	False
rotate_speed	物体自转的速度。单位为角度/s，默认值为10，即36s转一圈	10
rotate_sensitivity	旋转操作的灵敏度，值越大，越灵敏。支持使用数组分别设置横向和纵向的旋转灵敏度。如果设置为0，则无法旋转	1

三维坐标轴配置项保存在 class pyecharts.options.Axis3DOpts 包中，如表 10-11 所示。

表 10-11 三维坐标轴配置项

名称	含义	默认值
data	数据源，序列	None
type_	坐标轴类型，可选 value、category、time、log	None
name	坐标轴名称	None
name_gap	坐标轴名称与轴线之间的距离，注意是三维空间的距离而非屏幕像素值	20
min_	坐标轴刻度最小值	None
max_	坐标轴刻度最大值	None
splitnum	坐标轴的分割段数，预估值，实际显示的段数根据分割后坐标轴刻度显示的易读程度进行调整	None
interval	强制设置坐标轴分割间隔	None

本节将重点介绍三位柱状图、三维散点图和三维地图的设计思路及实现方法，读者可以根据个人需求灵活选择合适的图像进行可视化操作。

10.4.1 三维柱状图

在 Pyecharts 中，可以新建 Bar3D 对象绘制三维柱状图。Bar3D 对象中也有 add()方法，用于添加图形中的数据，同时实现相关设置。

参数说明：

- series_name：系列名称，用于 Tooltip 浮动提示框的显示，legend 图例筛选。
- data：系列数据，序列。
- shading：三维柱状图中三维图形的着色效果。

—color：只显示颜色，不受光照等其他因素的影响。

—lambert：通过经典的兰伯特（Lambert）着色表现光照带来的明暗。

—realistic：真实感渲染。

下面给出一个实例，用于绘制三维柱状图。

【例 10-12】 利用三维柱状图展示不同 scores 类别的统计数据。

```python
import pyecharts.options as opts
from pyecharts.charts import Bar3D
import random
import pandas as pd
import numpy as np
from pandas import DataFrame,Series
data = pd.read_csv('film_orgin1.csv',encoding='ANSI')#读取文件
data_2 = data.groupby('scores')
data_describe = data_2.describe()
data_mean = data_describe.iloc[:,[1]]
data_count = data_describe.iloc[:,[0]]
mean_values = data_mean.values[:,0]
mean_index = data_mean.index
count_values = data_count.values[:,0]
mean_index_new = []
mean_values_new = []
count_values_new = []
data = []
for i in range(len(mean_values)):
    data_item = []
    mean_index_new.append(str(mean_index[i]))
    mean_values_new.append(int(mean_values[i]))
    count_values_new.append(str(count_values[i]))
    data_item.append(i)
    data_item.append(i)
    data_item.append(int(mean_values[i]))
    data.append(data_item)
c = (
    Bar3D()
    .add(
        "",
        [[d[1], d[0], d[2]] for d in data],
        xaxis3d_opts=opts.Axis3DOpts(mean_values, type_="category"),
        yaxis3d_opts=opts.Axis3DOpts(count_values_new, type_="category"),
        zaxis3d_opts=opts.Axis3DOpts(type_="value"),
    )
    .set_global_opts(
        visualmap_opts=opts.VisualMapOpts(max_=20),
        title_opts=opts.TitleOpts(title="Bar3D-基本示例"),
    )
    .render("bar3d_base.html")
)
```

在上述程序中，仍旧使用与例 10-9 相同的数据源 mean_values，同时添加了一个维度的数据：count_values。在数据处理时，将 mean_values、count_values_new 和 data 中的数据作为 3 个维度的数据源。

在导入包时，使用 from pyecharts.charts import Bar3D 导入三维柱状图的包。然后利用 Bar3D() 生成一个三维柱状图的对象 c。

接下来，利用 add()方法解包 data 中的三维数据。同时，对 3 个坐标轴分别执行 Axis3Dopts()，实现不同的设置。例如，x 轴进行了以下设置：opts.Axis3DOpts(mean_values, type_="category")，即设置数据源为 mean_values，类别是 category。

然后设置全局配置项：VisualMapOpts。其中，设置 title="Bar3D-基本示例"，visualMapPiecewise 的最大值（max_）为 20。

最后生成 bar3d_base.html 文件，图像效果如图 10-16 所示。这是一张具有多维数据的柱状图，从图中可以看出，此图中的每一个柱形都对应一个 scores 的电影排名平均值。由于对数据源的值进行了特殊的设置，即 x=y=label，因此图中显示的区域三维图形均出现在水平面的对角线上。

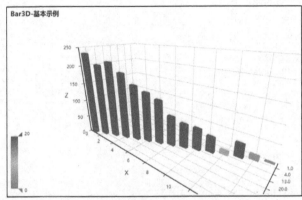

图 10-16 例 10-2 图像效果

10.4.2 三维散点图

在 Pyecharts 中，可以新建 Scatter3D 对象绘制三维散点图。Scatter3D 对象中的 add()方法与 Bar3D 对象完全相同，此处不再赘述。

下面给出一个实例，用于绘制常见的三维散点图。

【例 10-13】利用三维散点图展示不同电影的排名、星级和打分之间的联系。

```
import random
from pyecharts import options as  opts
from pyecharts.charts import Scatter3D
from pyecharts.faker import Faker
import pandas as pd
import numpy as np
from pandas import DataFrame,Series
data = pd.read_csv('film_orgin1.csv',encoding='ANSI')#读取文件
data_ratings = data.loc[:,['ratings']]
data_rank = data.loc[:,['rank']]
data_scores = data.loc[:,['scores']]
array_z = (data_rank.values)[:,0]
array_y = (data_scores.values)[:,0]
array_x = data_ratings.values
array_x_new = []
for i in array_x[:,0]:
    if i == '5-t':
        array_x_new.append(5)
    if i == '45-t':
```

```
            array_x_new.append(4.5)
        if i == '4-t':
            array_x_new.append(4)
    data = []
    for i in range(len(array_z)):
        data_item = []
        data_item.append(str(array_x_new[i]))
        data_item.append(str(array_y[i]))
        data_item.append(int(array_z[i]))
        data.append(data_item)
    Scatter_data = data
    scatter = (
        Scatter3D(init_opts = opts.InitOpts(width='900px',height='600px'))   #初始化
        .add("",Scatter_data,
            grid3d_opts=opts.Grid3DOpts(
                width=100, depth=100, rotate_speed=5, is_rotate=True
            ))
        .set_global_opts(
            title_opts=opts.TitleOpts(title="3D散点图"),   #
            visualmap_opts=opts.VisualMapOpts(
                max_=50, #最大值
                pos_top=50, #
                range_color=Faker.visual_color    #颜色映射
            )
        )
        .render("3D散点图.html")
    )
```

在上述程序中，首先通过 from pyecharts.charts import Scatter3D，从 Pyecharts 中导入 Scatter3D，然后直接获取 film_orgin1.csv 文件中 ratings 列、scores 列和 rank 列的数据，分别作为三维图形的 x、y 和 z 轴数据。需要注意的是，由于 ratings 列的数据格式是字符串，需要将其转换为数值形式。因此，利用 for 循环遍历全部的 ratings 信息，将字符串分类转换为数值。由于字符串只有 3 种形式，因此此处设置的取值范围是 4、4.5 和 5。

接下来，利用 for 循环遍历 x、y 和 z 轴的每一项数据，以(x,y,z)的形式成对添加到 data 和 Scatter_data 中，此时数据源已经准备完毕。

然后利用 Scatter3D()生成一个三维散点图的对象 scatter，同时设置初始化配置项 InitOpts：高度为 900px，宽度为 600px。

接下来，利用 add()方法进行如下设置：显示 Scatter_data 中的三维数据；Grid3Dopts 中设置宽、高均为 100，旋转角度 rotate_speed=5，旋转选项 is_rotate=True。同时，对 3 个坐标轴分别执行 Axis3Dopts()，实现了不同的设置。例如，x 轴进行了以下设置：Axis3DOpts(mean_values, type_="category")，即设置数据源为 mean_values，类别是 category。

然后设置全局配置项：添加标题 title="3D 散点图"，VisualMapOpts 中设置 visualMapPiecewise 的最大值 max_=50，visualMap 离容器上侧的距离 pos_top=50，颜色映射 range_color=Faker.visual_color。

最后生成 3D 散点图.html 文件，图像效果如图 10-17 所示。从图中能够明显看出，不同的电影在排名、星级和打分 3 个维度下的分布情况，而且图像在不停地旋转，大部分数据集中在

中上部，在左下角和右上角的顶点处出现了稀疏点。与图 9-18 实现的功能对比，发现 Pyecharts 的可展示性更强，对新手开发人员更加友好一些。

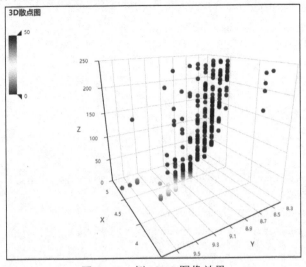

图 10-17　例 10-13 图像效果

10.4.3　三维地图

在 Pyecharts 中，可以新建 MapGlobe 对象绘制三维地图。MapGlobe 对象中也有 add()方法，用于添加图形中的数据，同时实现相关地图的设置。下面仅列出一些特殊参数：

- data_pair：数据项（坐标点名称，坐标点值）。
- maptype：地图类型，具体参考 pyecharts.datasets.map_filenames.json 文件。
- is_map_symbol_show：是否显示标记图形，默认为 True。
- grid_3d_index：使用的 grid3D 组件的索引。默认使用第一个 grid3D 组件。
- globe_index：坐标轴使用的 globe 组件的索引。默认使用第一个 globe 组件。
- shading：三维地图中三维图形的着色效果。支持 3 种着色方式：color、lambert、realistic。
- is_silent：图形是否响应和触发鼠标事件，默认为 false，即响应和触发鼠标事件。
- is_animation：是否开启动画。默认为 True。
- animation_duration_update：过渡动画的时长。默认值为 100。
- animation_easing_update：过渡动画的缓动效果。默认值为 cubicOut。

除上述图表外，在 Pyecharts 中可进行 3D 绘制的图表还有 3D 折线图、3D 曲面图等，读者可根据实际需求灵活选择图像的展示形式。

10.5　Pyecharts 实例

10.5.1　具体功能分析

本实例拟实现一个具有一定创新性的、较流行的图像——词云图绘制。词云图也称为文字云图，是对文本中出现频率较高的"关键词"予以视觉化的展现。词云图过滤掉大量的低频低质的文本信息，使得浏览者只要一眼扫过文本就可领略文本的主旨。

词云图的作用主要是为了文本数据的视觉表示，它由词汇组成了类似云的彩色图形。相对于柱状图、折线图、饼状图等用来显示数值型数据的图表，词云图的独特之处在于，它可以展示大量文本数据。每个词的重要性以字体大小显示出来，字体越大，越突出，也就越重要。

在 Pyecharts 中，可以新建 WordCloud 对象绘制词云图。WordCloud 对象中也有 add()方法，下面仅列出一些特殊参数：

- shape：词云图轮廓，可选 circle、cardioid、diamond、triangle-forward、triangle、pentagon、star。
- mask_image：自定义的图片，目前支持 jpg、jpeg、png、ico 格式。
- word_size_range：单词字体大小范围，默认为 None。
- is_draw_out_of_bound：允许词云图的数据展示在画布范围之外，默认为 False。
- textstyle_opts：词云图文字的配置，默认为 None。
- emphasis_shadow_blur：词云图文字阴影的范围，默认为 None。
- emphasis_shadow_color：词云图文字阴影的颜色，默认为 None。

本实例拟实现的功能是，针对 8.4 节中生成的 film_orgin1.csv 文件，实现以词云图的方式显示导演的信息。film_orgin1.csv 文件内容如图 9-20 所示。

具体实现流程如下：

（1）导入相关的包，并准备数据源

除常见的数据处理和可视化包外，这里还需要导入 WordCloud 包。

数据源采用 film_orgin1.csv 文件中的 directors 列数据，将其以空格分割后，取出其中的第 2 项，同时为当前的数据准备一个新集合：(array_directors[i].split(' ')[1],251-i)。此处的 251-i 为数值的权重，排名越靠前的信息，251-i 的数值越大，代表其权重越高。

（2）初始化具体类型图表

可以直接使用 WordCloud()初始化词云图。

（3）使用 add ()方法加载数据及相关配置项

这里使用 add ()方法设置数据源为 words，单词字体大小范围 word_size_range 为[10, 80]，词云图轮廓 shape=SymbolType.DIAMOND。

（4）使用 set_global_opts()完成全局配置，set_series_opts()完成系列配置

在 TitleOpts 中设置了标题 title="WordCloud-shape-diamond"。

（5）使用 render()生成 HTML 文件

利用 render("cloud_diamond.html")生成 HTML 文件。

10.5.2 具体代码实现

具体实现过程如下：

```
from pyecharts import options as opts
from pyecharts.charts import WordCloud
from pyecharts.globals import SymbolType
import pandas as pd
import numpy as np
from pandas import DataFrame,Series
data = pd.read_csv('film_orgin1.csv',encoding='ANSI')#读取文件
data_directors = data.loc[:,['directors']]
array_directors = (data_directors.values)[:,0]
words = []
for i in range(len(array_directors)):
    data_item = (array_directors[i].split(' ')[1],251-i)
```

```
        words.append(data_item)
c = (
    WordCloud()
    .add("", words, word_size_range=[10, 80], shape=SymbolType.DIAMOND,)
    .set_global_opts(title_opts=opts.TitleOpts(title="WordCloud-shape-diamond"))
    .render("cloud_diamond.html")
)
```

程序运行结果如图 10-18 所示。从图中可以看出，电影排名靠前的导演，其文字显示更加明显，所以可以很直观地看到数据的重要性。在词云图中，还可以自定义图片的格式、各种间隔距离和角度等，读者如果对此类图像感兴趣，可以查阅 http://pyecharts.org/#/zh-cn/basic_charts 中关于词云图的具体说明。

图 10-18　程序运行结果

在 Pyecharts 中，图形的种类非常丰富，如直角坐标系图、树状图、三维图表、组合图表等，它们的使用非常灵活，读者可以根据实际需求选择合理的可视化展示形式。

本 章 小 结

本章介绍了 Pyecharts 简介与安装、公共属性设置、二维图形绘制和三维图形绘制等内容。此外，针对具体的可视化过程，本章还提供了词云图的实例，对数据可视化的需求和设计思路进行剖析，并给出了代码的分析和实现过程。其中，公共属性设置、二维图形绘制和三维图形绘制等内容是本章的重点。

在 Pyecharts 简介与安装中，介绍了 Pyecharts 特点、版本发展历程、开发流程和 Pyecharts 的安装方法。其中，Pyecharts 的开发流程是本节的重点内容。

在公共属性设置中，分别详细介绍了全局配置项和系列配置项的常见设置内容。在全局配置项中介绍了初始化配置项、标题配置项、提示框配置项、坐标轴配置项、视觉映射配置项等。在系列配置项中重点介绍了标签配置项、分割线配置项、文字样式配置项的设置方法。

在二维图形绘制中，详细介绍了柱状图、折线图、面积图、涟漪散点图、饼状图、漏斗图的概念和相关的实现方法，通过实例分别介绍了每种图形的具体实现方法。

在三维图形绘制中，详细介绍了三维柱状图、三维散点图和三维地图的绘制方法，并通过实例帮助读者理解其中每个配置项的含义。

此外，在 Pyecharts 实例中，针对第 8 章数据清洗实例中的衍生文件，利用其中的数据绘制导演数据，以词云的形式展示不同电影的导演信息。

习　题

1. 选择题

(1) 在 Pyecharts 中,以下哪项不是全局配置项?(　　)

A. 标题配置项　　B. 高维配置项　　C. 图例配置项　　D. 工具箱配置项

(2) 在坐标轴配置项中,is_show 的功能是(　　)。

A. 是否显示 x 轴　　　　　　　　　B. 是否脱离 0 值比例

C. 坐标轴名字旋转的角度值　　　　D. 坐标轴刻度线配置项

(3) 在视觉映射配置项中,range_color 的功能是(　　)。

A. 指定 visualMapPiecewise 组件的最大值　　B. visualMap 组件的过渡颜色

C. visualMap 组件离容器一侧的距离　　　　D. visualMap 组件的背景色

(4) 在 Pyecharts 中,以下哪项是 Bar 对象包含的方法?(　　)

A. add_zaxis()　　B. add_yaxis()　　C. yaxis()　　D. add()

(5) 在 Pyecharts 中,3D 图形不包含以下哪种图示?(　　)

A. 折线图　　B. 柱状图　　C. 散点图　　D. 地图

2. 填空题

(1) 在 Pyecharts 中,标签配置项被设计为 class,其中 position 表示的含义是_____。

(2) 在 Pyecharts 中,render()方法的功能是_____。

(3) 在 Pyecharts 中,新建 Line 对象绘制折线图时,使用_____设置平滑曲线。

(4) 在 Pyecharts 中,折线图和面积图均使用 Line 对象创建,当设置_____时,可将折线内部以指定的颜色填充起来,显示为面积图。

(5) 在 Pyecharts 中,可以新建 Pie 对象绘制饼状图,当设置_____时,可展示为南丁格尔玫瑰图。

(6) 在 Pyecharts 中,可以使用_____新建对象绘制三维地图。

3. 什么是 Pyecharts?Pyecharts 具有哪些特性?

4. 简述使用 Pyecharts 绘制图像的步骤。

5. 简述 Matplotlib 与 Pyecharts 的差异。

6. 在 Pyecharts 中,具有丰富的二维图形,请简述图表的具体绘制过程。

7. 什么是面积图?常见的面积图有哪些形式?

8. 请列举在 EffectScatter 中常见的涟漪特殊效果。

9. 什么是漏斗图?简述漏斗图的适用场景和优缺点。

10. 综合题。

取出第 8 章习题中综合题分组后的数据,分别使用折线图、柱状图、南丁格尔玫瑰图、涟漪散点图和漏斗图绘制电影评分的分布情况。

参 考 文 献

[1] Requests: https://requests.readthedocs.io/en/master.

[2] urllib3: https://urllib3.readthedocs.io/en/latest.

[3] lxml: https://lxml.de.

[4] re: https://docs.python.org/zh-cn/3/library/re.html.

[5] json: https://docs.python.org/2/library/json.html.

[6] httpbin: http://httpbin.org.

[7] BeautifulSoup: https://beautifulsoup.readthedocs.io/zh_CN/v4.4.0.

[8] Selenium: https://www.selenium.dev/selenium/docs/api/py/api.html.

[9] Scrapy: https://scrapy-chs.readthedocs.io/zh_CN/1.0/intro/tutorial.html.

[10] CSV File: https://docs.python.org/2/library/csv.html.

[11] Mongodb: https://www.mongodb.com.

[12] matplotlib: https://matplotlib.org/index.html.

[13] pyecharts: http://pyecharts.org/#/zh-cn.

[14] Richard Lawson 著.李斌译. 用 Python 写网络爬虫[M]. 北京：人民邮电出版社，2016.

[15] 崔庆才. Python3 网络爬虫开发实战[M]. 北京：人民邮电出版社，2018.

[16] 刘延林. Python 网络爬虫开发从入门到精通[M]. 北京：北京大学出版社，2019.

[17] Igor Milovanovic 著.颛清山译. Python 数据可视化编程实战[M]. 北京：人民邮电出版社，2015.